Frank Haußer Yury Luchko

Mathematische Modellierung mit MATLAB®

Eine praxisorientierte Einführung

Spektrum
AKADEMISCHER VERLAG

Autoren
Prof. Dr. Frank Haußer
E-mail: hausser@beuth-hochschule.de

Prof. Dr. Yury Luchko
E-mail: luchko@beuth-hochschule.de

Beuth Hochschule für Technik Berlin
Fachbereich II Mathematik – Physik – Chemie
Luxemburger Straße 10
13353 Berlin

Bibliografische Information der Deutschen Nationalbibliothek
Die Deutsche Nationalbibliothek verzeichnet diese Publikation in der Deutschen Nationalbibliografie; detaillierte bibliografische Daten sind im Internet über http://dnb.d-nb.de abrufbar.

Springer ist ein Unternehmen von Springer Science+Business Media
springer.de

11 12 13 14 15 5 4 3 2 1

Planung und Lektorat: Dr. Andreas Rüdinger, Bianca Alton
Redaktion: Bärbel Häcker
Satz: Autorensatz
Herstellung: Crest Premedia Solutions (P) Ltd, Pune, Maharashtra, India
Umschlaggestaltung: SpieszDesign, Neu-Ulm
Titelfotografie: © Fotoagentur Camera4 / Tilo Wiedensohler
Fotos/Zeichnungen: Thomas Epp, SpieszDesign und die Autoren

ISBN 978-3-8274-2398-6

Mathematische Modellierung mit MATLAB®

Vorwort

Die Mathematik als grundlegende Methodenwissenschaft und universelle Beschreibungs- und Modellierungssprache spielt in der modernen technologiegeprägten Gesellschaft eine immer wichtigere Rolle. Viele komplexe Probleme, auf denen technische Weiterentwicklungen oder Prognosen des Verhaltens komplexer Systeme beruhen, lassen sich nur mithilfe fortgeschrittener Berechnungsmethoden behandeln. Dank immer schnellerer Computer vergrößert sich zudem der Kreis der Problemstellungen, für die man in angemessener Zeit eine Lösung berechnen kann, beständig. So berechnet man heutzutage zuverlässige Wettervorhersagen für mehrere Tage, steuert Laufbahnen von Raketen und Satelliten, stellt optimale Bahn- und Busfahrpläne auf, entwirft am Computer neue Materialien und Medikamente mit gewünschten Eigenschaften, versucht, die Entstehung des Universums zu rekonstruieren oder das Erbgut eines Lebewesens zu entziffern und zu analysieren.

Aber die Bedeutung der Mathematik in diesen und anderen Anwendungen beschränkt sich bei Weitem nicht auf die Bereitstellung von effizienten Algorithmen zur Berechnung der Lösung eines gestellten mathematischen Problems. Bereits die Umformulierung eines Anwendungsproblems als eine wohldefinierte mathematische Problemstellung, ein *mathematisches Modell*, ist im Allgemeinen weder einfach noch eindeutig. Dieser Schritt der mathematischen Modellbildung verlangt sowohl ein gewisses Verständnis des Anwendungsproblems als auch eine Kenntnis möglicher mathematischer Modelltypen zusammen mit deren Eigenschaften. Die berechneten mathematischen Lösungen müssen zudem im Kontext des Anwendungsproblems interpretiert werden. Eine anschließende Bewertung wird dann zu einer Entscheidung führen, ob das aufgestellte mathematische Modell eventuell geeignet angepasst oder gar vollständig verworfen und durch ein anderes Modell ersetzt werden muss. Wir verstehen in diesem Buch unter *mathematischer Modellierung* die Gesamtheit aller Schritte von einem Vorverständnis eines Anwendungsproblems über die Modellbildung, die Analyse des mathematischen Modells sowie die Berechnung und Simulation bis hin zur Interpretation und Validierung der Ergebnisse. Mathematische Modellierung wird als ein Zyklus dieser Aktivitäten aufgefasst, der erst dann endet, wenn die Modellierungsziele erreicht sind. Eine ganzheitliche Sicht auf diesen Zyklus ist nicht zuletzt aufgrund der vielen Querverbindungen und Abhängigkeiten zwischen den einzelnen Schritten sinnvoll und bildet das Leitmotiv des vorliegenden Lehrbuches.

Struktur und Inhalt des Buches folgen diesem Verständnis der mathematischen Modellierung: Im ersten Teil werden nach der ausführlichen Darstellung eines Fallbeispiels alle wichtigen Einzelschritte als Bestandteile des Modellierungszyklus detailliert beschrieben. Der zweite Teil stellt eine Reihe von Hilfsmitteln und Werkzeugen, wie sie typischerweise in den einzelnen Modellierungsschritten benötigt werden, bereit. Hier werden viele Leserinnen und Leser einigen bereits bekannten mathematischen Begriffen und Methoden begegnen. Wir verzichten an vielen Stellen auf eine mathematisch strenge Behandlung zugunsten von anschaulichen Erklärungen. Es geht uns an dieser Stelle nicht um eine vollständige Behandlung benötigter Modellierungsansätze, Lösungstheorien, numerischer Verfahren oder ähnliches, sondern um die Bereitstellung einiger grundlegender Techniken, die überwiegend im Kontext kleinerer Anwendungsbeispiele erläutert werden. So möchten wir aufzeigen, an welchen Stellen im Modellierungszyklus mathematische Methoden und Kenntnisse unterschiedlichster Art benötigt werden. Konsequenterweise werden neben Methoden zur numerischen Berechnung und Simulation auch Programmier- und Visualisierungstechniken diskutiert. Im dritten Teil werden einige Fallstudien nach dem im ersten Teil vorgestellten Vorgehen behandelt, wobei Techniken und Methoden aus dem zweiten Teil zum Einsatz kommen.

Die Darstellungstiefe orientiert sich an Studierenden im Bachelorstudium. Wir halten es für erstrebenswert, dass Studierende der Mathematik bereits zu einem frühen Zeitpunkt die mathematische Modellierung kennen lernen. So eröffnet es einen ganzheitlicheren Blick auf Problemstellungen der angewandten Mathematik, wenn man sich neben der mathematischen Analyse auch mit der Berechnung, Visualisierung und insbesondere der Interpretation von Lösungen beschäftigt. Andererseits kann es zu einem kreativeren Umgang mit mathematischen Problemstellungen ermutigen, wenn diese als Modelle für Anwendungsprobleme begriffen werden. So gewinnt die Beschäftigung mit einem mathematischen Modell schnell den Charakter eines „entdeckenden“ Lernens und beschränkt sich dann nicht mehr auf das reine Nachvollziehen mathematischer Sachverhalte. In diesem Sinne empfehlen wir auch keine streng sequentielle Abarbeitung des Buches. Nach der Lektüre des ersten Teils lasse man sich von den eigenen Interessen leiten. Beim Studium der Fallstudien wird man Hinweise auf die benötigten Techniken aus dem zweiten Teil erhalten und kann diese dort nachschlagen und bei Bedarf durcharbeiten. Umgekehrt findet sich im zweiten Teil in den Aufgaben eine ganze Reihe von Anregungen für kleinere und größere Modellierungsprojekte. Man lese das Buch aktiv, mit Bleistift, Papier und einer geöffneten MATLAB®-Umgebung! An der einen oder anderen Stelle wird dabei auch eine eigene Recherche notwendig sein.

In den letzten Jahren ist eine ganze Reihe von deutschsprachigen Büchern über mathematische Modellierung erschienen. Das vorliegende Buch unterscheidet sich dabei in seiner Konzeption von den uns bekannten Büchern. Zum einen wird konsequent der Versuch unternommen, den oftmals etwas geheimnisumwobenen Vorgang des Modellierens möglichst transparent zu machen. Zum anderen wird der gesamte Modellierungszyklus behandelt. So wird insbesondere auch der Auswahl und Implementierung numerischer Algorithmen und der graphischen Darstellung und Visualisierung von Ergebnissen der gebührende Platz eingeräumt. Hier wird exemplarisch das Softwarepaket MATLAB® eingesetzt. In diesem Sinne sollte auch der Titel des Buches verstanden werden: MATLAB® dient als ein Werkzeug bei der numerischen Lösung der Modelle und bei der Visualisierung der Ergebnisse, nicht bei der eigentlichen Modellbildung. Die im Buchtext abgedruckten oder erwähnten MATLAB®-Programme und weiteres Zusatzmaterial findet man auf der Website zum Buch

`http://projekt.beuth-hochschule.de/lehrbuchmathmod/`

Die Inhalte des Buches dienten als Grundlage für eine Modellierungslehrveranstaltung im Bachelorstudium, die sich aus selbständig zu bearbeitenden Modellierungsprojekten mit Seminarvorträgen der Studierenden und einer begleitenden Vorlesung zusammensetzte. Einzelne Teile wurden auch in Modellierungslehrveranstaltungen im Masterstudiengang „Computational Engineering“ an der Beuth Hochschule für Technik Berlin eingesetzt.

Wir möchten uns an dieser Stelle bei unseren Studierenden Peter Otto und Witalij Wambold bedanken, auf deren Modellierungsprojekt die Fallstudie im 7. Kapitel basiert, und die uns auch bei einer weiteren Fallstudie und bei der Anfertigung des MATLAB®-Tutorials wesentlich unterstützten. Unseren Familien danken wir für die Unterstützung und die Freiräume, die zur Realisierung des „Buchprojektes“ notwendig waren. Unser Dank gilt außerdem Herrn Dr. Andreas Rüdinger vom Spektrum Akademischer Verlag für seine Anregung, dieses Buch zu schreiben, die dem im Jahr der Mathematik 2008 an der Beuth Hochschule durchgeführten Berliner Wettbewerb in mathematischer Modellierung (http://projekt.beuth-hochschule.de/bwmm/) folgte, und für seine inhaltlichen Anregungen und Vorschläge. Für die perfekte Abwicklung des Lektorats bedanken wir uns bei Frau Bianca Alton.

Berlin, August 2010, Frank Haußer und Yury Luchko

Inhaltsverzeichnis

Teil I

Grundlagen

1 Modelle und ihre Anwendung

Übersicht

1.1 Modelle sind überall

Allgemeine Modelle

- Ein **Modell** ist ein Konzept zur Darstellung eines komplexen realen Systems oder Prozesses. Es beschreibt die in einem bestimmten Kontext wichtigen Eigenschaften oder Verhaltensmuster des entsprechenden Modellierungsobjektes.
- Hauptziele der **Modellierung** oder auch **Modellbildung** sind die Beschreibung und Analyse der relevanten Eigenschaften bis hin zur Vorhersage des zukünftigen Verhaltens des Modellierungsobjektes. Die Ziele werden in der Regel durch die Reduktion der Komplexität des betrachteten Systems bzw. Prozesses erreicht.
- Je nach Anwendungsgebiet und Zielstellung kommen ganz unterschiedliche **Modelltypen** und **Modellierungswerkzeuge** zum Einsatz.

Würde man einer Passantin, die eine Straße überquert, sagen, sie sei gerade mit Modellierung beschäftigt, würde sie sich vermutlich sehr wundern und widersprechen. Aber unbewusst tut sie genau das: Über ihre Sinnesorgane nimmt sie permanent sehr viele Reize der Umgebung auf, die in ihrem Gehirn zu einem Abbild oder einem Modell der Realität verarbeitet werden. Nur so ist es ihr möglich, sich im fließenden Verkehr zu orientieren und zum Beispiel die Entscheidung für den richtigen Zeitpunkt zum Überqueren der Straße zu treffen.

Aber nicht nur die verstehende Wahrnehmung der Umwelt ist mit Modellbildung verbunden. Um gemeinsam komplexe Aufgaben zu bewältigen, hat der Mensch schon seit

Urzeiten Modelle verwendet. Man denke zum Beispiel an prähistorische Malereien, auf denen Jagdszenen dargestellt wurden, die den Ablauf einer Jagd modellhaft zeigten. Sie dienten unter anderem dazu, den Teilnehmern einer Jagd ihre Rollen und Aufgabenstellungen zu verdeutlichen.

In unserer hoch entwickelten Kultur gibt es inzwischen eine Unzahl verschiedener Modelltypen und Modellierungsarten in so unterschiedlichen Fachgebieten wie der Architektur, der bildenden Kunst oder der Medizin. Dabei entwickelte sich die Kunst der Modellierung mit der steigenden Komplexität der zu beschreibenden Systeme weiter. Die ersten architektonischen Modelle waren einfach und schlicht. Spätestens aber, als eine riesige Pyramide, ein Schloss oder eine Kirche gebaut werden sollten, war die Notwendigkeit, sehr detaillierte Modelle zu entwerfen, bevor man mit dem eigentlichen Bau anfing, offensichtlich: Bei einem Projekt, das über mehrere Jahrhunderte dauerte, konnte man nicht riskieren, dass alles am Ende in sich zusammenfiel. Falls doch, bezahlten die ungeschickten Architekten dafür mit ihrem Leben.

Abb. 1.1: Architektonische Modelle

Ein Modell kann also nicht nur dazu dienen, existierende Objekte zu beschreiben und zu verstehen, sondern auch dazu, neue Objekte zu entwerfen und ihre zukünftigen Eigenschaften vorherzusagen. Insbesondere bei den architektonischen Modellen, die zuerst in einem kleinen Maßstab gezeichnet oder gebaut werden, kann man damit viele Ressourcen bei der Suche nach einer optimalen Lösung sparen. Typischerweise geht man dabei iterativ vor: Eine auf Papier gezeichnete Skulptur wird beispielsweise mehrere Male überarbeitet, bevor man eine Probe oder einen Prototyp anfertigt. Auch dieses Modell wird noch optimiert, bis man mit der Erstellung der eigentlichen Skulptur beginnt. Oft benötigt man mehrere Modelltypen, die unterschiedliche Sichtweisen auf das Gesamtsystem oder aber Untersysteme repräsentieren. So wird bei der Planung eines großen Gebäudes üblicherweise eine Vielzahl von Modellen in unterschiedlichen Maßstäben erstellt: Zeichnungen des Gesamtgebäudes, einzelner Etagen und Räume bis hin zu Dekorationsdetails, 3-dimensionalen Modellen aus Holz/Pappe oder neuerdings auch CAD-Modellen. Den Modellierungsprozess für einen Bau kann man in mehrere aufeinander aufbauende Schritte unterteilen, die eventuell mehrmals durchlaufen werden. Die moderne Architekturausbildung dient zu einem wesentlichen Teil dem Erlernen dieses Modellierungszyklus.

Wir werden in den folgenden Kapiteln sehen, dass auch der mathematischen Modellierung ein solcher Modellierungszyklus zugrunde liegt. Diesen zu verstehen und zu erlernen, ist das Ziel dieses Buches.

1.2 Modelle in der Wissenschaft

Wissenschaftliche Modelle

- Ein **wissenschaftliches** – insbesondere naturwissenschaftliches – **Modell** (eine wissenschaftliche Theorie) stützt sich meist auf Beobachtungen und Experimente.
- Ziel der **Modellbildung** ist die Beschreibung und konsistente Erklärung dieser Beobachtungsdaten und die Vorhersage der zukünftigen Entwicklungen des betrachteten Systems oder Prozesses.
- Jede Wissenschaft entwickelt eigene **Modelltypen**, **Methoden** und **Werkzeuge**. In allen quantitativen Wissenschaften spielt die Mathematik als universelle Sprache zur Formulierung von Modellen und als Werkzeug zur quantitativen und qualitativen Auswertung von Modellen eine zentrale Rolle.

Auch in der Wissenschaft – und insbesondere in den Naturwissenschaften, die sich mit physikalischen, chemischen oder biologischen Eigenschaften von realen Prozessen und Systemen beschäftigen – wurden von Anfang an Modelle verwendet, um die sehr komplexen Erscheinungen in der belebten und unbelebten Natur, wenn nicht zu erklären, dann doch zumindest zu beschreiben.

Wissenschaftliche Modelle sind nichts Zeitloses, sondern werden ständig weiterentwickelt, um neuen Erkenntnissen und Beobachtungen gerecht zu werden. Dies wollen wir im Folgenden am Beispiel von Modellen unseres Sonnensystems illustrieren. Eine ausführlichere Darstellung der Geschichte der Sonnensystemmodelle findet man z.B. bei Hawking (2005).

Bereits die alten Griechen erkannten vor über 2000 Jahren die Notwendigkeit für ein Modell des Sonnensystems, welches einerseits die gesammelten Beobachtungsdaten erklärte, aber andererseits auch verlässliche Vorhersagen für die zukünftigen Planetenpositionen lieferte. Eine Prognose der genauen Planetenpositionen brauchten sie einerseits für astrologische und religiöse Zwecke, andererseits zur Navigation, da sie zunehmend lange Reisen auf dem Land und insbesondere auf dem Meer unternahmen. Wie schwer Navigation ohne ein taugliches wissenschaftliches Modell sein konnte, beschrieb der griechische Dichter Homer sehr beeindruckend in seinem Epos „Odyssee“.

Es ist deswegen nicht verwunderlich, dass das erste wirklich wissenschaftliche Modell des Sonnensystems und sogar des ganzen Universums von einem Griechen – dem berühmten Philosophen Aristoteles (384–322 v. Chr.) – vorgeschlagen wurde. Damals glaubte man an den göttlichen Plan der Erschaffung der Welt, in dem nur perfekte geometrische Objekte wie regelmäßige Polygone oder Kreise einen Platz haben. Entsprechend bestand nach Aristoteles das Universum aus der Sonne, dem Mond und den fünf damals bekannten Planeten Merkur, Venus, Mars, Jupiter und Saturn, die die runde und im Zentrum des Universums ruhende Erde auf kreisförmigen Bahnen umrunden. Die Sterne hatten in seinem Modell feste Orte an der Himmelssphäre.

Eine Besonderheit dieses Modells im Vergleich zu älteren Modellen besteht darin, dass es sich wesentlich auf Beobachtungen der Naturerscheinungen und Himmelskörper stützte. So basierte beispielsweise die Vermutung des Aristoteles, die Erde sei eine Kugel und keine Scheibe, auf der Beobachtung, dass man bei einem Schiff, das aufs Meer hinausfährt, zunächst den Rumpf hinter dem Horizont verschwinden sieht und erst dann die Segel. Damit führte Aristoteles zwei wichtige Prinzipien in die naturwissenschaftliche Modellierung ein, die bis heute ihre Gültigkeit und Bedeutung nicht verloren haben:

- Ein Modell stützt sich auf Beobachtungen.
- Ein Modell ist möglichst einfach und in sich konsistent.

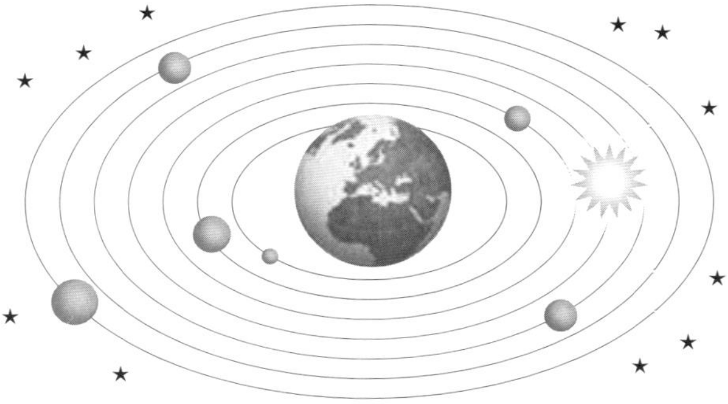

Abb. 1.2: Das von Aristoteles eingeführte geozentrische Modell des Sonnensystems. Die Sonne und die Planeten bewegen sich auf Kreisbahnen um die Erde.

Für die Navigation bei kleineren Reisen und für kurzfristige, nicht notwendigerweise sehr genaue Vorhersagen der Planetenpositionen war das Aristotelische Modell des Sonnensystems lange Zeit ausreichend. Allerdings stellte man im Laufe der Zeit eine immer größere Abweichung zwischen der beobachteten Lage der Planeten und den Vorhersagen des Modells fest. Insbesondere konnte das Modell nicht erklären, warum Planeten (sehr deutlich Mars und Venus) Schleifenbahnen vor dem Sternenhintergrund durchführen, bei denen sich ihre normale Bewegung von West nach Ost auch einmal umkehrt. Ein Ägypter namens Claudius Ptolemäus formulierte um 100 bis 160 n. Chr. eine Verfeinerung und

Erweiterung des Aristotelischen Modells: In diesem Modell laufen die Planeten auf so genannten Epizyklen, d.h. auf kleineren Kreisbahnen, deren Mittelpunkte ihrerseits die Erde, bzw. andere Epizyklen auf größeren Kreisbahnen umlaufen, siehe Abbildung 1.3. Tatsächlich gelang es ihm durch geschickte Wahl der Radien der Epizyklen und der Ge-

Abb. 1.3: Epizyklenbewegung und ihre Projektion auf den Sternenhintergrund im Ptolemäischen Modell des Sonnensystems

schwindigkeiten der Planeten auf ihren Hauptbahnen und Epizyklen, die tatsächlichen Planetenbewegungen und insbesondere auch die Schleifenbahnen sehr gut zu reproduzieren. Dieses neue, das so genannte Ptolemäische Modell war außerdem in der Lage, sehr genaue Vorhersagen für die Lage der Himmelskörper über Zeiträume von vielen Jahrhunderten zu liefern. Allerdings basierten die Erfolge des Modells nicht auf einer treffenden Beschreibung der Realität, sondern auf der großen Anzahl der freien Parameter in Form von Epizyklen, durch die man die Planetenbewegungen gezielt „steuern" konnte: Wie wir in den folgenden Kapiteln sehen werden, kann man durch Einführung von genügend vielen zusätzlichen Parametern in ein bestimmtes Modell so gut wie alle möglichen Beobachtungsdaten simulieren. Immerhin wurde das Ptolemäische Modell über mehr als tausend Jahre erfolgreich verwendet, nicht zuletzt durch eine ständige Anpassung und Verfeinerung. Im 15. Jahrhundert beinhaltete es insgesamt etwa 80 Epizyklen und war damit so komplex geworden, dass selbst Spezialisten große Schwierigkeiten hatten, mit diesem Modell zu arbeiten. Es war Zeit für ein einfacheres und effizienteres Modell.

Im Jahre 1514 war es so weit: Der polnische Astronom und Geistliche Nikolaus Kopernikus (1473–1543) schlug sein heliozentrisches Modell des Sonnensystems vor, bei dem nicht die Erde, sondern die Sonne im Zentrum des Universums ruht. Natürlich war Kopernikus nicht der Erste, der sich darüber Gedanken machte: Bereits der griechische Philosoph Aristarchos (gest. etwa 230 vor Chr.) kam auf dieselbe Idee. Der Verdienst von Kopernikus lag darin, dass er das neue – im Vergleich zum Ptolemäischen revolutionäre – Modell auf seine Beobachtungen der Lage der Himmelskörper stützte. Allerdings wurde das Kopernikanische Modell lange Zeit nicht anerkannt. Zum einen weigerte sich Kopernikus, seine Theorie zu veröffentlichen, da er die Konsequenzen seitens der katholischen Kirche fürchtete. Zum anderen lieferte sein Modell schlechtere Vorhersagen der Planetenpositionen als das Ptolemäische. Die Ursachen dafür sind uns heute schnell klar:

Dank dem deutschen Astronomen Johannes Kepler (1571–1630) wissen wir heute, dass die Planeten des Sonnensystems sich nicht auf kreisförmigen, sondern auf elliptischen Bahnen bewegen, in deren einem Brennpunkt die Sonne steht. Trotzdem fand die neue Theorie wegen ihrer Einfachheit und Logik immer neue Anhänger, unter ihnen z.B. den berühmten italienischen Astronomen und Mathematiker Galileo Galilei (1564–1642).

In einem gewissen Sinn sind das Ptolemäische und das Kopernikanische Modell äquivalent: Da sich die Bewegung der Planeten ebenso relativ zur Position der Erde wie relativ zur Position der Sonne beschreiben lässt, kann man sowohl die Erde (Ptolemäus) als auch die Sonne (Kopernikus) als Koordinatenursprung festhalten. Die daraus resultierenden Modelle unterscheiden sich aber wesentlich von einander in Bezug auf die Einfachheit der Beschreibung der Planetenpositionen. Während das Kopernikanische Modell zu einer sehr einfachen Formulierung der Bahnkurven der Planeten führt, sind im Ptolemäischen Modell eine Menge künstlicher Epizyklen notwendig, um die Planetenpositionen zu bestimmen.

In der Einleitung zu seinem berühmten Buch „De revolutionibus orbium Coelestium" („Über Kreisbewegungen der Weltkörper"), das Kopernikus um 1530 abschloss, schreibt er unter anderem:

Es ist nämlich die Aufgabe des Astronomen, sorgfältige und gekonnte Beobachtungen anzustellen, um die Geschichte der Bewegungen am Himmel zusammenzufassen, und da er durch keine Art der Überlegungen die wahren Gründe für diese Bewegungen erfassen kann, muss er sich die Gründe und Hypothesen ausdenken oder konstruieren, sodass durch die Annahme dieser Gründe aufgrund der Prinzipien der Geometrie diese Bewegungen für die Vergangenheit ebenso errechnet werden können wie für die Zukunft.

Diese Kunst ist in beiderlei Hinsicht bemerkenswert: Es ist nicht notwendig, dass die Hypothesen wahr sind oder auch nur wahrscheinlich, sondern es reicht aus, wenn sie eine Berechnung erlauben, die den Beobachtungen entspricht... .

Die Gedanken des Kopernikus entsprechen in bemerkenswerter Weise den Prinzipien der modernen Naturwissenschaften, die wir hier etwas pointiert festhalten:

- Ein Modell versucht einen Teil der Realität abzubilden; es ist aber nicht mit der Realität gleichzustellen. Es gibt keine „falschen" oder „richtigen" Modelle. Die Qualität eines Modells bestimmt sich alleine daraus, wie gut es Beobachtungsdaten erklärt und zukünftige Vorgänge vorhersagt.
- Modelle werden oft in der Sprache der Mathematik formuliert und mit mathematischen Methoden ausgewertet.

Die Geschichte der mathematischen Modellierung des Universums ist aber damit längst noch nicht zu Ende: Der deutsche Astronom Johannes Kepler stellte bei der Analyse der Beobachtungsdaten im Jahre 1605 fest, dass sich die Planeten um die Sonne auf elliptischen und nicht auf kreisförmigen Bahnen bewegen. Es ist wichtig zu unterstreichen, dass das Keplersche Gesetz rein empirischer Natur war: Es beschrieb die Planetenbahnen aufgrund der Beobachtungsdaten, ohne zu erklären, warum sie sich so und nicht anders bewegen. Diese Sorte von Modellen – so genannte empirische oder auch deskriptive Modelle, die versuchen, die Messdaten möglichst genau durch mathematische Gesetzmäßigkeiten abzubilden – spielen bis heute eine sehr wichtige Rolle in den Naturwissenschaften und bilden oft den Ausgangspunkt für die Entwicklung fortgeschrittener Modelle, die von inneren Mechanismen der Systeme, also von echten „Theorien" ausgehen.

Es dauerte etwas mehr als 80 Jahre, bis der vielleicht bekannteste Wissenschaftler aller Zeiten – der Engländer Isaac Newton (1643–1727) – in seinem berühmten Buch „Philosophiae naturalis principia mathematica" („Die mathematischen Prinzipien der Naturphilosophie") dem Keplerschen Gesetz eine physikalische Theorie zugrunde legte. Newton konnte zeigen, dass aus dem Postulat einer wirkenden Kraft (Schwer- oder Gravitationskraft) die elliptischen Umlaufbahnen der Planten hergeleitet werden können. Die Rolle der „Prinzipien" für die Entwicklung der modernen Wissenschaft ist kaum zu überschätzen: Mit diesem Buch beginnt sowohl die moderne theoretische Physik als auch die Analysis. Die so genannte Newtonsche Mechanik ist bis heute – mit wenigen Ausnahmen – erfolgreich im Einsatz, wenn es um die Bewegungsgesetze makroskopischer Körper geht. Noch eine andere revolutionäre Idee wurde in den „Prinzipien" eingeführt: Obwohl nicht explizit formuliert, beschrieb Newton die Planetenbahnen faktisch mit Differentialgleichungen, die bis heute den vielleicht wichtigsten Modellierungsansatz bilden.

Die Modellierung der Gravitation wurde von dem genialen deutschen Physiker Albert Einstein (1879–1955) in seiner allgemeinen Relativitätstheorie, die er 1915 veröffentlichte, weiterentwickelt. Einstein entwickelte das Modell der Gravitation nicht aufgrund von Beobachtungsdaten, sondern aus rein theoretischen Überlegungen. Ein Ausgangspunkt war hier die theoretische Inkonsistenz des Newtonschen Modells der Gravitation mit der bereits 1905 von Einstein vorgeschlagenen speziellen Relativitätstheorie, nach der die Naturgesetze für alle bewegten Beobachter unabhängig von ihrer Geschwindigkeit gleich sein müssen. „Die Wahrheit einer Theorie liegt in unserem Verstand", sagte Einstein einmal, „nicht in unseren Augen". Eine solche Art der Modellbildung ist natürlich auch berechtigt, insbesondere wenn ein Genie wie Einstein am Werke ist.

In den darauf folgenden Jahren wurden einige Vorhersagen seiner Theorie experimentell bestätigt. Mit der Bestätigung der allgemeinen Relativitätstheorie kam für Einstein der Weltruhm. Insbesondere konnte seine Theorie eine bereits bekannte Beobachtung erklären, nämlich dass die Laufbahn des Merkurs, dem der Sonne am nächsten liegenden Planeten, keine exakte Ellipse ist. Die tatsächliche Laufbahn wird durch die von der Sonnenmasse erzwungene Krümmung des Raum-Zeit-Kontinuums bestimmt und ist eine sich sehr langsam um den Brennpunkt mit der Sonne rotierende Ellipse. Heute wird Einsteins Theorie unter anderem zur Berechnung so genannter „relativistischer" Korrekturen bei der Positionsbestimmung von Satelliten benötigt, ohne die moderne GPS-Navigationssysteme nicht mit der erforderlichen Ortsauflösung arbeiten würden.

Die Korrekturen sind insbesondere deshalb notwendig, da laut der allgemeinen Relativitätstheorie die Zeit in der Nähe eines massenreichen Körpers wie die Erde langsamer verläuft als auf der Erde. Diese Vorhersage wurde erst 1962 experimentell bestätigt.

Zusammenfassend lässt sich die Entwicklung der Modelle des Sonnensystems als ein Modellierungszyklus über mehrere tausend Jahre auffassen: Getrieben von Anforderungen an präzisere Vorhersagen und der Verfügbarkeit genauerer Beobachtungsdaten wurden immer bessere, aber auch komplexere Modelle entwickelt. Dabei zeigte sich, dass es neben der Konsistenz mit Beobachtungsdaten auch wichtig werden kann, die inneren Mechanismen der Prozesse immer besser zu modellieren, um überschaubare und handhabbare Modelle zu erhalten. Ähnliche Modellierungszyklen – wenn auch meist nicht über so lange Zeiträume – findet man neben der Physik (Atommodelle, Elektromagnetismus, etc.) in nahezu allen Wissenschaften, z.B. in der Biologie (Genetik, Ökosystemmodellierung, etc.), Medizin (Herzkreislaufmodelle, anatomische Modelle, etc.) in den Wirtschaftwissenschaften usw. Im Grunde lässt sich die gesamte Geschichte der Wissenschaft und Technik als eine permanente Entwicklung von immer neuen Modellen verstehen.

In vielen Fällen bedient man sich so genannter mathematischer Modelle. Was aber sind mathematische Modelle eigentlich? Was versteht man unter mathematischer Modellierung? Wie unterscheiden sich mathematische Modelle von anderen Modellen? Zunächst werden wir uns davon überzeugen, dass Modelle, die viel mit Mathematik zu tun haben, in vielen Bereichen unseres täglichen Lebens eine Rolle spielen. Erst nachdem wir dann im zweiten Kapitel exemplarisch ein ausführliches Beispiel diskutiert haben, werden wir auf die gestellten Fragen zurückkommen und in der Lage sein, genauer beschreiben zu können, was sich hinter dem Begriff „mathematische Modellierung“ verbirgt und wie mathematische Modellierung eigentlich funktioniert.

1.3 Mathematische Modelle – ein Ausflug

Mathematische Modelle im Alltag

- Hinter vielen Dingen, die uns im Alltag begegnen, insbesondere hinter technischen Anwendungen, stecken mathematische Modelle.
- In ganz alltäglichen Situationen profitieren wir von so unterschiedlichen Modelltypen wie linearen und nichtlinearen Gleichungssystemen, Differentialgleichungen oder Methoden der nichtlinearen Optimierung und der geometrischen Flächenmodellierung.

In Anlehnung an eine Idee des englischen Mathematikers Ian Stewart (Stewart, 2008), der für seine Fähigkeit bekannt ist, mathematische Modellierung oder Mathematik allgemeinverständlich zu erklären, wollen wir uns im Folgenden etwas genauer überlegen, welche mathematischen Modelle uns zum Beispiel bei einem Ausflug ins Grüne begegnen.

1.3.1 Wohin wollen wir fahren?

Eine Ausflugsplanung beginnt typischerweise mit der Auswahl eines Ausflugsziels. Früher benutzte man dafür Bücher und Landkarten, oder man folgte Hinweisen von Bekannten. Heutzutage schickt man eine Suchmaschinenabfrage mit den passenden Stichwörtern wie z.B. „See Umgebung Berlin“ ins Internet. Im Bruchteil einer Sekunde (eine schnelle Internetverbindung vorausgesetzt) erscheint auf dem Bildschirm eine geordnete Liste von Verweisen auf Webseiten mit Beschreibungen potenzieller Ziele.

Aber wie funktionieren diese Suchmaschinen, insbesondere die heutzutage mit Abstand meistbenutzte Suchmaschine Google? Das World Wide Web ist im Grunde eine ungeordnete Ansammlung unzähliger eventuell aufeinander verweisender Webseiten, die einem ständigen, dynamischen Wachstum und Wandel unterliegt. Eine gezielte Suche nach Informationen zu beliebigen Stichwörtern wäre ohne Suchmaschine kaum möglich. Ein wichtiger Teil einer Suchmaschine ist daher die Bereitstellung eines so genannten Index, d.h. eines riesigen Schlagwort-Verzeichnisses, in dem Informationen über Webseiteninhalte in sortierter Form abgelegt sind. Dieser Index wird fortlaufend aktualisiert, indem automatisiert die Webseiten des WWW besucht werden. Stellt jemand zum Beispiel die Anfrage nach den Berliner Seen, so wird geprüft, ob die eingegebenen Suchbegriffe im Index vorhanden sind. In den meisten Fällen findet die Suchmaschine mehrere tausend oder gar millionen Treffer, weshalb eine Sortierung der Trefferliste nötig ist, um den Nutzern zuerst tatsächlich relevante Treffer zu liefern. Dafür werden so genannte „Ranking“-Algorithmen benötigt. Sie sind entscheidend für den tatsächlichen Nutzen einer Suchmaschine.

Abb. 1.4: Eine Google-Abfrage

Die entscheidende Neuerung von Google im Vergleich zu den anderen Suchmaschinen besteht darin, dass zur Relevanzbewertung einer Seite für eine bestimmte Suchanfrage auch ein Suchanfragen-unabhängiger Wichtigkeitswert herangezogen wird. Dieses Gewicht wird nach einem von den Google-Gründern Larry Page und Sergey Brin entwickelten Verfahren (dem so genannten PageRank-Verfahren) berechnet und mit dem suchanfragenabhängigen Ranking zu einem Gesamt-Rankingwert kombiniert. Auf seiner Homepage schreibt Google ganz offen: „Das Herz unserer Software ist das PageRank-Verfahren“. Obwohl auch hinter den anderen Komponenten des Gesamtalgorithmus jede Menge interessanter mathematischer Methoden steckt, werden wir uns im Folgenden auf ein – natürlich sehr stark vereinfachtes – mathematisches Modell zur Berechnung der PageRank-Werte von Webseiten konzentrieren.

Das Modell basiert auf folgenden plausiblen Annahmen:

- Je mehr Links auf eine Seite verweisen, desto „bedeutender“ ist diese Seite.
- Je „bedeutender“ die Links sind, die auf eine Seite verweisen, desto „bedeutender“ ist die Seite.
- Je weniger ausgehende Links eine Seite enthält, desto „bedeutender“ ist jeder einzelne Link.
- Je „bedeutender“ eine Seite ist, desto „bedeutender“ sind die von ihr ausgehenden Links.

Aus diesen vier Annahmen wollen wir jetzt ein mathematisches Modell ableiten. Zunächst werden alle erfassten Webseiten mit $i = 1, 2, \ldots, N$ durchnummeriert, wobei N die Anzahl der Webseiten ist – die Größenordnung von N liegt zurzeit bei mehreren Milliarden. Den Wichtigkeitswert (PageRank) der Seite S_i, $i = 1, 2, \ldots, N$ bezeichnen wir mit x_i und die Anzahl der von der Seite S_i ausgehenden Links mit n_i. Jede Seite S_i verteilt ihre eigene Wichtigkeit x_i zu gleichen Teilen auf alle Seiten S_j, auf die sie verweist. Der Wichtigkeitswert einer Seite S_i ergibt sich dann rekursiv als eine gewichtete Summe der Wichtigkeitswerte derjenigen Seiten, die mit einem Link auf S_i verweisen:

$$x_i = \sum_{\substack{j=1 \\ j \neq i}}^{N} h_{ji} x_j. \tag{1.1}$$

In der Formel ist $h_{ji} = 1/n_j$, wenn es auf der Seite S_j einen Link auf die Seite S_i gibt. Ansonsten ist $h_{ji} = 0$.

Betrachten wir die Gleichung (1.1) für alle N Webseiten, so ist dies ein System von N linearen Gleichungen für die N Unbekannten x_i, $i = 1, 2, \ldots, N$. Dieses Gleichungssystem lässt sich mithilfe der so genannten Hyperlink-Matrix $\mathbf{H}$ mit Einträgen h_{ji} auch als Eigenwertproblem für den Eigenwert 1 schreiben (hier bezeichnet $\mathbf{H}^T$ die transponierte Matrix)

$$\mathbf{H}^T x = x, \quad \mathbf{H} = (h_{ji})_{j,i=1,\ldots,N} \in \mathbb{R}^{N \times N}, \; x = (x_1, \ldots, x_N)^T \in \mathbb{R}^N. \tag{1.2}$$

Eigenwertprobleme wie in (1.2) sind im Allgemeinen wegen der riesigen Anzahl von Variablen nur schwer lösbar. Wie schafft es aber Google immer wieder die PageRank-Werte von allen aber Milliarden Webseiten zu berechnen? Hier kommen die speziellen

Eigenschaften der Hyperlink-Matrix zur Hilfe: Sie ist dünn besetzt und hat nur positive Einträge. Damit es noch schneller geht und man die so genannte Potenz-Methode zur Bestimmung des Eigenvektors einer Matrix mit dem dominanten Eigenwert 1 anwenden kann, wird die Hyperlink-Matrix $\mathbf{H}$ noch etwas modifiziert. Nun kann gerechnet werden. Dennoch ist die Berechnung des PageRank-Vektors x eine durchaus beeindruckende Leistung, die angeblich mehrere Tage Rechenzeit auf einer Reihe von Supercomputern in Anspruch nimmt. Wir werden uns in Kapitel 7 mit diesem Modell detaillierter beschäftigen.

1.3.2 Wann ist das Wetter günstig?

Bereits bei der Ausflugsplanung mit mathematischer Modellierung in Berührung zu kommen, war etwas unerwartet. Wir lassen uns davon aber nicht irritieren und fahren mit der Ausflugsplanung fort. Als Nächstes wollen wir uns die Wettervorhersagen anschauen. Schnell ist eine Webseite gefunden, die uns eine Wettervorhersage für die nächsten drei Tage liefert. Wir erfahren die erwarteten Temperaturen, Luftfeuchtigkeit, Windrichtung und -stärke sowie Niederschläge.

Bis über das Mittelalter hinaus bestand die Wetterkunde aus Beschreibungen und Bauernregeln. Erst mit der rasanten Entwicklung der Mathematik, der Physik und der Technik war das Fundament für die moderne Wettervorhersage gelegt. Hier trifft man einige der uns bereits bekannten Personen wieder: Der Erfinder des Thermometers war der Physiker Galileo Galilei, dessen Schüler Evangelista Torricelli einige Jahre später das erste Barometer baute. Mit diesen Instrumenten konnten die beiden wichtigen physikalischen Größen Lufttemperatur und Luftdruck gemessen werden. Es dauerte aber noch viele Jahre bis mit der täglichen Berechnung von Wetterprognosen begonnen werden konnte. In Deutschland werden Wettervorhersagen beispielsweise erst seit Oktober 1966 regelmäßig vom Deutschen Wetterdienst veröffentlicht.

Die Grundlage für Wettervorhersagen bildet ein sehr komplexes mathematisches Modell in Form eines Systems nichtlinearer partieller Differentialgleichungen in Raum und Zeit, die die nicht minder komplexen physikalischen Beziehungen zwischen der Lufttemperatur, dem Luftdruck, der Windgeschwindigkeit und der Feuchte an jedem Punkt der Erdatmosphäre mathematisch erfassen. Prinzipiell gehen die Gleichungen auf die Erhaltungssätze der Physik zurück: Die Energie, der Impuls sowie die Masse von Luft und Wasser bleiben in geschlossenen Systemen in der Zeit konstant. Hinzu kommen aber auch andere relevante Prozesse wie die Bildung von Wolken und Niederschlägen. Ein gutes mathematisches Wettermodell darf beispielsweise auch nicht vernachlässigen, dass der Boden und die angrenzende Luftschicht Wärme und Feuchtigkeit austauschen. Damit nicht genug: Um das Wetter vorherzusagen, braucht man sehr genaue aktuelle Wetterdaten. Diese dienen als Anfangs- und Randbedingungen für die Differentialgleichungen. Die wichtigsten Daten sind der Luftdruck in verschiedenen Höhen der Atmosphäre, die

Temperaturen am Boden und in der Luft, die Windrichtung und -geschwindigkeit, der Gehalt an Wasserdampf (Feuchte) sowie Wasser und Eis in den Wolken. Um die Daten zu sammeln, sind heute rund 11 000 Landstationen sowie die zahlreichen Wettersatelliten rund um die Uhr im Einsatz.

Die aufgestellten Gleichungen sind so komplex, dass man sie analytisch, d.h. in geschlossener Form, nicht lösen kann. An der Stelle hilft eine Reihe von Verfahren zur approximativen Lösung der Differentialgleichungen aus der numerischen Mathematik. Einige davon werden wir in diesem Buch noch genauer kennen lernen. Solche mathematischen Näherungen sind für die praktischen Anwendungen oft genau genug. Allerdings erfordern sie einen so hohen Rechenaufwand, dass Berechnungen nur mit Computern möglich sind. Dank der modernen Computertechnologie und effizienter numerischer Verfahren ist eine Prognose der Lufttemperatur über drei Tage heute verlässlicher als vor 25 Jahren eine Prognose für den nächsten Tag.

Abb. 1.5: Eine Wetterkarte

Verlässliche Wettervorhersagen für eine wesentlich längere Periode sind aber grundsätzlich unmöglich: Obwohl man die Gleichungen, die das Wetter beschreiben, nicht analytisch lösen kann, kann man das qualitative zeitliche Verhalten der Lösungen mathematisch untersuchen. Dabei stellt sich heraus, dass dieses Verhalten für lange Zeiten chaotisch ist. Das bedeutet, dass schon kleinste Schwankungen in den Anfangsdaten einer Wetterberechnung zu völlig verschiedenen Vorhersagen für eine längere Periode führen können. Zu Beginn der 60er-Jahre entdeckte der US-amerikanische Meteorologe Edward Lorenz, der als einer der Wegbereiter der Chaostheorie gilt, diese Eigenschaft von mathematischen Wettermodellen, die in Form von deterministischen nichtlinearen Differentialgleichungen aufgestellt werden. Von ihm stammt die Beschreibung des so genannten Schmetterlingseffektes beim Wetter. Demnach kann im Prinzip der winzige Flügelschlag eines Schmetterlings bedeutsame Auswirkungen auf das globale Wetter haben. Wer mehr über die Methoden der Wetter- und Klimavorhersagen wissen möchte, dem sei das Buch Balzer, Enke und Wehry (1998) empfohlen, bei dem die Autoren vor allem an die interessierten Nicht-Fachleute dachten.

Abb. 1.6: Geometrisches Modell eines Zahnrades

1.3.3 Wo kommt unser Auto her?

Jetzt entscheiden wir uns, mit dem Auto zum See zu fahren. Bei Entwurf, Design und Produktion von Autos spielen viele mathematische Modelle eine Rolle. Wir sprechen hier nur einen wichtigen Aspekt an, nämlich, was das äußere Aussehen eines Autos mit der mathematischen Modellierung zu tun hat. Vor 40 Jahren sahen die Autos auf den Straßen in Vergleich zu den modernen Autos anders aus. Heutzutage berücksichtigt man beim Design von Autos mehrere Kriterien, neben der Optik etwa aerodynamische Charakteristika und ausreichenden Platz für Fahrgäste und Gepäck. Die für die ausgewählten Kriterien optimale Form einer Autokarosserie wird mit einer speziellen Art der mathematischen Modellierung gefunden, der geometrischen Modellierung und der Optimierung. Die Methoden der geometrischen Modellierung, die im breiteren Sinne zum Bereich der Computer-Graphik gehören, lassen sich unter dem Begriff CAD („Computer-Aided Design") zusammenfassen. Beim CAD geht es darum, später industriell anzufertigende Objekte, wie z.B. Autokarosserien, Maschinenteile, Gebäude oder elektronische Schaltkreise, zunächst mithilfe des Computers bildlich zu entwerfen. Dies lässt sich leichter und schneller durchführen als frühere manuelle technische Zeichnungen. Vor allem können Änderungen direkt im vorhandenen Bild am Computer vorgenommen und so schneller und effizienter eine optimale Form gefunden werden.

Wie wird aber eine dreidimensionale Autokarosserie im Computer beschrieben, erfasst und dargestellt? Eine Möglichkeit ist, sie aus einer kleinen Menge leicht zu beschreibender Objekte, so genannter Primitive, wie Quader, Zylinder, Kugeln oder Kegel zusammenzubauen. Dabei setzt man mengentheoretische Operationen wie etwa Vereinigung, Durchschnitt und Mengendifferenz ein, um aus den Primitiven komplexere Bauteile zu kreieren. Der Ansatz wird CSG (**C**onstructive **S**olid **G**eometry) genannt.

Jedoch reichen diese einfachen Bausteine bei der Darstellung komplexerer Objekte wie z.B. der Autokarosserien nicht aus. Die Form einer Autokarosserie ist üblicherweise nicht aus einfachen geometrischen Primitiven zusammensetzbar. Solche „Freiformflächen" können durch viele kleine regelmäßige Flächenstücke angenähert werden. Die Flächen- oder Kurvenstücke, die beim CAD eingesetzt werden, sollen über bestimmte so genannte

Stützpunke verlaufen, einfach aufgebaut sein und sich glatt zusammenfügen lassen. Sie werden über die in der Mathematik übliche Parameterdarstellung realisiert.

Insbesondere einigen speziellen parametrisierten Kurven und Flächen wie z.B. den so genannten B-Splines, den Bézier-Kurven und -Flächen, die von Pierre Bézier beim Autohersteller Renault zum Design von Autokarosserien Anfang der 60er-Jahre entwickelt wurden, oder den integralen und rationalen Kurven und Flächen verdanken wir das schöne Aussehen, aber auch die guten aerodynamischen Eigenschaften von Autos, Flugzeugen oder Gebäuden. Eine ausführlichere Darstellung der Prinzipien der Computergrafik und des geometrischen Modellierens findet man z.B. in Brüderlin, Meier und Johnson (2001).

1.3.4 Wie finden wir den Weg?

Nun wollen wir von unserem Zuhause ausgehend einen möglichst günstigen Weg zum Zielpunkt finden. Noch vor einigen Jahren mussten wir nach passenden Routen in Autoatlanten suchen. Heutzutage bringt uns ein GPS-Navigationssystem zuverlässig zum Ziel. Damit ein Navigationssystem funktioniert, wird eine ganze Menge Mathematik, Technik und Informatik benötigt. Zum einen müssen dem Navigationssystem sehr genaue Landkarten vorliegen. Zum anderen muss laufend die aktuelle Position des Autos bestimmt werden. Und natürlich muss noch der optimale Weg aus einer riesigen Menge von Möglichkeiten ausgewählt werden. Alle drei Aufgaben sind komplex, aber auch sehr interessant. Aus Platzgründen beschränken wir uns hier auf eine kurze Darstellung der mathematische Grundlagen und Verfahren der Positionsbestimmung.

Abb. 1.7: Ein Navigationsgerät

Die technische Grundlage der Positionsbestimmung bildet das NAVSTAR GPS oder einfach GPS, was soviel wie **NAV**igation **S**ystem with **T**ime **A**nd **R**anging **G**lobal **P**ositioning **S**ystem bedeutet. In den 70er-Jahren vom US Department of Defense für militärische Zwecke entwickelt, wird GPS heute im zivilen Bereich für Navigation, Ortung und geologische Vermessungen eingesetzt. GPS besteht aus 24 Satelliten, die die Erde auf elliptischen (nahezu kreisförmigen) Bahnen in ca. 20 000 km Höhe mit einer Geschwindigkeit von etwa 4 km/s umrunden. Die GPS-Satelliten bewegen sich so, dass sich zu jedem Zeitpunkt an jedem Ort der Erde mindestens vier Satelliten in geeigneter Höhe über dem Horizont befinden.

Das Prinzip der Satellitennavigation ist recht einfach: Jeder Satellit sendet laufend ein Datenpaket aus, das unter anderem den genauen Sendezeitpunkt und die augenblickliche Position des Satelliten enthält. Der Empfänger auf der Erde bestimmt die Ankunftszeit des Signals. Aus der Laufzeit des Signals ergibt sich dann die Entfernung zum Satelliten. Mit drei solchen Messungen zu verschiedenen Satelliten kann man die Position des Empfängers im Raum bestimmen. Befindet sich ein Satellit bezüglich eines bestimmten kartesischen Koordinatensystems auf der Position (x_0, y_0, z_0) und ist seine Entfernung zum Empfänger gleich r_0, so genügt jeder Punkt (x, y, z) der zugehörigen Kugeloberfläche, auf der sich der Empfänger aufhält, der Gleichung

$$(x - x_0)^2 + (y - y_0)^2 + (z - z_0)^2 = r_0^2. \tag{1.3}$$

Der Schnittpunkt dieser Kugeloberflächen ist die Position des Empfängers. So einfach liegen die Verhältnisse in Wirklichkeit jedoch nicht. Da die Signale mit Lichtgeschwindigkeit übertragen werden und die Satelliten sich mit einer rasanten Geschwindigkeit bewegen, sind die Anforderungen an die Genauigkeit enorm: Ein Laufzeitfehler von einer tausendstel Sekunde würde einen Distanzfehler von 300 km bewirken und damit das System unbrauchbar machen. Deswegen müssen bei den Berechnungen die spezielle und die allgemeine Relativitätstheorie berücksichtigt werden, denen zufolge die Zeitmessung an Bord der Satelliten von derjenigen am Erdboden abweicht. Außerdem sollen Ungenauigkeiten in den Satellitenpositionen (Satellitenfehler) und in der Empfängeruhrzeit (Empfängerfehler) sowie atmosphärische Effekte, die die Geschwindigkeit der Signalverbreitung beeinflussen, berücksichtigt werden. Rechnet man den Zeit- in den Distanzfehler um und bezeichnet diesen letzten (unbekannten) Fehler mit D, so gilt:

$$(x_E - x_0)^2 + (y_E - y_0)^2 + (z_E - z_0)^2 = (r_0 + D)^2, \tag{1.4}$$

wobei (x_E, y_E, z_E) die Empfängerposition bezeichnet. In Gleichung (1.4) treten die vier Unbekannten x_E, y_E, z_E und D auf. Der Distanzfehler D kann für alle Satelliten in guter Näherung als gleich angenommen werden. Lassen sich nun vier Satelliten beobachten, so wird das mathematische Modell der Positionsbestimmung in Form von vier nichtlinearen Gleichungen mit vier Unbekannten aufgestellt. Das System lässt sich in dem obigen Fall direkt lösen. Natürlich werden in der Realität etwas komplexere Modelle für die Positionsbestimmung eingesetzt, zu deren Lösung man auf numerische Verfahren zurückgreifen muss. Eine fundierte Übersicht zum Thema GPS findet man z.B. in Hofmann-Wellenhof, Lichtenegger und Collins (1997).

1.3.5 Wie wird der Verkehr geregelt?

Die berechnete optimale Route wird nun von unserem Navigationssystem angezeigt und wir können endlich losfahren. Auf der nächsten Ecke schaltet aber die Ampel auf Rot, und wir nutzen die Zwangspause, um zu überlegen, nach welchen Prinzipien die Ampelsteuerung erfolgt.

Seit Jahren versucht man, durch geeignete Ampelsteuerung den Verkehrsfluss zu optimieren. Dabei werden in Mitteleuropa bei der Koordinierung der Ampelsignale in Verkehrsnetzen bestimmte Hauptachsen bevorzugt (die so genannte „Grüne Welle"), während in anderen Ländern (z.B. USA oder Großbritannien) versucht wird, das Gesamtsystem zu optimieren.

Bei der „Grünen Welle" werden nur Wartezeiten und Haltevorgänge in den durchgehenden Hauptverkehrsströmen in die Optimierung einbezogen. Wartezeiten und Haltevorgänge der Ein- und Abbieger sowie des kreuzenden Querverkehrs bleiben unberücksichtigt. Durch die Koordinierung der Signalprogramme benachbarter Knotenpunkte versucht man zu erreichen, dass die Mehrzahl der Fahrzeuge unter Einhaltung einer bestimmten Geschwindigkeit mehrere Knotenpunkte ohne Halt passieren kann.

Abb. 1.8: „Grüne Welle"

Bei der Gesamtoptimierung können verschiedene Größen betrachtet werden, die minimiert oder maximiert werden sollen. Zum Beispiel kann die Gesamtwartezeit aller Fahrzeuge minimiert werden, die durchschnittliche Wartezeit, die Reisezeit, die Anzahl der Halte oder die Staulänge. Maximiert werden können zum Beispiel die Durchschnittsgeschwindigkeit oder die Verkehrsflussglätte.

Die entsprechenden mathematischen Modelle für die Ampelsteuerung werden als kombinatorische Planungs- und Optimierungsprobleme formuliert. Ähnliche Modelle gibt es im Bahn-, Nah- und Luftverkehr, damit etwa Linien, Preise oder Fahrpläne und vieles mehr optimal geplant werden. Um die umfangreichen Anforderungen im Verkehr zu erfüllen, benötigt man gute Modelle, theoretische Einsicht und leistungsfähige Algorithmen aus verschiedenen Gebieten der Mathematik. Auf diesem Gebiet wird aktuell weiter geforscht. Was die „Grüne Welle“ betrifft, so gibt es in Berlin einige Hauptstraßen, an denen sie tatsächlich funktioniert.

Auf unserem Ausflug führt uns das Navigationssystem entlang einer Straße mit der „Grünen Welle“ aus der Stadt heraus. Hatten wir einfach Glück oder denkt das Navigationssystem mit? Beide Varianten sind möglich, je nachdem, was für eine Navigations-Software eingesetzt wird.

Wir haben nun einige Einsatzgebiete der Modellierung kennen gelernt. Mathematische Modelle wurden in verschiedensten Anwendungssituationen aufgezeigt. Natürlich beschränkt sich mathematische Modellierung nicht nur auf die alltäglichen Situationen. Klimamodellierung für verlässliche Vorhersagen, um für unsere Zukunft lebenswichtige Entscheidungen richtig treffen zu können, medizinische Modellierung, die jeden Tag viele Menschenleben rettet, wirtschaftliche Modelle, die sowohl einzelne Betriebe als auch gesamte Branchen steuern: Das sind nur einige Beispiele aus der breiten Palette der Anwendungen der mathematischen Modellierung, die unser Leben immer mehr beeinflussen und bestimmen. Viele aktuelle Anwendungen der mathematischen Modellierung findet man z.B. in den in letzter Zeit erschienenen Büchern Aigner und Behrends (2008), Bungartz u. a. (2009), Eck, Garcke und Knabner (2008), Ortlieb u. a. (2008). Um die Methode der mathematischen Modellierung etwas näher kennen zu lernen, werden wir sie im folgenden Kapitel an einem Beispiel selbst anwenden.

2 Modellierung des Freiwurfs beim Basketball

Übersicht

Das vorige Kapitel hat zahlreiche Berührungspunkte unseres Alltagslebens mit der mathematischen Modellierung vorgestellt. Bevor wir den Vorgang des mathematischen Modellierens allgemein und systematisch beschreiben, werden wir in diesem Kapitel anhand eines Beispiels alle notwendigen Schritte kennen lernen und diskutieren. Teile dieses Kapitels sind in Anlehnung an den sehr schönen Artikel von Gablonsky und Lang (2005))[1] entstanden.

Man könnte annehmen, dass das (erfolgreiche) Werfen eines Freiwurfs für alle hochbezahlten Basketballstars eine reine Formalität ist. Erstaunlicherweise ist dem nicht so! Während der deutsche NBA[2]-Star Dirk Nowitzki in der Saison 2008/09 laut NBA Media Ventures (2009) immerhin eine Trefferquote von 89% hatte, gibt es andere NBA-Superstars, die in dieser Hinsicht weniger erfolgreich sind. Ein prominentes Beispiel ist Shaquille O'Neal, der am Ende der Saison 2008/09 gerade mal eine Trefferquote von 59 % hatte, in seiner gesamten Karriere sogar nur eine Quote von 52.4 %. Er ist kein Einzelfall: Fast ein Drittel der NBA-Spieler haben beim Freiwurf eine Trefferquote von weniger als 75%.

Wir nehmen nicht an, dass Dirk Nowitzki an der Freiwurflinie überlegt, mit welchem Abwurfwinkel er den Ball werfen sollte oder welchen Einfluss wohl der Luftwiderstand auf die Wurfbahn hat. Aber wer weiß, vielleicht gibt es in seinem Beraterstab einen

---

[2]Abkürzung steht für National Basketball Association, die nordamerikanische Basketball-Profiliga

ausgebildeten Mathematiker, dessen Hinweise im Trainingsplan berücksichtigt werden? Das Beispiel des Freiwurfs eignet sich jedenfalls auch unabhängig von seiner Praxisrelevanz dafür, die methodischen Schritte der mathematischen Modellierung anhand eines anschaulichen Falls vorzuführen.

2.1 Erstes Modell: Der beste Abwurfwinkel

Zunächst scheint eine Problemstellung der Form „Wie kann man die Trefferquote beim Freiwurf verbessern?“ viel zu komplex zu sein, und man weiß nicht so recht, wo man anfangen soll. Dies ist eine ganz typische Situation in der mathematischen Modellierung. In den meisten Fällen empfiehlt es sich, zunächst eine einfache Fragestellung zu formulieren und ein dazu passendes einfaches und leicht zu lösendes Modell aufzustellen. Danach wird man dann dieses Modell erweitern und verfeinern, um die Realität immer besser zu beschreiben und auch komplexere Fragestellungen untersuchen zu können.

Beobachtet man Basketballspieler beim Freiwurf, so fällt auf, dass sie auch bei kleinen Fehlern noch den Korb treffen. Es erscheint plausibel, dass die Größe des Fehlers, den sich der Spieler erlauben darf, von der Art und Weise abhängt, wie der Spieler den Ball abwirft, also zum Beispiel, in welchem Bogen der Ball in den Korb geht. Daher formulieren wir die folgende noch recht ungenaue Fragestellung:

Anwendungsproblem

Wie sollte ein Basketballspieler einer bestimmten Größe beim Freiwurf den Ball werfen, damit eine größtmögliche Abweichung beim Abwurf immer noch zu einem Treffer führt?

Um diese Problemstellung zu präzisieren, werden wir im nächsten Abschnitt zunächst einige vereinfachende Annahmen formulieren.

2.1.1 Analyse des Anwendungsproblems

Um das soeben formulierte Anwendungsproblem bearbeiten zu können, müssen wir zunächst überlegen, wie sich ein erfolgreicher Freiwurf beschreiben lässt. Sobald der Ball die Wurfhand des Spielers verlassen hat, ist die weitere Flugbahn des Balls durch physikalische Gesetzmäßigkeiten (die so genannten Bewegungsgleichungen) eindeutig bestimmt. Der Spieler kann den Ball jedoch unter unterschiedlichen Abwurfwinkeln und mit verschiedenen Abwurfgeschwindigkeiten auf die Reise schicken und dem Ball eventuell auch noch einen so genannten Spin, d.h. eine Drehung um die eigene Achse, mitgeben. Dann kann der Ball auf unterschiedliche Arten ins Netz gehen: ohne oder mit Berührung des Metallringes, an dem das Korbnetz hängt, nach Abprallen vom Brett hinter dem Korb (dem so genannten *Backboard*), nach mehrmaligem Hin- und Herspringen zwischen Vorder- und Rückseite des Rings etc.

Vereinfachende Annahmen

Um zu einem einfachen Modell zu gelangen, machen wir einige Annahmen, die wir im Folgenden möglichst explizit festhalten. Dies ist unter anderem für eine spätere Interpretation der Ergebnisse unerlässlich.

1. *Nur „Nearly nothing but net“ -Würfe.* Damit ist folgendes gemeint: Wir betrachten als mögliche Treffer nur (a) Würfe, bei denen der Ball direkt ins Korbnetz geht (also ohne Berührung des Rings oder des Backboards) oder (b) Würfe, bei denen der Ball die Hinterkante des Ringes trifft und dann direkt ins Netz geht. Diese Einschränkung beinhaltet immer noch einen Großteil der erfolgreichen Wurfbahnen, vereinfacht die Analyse aber erheblich. Um sicher zu gehen, dass ein Ball, der die Hinterkante des Ringes trifft, auch wirklich in den Korb geht und nicht nach dem Abprallen daneben geht, betrachten wir nur solche Flugbahnen als erfolgreiche Treffer, bei denen der Ballmittelpunkt zum Zeitpunkt des Berührens der Ringhinterkante auf oder unterhalb der Höhe des Ringes ist.
2. *Vernachlässigung des Luftwiderstandes.* Wir gehen in einem ersten Schritt davon aus, dass der Einfluss des Luftwiderstandes klein ist und daher vernachlässigt werden kann.
3. *Vernachlässigung des Spins.* Der Spin des Balls (also das Drehen um die eigene Achse) wird besonders wichtig, wenn der Ball vom Ring oder vom Backboard abprallt, bevor er in den Korb geht. Wegen Annahme 1 können wir auch den Spin vernachlässigen.
4. *Kein seitlicher Fehler der Flugbahn.* Wir gehen davon aus, dass ein guter Werfer ziemlich genau geradeaus werfen kann. Wegen dieser Annahme können wir die Flugbahn des Balls mit zwei statt mit drei Koordinaten beschreiben, was die Rechnungen wesentlich vereinfacht.
5. *Kein Fehler in der Abwurfgeschwindigkeit.* Wir nehmen an, dass einige Basketballspieler deswegen schlecht treffen, weil sie im falschen Winkel werfen. Wir konzentrieren uns daher in unserem ersten Modell nur auf die Abweichungen im Abwurfwinkel und nehmen die Abwurfgeschwindigkeit als konstant an.
6. *Der ideale Wurf geht durch das Zentrum des Rings.* In unserem ersten Modell wählen wir zu einem Abwurfwinkel zuerst die Abwurfgeschwindigkeit so, dass der Ball genau durch die Mitte des Korbrings geht. Entsprechend unserer 4. Annahme betrachten wir dann ausgehend von diesem „Idealwurf“ Würfe mit derselben Abwurfgeschwindigkeit, aber abweichendem Abwurfwinkel.

Diese Annahmen sind natürlich ziemlich restriktiv. Üblicherweise wird zum Beispiel Basketball nicht im Vakuum gespielt, und es kommt auch nicht allzu selten vor, dass ein Ball ein paar Mal vom Ring zurückprallt, bevor er ins Netz geht. Aber wir wollten mit einem einfachen Modell beginnen, welches wir auch relativ schnell lösen und einfach interpretieren können. Später werden wir einige der Annahmen wieder fallenlassen und das Modell verfeinern. Damit können wir nun unsere Problemstellung präzisieren:

Präzisierte Problemstellung

Mit welchem Abwurfwinkel sollte ein Basketballspieler einer bestimmten Größe (unter den obigen Annahmen) beim Freiwurf den Ball werfen, damit eine größtmögliche Abweichung von diesem Abwurfwinkel – bei gleich bleibender Abwurfgeschwindigkeit – immer noch zu einem Treffer führt?

2.1.2 Herleitung eines mathematischen Modells

Wir werden jetzt unter Berücksichtigung der im letzten Abschnitt vorgestellten Annahmen ein erstes einfaches Modell herleiten. Dazu müssen wir im ersten Schritt die relevanten physikalischen Größen (Parameter und Variablen) identifizieren. Im zweiten Schritt formulieren wir mathematische Beziehungen zwischen den physikalischen Größen, was dann zu dem eigentlichen mathematischen Modell führt.

Parameter und Variablen

Um die Bewegungsgleichung für den Basketball bei einem Freiwurf herzuleiten, benötigen wir zunächst die relevanten geometrischen Maße, die man zum Beispiel im Regelwerk der NBA im Internet findet (NBA Media Ventures, 2007–2008), siehe auch Abbildung 2.1. Üblicherweise werden dort die Längeneinheiten „Foot" ([ft]) und „Inch" ([in]) verwendet ($1\,\text{in} = 2.54\,\text{cm}$ und $12\,\text{in} = 1\,\text{ft}$). Der horizontale Abstand der Freiwurflinie vom Backboard, also dem Brett, an dem der Korb befestigt ist, beträgt 15 ft und der horizontale Abstand zwischen dem Brett und dem Mittelpunkt des Korbrings (dem Metallring, an dem das Netz des Korbs hängt) 15 in. Man hat beobachtet (Hamilton und Reinschmidt, 1997), dass Freiwürfe einige Inches vor der Freiwurflinie abgeworfen werden. Daher wählen wir für den horizontalen Abstand l vom Abwurfpunkt bis zum Mittelpunkt des Korbringes $l = 13\frac{1}{2}\,\text{ft} \approx 4.115\,\text{m}$. Der Radius R_r des Korbringes beträgt $R_r = \frac{3}{4}\,\text{ft} = 0.2286\,\text{m}$. Der Radius R_b des Balls ist im Regelwerk der NBA nur innerhalb eines gewissen Intervalls festgelegt. Wir nehmen einen mittleren Wert von $R_b = 0.4\,\text{ft} = 0.1219\,\text{m}$ an. Zum Schluss müssen wir noch den vertikalen Abstand h vom Abwurfpunkt bis zum Korbring bestimmen, der natürlich von der Größe h_s des Spielers abhängt. Die Höhe des Korbringes (über dem Boden) beträgt 10 ft. Geht man davon aus, dass ein Spieler den Ball ungefähr in der Höhe von 5/4 seiner Größe abwirft, so ergibt sich damit $h = 10\,\text{ft} - \frac{5}{4}h_s$. Für Dirk Nowitzki mit einer Größe von $h_s = 7\,\text{ft} \approx 2.13\,\text{m}$ ergibt sich damit z.B. $h \approx 39\,\text{cm}$. Als

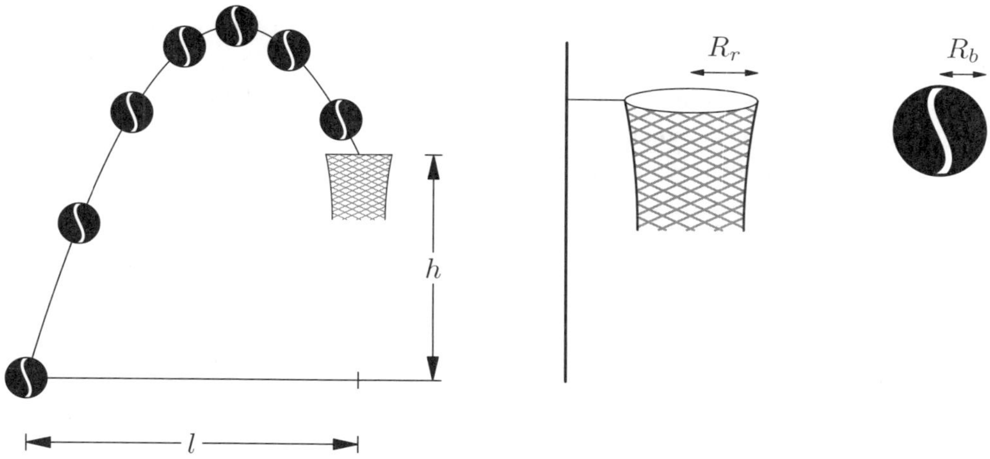

Abb. 2.1: Geometrische Größen beim Freiwurf. Links: Die Flugbahn des Balls beginnt am Abwurfpunkt, d.h. dort, wo der Ball die Hand des Werfers verlässt. Die Strecke, die der Mittelpunkt des Balls in horizontaler Richtung zurücklegt, bis er das Zentrum des Korbrings erreicht, wird mit l bezeichnet, die Strecke in vertikaler Richtung mit h. Rechts: Radius R_r des Korbringsrings, Radius R_b des Basketballs.

weiterer Parameter geht die Erdbeschleunigung g in die Bewegungsgleichung ein, für die wir den Wert $g = 9.807\,\mathrm{m/s^2}$ annehmen.

Nachdem wir die Systemparameter, die in unser Modell eingehen, angegeben haben, stellt sich die Frage, welche Variablen wir zur Beschreibung des Zustandes des Modellierungsobjektes benötigen. Um die Wurfbahn des Basketballs beim Freiwurf zu beschreiben, wählen wir den Ort $s(t)$ und die Geschwindigkeit $v(t)$ des Ballmittelpunktes als Funktion der Zeit t. Wegen **Annahme 4** ist die Bewegung zweidimensional, also $s(t) \in \mathbb{R}^2$ und $v(t) \in \mathbb{R}^2$, und aufgrund von **Annahme 3** gibt es keine weiteren Bewegungsfreiheitsgrade des Balls. Wie wir im Folgenden sehen werden, ist die Wurfbahn des Balls dann nur durch Abwurfwinkel und Abwurfgeschwindigkeit bestimmt.

Diese beiden Anfangsbedingungen, die man ja auch als eine Art Parameter ansehen kann, sind von ganz anderem Typ als die oben beschriebenen Systemparameter. Sie sind bereits ein Teil des Modells, und die Bestimmung geeigneter Werte für solche Anfangsbedingungen ist oft ein wichtiger Teil der Problemstellung.

Mathematische Beziehungen zwischen den physikalischen Größen

Unser Ziel ist es, eine mathematische Formel herzuleiten, die uns den maximal erlaubten Fehler im Abwurfwinkel bei vorgegebenen Parametern (Größe des Spielers, Abwurfwinkel, Abwurfgeschwindigkeit) liefert, sodass der Ball immer noch im Korb landet. Dazu berechnen wir zunächst die Wurfbahn des Balles, wie sie sich aus den Newtonschen Bewegungsgleichungen ergibt.

Gemäß unserer **4. Annahme** können wir die Flugbahn $s(t)$ des Balls in einem zweidimensionalen Koordinatensystem beschreiben, siehe Abb. 2.2. Dabei bezeichnet $s(t)$ den Ort des Ballmittelpunktes zum Zeitpunkt t. Der Ball befinde sich zum Zeitpunkt $t = 0$ im Ursprung unseres Koordinatensystems und werde mit einem Abwurfwinkel θ^0 und einer (skalaren) Abwurfgeschwindigkeit v^0 abgeworfen. Äquivalent könnte man auch die Abwurfgeschwindigkeiten v_x^0 in $x-$ und v_y^0 in $y-$Richtung vorgeben, siehe Abbildung 2.2 (rechts). Die Wurfbahn wird durch die horizontale Komponente $x(t)$ und die vertikale

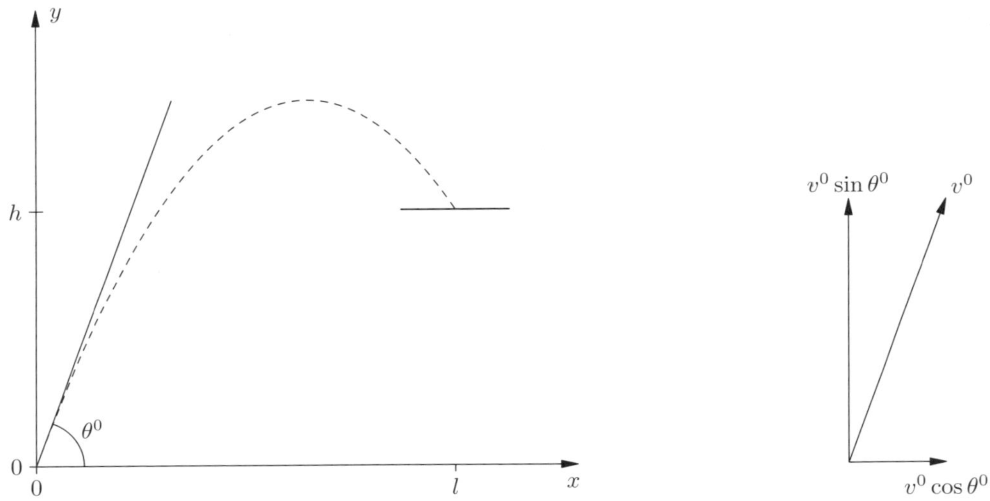

Abb. 2.2: Links: Beschreibung der Wurfbahn des Balls (gestrichelte Linie) in einem kartesischen Koordinatensystem. Der Abwurfpunkt liegt im Ursprung und das Zentrum des Korbrings (angedeutet durch den dicken Balken) hat die Koordinaten (l, h). Rechts: Zerlegung der Anfangsgeschwindigkeit v^0 in horizontalen Anteil v_x^0 in x-Richtung und vertikalen Anteil v_y^0 in y-Richtung

Komponente $y(t)$ beschrieben, also $s(t) = (x(t), y(t))$. Während sich der Ball in horizontaler Richtung kräftefrei, d.h. mit konstanter Geschwindigkeit $v_x = v_x^0$ bewegt (hier geht die **2. Annahme** ein), wird der Ball in vertikaler Richtung mit der Erdbeschleunigung g nach unten beschleunigt: $\dot{v}_y = -g$. Hier bezeichnet der Punkt über einer Funktion die Ableitung d/dt nach der Zeit t. Einfache Integration ergibt dann $v_y = v_y^0 - gt$. Wegen $v(t) = \dot{s}(t)$ ergibt eine weitere Integration und Einsetzen der Anfangsbedingungen $x(0) = 0$, $y(0) = 0$ als Lösung die so genannte Wurfparabel

$$x(t) = v_x^0 t = v^0 \cos(\theta^0) t, \quad t \geq 0 \tag{2.1}$$

$$y(t) = v_y^0 t - \tfrac{1}{2} g t^2 = v^0 \sin(\theta^0) t - \tfrac{1}{2} g t^2, \quad t \geq 0. \tag{2.2}$$

Es ist anschaulich klar, dass der Abwurfwinkel θ^0 und die Abwurfgeschwindigkeit v^0 zueinander passen müssen, damit der Ball durch die Mitte des Ringes geht, damit also die Flugbahn $s(t)$, die im Punkt $(0, 0)$ startet, durch den Punkt (l, h) geht, siehe Abb. 2.2. Als Nächstes müssen wir also eine Beziehung zwischen den Anfangsparametern v^0 und θ^0, die einem „idealen" Wurf entsprechen, herleiten. Dazu gehen wir wie folgt vor: Sei T die Zeitspanne, bis der Ball die Mitte des Rings erreicht, dann muss $x(T) = l$ und $y(T) = h$ gelten, also, nach Einsetzen in (2.1) und (2.2)

$$x(T) = l = v^0 \cos(\theta^0)T, \tag{2.3}$$

$$y(T) = h = v^0 \sin(\theta^0)T - \tfrac{1}{2}gT^2. \tag{2.4}$$

Durch Auflösen der Gleichung (2.3) nach T und Einsetzen von T in die Gleichung (2.4) lässt sich die Flugzeit T eliminieren und wir erhalten die gesuchte Beziehung zwischen Abwurfgeschwindigkeit v^0 und Abwurfwinkel θ^0:

$$l \tan\theta^0 - h = \tfrac{1}{2}g\frac{l^2}{(v^0 \cos\theta^0)^2}. \tag{2.5}$$

Auflösen nach v^0 ergibt

$$v^0 = \frac{l}{\cos\theta^0}\sqrt{\frac{g}{2(l\tan\theta^0 - h)}}. \tag{2.6}$$

Man beachte, dass die Formel (2.6) nicht für beliebige Werte von θ^0 gültig ist, sondern nur, falls $l \tan\theta^0 - h > 0$ gilt. Was bedeutet diese Ungleichung physikalisch? Falls der Abwurfwinkel zu klein ist, gibt es keine Chance, dass der Ball die Höhe des Rings erreicht. Da wir außerdem von Anfang an nur Vorwärtswürfe, also Abwurfwinkel $0 < \theta^0 < 90°$ betrachtet hatten, ergibt sich der folgende zulässige Bereich für den Abwurfwinkel θ^0:

$$\arctan(\tfrac{h}{l}) < \theta^0 < 90°. \tag{2.7}$$

Es ist im Allgemeinen sehr wichtig, einen zulässigen Bereich für die gesuchten Parameter (hier θ^0) zu spezifizieren. Insbesondere bei der Anwendung numerischer Methoden zur Lösung von Gleichungen ist es oft notwendig, den zulässigen Bereich, in dem eine Lösung gesucht werden soll, in Form von Nebenbedingungen mit anzugeben. Wir sollten noch erwähnen, dass es bei kleinen Winkeln vorkommen kann, dass der Ball, der ja kein Punkt ist, sondern eine endliche Ausdehnung hat, auf seiner Wurfbahn an der Vorderkante des Korbringes hängen bleibt, bevor er am Zentrum des Ringes ankommt. In diesen Fällen führt also (2.6) nicht zu einem erfolgreichen Freiwurf. Wir werden auf diesen Fall weiter unten bei der Behandlung des zweiten Modells noch detaillierter eingehen.

Nachdem wir gemäß unserer **6. Annahme** die ideale Wurfbahn durch das Zentrum des Rings für einen vorgegebenen Abwurfwinkel θ^0 bestimmt haben, benötigen wir jetzt noch eine Gleichung, die uns angibt, bis zu welcher Abweichung von diesem Winkel θ^0 (bei festgehaltener Abwurfgeschwindigkeit v^0) der Ball immer noch direkt in den Korb geht. Dazu gehen wir wieder von den Gleichungen (2.3) und (2.4) aus, fordern aber jetzt für die horizontale Position $x(T)$ des Balls, wenn er von oben die Höhe h der Korbebene erreicht, nicht mehr die Bedingung $x(T) = l$. Bezeichnen wir mit θ den Abwurfwinkel mit Abweichung und mit v^0 die gemäß der Gleichung (2.6) bestimmte ideale Abwurfgeschwindigkeit für den Winkel θ^0 und eliminieren wir wieder die Flugzeit T, so erhalten wir für die horizontale Position $x_T = x(T)$ eine quadratische Gleichung, nämlich (2.5), wobei θ^0 durch θ und l durch x_T ersetzt wird. Die größere Lösung dieser Gleichung lautet (siehe Aufgabe 2.1)

$$x_T = \frac{(v^0 \cos\theta)^2}{g} \left(\tan\theta + \sqrt{\tan^2\theta - \frac{2gh}{(v^0 \cos\theta^0)^2}} \right). \tag{2.8}$$

Setzt man noch die Formel (2.6) für die Abwurfgeschwindigkeit v^0 in die Gleichung (2.8) ein, so erhält man schließlich einen expliziten Ausdruck für die horizontale Endposition des Balls $x_T = x_T(\theta^0, \theta)$ in Abhängigkeit vom abweichenden Abwurfwinkel θ und dem *idealen* Abwurfwinkel θ_0, bei dem der Ball genau durch die Mitte des Rings geht. Man überprüfe, dass wir in der Tat für die Wahl $\theta = \theta^0$ wieder $x_T = l$ erhalten. Ein Beispiel, wie sich die Wurfbahnen verändern, wenn man vom idealen Abwurfwinkel θ^0 abweicht, ist in Abbildung 2.4 (rechts) auf Seite 32 zu sehen. Wir merken noch an, dass sich die Zeit T, zu der der Basketball von oben die Höhe des Ringes erreicht, als (größere) Lösung der quadratischen Gleichung $h = v_y^0 T - \frac{1}{2} g T^2$, siehe (2.4), bestimmen lässt:

$$T = (v_y^0 + \sqrt{(v_y^0)^2 - 2gh})/g. \tag{2.9}$$

Die einfachere Formel $T = l/v_x^0$ gilt nur, wenn der Ball durch das Zentrum des Korbrings geht.

Anmerkung: Etwas allgemeiner ausgedrückt haben wir es mit einem Randwertproblem für eine gewöhnliche Differentialgleichung 2. Ordnung für die Funktion $s(t) = (x(t), y(t))$ zu tun. Aus dem Newtonschen Gesetz $m\ddot{s} = F$, wobei m die Masse und F die wirkende Kraft bezeichnet, erhält man für den idealen Wurf mit $F_x = 0$, $F_y = -mg$

$$\text{Bewegungsgleichung:} \qquad \ddot{s} = \begin{pmatrix} \ddot{x} \\ \ddot{y} \end{pmatrix} = \begin{pmatrix} 0 \\ -g \end{pmatrix}, \tag{2.10}$$

$$\text{Randbedingungen:} \qquad \begin{pmatrix} x(0) \\ y(0) \end{pmatrix} = \begin{pmatrix} 0 \\ 0 \end{pmatrix}, \begin{pmatrix} x(T) \\ y(T) \end{pmatrix} = \begin{pmatrix} l \\ h \end{pmatrix}. \tag{2.11}$$

Man beachte, dass die Flugzeit T ein freier Parameter ist. Im vorliegenden Fall ist, wie wir gesehen haben, das Randwertproblem direkt geschlossen lösbar. Für allgemeinere Bewegungsgleichungen, bei denen die rechte Seite von (2.10) weitere (nicht konstante) Terme enthält, die zum Beispiel den Einfluss des Luftwiderstands berücksichtigen, können solche Randwertprobleme meist nur mit numerischen Verfahren gelöst werden.

Nachdem wir die Bewegungsgleichung aufgestellt und gelöst haben, wenden wir uns dem eigentlichen Optimierungsproblem zu: Welcher Winkel θ^0 erlaubt die größtmögliche Abweichung? Dazu überlegt man sich, dass (unter Voraussetzung von **Annahme 1**) ein Ball genau dann noch ins Netz geht, wenn alle drei folgenden Bedingungen erfüllt sind:

1. Der Wurf darf nicht zu lang sein: Zum Zeitpunkt T, an dem der Ball auf der Höhe des Rings ist, muss der Ballmittelpunkt noch mindestens den Abstand des Ballradius R_b von der Hinterseite des Ringes, die sich bei $l + R_r$ befindet, haben:
$$x_T \leq l + R_r - R_b. \tag{2.12}$$
2. Der Wurf darf nicht zu kurz sein: Um die Vorderseite der Rings nicht zu berühren, muss der Ball zu allen Zeiten $0 \leq t \leq T$ den Abstand R_b von der Vorderseite des Rings, die sich an der Position $(l - R_r, h)$ befindet, haben:
$$a(t)^2 := (x(t) - (l - R_r))^2 + (y(t) - h)^2 > R_b^2. \tag{2.13}$$
Für die spätere Implementierung bemerken wir noch, dass die zu überprüfende Zeitspanne für die Bedingung (2.13) auf das Intervall $t \in [t_0, T]$ mit $t_0 = (l - R_r - R_b)/v_x^0$ eingeschränkt werden kann, da für Zeiten $t < t_0$ der Ball in horizontaler Richtung noch einen Abstand größer als der Ballradius vom Korb hat und daher den Ring unmöglich berühren kann.
3. Außerdem muss noch sichergestellt sein, dass der Ball nicht gänzlich vor dem Korb nach unten fällt, zum Beispiel durch die Forderung
$$x_T \geq l - R_r. \tag{2.14}$$

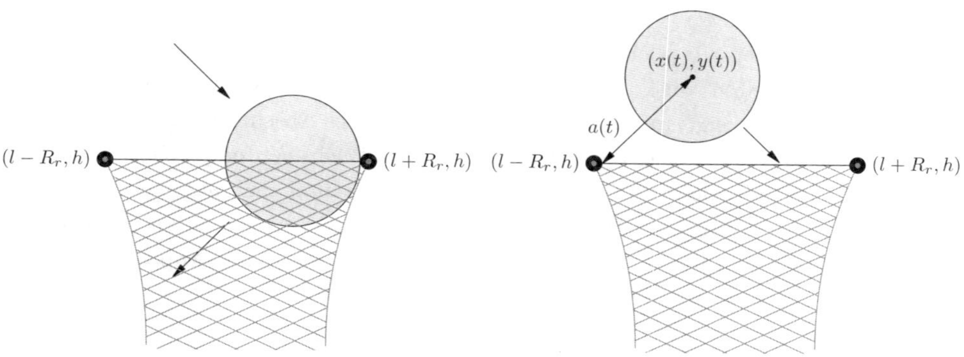

Abb. 2.3: Links: Wenn in (2.12) Gleichheit gilt, trifft der Ball den Ring auf der Höhe h und geht dann in den Korb. Rechts: Der Abstand $a(t)$ des Balls von der Vorderseite des Rings muss immer größer oder gleich dem Radius R_b des Balls sein, siehe Gleichung (2.13).

Bezeichnen wir mit $\theta^0_{\min}$ und $\theta^0_{\max}$ den kleinsten bzw. größten abweichenden Winkel θ, bei dem der Ball gerade noch in den Korb geht. Das Intervall $[\theta^0_{\min}, \theta^0_{\max}]$ soll also das größtmögliche Intervall um θ^0 sein, sodass alle Abwurfwinkel innerhalb dieses Intervalls zu einem Treffer führen. Mit

$$e(\theta^0) = \min\{(\theta^0_{\max} - \theta^0), (\theta^0 - \theta^0_{\min})\} \tag{2.15}$$

als Minimum der beiden maximalen Abweichungen von θ^0, lässt sich das zu lösende Problem jetzt mathematisch präzise formulieren:

Mathematisches Problem

Man bestimme denjenigen Abwurfwinkel θ^0_{opt}, für den die Funktion $e(\theta^0)$ in (2.15) ihr Maximum annimmt. Dieser Winkel θ^0_{opt} ist dann der beste Abwurfwinkel im Sinne unseres ersten Modells.

In der mathematischen Optimierung bezeichnet man die Funktion $e(\theta)$ als Zielfunktion und das zu lösende Problem als ein nichtlineares (da $e(\theta)$ nichtlinear ist) univariates (da $e(\theta)$ nur von einer Variablen abhängt) Optimierungsproblem.

2.1.3 Lösen des mathematischen Problems: Implementierung und Simulation

In diesem Abschnitt werden wir das im letzten Abschnitt hergeleitete univariate Optimierungsproblem numerisch lösen. Dabei werden wir auch detailliert die Implementierung in MATLAB® und insbesondere die anschließende Visualisierung der Ergebnisse diskutieren. Eine geeignete Visualisierung ist wichtig, um auch ein qualitatives Verständnis der Eigenschaften des vorliegenden Modells und der erhaltenen Ergebnisse zu gewinnen. An dieser Stelle empfehlen wir allen Lesern, die mit MATLAB nicht vertraut sind, den Anhang A durchzuarbeiten. im Folgenden werden teilweise verkürzte Ausschnitte aus den Implementierungen gezeigt, mit denen die Ergebnisse dieses Abschnittes erzeugt wurden. Der vollständige Code findet sich auf der Website zum Buch. Wir empfehlen den Lesern ausdrücklich, sich mit diesem Code vertraut zu machen und die entsprechenden Programme mit unterschiedlichen Parametern zu testen. In den Aufgaben am Ende dieses Kapitels finden sich darüber hinaus einige Anregungen zu kleineren Anpassungen oder Erweiterungen der Programme.

Festlegung der Parameter

Zu einem guten Programmierstil gehört, alle verwendeten Systemparameter einmal zentral für alle Programmteile bereitzustellen. Dies stellt sicher, dass alle Programmteile konsistent mit den gleichen Parameterwerten arbeiten, insbesondere bei eventuell notwendigen Änderungen einzelner Parameter oder Konstanten. In MATLAB lässt sich dies zum Beispiel durch Bereitstellung einer Funktion realisieren, die alle benötigten Parameter als Rückgabewert liefert und die von allen anderen Funktionen oder MATLAB-Skripten am Anfang aufgerufen wird, siehe Listing 2.1.

Listing 2.1: Funktion getParameter

```
function parameter = getParameter()
parameter.abstandHorizontal   = 4.115; %[m] = 13 1/2 ft
parameter.hoeheKorb           = 3.048; %[m] = 10ft
parameter.radiusRing          = 0.2286;%[m] = 0.75ft
parameter.radiusBall          = 0.1219;%[m] = 0.4ft
parameter.erdbeschleunigung   = 9.807; %[m/s^2]
```

Es empfiehlt sich außerdem, den Parametern und Variablen entweder sprechende Namen zu geben, siehe Listing 2.1, oder aber dieselben Kurzbezeichnungen wie in den mathematischen Formeln zu verwenden, siehe Listing 2.2.

Darstellung der Lösungen der Bewegungsgleichung

Als Erstes wollen wir uns jetzt eine Anschauung der möglichen Flugbahnen des Balls verschaffen. Dazu berechnen wir zunächst die beste Abwurfgeschwindigkeit für verschiedene Abwurfwinkel θ^0 gemäß Gleichung (2.6) und tragen die entsprechenden, in (2.1), (2.2) gegebenen Wurfbahnen $s(t) = (x(t), y(t))$, $t \in [0, T]$ in einem Schaubild auf, siehe Abbildung 2.4 (links). Dabei wurden die Positionen $(x(t), y(t))$ an n_t diskreten Zeitpunkten $t_k = k\Delta t$, $k = 0, 1, \ldots, n_t - 1$, $\Delta t = T/(n_t - 1)$ ausgewertet und stückweise linear interpoliert, d.h. mit Geradenstücken verbunden. Für eine schöne Darstellung wird man n_t so groß wählen, dass die Geradenstücke nicht mehr sichtbar sind und die Kurve glatt aussieht. Ein MATLAB-Code für eine einzelne Wurfbahn könnte zum Beispiel folgendermaßen aussehen:

Listing 2.2: Berechnung der Wurfbahn durchs Zentrum des Korbrings

```
hS = 2.13;  % Groesse Dirk Nowitzki
parameter = getParameter();
l  = parameter.abstandHorizontal;
h  = parameter.hoeheKorb - 5/4 * hS;
g  = parameter.erdbeschleunigung;
theta0Grad = 55; theta0 = theta0Grad*pi/180;

v0 = (l/cos(theta0))*sqrt( g/(2*(l*tan(theta0) - h)) );
vx = v0 * cos(theta0);
vy = v0 * sin(theta0);
T  = l/vx; nt = 500;
t  = linspace(0,T,nt);
x  = vx*t;
```

```
y  = vy*t  - g*t.*t/2;
plot(x,y)
```

Erlaubt man nun eine kleine Abweichung im Abwurfwinkel, wobei die Abwurfgeschwindigkeit nicht geändert wird, so ergeben sich Trajektorien wie in Abbildung 2.4 (rechts) gezeigt. Man beachte, dass man jetzt den Zeitpunkt T, an dem der Ball die Höhe des Korbringes erreicht, nicht mehr mit der Formel $T = l/v_x^0$, sondern mit Gleichung (2.9) berechnen muss, da ja die horizontal zurückgelegte Strecke nicht mehr gleich l ist. Als Beispiel betrachte man den folgenden Code-Ausschnitt 2.3, der, dem obigen Skript hinzugefügt, eine zweite Wurfbahn mit einem Abwurfwinkel von $\theta = \theta^0 + 3°$ liefert.

Listing 2.3: Wurfbahn mit Abweichung im Abwurfwinkel

```
thetaGrad = theta0Grad + 3; theta = thetaGrad*pi/180;
vx0 = v0 * cos(theta);
vy0 = v0 * sin(theta);
T  = (vy + sqrt(vy*vy - 2*g*h))/g;
t  = linspace(0,T,nt);
xf = vx*t;
yf = vy*t  - g*t.*t/2;
plot(x,y,'b',xf,yf,'r');
```

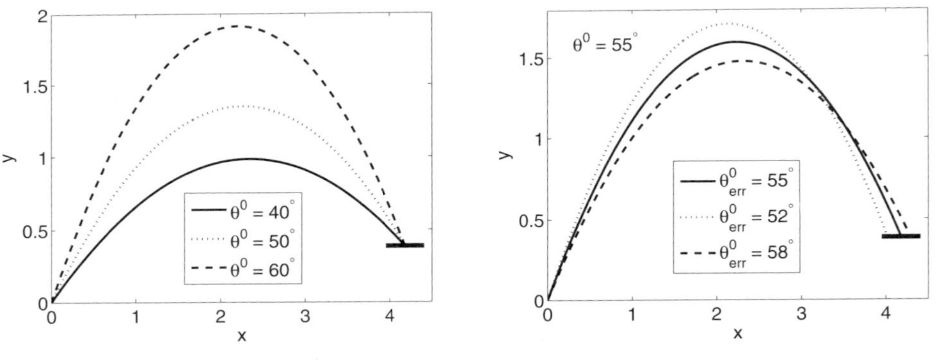

Abb. 2.4: Flugbahnen des Balls (Wurfparabeln). Der dicke Balken zeigt die Abmessungen des Korbringes. Als Spielergröße wurde die Größe von Dirk Nowitzki, also $h_s = 2.13\,\text{m}$ gewählt. Im linken Schaubild sind einige Flugbahnen durch das Zentrum des Korbrings zu unterschiedlichen Abwurfwinkeln θ^0 abgebildet. Das rechte Schaubild zeigt eine Wurfbahn durchs Zentrum des Rings und zugehörige Wurfbahnen mit einem Fehler von $\pm 3°$ im Abwurfwinkel bei unveränderter Abwurfgeschwindigkeit.

Lösung des Optimierungsproblems

Jetzt stehen wir vor der Aufgabe, den im oben spezifizierten Sinne besten Abwurfwinkel θ^0_{opt} zu bestimmen, also denjenigen Winkel, der die Zielfunktion

$$e(\theta^0) = \min\{(\theta^0_{\text{max}} - \theta^0), (\theta^0 - \theta^0_{\text{min}})\}$$

aus Gleichung (2.15) maximiert. Man beachte, dass $e(\theta^0)$ natürlich auch von der Größe des Werfers abhängt, die wir hier als $h_s = 2.13\,\text{m}$ gewählt haben. Auch hier ist es wieder sinnvoll, sich zunächst einmal einen ungefähren Eindruck vom Verlauf der Funktion $e(\theta^0)$ zu machen. Dabei erweist sich bereits die Auswertung von $e(\theta^0)$ an einer Stelle θ^0 als nicht ganz einfache Aufgabe, da wir dazu zunächst die Grenzwinkel θ^0_{min} und θ^0_{max} berechnen müssen. Wir bestimmen diese Winkel numerisch mit elementaren Mitteln, siehe das Code-Listing 2.4 der MATLAB-Funktion `fehlerWinkel`, die die Zielfunktion $e(\theta^0)$ implementiert. Zunächst suchen wir auf einem groben Raster ausgehend von θ^0 – aufsteigend für θ^0_{max} bzw. absteigend für θ^0_{min} – den ersten Winkel, der mindestens eine der drei Bedingungen (2.12)–(2.14) **nicht** erfüllt, und bestimmen dann eine gute Approximation des genauen Wertes durch Bisektion. Die Überprüfung, ob die Bedingungen (2.12)–(2.14) erfüllt sind, erfolgt durch die eingebettete Funktion `winkelZulaessig`, siehe Listing 2.5. Man überzeuge sich davon, dass in dieser Funktion in der Tat genau die formulierten Bedingungen implementiert sind.

Listing 2.4: Funktion fehlerWinkel

```
function[fehler,thetaMin,thetaMax]=fehlerWinkel(theta0Grad,hS)
% - - - - Bestimmung von thetaMin - - - - - - - - - - - -
thetaMin = theta0Grad - 0.5;
while( winkelZulaessig(thetaMin) )  % Suche auf grobem Raster
    thetaMin = thetaMin - 0.5;
end

links = thetaMin;
rechts = links + 0.5;
while abs(rechts-links) > 1.e-8 % Feinbestimmung mit Bisektion
   mitte = (rechts + links)/2;
   if( winkelZulaessig(mitte) )
       rechts = mitte;
   else
       links = mitte;
   end
end
thetaMin = mitte;
....  %  - - - Bestimmung von thetaMax, aehnlich wie thetaMin
fehler = min( theta0Grad - thetaMin, thetaMax - theta0Grad );
```

Listing 2.5: Funktion winkelZulaessig

```
function zulaessig = winkelZulaessig(thetaGrad)
... %Parameter, v0 = ...
theta = thetaGrad*pi/180;
vx0 = v0 * cos(theta);
vy0 = v0 * sin(theta);

T = (vy0 + sqrt(vy0*vy0 - 2*g*h))/g; % Ende Zeitspanne
t0 = (1 - Rr - Rb)/vx0;              % Anfang Zeitspanne
t = linspace(t0,T,100);
x = vx0*t; y = vy0*t - g*t.*t/2;    % Wurfbahn, 100 Punkte

zulaessig = true;

if( x(end) + Rb > 1 + Rr )         % hinterer Rand des Rings
    zulaessig = false;
elseif ( x(end) - Rb < 1 - Rr ) % vorderer Rand des Rings
    zulaessig = false;
else                               % vorderer Rand des Rings
    xa = x - 1 + Rr;  % horizontaler Abstand
    ya = y - h;       % vertikaler Abstand
    a2 = xa.*xa + ya.*ya;
    if min(a2) < Rb*Rb
        zulaessig = false;
    end
end
```

In Abbildung 2.5 (links) ist der Verlauf von $e(\theta^0)$ dargestellt, während das rechte Schaubild den Verlauf von $\theta^0_{\max}$ und $\theta^0_{\min}$ in Abhängigkeit von θ^0 zeigt. Beide Grafiken wurden mit der `plot`-Funktion erstellt, nach Auswertung der Funktion `fehlerWinkel` an einer diskreten Menge von Winkeln. Man beachte, dass es auch Winkelbereiche gibt, in denen gar kein Treffer möglich ist, weil der Wurf so flach ist, dass er die vordere Seite des Ringes trifft. Es mag erstaunen, dass sowohl $\theta^0_{\max}$ als auch $\theta^0_{\min}$, als Funktion von θ^0 eine Sprungstelle haben. Eine Erklärung bietet Aufgabe 2.2.

Nun soll das Maximum der Funktion $e(\theta^0)$ bestimmt werden. Die Zielfunktion $e(\theta^0)$ ist stetig, aber nicht überall differenzierbar, denn sie hat offensichtlich einen Knick an der Stelle, an der sie ihr Maximum annimmt. Dies ist nicht allzu verwunderlich, da ja bereits die Minimum-Funktion $\min\{x, y\}$ nicht differenzierbar ist. Also führt das aus der Analysis bekannte Vorgehen, die Extremwerte einer Funktion durch das Aufsuchen der Nullstellen der ersten Ableitung $e'(\theta^0)$ zu bestimmen, hier nicht zum Ziel. Auch viele numerische Verfahren zur Bestimmung von Maxima oder Minima sind nur für Zielfunktionen geeignet, die mindestens einmal differenzierbar sind. Hier benötigen wir ein Verfahren, welches ohne Ableitungen auskommt. Für Funktionen einer Veränderlichen wie die Funktion $e(\theta^0)$ kann man z.B. wieder wie bei der Bestimmung von $\theta^0_{\min}$ und $\theta^0_{\max}$

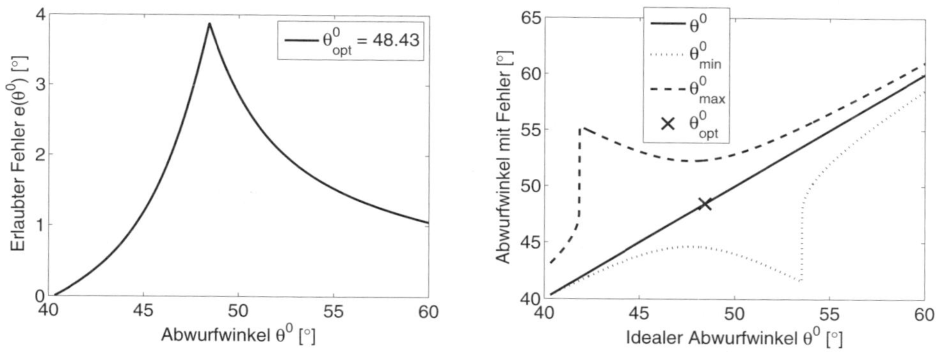

Abb. 2.5: Links: Erlaubte Abweichung $e(\theta^0)$ im Abwurfwinkel für einen Spieler der Größe $2.13\,\mathrm{m}$, gemäß Gleichung (2.15). Die Zielfunktion $e(\theta^0)$ ist offensichtlich nicht differenzierbar. Rechts: Erlaubter minimaler und maximaler Abwurfwinkel θ^0_{min} und θ^0_{max}. Beide Funktionen haben eine Sprungstelle.

vorgehen und nach einer groben Rastersuche mit dem Bisektionsverfahren das Maximum bestimmen. Es gibt allerdings wesentlich effizientere Verfahren, die sich zudem auch für Funktionen mehrerer Veränderlicher verallgemeinern lassen, siehe z.B. Jarre und Stoer (2003). Wir wollen an dieser Stelle nicht näher darauf eingehen, sondern benutzen die von MATLAB bereitgestellte Funktion `fminsearch` sozusagen als *Black Box*. Diese Funktion bestimmt das Minimum einer als erstes Argument übergebenen Funktion, ausgehend von einem Startwert, der als 2. Argument übergeben werden muss. Um das Maximum von $e(\theta^0)$ zu bestimmen, übergeben wir hier $-e(\theta^0)$. Wir wollen unsere in Listing 2.4 implementierte Funktion verwenden können. Diese hat noch einen weiteren Eingabeparameter (die Größe des Spielers), welcher nichts mit der Minimumssuche zu tun hat. Daher benutzen wir, wie im Listing 2.6 gezeigt, eine anonyme Funktion, siehe Kapitel A, S. 312.

Listing 2.6: bester Winkel

```
hS = 2.13; thetaIni = 45;
thetaOpt = fminsearch(@(x) (-fehlerWinkel(x,hS)),thetaIni)
```

Als Ergebnis erhalten wir damit schließlich den folgenden besten Abwurfwinkel θ^0_{opt} mit zugehöriger Anfangsgeschwindigkeit v^0_{opt} aus (2.6):

Bester Abwurfwinkel und beste Abwurfgeschwindigkeit für Spieler der Größe 2.13 m beim Freiwurf durchs Zentrum des Rings:

$$\theta^0_{\text{opt}} \approx 48.43°, \qquad v^0_{\text{opt}} \approx 6.66\,\text{m/s}.$$

Zum Abschluss untersuchen wir noch, wie der optimale Abwurfwinkel θ^0_{opt} von der Größe des Werfers abhängt. In Abbildung 2.6 ist der Verlauf der Zielfunktion $e(\theta^0)$ für drei unterschiedliche Spielergrößen aufgetragen. Offensichtlich nimmt der optimale Abwurfwinkel mit abnehmender Körpergröße zu. Der Leser möge dies verifizieren, indem er mit MATLAB eine Grafik erstellt, in der θ^0_{opt} über der Spielergröße h_s aufgetragen wird.

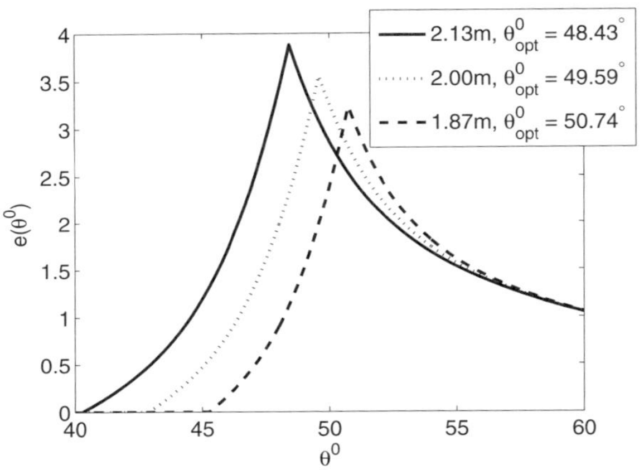

Abb. 2.6: Vergleich des erlaubten Fehlers im Abwurfwinkel zwischen Spielern unterschiedlicher Größe.

2.1.4 Interpretation der Ergebnisse und Verfeinerung des Modells

Es scheint, als hätten wir den besten Abwurfwinkel für Dirk Nowitzki gefunden – allerdings nur unter der Annahme, dass Nowitzki bei der Abwurfgeschwindigkeit keine Fehler macht. Es ist jedoch wohl eher plausibel, dass ein Spieler nicht nur im Abwurfwinkel, sondern auch in der Abwurfgeschwindigkeit Fehler macht. Im Grunde hatten wir diese Annahme ja in erster Linie gemacht, um ein einfach herzuleitendes und zu lösendes Modell zu erhalten. Sollten wir also Dirk Nowitzki den oben berechneten Abwurfwinkel empfehlen? Wahrscheinlich lieber nicht, es sei denn, Nowitzki kann die Abwurfgeschwindigkeit sehr genau kontrollieren. Trotzdem haben wir mit unserem einfachen Modell bereits ein erstes Verständnis für das vorliegende Problem gewonnen. In experimentellen Studien zum Basketballfreiwurf werden übrigens durchschnittliche Abwurfwinkel von knapp über 50° berichtet, was zeigt, dass der in unserem einfachen Modell bestimmte beste Winkel (für eine Spielergröße von 2.13 m) nicht völlig abwegig ist. Wir haben auch gesehen, dass es Winkel gibt, unter denen man überhaupt keinen Treffer erzielen kann, und dass der beste Winkel von der Größe des Spielers abhängt.

Natürlich kann man sich nur schwer vorstellen, dass Nowitzki an die Freiwurflinie tritt und denkt: „48.43°, 48.43°, ich muss mit 48.43° werfen!“ Aber für manche Spieler könnte es vielleicht durchaus nützlich sein, im Training Würfe mit einem vorher berechneten optimalen Winkel anzustreben und dann solange zu trainieren, bis sie unbewusst und automatisch mit einem solchen Winkel werfen.

In der mathematischen Modellierung ist es üblich, zunächst eine ganze Menge von vereinfachenden Annahmen zu treffen. Meist versucht man, in einem ersten Schritt gerade so viele Annahmen zu machen, wie nötig sind, um ein Modell zu erhalten, das einfach und übersichtlich zu lösen ist. Je mehr Annahmen man macht, desto weniger kann man andererseits erwarten, dass das resultierende Modell das reale Problem zutreffend beschreibt, und desto ungenauer werden in der Regel die Ergebnisse sein. Hat man das einfache Modellproblem gelöst, so wird man in einem zweiten Schritt versuchen, so viele Annahmen wie möglich wieder fallen zu lassen oder abzuschwächen. Oft geht man dabei iterativ vor und lässt schrittweise eine Annahme nach der anderen fallen und versucht jeweils, dass resultierende Modellproblem zu lösen. In der Literatur werden diese so genannten Modellverfeinerungen und der gesamte **Modellierungszyklus** (siehe auch Abb. 3.1, S. 53), in dem unter Berücksichtigung veränderter Annahmen immer wieder verfeinerte Modelle hergeleitet, bearbeitet und interpretiert werden, meist nicht explizit vorgeführt. In der Regel wird nur das „beste“ fertige Modell vorgestellt und aus diesem Modell resultierenden Ergebnisse werden diskutiert. Im nächsten Abschnitt werden wir eine weitere Iteration, also eine Modellverfeinerung vorführen. Der interessierte Leser sollte sich danach an weiteren Verfeinerungen versuchen.

2.2 Zweites Modell: Die beste Wurfbahn

Die Diskussion der Ergebnisse des ersten Modells legt nahe, die Annahme 5 – der Spieler mache keinen Fehler in der Abwurfgeschwindigkeit – fallen zu lassen. Wir werden gleich noch einen Schritt weiter gehen und auch die Annahme 6, dass der ideale Wurf durch das Zentrum des Korbes geht, fallen lassen. Im Folgenden wird klar werden, dass diese beiden Annahmen zusammenhängen. Bei der Behandlung des ersten Modells hatten wir denjenigen Abwurfwinkel θ^0_{opt} bestimmt, der dem Spieler die größte Abweichung (von diesem Winkel θ^0_{opt}) erlaubte, sodass der Wurf immer noch erfolgreich war. Infolge der Annahmen 5 und 6 war die Abwurfgeschwindigkeit v^0 in diesem Modell kein freier Parameter in der Optimierung: Zu einem θ^0 wurde die eindeutige Abwurfgeschwindigkeit v^0 für einen Wurf durchs Zentrum des Korbs berechnet. Bei der Berechnung der maximal möglichen Abweichungen für einen erfolgreichen Freiwurf wurde dann diese Geschwindigkeit v^0 konstant gehalten.

Ein Paar (v^0, θ^0) legt eindeutig eine Wurfbahn fest. Es ist offensichtlich viel natürlicher, den Abwurfwinkel θ^0 **und** die Abwurfgeschwindigkeit v^0 unabhängig voneinander zu variieren. Wir werden also versuchen, unter allen Anfangsbedingungen v^0, θ^0, die zu einem Treffer führen, die *besten* zu bestimmen. Einer genauen Festlegung, was wir unter der *besten* Wurfbahn verstehen, d.h. also, wie wir die Güte einer Wurfbahn bewerten, werden wir uns nun schrittweise annähern. Wie wir bei der Behandlung des ersten Modells gesehen haben, ist dazu die Angabe einer Zielfunktion notwendig, die jetzt von zwei Variablen, θ^0 und v^0, abhängen wird.

Problemformulierung

Man bestimme für einen Basketballspieler einer bestimmten Größe diejenige Wurfbahn (d.h. Abwurfwinkel und Abwurfgeschwindigkeit), die in einem noch zu präzisierenden Sinne die größtmögliche Abweichung erlaubt, sodass der Ball immer noch in den Korb geht.

Da wir uns bei der Modellbildung bereits in der zweiten Iteration befinden, müssen wir nicht mehr alle Schritte wie bei unserem ersten Modell durchführen. Insbesondere benutzen wir dieselben physikalischen Größen und Variablen, und auch die Lösung der Bewegungsgleichung (für gegebene Anfangsbedingungen) ändert sich nicht. Die ersten vier Annahmen von Seite 23 bleiben unverändert.

2.2.1 Analyse des Problems: Bestimmung des zulässigen Gebietes

Bevor wir, analog zum ersten Modell, ein geeignetes Optimierungsproblem präzise formulieren und anschließend lösen, werden wir uns zunächst einen Überblick verschaffen über die Menge der in Frage kommenden Paare (θ^0, v^0), also derjenigen Abwurfwinkel und Abwurfgeschwindigkeiten, die zu einem Treffer führen. In der mathematischen Optimierung nennt man diese Menge auch das *zulässige Gebiet* oder den *Suchraum*.

Die Ränder des zulässigen Gebietes werden wir numerisch bestimmen und gehen dabei wie folgt vor: Zu einem festen Abwurfwinkel θ^0 berechnen wir uns diejenige Abwurfgeschwindigkeit v^0_{vorne}, bei der der Ball gerade den Korbring vorne berührt (und in den Korb geht), und v^0_{hinten}, bei der der Ball den Korbring hinten von Innen auf der Höhe h berührt. Führen wir jetzt diese Rechnung für, sagen wir, 100 verschiedene Werte von θ^0 mit $35° \leq \theta^0 \leq 65°$ durch, so erhalten wir (nach stückweise linearer Interpolation) das in Abbildung 2.7 dargestellte Gebiet. Zusätzlich sind in diesem Schaubild auch die Wurfbahnen, die durch das Zentrum des Rings gehen, als gestrichelte Linie eingezeichnet. Bevor wir Abb. 2.7 genauer diskutieren, überlegen wir uns noch, wie sich die Grenzge-

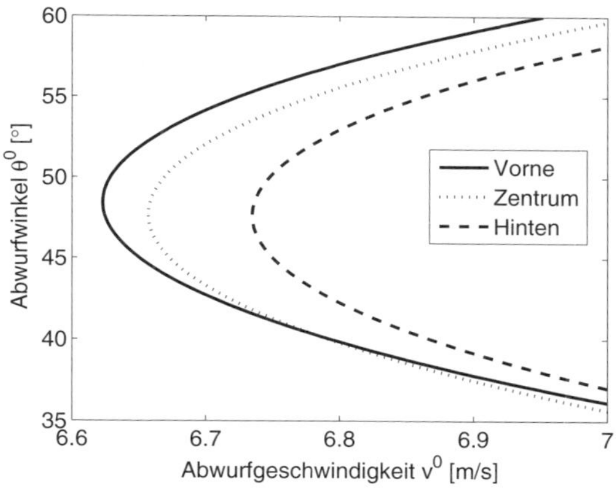

Abb. 2.7: Zulässiges Gebiet: Die Menge aller Anfangsbedingungen (θ^0, v^0), die zu einem erfolgreichen Korbwurf führen, wird von der durchgezogenen Linie (erfolgreiche Würfe, bei denen der Korbring vorne gestreift wird) und der gestrichelten Linie (erfolgreiche Würfe, die den Korbring hinten auf der Höhe des Korbrings treffen) berandet. Die Anfangsbedingungen für Würfe durch das Zentrum des Rings liegen auf der gepunkteten Linie. Man beachte, dass ein Teil dieser Linie unterhalb der durchgezogenen liegt. Diese Würfe erreichen das Zentrum also gar nicht, da der Ball vorher die Vorderseite des Rings trifft.

schwindigkeiten v^0_{vorne} und v^0_{hinten} bestimmen lassen. Betrachten wir zunächst v^0_{hinten}. Es bezeichne wieder x_T die horizontal zurückgelegte Strecke des Ballmittelpunktes bei Erreichen der Korbhöhe h, dann muss für den betrachteten Grenzfall gelten (siehe (2.12) und Abbildung 2.3)

$$x_T = l + R_r - R_b.$$

Die zugehörige Geschwindigkeit v^0_{hinten} ergibt sich dann in Analogie zu (2.6), mit x_T statt l zu

$$v^0_{\text{hinten}} = \frac{l + R_r - R_b}{\cos\theta^0} \sqrt{\frac{g}{2\big((l + R_r - R_b)\tan\theta^0 - h\big)}}.$$

Die Berechnung von v^0_{vorne} ist etwas aufwändiger: Sei $a(t)$ wie in (2.13) und Abb. 2.3 der Abstand des Ballmittelpunktes von der Vorderseite des Rings zum Zeitpunkt t und $a_{\min}$ der minimale Abstand entlang der Wurfbahn, d.h.

$$a_{\min} = \min_{t\in[0,T]} \{a(t)\}. \tag{2.16}$$

Für einen festen Abwurfwinkel θ^0 hängt dann $a_{\min}$ von der gewählten Abwurfgeschwindigkeit v^0 ab, und wir suchen diejenige (hoffentlich eindeutige) Geschwindigkeit v^0_{vorne}, für die der minimale Abstand gerade gleich dem Ballradius R_b ist und der Ball zum Zeitpunkt T auch innerhalb des Korbrings ist (der Ball könnte ja auch von außen den

Korbring streifen). Der Leser überlege sich, dass sich dies folgendermaßen als ein Minimierungsproblem schreiben lässt: Man bestimme dasjenige v^0, für das die Funktion

$$f(v^0) = |a_{\min}(v^0) - R_b| \tag{2.17}$$

ihr Minimum annimmt, unter der Nebenbedingung

$$l - R_r - x_T \leq 0. \tag{2.18}$$

Man beachte dabei, dass – zumindest anschaulich – klar ist, dass, wenn es überhaupt ein v^0 gibt, welches zu einem Treffer führt, dann auch mindestens ein v^0_{vorne} existiert, für das der Ball den vorderen Ring (von Innen) berührt, also $f(v^0_{\text{vorne}}) = 0$ ist, und damit auch eine Minimalstelle von f ist, welche die Bedingung (2.18) erfüllt. Jetzt können wir wieder auf einen geeigneten Algorithmus zum Auffinden eines Minimums einer nicht differenzierbaren Funktion zurückgreifen, wie er z.B. von MATLAB in der Funktion `fminsearch` bereitgestellt wird. Um die Nebenbedingung (2.18) zu erfüllen, wenden wir einen einfachen Trick an, indem wir zu der Zielfunktion f einen so genannten *Strafterm* dazuaddieren, der dafür sorgt, dass die Funktion f für alle Werte von v^0, bei denen die Nebenbedingung verletzt ist, einen echt positiven Wert annimmt:

$$g(v^0) = |a_{\min}(v^0) - R_b| + \max(0, l - R_r - x_T). \tag{2.19}$$

Die Funktion g ist in der MATLAB-Funktion `abstandMin` in Listing 2.7 implementiert.

Listing 2.7: Funktion abstandMin

```
function ab = abstandMin(v,theta)
... % getParameter ...
vx = v * cos(theta);
vy = v * sin(theta);

t0 = (l - Rr)/vx;                   % Anfang Zeitspanne
T = (vy + sqrt(vy*vy - 2*g*h))/g;  % Ende Zeitspanne
t = linspace(t0,T,100);
x = vx*t; y = vy*t - g*t.*t/2;    % Wurfbahn, 100 Punkte

xa = x - l + Rr;   % horizontaler Abstand
ya = y - h;        % vertikaler Abstand
a2 = xa.*xa + ya.*ya;
ab = abs( sqrt(min(a2)) - Rb );

% Strafterm, realisiert die Nebenbedingung  x(T) >= l-Rr,
if( l - Rr - x(end) > 0)
   ab = ab + (l - Rr - x(end));
end
```

Im Code haben wir ausgenutzt, dass es für die Bestimmung des minimalen Abstandes genügt, nur die Wurfbahn vom Zeitpunkt t_0 an zu betrachten, an dem der Ball in horizontaler Richtung den Korbring erreicht hat. In Listing 2.8 wird jetzt das oben beschriebene Vorgehen in einer MATLAB-Funktion `zulaessigesGebiet` implementiert. Die Abbildung 2.7 lässt sich dann mit einem kurzen Skript, siehe Listing 2.9, erzeugen.

Listing 2.8: Funktion zulaessigesGebiet

```
function [theta0Grad,v0Vorn,v0Zentrum,v0Hint] ...
                    = zulaessigesGebiet(thetaMin,thetaMax,hS)
... % getParameter() ...
nTheta     = 100;  % Anzahl der diskreten Abwurfwinkel
theta0Grad = linspace(thetaMin,thetaMax,nTheta);
theta0     = theta0Grad*pi/180;
vStart   = 6.5;

for k=1:nTheta
  theta = theta0(k);
  % - - - Ball geht durch das Zentrum des Rings - - - - - -
  v0Zentrum(k) = (l/cos(theta))*sqrt(g/(2*(l*tan(theta)-h)));

  % - - - Ball beruehrt den Ring hinten (auf Hoehe h) - - -
  xT           = l + Rr - Rb;
  v0Hint(k)    = (xT/cos(theta))*sqrt(g/(2*(xT*tan(theta)-h)));

  % - - - Ball beruehrt den Ring vorne (mit NB x(T)>=l-Rr)
  [v0Vorn(k)] = fminsearch(@(v) abstandMin(v,theta),vStart);
  vStart       = v0Vorn(k);  %letztes Optimum als Startwert
end
```

Listing 2.9: Darstellung des zulässigen Gebietes

```
[theta0,v0Vorn,v0Zent,v0Hint] = zulaessigesGebiet(35,60,2.13);
plot(v0Vorn,theta0,v0Zent,theta0,v0Hint,theta0);
```

Betrachten wir jetzt das zulässige Gebiet in Abbildung 2.7 etwas genauer: Wo liegt die in unserem ersten Modell bestimmte *beste* Wurfbahn? Es muss derjenige Punkt auf der gepunkteten Linie sein, der nach oben und nach unten einen möglichst großen Abstand zum Rand des zulässigen Gebietes hat. Dieser Punkt liegt in der Nähe der Spitze der gepunkteten „Parabel". Man sieht dann sofort, dass für einen solchen Wurf der Spielraum in der Anfangsgeschwindigkeit sehr unsymmetrisch ist: In der Abbildung ist nach rechts mehr Platz als nach links. Eine solche Wurfbahn anzustreben, wäre also nur gut für einen Spieler, der regelmäßig zu weit wirft, aber für jemanden der tendenziell eher zu kurze Würfe macht, wäre diese Wurfbahn sicherlich nicht optimal.

Welches Paar (θ^0, v^0) erlaubt die größte Abweichung im Winkel? Wenn wir zulassen, dass der Ball an einer beliebigen Position durch den Ring geht und nicht unbedingt durchs Zentrum, und die dann erlaubte Abweichung im Abwurfwinkel maximieren, so erhalten wir eine *beste* Wurfbahn, die in unserem zulässigen Gebiet in der Nähe der Spitze der gestrichelten Linie in Abbildung 2.7 liegt. Aber wie man sieht, erlaubt diese Wurfbahn keine Abweichung in der Abwurfgeschwindigkeit!

Dasjenige Paar von Anfangsbedingungen, welches die größte Abweichung in der Abwurfgeschwindigkeit erlaubt, ist nicht so einfach zu finden. Numerisch erhalten wir für eine Spielergröße von $h = 2.13\,\text{m}$ einen Abwurfwinkel von $\theta^0 \approx 74.33°$ mit $v^0 \approx 8.53\,\text{m/s}$. Anschaulich bewegt man sich in Abbildung 2.7 zwischen der durchgezogenen und der gestrichelten Linie sehr weit nach rechts oben – dieser Bereich ist nicht mehr abgebildet – auf Punkten, sodass sich der horizontale Abstand zu den beiden Rändern des zulässigen Gebietes immer weiter vergrößert. Die erlaubte Abweichung im Abwurfwinkel ist aber für diese *beste* Wurfbahn nur noch sehr klein, abgesehen davon, dass der Ball – wenn man denn in der Lage wäre, so hoch zu werfen – wahrscheinlich an der Hallendecke abprallen würde.

Die obige Analyse des zulässigen Gebietes bestätigt also, dass wir bei der Beantwortung der Frage, wie die *beste* Wurfbahn zu definieren ist, den Abwurfwinkel und die Abwurfgeschwindigkeit gleichzeitig betrachten sollten, denn:

- Diejenige Wurfbahn, die eine maximale Abweichung im Abwurfwinkel erlaubt, gestattet keinerlei Abweichung in der Abwurfgeschwindigkeit.
- Die Wurfbahn, die eine maximale Abweichung in der Abwurfgeschwindigkeit erlaubt, gestattet nur eine sehr kleine Abweichung im Abwurfwinkel und ist darüber hinaus physikalisch kaum realisierbar.
- Die beste Wurfbahn aus unserem ersten Modell erlaubt nur wenig Abweichung in Richtung einer zu kleinen Abwurfgeschwindigkeit. Es ist also sehr unwahrscheinlich, dass der beste Wurf durchs Zentrum des Korbs geht.

Abschließend merken wir noch an, dass sich die Kurve für die Würfe durchs Zentrum des Korbs mit dem linken Rand des zulässigen Gebietes schneidet, also nicht vollständig im zulässigen Gebiet läuft. Was bedeutet das? Es gibt (kleine) Abwurfwinkel, für die ein Wurf durchs Zentrum des Rings (also mit der in (2.6) gegebenen Abwurfgeschwindigkeit) am vorderen Rand des Rings hängen bleibt, also gar nicht trifft. Wählt man allerdings die Abwurfgeschwindigkeit groß genug, so kann man den Korb treffen. Der Ball geht dann hinter dem Zentrum durch die Ringebene.

2.2.2 Mathematisches Modell: Mehrzieloptimierung

Nachdem uns jetzt klar ist, dass wir eine Wurfbahn bestimmen sollten, bei der zulässige Abweichungen im Abwurfwinkel **und** in der Abwurfgeschwindigkeit maximiert werden, müssen wir noch präzise klären, was wir unter einer *besten* Wurfbahn verstehen wollen. Als Erstes stellen wir fest, dass Abweichungen im Winkel und in der Geschwindigkeit schon aufgrund der unterschiedlichen physikalischen Einheiten nicht direkt miteinander verglichen werden können. Daher ist es sinnvoll, zu relativen (prozentualen) Abweichungen überzugehen.

Bezeichnen wir zu einem gegebenen Paar (θ^0, v^0) mit θ^0_{min} und θ^0_{max} (bei festgehaltenem v^0) wieder den kleinsten bzw. größten Abwurfwinkel, der noch zu einem Treffer führt, und entsprechend mit v^0_{min} und v^0_{max} (bei festgehaltenem θ^0) die kleinste bzw. größte Abwurfgeschwindigkeit, die noch einen Treffer erlaubt, so ergeben sich die möglichen relativen Abweichungen im Abwurfwinkel, e_θ, und in der Abwurfgeschwindigkeit, e_v, als

$$e_\theta(\theta^0, v^0) = \min\{(\theta^0_{\text{max}} - \theta^0)/\theta^0, (\theta^0 - \theta^0_{\text{min}})/\theta^0\}, \tag{2.20}$$

$$e_v(\theta^0, v^0) = \min\{(v^0_{\text{max}} - v^0)/v^0, (v^0 - v^0_{\text{min}})/v^0\}. \tag{2.21}$$

In Abbildung 2.8 sind die Werte dieser beiden Funktionen (multipliziert mit 100) als Höhenlinien dargestellt.

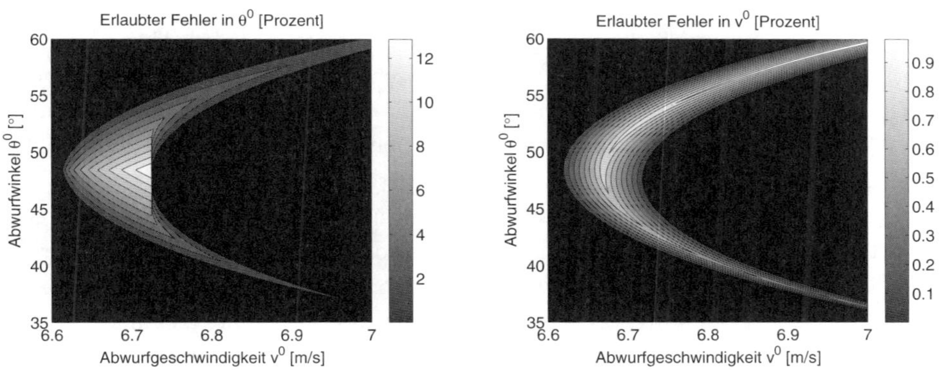

Abb. 2.8: Zulässige prozentuale Abweichung im Abwurfwinkel (links) und in der Abwurfgeschwindigkeit (rechts) für einen Spieler der Größe $h_s = 2.13\,\text{m}$. Die Grauwerte drücken die prozentuale Abweichung aus. Punkten (θ^0, v^0) außerhalb des zulässigen Gebietes wurde die erlaubte Abweichung null zugeordnet.

Um die beiden Grafiken zu erzeugen, wurden in dem Bereich $35^\circ \leq \theta^0 \leq 60^\circ$, $6{,}6\,\text{m/s} \leq v^0 \leq 7{,}0\,\text{m/s}$ für 500×500 Gitterpunkte jeweils die erlaubten prozentualen Abweichungen im Winkel und in der Geschwindigkeit numerisch bestimmt, d.h. die Funktionen e_θ und e_v wurden numerisch ausgewertet. Die Bestimmung der minimalen und maximalen Werte $\theta^0_{\text{min/max}}$ und $v^0_{\text{min/max}}$ erfolgte dabei, ähnlich wie beim ersten Modell in dem Code-Listing 2.4, durch eine Grobsuche mit anschließender Bisektion zur genaueren Approximation in einer gesonderten MATLAB-Funktion `fehlerWurfbahn`, die man auf der Website zum Buch findet. Zunächst fällt auf, dass die prozentuale Abweichung im Winkel wesentlich größer sein darf als bei der Geschwindigkeit. Die Wurfbahn reagiert also „empfindlicher" auf eine abweichende Abwurfgeschwindigkeit als auf einen abweichenden Abwurfwinkel. Anders ausgedrückt, ist es wesentlich wichtiger, mit einer nicht allzu stark abweichenden Abwurfgeschwindigkeit zu werfen als mit genau dem richtigen Abwurfwinkel.

Wie aber sollen wir jetzt eine beste Wurfbahn auswählen, wenn wir zwei Kriterien haben, die sich, wie wir oben gesehen haben, gegenseitig widersprechen? Oder anders ausgedrückt, wie können wir sinnvoll beide Zielfunktionen (2.20) und (2.21) maximieren? Probleme dieser Art nennt man auch *Mehrzieloptimierungsprobleme*, und es gibt verschiedene Arten, eine geeignete Optimierungsaufgabe zu formulieren und zu lösen. Eine mögliche Strategie besteht darin, jede Zielfunktion mit einem Gewicht zu versehen und dann eine gewichtete Kombination als neue Zielfunktion für die Optimierung zu benutzen. Diesen Weg werden wir hier beschreiten. Gewichten wir zum Beispiel e_v fünfmal so stark wie e_θ, so können wir als zu maximierende Zielfunktion

$$e(\theta^0, v^0) = \min\{e_\theta(\theta^0, v^0), 5e_v(\theta^0, v^0)\} \tag{2.22}$$

ansetzen. Man mache sich die Bedeutung dieser Festlegung klar, insbesondere den Unterscheid zu einer gewichteten Summe der beiden Zielfunktionen. Wenn zum Beispiel $e(\theta^0, v^0) = 0.05$ ist, so bedeutet dies, dass bis zu einer prozentualen Abweichung von 5% im Abwurfwinkel θ^0 oder aber bis zu einer prozentualen Abweichung von 1% in der Abwurfgeschwindigkeit v^0 der Freiwurf immer noch erfolgreich ist. Insbesondere bedeutet ein höheres Gewicht für e_v, dass die Wichtigkeit der richtigen Abwurfgeschwindigkeit abnimmt.

Anmerkung: Noch geeigneter wäre vermutlich eine Zielfunktion, die bezüglich einer gewichteten Norm auf $\mathbb{R}^2$ als Wert den maximalen Radius einer Scheibe um (θ^0, v^0) hätte, sodass die gesamte Scheibe noch im zulässigen Gebiet liegen würde. Die Auswertung einer solchen Zielfunktion wäre jedoch wesentlich aufwändiger. Unsere Zielfunktion (2.22) ist in einem gewissen Sinne eine Approximation einer solchen Zielfunktion, bei der die Abweichungen in θ^0 und in v^0 entkoppelt sind. Wir bestimmen ein rechtwinkliges Kreuz mit Kreuzungspunkt (θ^0, v^0), welches gerade noch in das zulässige Gebiet passt.

Wir können jetzt unser zu lösendes Problem mathematisch präzise wie folgt formulieren:

Mathematisches Problem

Man bestimme dasjenige Paar $(\theta^0_{\mathrm{opt}}, v^0_{\mathrm{opt}})$ von Anfangsbedingungen (Abwurfwinkel und Abwurfgeschwindigkeit), für das die Funktion $e(\theta^0, v^0)$ in (2.22) auf dem zulässigen Gebiet ihr Maximum annimmt. Die durch diese Anfangsbedingungen eindeutig bestimmte Wurfbahn ist dann die beste Wurfbahn im Sinne unseres zweiten Modells.

2.2.3 Lösung, Auswertung und Interpretation

Bevor wir das neue Optimierungsproblem lösen, verschaffen wir uns zunächst einen Überblick über die Zielfunktion (2.22) und eine erste Abschätzung der zu erwartenden optimalen Wurfbahn. In Abbildung 2.9 sind die Höhenlinien von $e(\theta^0, v^0)$ zu sehen. Zur Erstellung dieser Grafik wurde $e(\theta^0, v^0)$ numerisch auf einem Gitter von 500×500 Punkten ausgewertet. Wie man sieht, können wir eine optimale Wurfbahn in der Nähe der Anfangswerte $\theta^0 \approx 53°$ und $v^0 \approx 6.72\,\mathrm{m/s}$ erwarten, für die dann der erlaubte Fehler im Abwurfwinkel bei ungefähr 4% und der erlaubte Fehler in der Abwurfgeschwindigkeit bei ungefähr 0.8% liegt. Zur Lösung der Optimierungsaufgabe benötigen wir ein numerisches

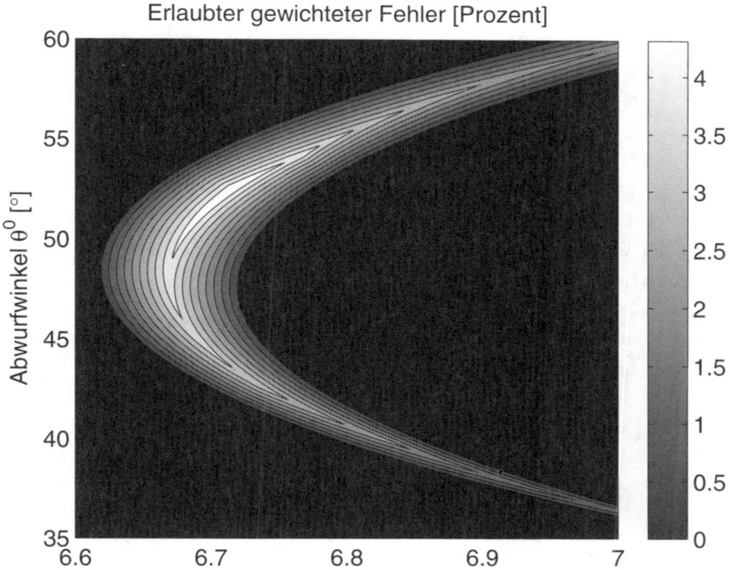

Abb. 2.9: Höhenlinien der gewichteten Zielfunktion $e(\theta^0, v^0)$ aus (2.22) für einen Spieler der Größe $h_s = 2.13\,\mathrm{m}$

Verfahren zur Bestimmung des Maximums (bzw. des Minimums) einer nichtdifferenzierbaren Funktion mehrerer Veränderlicher, nämlich der Funktion $e(\theta^0, v^0)$ aus (2.22). Wie auch bei der Lösung des ersten Modells greifen wir dazu wieder auf die in MATLAB bereitgestellte Funktion **fminsearch** zurück, siehe das Code-Listing 2.10. Man beachte, dass es bei der Suche nach dem Minimum vorkommen kann, dass der Algorithmus das zulässige Gebiet verlässt. Die Funktion **fehlerWurfbahn** liefert in diesem Fall leere Rückgabewerte zurück, und die Zielfunktion wird dann an solch einer Stelle auf einen großen Wert, hier auf den Wert 10, gesetzt. Damit haben wir wieder einen Strafterm eingeführt, der die Nebenbedingung, dass die optimale Lösung im zulässigen Gebiet liegen soll, erzwingt. Um später auch anders gewichtete Zielfunktionen untersuchen zu können, wurde außerdem im Code ein Gewichtsparameter w in die Zielfunktion aus (2.22) eingeführt:

$$e_w(\theta^0, v^0) = \min\{e_\theta(\theta^0, v^0), we_v(\theta^0, v^0)\}$$

Listing 2.10: Funktion besteWurfbahnOptimierung

```
function [thetaOpt, vOpt, fehler] ...
          = besteWurfbahnOptimierung(hS,w,thetaIni, vIni)

options = optimset('fminsearch');
opts = optimset(options,'MaxFunEvals',10000,'MaxIter',10000);

[x,fval] = fminsearch( @(x) zielFunktion(x,hS,w), ...
                             [thetaIni, vIni],opts);
thetaOpt = x(1);  vOpt = x(2); fehler = -fval;
end

%- - - - - - - - - - zielFunktion - - - - - - - - - - - - -
function fehler = zielFunktion(x,hS,w)
[thetaMinMax,vMinMax] = fehlerWurfbahn(x(1),x(2),hS);
if isempty(thetaMinMax)
    fehler      = 10;    % Strafterm
else
    fehler = -min( [ (x(1) - thetaMinMax(1))/x(1), ...
                     (thetaMinMax(2) - x(1))/x(1), ...
                      w * (x(2) - vMinMax(1))/x(2), ...
                      w * (vMinMax(2)- x(2))/x(2)] );
end
end
```

Mit einem Gewicht von $w = 5$, wie in (2.22), erhält man das folgende Ergebnis:

Abwurfwinkel und Abwurfgeschwindigkeit der besten Wurfbahn für einen Spieler der Größe $h_s = 2.13\,\mathrm{m}$:

$$\theta^0_{\mathrm{opt}} \approx 52.56^\circ, \qquad v^0_{\mathrm{opt}} \approx 6.73\,\mathrm{m/s}$$

Wir betonen noch einmal, dass dieses Resultat nur für unsere oben getroffene Festlegung der *besten* Wurfbahn gültig ist. Wenn man zum Beispiel mehr Schwierigkeiten mit dem richtigen Abwurfwinkel als mit der richtigen Abwurfgeschwindigkeit hat, sollte man für den Winkel eine größere mögliche Abweichung anstreben und daher das Gewicht w etwas höher wählen. Für $w = 10$ erhält man zum Beispiel $\theta^0_{\mathrm{opt}} \approx 50.18^\circ$ und $v^0_{\mathrm{opt}} \approx 6.69\,\mathrm{m/s}$.

Nachdem wir jetzt die numerischen Lösungsverfahren entworfen und implementiert haben, beginnt die eigentliche Untersuchung und Interpretation, die wir unseren Lesern überlassen wollen. Unter anderem ist es sicherlich interessant, die folgenden Fragestellungen zu betrachten (siehe Aufgabe 2.3):

- Wie hängt die beste Wurfbahn von der Größe des Spielers ab?
- Wie weit ist die beste Wurfbahn vom Zentrum des Korbringes entfernt? Geht der Ball vor oder hinter dem Zentrum in den Korb?
- Welche maximalen Abweichungen im Winkel bzw. in der Geschwindigkeit erlaubt die beste Wurfbahn? Sind diese Abweichungen symmetrisch um die idealen Werte? Haben es nach unserem Modell größere oder kleinere Spieler leichter?

Diese Fragen sind unter Benutzung des vorliegenden MATLAB-Codes durch Erweiterungen in Form von kurzen Skripten zu beantworten. Wir empfehlen den Lesern, dies auch zu tun. Insbesondere sollte man sich an dieser Stelle darin üben, aussagekräftige Grafiken zu erstellen, anhand derer sich dann die oben aufgeworfenen und weiteren Fragen diskutieren lassen. Erst nach einer solchen Untersuchung können wir unser zweites Modell in allen Einzelheiten interpretieren und eventuell auch an realen Daten validieren.

2.2.4 Analyse der Ergebnisse

Zum Abschluss wollen wir noch kurz die erhaltenen Ergebnisse analysieren, insbesondere hinsichtlich ihrer Verwertbarkeit und ihrer Übereinstimmung mit realen Daten, und eventuell notwendige Verfeinerungen des Modells in Betracht ziehen.

Um die Gültigkeit eines Modells zu prüfen, muss man seine Vorhersagen mit realen Daten vergleichen. In unserem Fall ist es am einfachsten, die vorhergesagten optimalen Abwurfwinkel mit beobachteten Wurfwinkeln zu vergleichen, da genaue Messungen der Abwurfgeschwindigkeit etwas schwieriger sind. In der Tat gibt es einige biomechanische Studien über die Abwurfwinkel von Basketballspielern beim Freiwurf, die, wie in Gablonsky und Lang (2005) berichtet, durchschnittliche Winkel zwischen 50° und 52.9°

feststellen. Diese Werte liegen im unteren Bereich der von unserem Modell vorhergesagten besten Abwurfwinkel, die, wie der Leser überprüfen möge, je nach Körpergröße zwischen 50° und 56° liegen. Leider wird in den Studien die Abwurfposition (also insbesondere die Größe der Spieler) nicht genannt. Ein verlässlicher Vergleich unserer theoretischen Berechnungen mit realen Daten ist also derzeit nicht möglich. Die Analyse der Vorhersagen eines Modells kann auch – wie im vorliegenden Fall – Hinweise für eventuell notwendige Messungen und Beobachtungen zur späteren Validierung dieser Vorhersagen geben.

Eine weitere wichtige Frage ist, inwieweit Basketballspieler wirklich so genau und konsistent (bezüglich des Zusammenhangs zwischen Abwurfwinkel und Abwurfgeschwindigkeit) werfen können. Werfen die Spieler mit größerer Schwankung im Abwurfwinkel oder in der Abwurfgeschwindigkeit? Wie wir oben diskutiert haben, ist die Beantwortung dieser Frage wichtig für die Gültigkeit unserer Festlegung der *besten* Wurfbahn. Wir kennen auf keine der beiden Fragen die Antwort. Hier wäre weitere experimentelle Forschung notwendig.

Unser Modell sagt voraus (siehe Aufgabe 2.3), dass es für größere Spieler viel einfacher ist, beim Freiwurf zu treffen, da für diese Spieler die Bandbreite der erlaubten Abweichungen um einiges größer ist als bei kleineren Spielern. In der Realität haben allerdings kleinere Spieler häufig die bessere Trefferquote. Nowitzki ist hier eine bemerkenswerte Ausnahme. Bedeutet das, dass unser Modell falsch ist? Nicht unbedingt, aber es bleibt dann zu klären, warum größere Spieler anscheinend durchschnittlich mehr Schwierigkeiten haben, mit konsistenten Abwurfwinkeln und Geschwindigkeiten zu werfen.

Wie bereits weiter oben erwähnt, sollte man das Modell noch in einigen Richtungen verfeinern, beispielsweise einige der anderen vereinfachenden Annahmen fallenlassen oder abschwächen, um zu verlässlicheren Aussagen zu kommen, siehe Aufgabe 2.4. Nicht zuletzt spielen für einen erfolgreichen Freiwurf auch ganz andere Faktoren wie zum Beispiel die mentale Verfassung des Spielers eine Rolle, die von unserem Modell nicht abgebildet werden können.

2.3 Aufgaben

Aufgabe 2.1 Verifizieren Sie die Lösung (2.8). Warum wird die größere der beiden Lösungen der quadratischen Gleichung gewählt?

Aufgabe 2.2 Erklären Sie, wie die Sprungstellen bei der Darstellung von θ^0_{min} bzw. θ^0_{max} in Abbildung 2.5 (rechts) zustande kommen. (Tipp: Plotten Sie zu θ^0 in der Nähe des Knicks die Abweichung $x_T - l$ vom Zentrum des Korbs über den abweichenden Abwurfwinkel.)

Aufgabe 2.3 Bestätigen Sie durch Simulationen die folgenden Ergebnisse des 2. Modells:

a) Die optimale Wurfbahn für kleinere Spieler hat einen größeren Abwurfwinkel.
b) Je größer man ist, desto leichter ist es, beim Freiwurf zu treffen.
c) Der beste Wurf geht nicht durchs Zentrum des Rings. Je kleiner man ist, desto weiter nach hinten sollte man zielen.

Erstellen Sie geeignete Schaubilder, anhand derer sich die Ergebnisse diskutieren lassen.

Aufgabe 2.4 Diskutieren Sie weitere Verfeinerungen des Modells. An welchen Stellen (Gleichungen, Zielfunktionen, MATLAB-Code, etc.) sind Anpassungen vorzunehmen bei

a) Berücksichtigung des Luftwiderstandes?
b) Berücksichtigung von Würfen, die nach Abprallen vom Backboard in den Korb gehen?
c) Berücksichtigung von seitlichen Abweichungen beim Wurf?

3 Methodik der mathematischen Modellierung

Übersicht

Im zweiten Kapitel haben wir ein ausführliches Modellierungsbeispiel behandelt. In diesem Kapitel soll jetzt der Prozess der mathematischen Modellierung im Allgemeinen detaillierter diskutiert werden. Unser Ziel ist es, einen roten Faden zu legen, dem man beim Modellieren unterschiedlicher Systeme und Phänomene folgen kann.

Aus der Software-Entwicklung kennt man so genannte *Vorgehensmodelle*, die eine Reihe von abzuarbeitenden Schritten – so genannte Aktivitäten – festgelegten, an deren Ende jeweils ein zu lieferndes Ergebnis steht. Obwohl es aufgrund der Vielfalt der Anwendungsprobleme nicht möglich ist, den Vorgang der mathematischen Modellierung streng zu algorithmisieren, lässt sich doch auch die mathematische Modellierung in eine mehr oder weniger feste Reihenfolge von Einzelschritten (Aktivitäten) mit dazugehörigen Ergebnissen zerlegen. Eine sequenzielle Abarbeitung dieser Einzelschritte, wie sie im Folgenden präsentiert wird – und wie wir sie auch bei der Modellierung des Freiwurfes im vorigen Kapitel dargestellt haben – ist dabei nicht zu wörtlich zu verstehen. Wie wir sehen werden, hängen die einzelnen Schritte oft stark von einander ab, sodass man in der Realität mehrere dieser Modellierungsschritte gleichzeitig bearbeiten wird. Es sei noch einmal betont, dass die mathematische Modellierung letztlich ein kreativer Prozess ist, der nicht vollständig in einem festen Vorgehensmodell abgebildet werden kann. Dieses Buch will jedoch das notwendige Handwerkszeug dazu liefern.

3.1 Modellierungszyklus

Mathematische Modellierung ist ein iterativer Prozess (**Modellierungszyklus**) und besteht aus den folgenden Aktivitäten, die zyklisch durchlaufen werden:

- **Analyse des Anwendungsproblems**
- **Modellbildung**
- **Mathematische Analyse des Modells**
- **Berechnung und Simulation**
- **Interpretation und Validierung**

Wenn wir noch einmal das Vorgehen bei der Modellierung des Freiwurfes im vorigen Kapitel Revue passieren lassen, so stellen wir fest, dass wir, etwas vereinfacht, zweimal einen **Modellierungszyklus** durchlaufen haben, wie er in Abbildung 3.1 dargestellt ist. Nach einer Analyse des Anwendungsproblems und der Formulierung von vereinfachenden Annahmen gelangten wir zu einer ersten präzisierten Fragestellung. Dann stellten wir ein mathematisches Modell in Form eines univariaten Optimierungsproblems auf. Eine Analyse des mathematischen Problems zeigte, dass die Zielfunktion nicht differenzierbar war. Wir wählten ein entsprechendes numerisches Lösungsverfahren und lösten das Optimierungsproblem für den besten Abwurfwinkel. Nach einer Interpretation der Ergebnisse beschlossen wir, einige Annahmen fallen zu lassen, um ein geeigneteres Modell mit besseren Ergebnissen zu erhalten. So erhielten wir schließlich ein zweites multivariates Optimierungsproblem für die beste Wurfbahn, welches gelöst wurde und dessen Ergebnisse wieder interpretiert werden mussten. Wir haben auch gesehen, dass weitere Durchläufe des Modellierungszyklus durchaus sinnvoll wären, um zu noch aussagekräftigeren Ergebnissen zu kommen. Dieser Vorgang wird als **Modellverfeinerung** bezeichnet.

Ein solcher iterativer Modellierungsprozess ist die Regel bei der Modellierung von Anwendungsproblemen. Aber auch die Weiterentwicklung vieler naturwissenschaftlicher Theorien lässt sich als eine solche iterative Verfeinerung bzw. Verbesserung von Modellen begreifen, wie wir an dem Beispiel der Entwicklung der Modelle des Sonnensystems in Kapitel 1 sehen konnten.

Wie in Abbildung 3.1 dargestellt, kann man den Modellierungszyklus als eine (zyklische) Abfolge von Aktivitäten, die zu bestimmten Ergebnissen führen, verstehen. Die einzelnen Modellierungsschritte oder Aktivitäten sind in der Praxis meist nicht strikt von

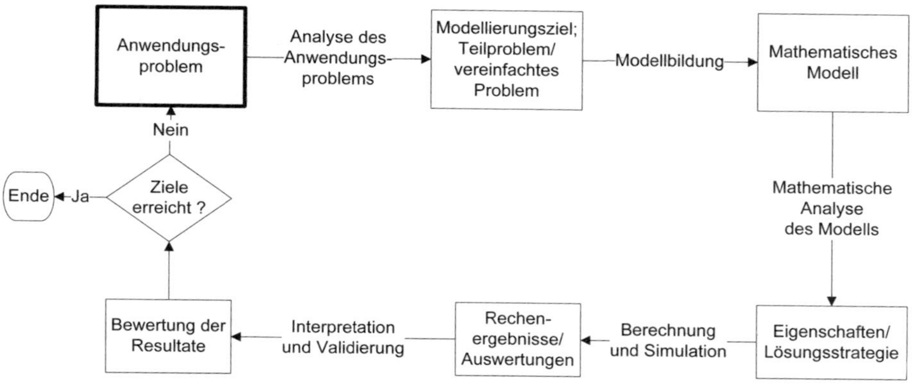

Abb. 3.1: Der Modellierungszyklus besteht aus einer Abfolge von Aktivitäten (Pfeile), die zu bestimmten Ergebnissen (Rechtecke) führen. Startpunkt ist das Anwendungsproblem.

einander zu trennen: Denkt man beispielsweise über geeignete Annahmen nach, so sollte man nicht nur die relevanten Eigenschaften eines Anwendungsproblems analysieren. Auch die Auswirkungen der Annahmen auf die Art und Anzahl der Zustandsvariablen und gesuchten Größen und damit auf die in Frage kommenden Modellansätze und auf die numerischen Verfahren für ihre Behandlung muss man im Hinterkopf behalten.

Vielleicht der wichtigste Nutzen für die Formulierung und Verwendung eines detaillierten Vorgehensmodells liegt darin, sich klar zu machen, zu welchen Ergebnissen die einzelnen Modellierungsschritte führen sollten und insbesondere diese Ergebnisse dann auch explizit festzuhalten. Nur so ist es möglich, am Ende die erhaltenen Resultate zu interpretieren und mit den Anwendern zu diskutieren. Reale Anwendungsprobleme werden meist in interdisziplinären Teams bearbeitet. Dort sind die Klarheit des Vorgehens und die Kommunikation über die Ergebnisse der einzelnen Schritte besonders wichtig.

Wann sind die Ergebnisse gut genug? Wann sollte man einen Modellierungszyklus abbrechen? Letztlich kann man dies nur beantworten, wenn am Anfang die Fragestellungen klar formuliert wurden. Sind diese zufriedenstellend beantwortet, so kann man den Zyklus abbrechen, auch wenn das Modell durchaus noch sinnvoll verfeinert werden könnte. In vielen Fällen wird man allerdings nicht alle gestellten Ziele erreichen können. Ein Grund für den Verzicht auf weitere Verfeinerung kann dann die zu große Komplexität der Modelle oder aber der im Verhältnis zu einer kleinen Verbesserung der Ergebnisse unangemessen hohe Rechenaufwand sein.

3.2 Analyse des Anwendungsproblems

Am Anfang der Modellierung steht eine sorgfältige Analyse des Anwendungsproblems. Sie erfolgt in der Regel in Zusammenarbeit mit den Spezialisten des jeweiligen Anwendungsgebietes. Hier geht es darum, die Fragestellung genau zu verstehen und mithilfe explizit formulierter Annahmen geeignet einzuschränken. Nicht selten entwickelt man bereits an dieser Stelle eine Strategie, wie man zu einem geeigneten mathematischen Modell kommt. Oft werden auch zunächst sehr starke Annahmen formuliert, die zu einem sinnvollen, aber noch zu stark vereinfachten Teilproblem führen, ähnlich wie wir das im zweiten Kapitel getan haben. Man plant dann bereits an dieser Stelle einen späteren zweiten Durchlauf des Modellierungszyklus mit ein. In jedem Fall erhält man aber als Ergebnis ein vereinfachtes oder eingeschränktes Problem, für das dann im nächsten Schritt ein Modell entwickelt wird.

Analyse des Anwendungsproblems

Eine Präzisierung der Fragestellung zusammen mit einer Liste von vereinfachenden oder einschränkenden Annahmen führt zu einem Teilproblem bzw. vereinfachten Problem.

3.2.1 Präzisierung der Fragestellung

Ein komplexes Anwendungsproblem besteht aus einer ganzen Reihe von zunächst meist nicht präzise formulierten Fragestellungen. Mit jedem mathematischen Modell lässt sich nur eine begrenzte Anzahl bestimmter Fragestellungen untersuchen. Es gibt keine lösbaren „universellen" Modelle, die dazu geeignet wären, *alle* möglichen Fragestellungen eines vorliegenden Anwendungsproblems zu untersuchen. Die Festlegung einer konkreten, möglichst präzisen Fragestellung ist daher oft unumgänglich, um überhaupt ein geeignetes Modell aufstellen zu können. An dieser Stelle wird man bereits mögliche alternative Fragestellungen formulieren, die dann in einem späteren Durchlauf des Modellierungszyklus untersucht werden. Die Festlegung einer konkreten Fragestellung reduziert oft das Gesamtproblem auf ein Teilproblem. Das Modellierungsziel besteht dann „nur" noch in der Klärung der Prozessaspekte oder Objekteigenschaften, die für die festgelegte Fragestellung relevant sind.

Im zweiten Kapitel wurde beispielsweise die sehr allgemeine Problemstellung „Wie kann man die Trefferquote beim Freiwurf verbessern?" nacheinander durch zwei wesentlich einfachere und konkretere Problemstellungen ersetzt. Während die erste Aufgabe im Bestimmen des besten Abwurfwinkels beim Freiwurf mit einer festgelegten Abwurfgeschwindigkeit bestand, wurde mit der zweiten Fragestellung die Berechnung der besten Wurfbahn verfolgt. Die resultierenden Modelle unterscheiden sich wesentlich von einander, obwohl beide als Modelle für den Freiwurf bezeichnet werden können. An diesem Beispiel haben wir auch gesehen, dass die Formulierung einer präzisen Fragestellung meist mit gewissen einschränkenden oder vereinfachenden Annahmen verknüpft ist.

3.2.2 Annahmen

In realen Anwendungen sind die Systeme, Prozesse und ihre Wechselwirkungen untereinander und mit der Umgebung meistens extrem komplex. Oft ist es nicht möglich und zum Glück auch gar nicht notwendig, das ganze System oder den gesamten Prozess und alle Wechselwirkungen zu modellieren. Man wird also versuchen, nur diejenigen Aspekte zu betrachten und zu modellieren, die mit Blick auf die präzisierte Fragestellung relevant sind. Hier steht man natürlich vor dem Dilemma, dass man das System oder den Prozess ja eigentlich erst vollständig verstehen muss, bevor man entscheiden kann, welche Aspekte relevant sind. Genau hierin liegt ein wichtiger Grund, dass man oft gezwungen ist, den Modellierungszyklus mehrere Male zu durchlaufen. Ausgehend von einem einfachen Modell tastet man sich immer weiter vor zu immer komplexeren Modellen. Bei jedem Durchlauf des Zyklus lernt man etwas über das betrachtete System und darüber, welche weiteren Aspekte noch betrachtet werden müssen oder eben auch vernachlässigt werden können.

Die Einschränkungen und Vereinfachungen, die der späteren Modellbildung zugrunde gelegt werden, werden explizit als Annahmen formuliert. Dabei lassen sich im Allgemeinen zwei Typen von Annahmen unterscheiden:

(a) vereinfachende Annahmen über die Art der Wechselwirkungen
(b) einschränkende Annahmen über die Menge der betrachteten Modellierungsobjekte (d.h. Zustände des Systems bzw. Zustandsfunktionen des Prozesses).

Bei der Modellierung des Freiwurfes wurde zum Beispiel der Luftwiderstand vernachlässigt, was eine Annahme vom Typ (a) ist. Die Annahmen, nur Würfe ohne Spin und ohne Berührung des Backboards zu betrachten, sind dagegen vom Typ (b). Annahmen vom Typ (b) werden oft auch als Nebenbedingungen bezeichnet.

Beide Typen von Annahmen führen zu einer Vereinfachung des Modells. Viele Annahmen, die als selbstverständlich erachtet werden, werden nicht explizit genannt. So machten wir zum Beispiel beim Freiwurf implizit die Annahme, dass die Anziehungskraft des Mondes oder der Sonne bei der Berechnung der Flugbahn vernachlässigt werden können.

Annahmen, die zu einem Modell führen, das zwar einfach zu lösen ist, dessen Ergebnisse aber weder qualitative noch quantitative Aussagen über das reale System erlauben, sind ebenso nutzlos wie solche, die zu einem wunderschönen, aber nicht effizient lösbaren Modell führen. Jede Annahme sollte begründet werden, und im Verlauf des Modellierungszyklus sollte versucht werden, die qualitativen und quantitativen Auswirkungen einer getroffenen Annahme abzuschätzen. Annahmen beziehen sich immer auf ein konkretes Anwendungsproblem bzw. eine konkrete Fragestellung, und ihre Berechtigung muss im Lichte dieser Fragestellung beurteilt werden.

Aber wie kommt man konkret zu sinnvollen Annahmen? Die folgenden Fragen können dabei behilflich sein:

- Welche Einflüsse oder Effekte können vernachlässigt werden? Diese Frage kann nur beantwortet werden, wenn man zunächst die auftretenden Größenordnungen analysiert. Im Fall des Basketballwurfes ist zum Beispiel die Luftwiderstandskraft wesentlich kleiner als die Gravitationskraft und kann daher (zunächst) vernachlässigt werden.
- Kann man sich zunächst auf vereinfachte Szenarien beschränken? In unserem Beispiel hatten wir uns auf direkte Treffer ohne Abpraller beschränkt.
- Welche Teile des betrachteten Systems sind für die Fragestellung relevant, welche nicht? Der Bewegungsablauf des Spielers beim Wurf wurde nicht modelliert.
- Kann man das Verhalten von Teilen des Systems in einem ersten Schritt von außen vorgeben? Wir nahmen an, dass der Spieler exakt geradeaus wirft.

3.3 Modellbildung

Das Ergebnis dieses nächsten Modellierungsschrittes nach der Analyse des Anwendungsproblems ist ein in der Sprache der Mathematik formuliertes Modell, welches das betrachtete System oder den Prozess unter den getroffenen Annahmen so gut beschreibt, dass eine Beantwortung der präzisierten Fragestellung möglich wird. Im Allgemeinen besteht ein mathematisches Modell aus der Spezifikation einer Liste von Parametern und Variablen, einer Reihe von mathematischen Beziehungen zwischen diesen Variablen und Parametern und einer sich aus diesen Beziehungen und der Problemstellung ergebenden mathematischen Aufgabenstellung. Diese Aufgabe kann zum Beispiel ein Optimierungsproblem, ein Anfangswertproblem oder die Lösung eines Gleichungssystems sein.

Wie wir im dritten Teil des Buches sehen werden, sind in realen Anwendungen oft verschiedene Modellansätze ganz unterschiedlichen Typs möglich, die das Modellierungsobjekt aus unterschiedlichen Perspektiven abbilden. Zum Beispiel kann die Ausbreitung einer giftigen Substanz in einem See als ein mikroskopischer stochastischer Prozess oder aber als ein deterministischer kontinuierlicher Prozess modelliert werden. Im ersten Fall wird die Brownsche Bewegung der Giftmoleküle abgebildet, im zweiten die zeit- und ortsabhängige Giftkonzentration, die einer partiellen Differentialgleichung genügt. Zu jedem Modelltyp gehört eine eigene spezifische Methodologie und Vorgehensweise der Modellbildung. Trotzdem kann man eine Reihe von Schritten festhalten, die unabhängig vom Modelltyp beim Aufstellen eines Modells durchzuführen sind:

Aufstellen eines mathematischen Modells

- Spezifikation der System- und Modellparameter
- Spezifikation der relevanten Variablen: Zustandsgrößen und gesuchte Größen

- Formulierung von Nebenbedingungen und bekannten Gesetzmäßigkeiten als mathematische Beziehungen zwischen den Parametern und Variablen
- Formulierung einer mathematischen Aufgabenstellung

In der Praxis werden die genannten Modellierungsschritte häufig gleichzeitig bearbeitet. Insbesondere wird man oft nach der Analyse des Anwendungsproblems einen oder mehrere geeignete, bereits bekannte, Modelltypen im Auge haben, die in ähnlicher angepasster Form zum Einsatz kommen sollen. Wir werden weiter unten einen groben Überblick über gebräuchliche Modelltypen geben.

3.3.1 System- und Modellparameter

Die so genannten **Systemparameter**, oft auch etwas missverständlich Modellparameter genannt, beschreiben gewisse Eigenschaften des Systems. Sie sind im Prinzip bekannt und von außen fest vorgegeben, werden also innerhalb einer Berechnung oder Simulation nicht geändert. Manchmal soll aber auch die Abhängigkeit des Systems oder Prozesses von einem oder mehreren dieser Parameter untersucht werden (so genannte Parameterstudien). Dann werden Berechnungen bzw. Simulationen für unterschiedliche Parametersätze durchgeführt. Bei den Modellen des Freiwurfs gibt es beispielsweise eine ganze Reihe von konstanten Parametern, die die Geometrie des Systems beschreiben, wie etwa der Durchmesser des Korbrings. Dagegen ist die Größe des Werfers ein Systemparameter, der sich auf ein bestimmtes Modellszenario – einen konkreten Basketballspieler – bezieht und unterschiedliche Werte annehmen kann.

Da das mathematische Modell die Systemparameter beinhaltet, hängen die analytischen und die numerischen Lösungen des Modells von diesen Parametern ab. Manchmal sollen gerade diese Abhängigkeiten analysiert und zum Beispiel bezüglich eines festgelegten Kriteriums optimale Parameterwerte gefunden werden. Eine weitere mögliche Fragestellung im zweiten Kapitel wäre z.B. die Bestimmung der optimalen Größe eines Basketballspielers, für den es am leichtesten ist, beim Freiwurf zu treffen.

Wir werden in diesem Buch Parameter, die nicht Eigenschaften des Systems (unabhängig vom Modell), sondern nur Eigenschaften des Modells beschreiben, als **Modellparameter** bezeichnen. Beispiele dafür sind z.B. Schrittweiten bei einem diskreten Modell. Es gibt auch so genannte parametrisierte Modelle, bei denen gewisse komplexe Prozesse nicht detailliert beschrieben, sondern durch einfache Ausdrücke modelliert werden, die einen oder mehrere unbekannte Parameter enthalten. Diese Parameter werden dann im Modell passend gewählt, sodass die experimentellen Daten mit dem Modell reproduziert werden können.

Zu einer vollständigen Spezifikation eines Parameters gehört neben der möglichst präzisen Beschreibung seiner Bedeutung die Angabe seiner physikalischen Dimension (handelt es sich um eine Länge, Energie, Individuenzahl etc., siehe auch Abschnitt 5.2) und des Bereichs der möglichen Parameterwerte.

3.3.2 Zustandsgrößen und gesuchte Größen

Um den Zustand eines zu modellierenden Systems oder Prozesses unter den getroffenen Annahmen zu beschreiben, benötigt man im Allgemeinen eine gewisse Anzahl von Größen, die Zustandsgrößen oder auch Zustandsvariablen genannt werden. Bei zeitabhängigen Prozessen sind die Zustandsvariablen Funktionen einer kontinuierlichen oder diskreten Zeitvariablen. Die Menge der möglichen Zustände – also den Wertebereich der Zustandsvariablen – nennt man den **Phasenraum** des Modells. Die Anzahl der benötigten Zustandsgrößen, d.h. die Dimension des Phasenraumes, hängt dabei meist eng mit den getroffenen Annahmen zusammen.

Beispielsweise ist der Phasenraum der Freiwurfmodelle aus dem zweiten Kapitel 4-dimensional: Um den Zustand des Balls zu jedem Moment eindeutig zu bestimmen, werden vier Werte (zwei Ortkoordinaten x und y und zwei Geschwindigkeitskomponenten v_x und v_y des Ballzentrums) benötigt. Dies gilt natürlich nur unter der Annahme, der Ball sei ein starrer Körper (also nicht deformierbar) und habe keine Rotationsfreiheitsgrade (also keinen Spin). Hätten wir auch Würfe mit einem seitlichen Fehler der Flugbahn zugelassen (siehe 4. Annahme), wäre die Dimension des Phasenraumes auf sechs erhöht. Alle Zustandsgrößen des Freiwurfsmodells sind Funktionen der Zeit, einer kontinuierlichen unabhängigen Variablen: $x = x(t)$, $y = y(t)$, $v_x = v_x(t)$, $v_y = v_y(t)$.

Die gewählten Zustandsvariablen sollten immer die folgenden beiden wichtigen Eigenschaften besitzen:

Unabhängigkeit: Keine der Zustandsvariablen lässt sich als eine Funktion der übrigen Variablen ausdrücken.

Vollständigkeit: Der Zustand des Systems ist durch die Werte aller Zustandsvariablen eindeutig bestimmt.

Eine Festlegung von Zustandsgrößen ist meist bereits mit einer Entscheidung für einen bestimmten Modellansatz verbunden. Werden bestimmte Prozesse, wie z.B. die im Kapitel 9 beschriebene Ausbreitung einer Giftsubstanz in einem See, auf einer mikroskopischen Ebene modelliert, ist ihr Phasenraum $6N$-dimensional, wobei N die Anzahl der Substanzpartikel ist: Der Zustand des Prozesses wird über die Zustände (Positionen und Geschwindigkeiten) aller teilnehmenden Partikel beschrieben. Modelliert man den gleichen Prozess auf einer makroskopischen Ebene, so charakterisieren einige wenige ortsabhängige makroskopische Größen wie die Wassertemperatur oder die Konzentration der Substanz den Prozess. Diese Größen repräsentieren eine lokale räumliche Mittelung der Zustände der Partikel. Zu einem festen Zeitpunkt wird also das System durch eine oder mehrere ortsabhängige Funktionen beschrieben. Der Phasenraum hat damit keine endliche Dimension mehr, weil die Ortfreiheitsgrade kontinuierlich sind. Will man den Zustand des Systems durch endlich viele Zahlen beschreiben, so muss man eine Diskretisierung vornehmen.

Die gesuchten Größen werden meist bereits in der Problemstellung beschrieben. Sie zu bestimmen, ist das eigentliche Modellierungsziel. Die gesuchten Größen können insbesondere auch Zustandsvariablen sein. So werden die Koordinaten $x = x(t)$, $y = y(t)$, $z = z(t)$ des Massenzentrums eines Planeten des Sonnensystems einerseits als Zustandsvariablen eingeführt, die die Planetenbewegung beschreiben. Andererseits besteht die Modellierungsaufgabe in ihrer Bestimmung; sie sind also auch die gesuchten Größen. Ähnlich sind die Zustandsvariablen beim PageRank-Modell identisch mit den gesuchten Größen, den PageRanks $x_i, i = 1, \ldots, N$ aller N Web-Seiten. Beim ersten Freiwurfmodell aus dem zweiten Kapitel dagegen wird nach einem optimalen Abwurfwinkel θ^0_{opt} gesucht, welcher selbst keine Zustandsvariable ist.

3.3.3 Nebenbedingungen und bekannte Gesetzmäßigkeiten

In diesem Schritt soll geklärt werden, welche Gesetzmäßigkeiten es zwischen den Systemparametern, Zustandsvariablen und gesuchten Größen gibt und welchen einschränkenden Nebenbedingungen einzelne Variablen und insbesondere die gesuchten Größen unterliegen. Hier wird man auf das Wissen aus den entsprechenden Anwendungsgebieten zurückgreifen und bekannte oder vermutete Gesetzmäßigkeiten in präzise mathematische Formulierungen übersetzen. Bei unserem Freiwurfmodell griffen wir zum Beispiel auf das zweite Newtonsche Gesetz zur Aufstellung der Bewegungsgleichung zurück. Die Nebenbedingungen für eine erfolgreiche Wurfbahn konnten wir uns mit einfachen geometrischen Überlegungen herleiten.

Im Falle der Modellierung einer präzisen Positionsbestimmung mit einem GPS-System wird man dagegen kompliziertere Gesetze benötigen, zum Beispiel Gesetze für die Ausbreitung von elektromagnetischen Wellen durch unterschiedliche Medien (Luft, Wolken, etc.) oder die relativistische Bewegungsgleichung eines sich schnell bewegenden Körpers.

Allgemein empfiehlt es sich bei komplexeren Modellen, in einem ersten Schritt tabellarisch oder in einem Diagramm, einem so genannten Wirkungsdiagramm, alle vermuteten Abhängigkeiten der vorkommenden Variablen und insbesondere Ursache-Wirkungs-Beziehungen zumindest qualitativ festzuhalten und diese dann in einem zweiten Schritt konkret mit mathematischen Formeln zu spezifizieren.

Hat man alle bekannten Gesetzmäßigkeiten und Nebenbedingungen mathematisch formuliert, so sollte man abschließend prüfen, ob damit der Modellierungsgegenstand, also das betrachtete System oder der Prozess, ausreichend festgelegt ist und sich daraus die gesuchten Größen ermitteln lassen. In einfachen Fällen, wie zum Beispiel bei algebraischen Gleichungen, kann man dies durch einfaches Abzählen der Unbekannten und der

Gleichungen bewerkstelligen. In komplizierteren Fällen ist dies nicht so einfach und eventuell erst mithilfe einer mathematischen Analyse des Modells möglich.

3.3.4 Formulierung einer mathematischen Aufgabenstellung

Am Ende der Modellbildung steht die Formulierung der Problemstellung in Form einer präzisen mathematischen Aufgabenstellung. Hier gehen natürlich die zuvor spezifizierten Parameter ein, und die Zustandsvariablen und gesuchten Größen sowie die bekannten Gesetzmäßigkeiten und Nebenbedingungen werden verwendet.

Zum Abschluss wollen wir noch einmal überlegen, wo wir die genannten Aktivitäten im ersten Freiwurfmodell aus dem zweiten Kapitel finden. Dort werden zuerst die relevanten Systemparameter wie der Radius des Korbrings, der horizontale Abstand vom Abwurfpunkt bis zum Mittelpunkt des Korbrings, der Radius des Balls oder die Größe des Basketballspielers festgelegt. Ausgehend von der Problemstellung und den getroffenen Annahmen werden die Zustandsvariablen Ort und Geschwindigkeit des Ballzentrums eingeführt, die den Zustand des Systems zu einem festen Zeitpunkt eindeutig beschreiben. Die Zeitenwicklung der Zustandsvariablen ergibt sich aus einer bekannten Gesetzmäßigkeit, den Newtonschen Gesetzen, welche die Bewegungen makroskopischer Festkörper unter dem Einfluss von äußeren Kräften beschreiben, siehe Gleichungen (2.1) und (2.2). Der Ball sollte den Korb treffen. Dies führt zu den Nebenbedingungen (2.3) und (2.4) für einen „idealen“ Wurf, der die Mitte des Korbs trifft. Für einen bestimmten festgelegten Winkel wird aus diesen Gleichungen die „ideale“ Abwurfgeschwindigkeit berechnet, die von nun an festgehalten wird. Dann wird die gesuchte Größe eingeführt, in diesem Fall der Abwurfwinkel, der bei den erfolgreichen Freiwürfen mit der für diesen Winkel „idealen“ Geschwindigkeit die maximale Abweichung von ihm erlaubt. Jetzt wird die Problemstellung als präzise mathematische Aufgabenstellung in Form eines Optimierungsproblems formuliert: Die gesuchte Größe wird als das Maximum der Zielfunktion (2.15) unter den Nebenbedingungen (2.12)–(2.14) beschrieben. Damit steht das mathematische Modell fest. Es sei noch einmal betont, dass das soeben beschriebene Modell nicht nur aus der Zielfunktion (2.15) für die gesuchte Größe besteht. Auch die Beschreibungen, Werte oder formelmäßigen Ausdrücke für die Systemparameter, Zustandsvariablen und Größen, Nebenbedingungen und gesuchten Größen gehören mit zu dem Modell. Insbesondere wurde ja damit der Prozess des Wurfes modelliert.

3.4 Mathematische Analyse des Modells

Während des Mathematikstudiums mag man sich fragen, wozu die Methoden und Theorien, die man beispielsweise in den Fächern Analysis, Lineare Algebra, Numerik oder Differentialgleichungen kennen lernt, in konkreten Anwendungen nutzen sollen. Erst wenn man sich im Rahmen von Abschlussarbeiten oder im Berufsleben mit der Modellierung realer Anwendungen beschäftigt, ergeben plötzlich viele Ansätze und Methoden einen praktischen Sinn: Sie werden bei der Analyse der aufgestellten mathematischen Modelle eingesetzt.

In diesem Abschnitt skizzieren wir eine Reihe gebräuchlicher Analysemethoden. Einige dieser Methoden werden im zweiten Teil des Buchs ausführlicher behandelt.

Dimensionsanalyse

Die Modellvariablen haben im Allgemeinen eine physikalische Dimension, d.h. sie werden in einer bestimmten Einheit angegeben. Die Modellgleichungen sollten unabhängig von der Wahl der Einheiten gelten. Für weitere mathematische Untersuchungen ist es hilfreich, alle Gleichungen und Beziehungen so umzuformulieren, dass darin keine Einheiten mehr vorkommen. Diesen Vorgang nennt man Entdimensionalisierung.

Im Zusammenhang mit der Entdimensionalisierung lassen sich darüber hinaus „charakteristische“ Größen des modellierten Systems (man spricht auch von charakteristischen Skalen) identifizieren. Begriffe wie „klein“ oder „groß“ machen zum Beispiel bei einer Größe mit der Dimension einer Länge nur in Bezug auf eine charakteristische Länge Sinn. So wäre für die Modellierung des Basketballfreiwurfs der Durchmesser des Basketballs eine vernünftige charakteristische Länge und eine Fliege wäre klein. In einem Modell für die Fortbewegung eines Einzellers wäre dies sicher nicht der Fall.

Existenz und Eindeutigkeit einer Lösung

Eine mathematische Aufgabenstellung wie die Bestimmung der Lösung eines linearen oder nichtlinearen Gleichungssystems, eines Optimierungsproblems oder einer Differentialgleichung wird als **wohldefiniert** oder **sachgemäß gestellt** bezeichnet, wenn sie eine eindeutige Lösung besitzt, die zudem stetig von den vorkommenden Parametern abhängt. In der Regel sollte man sich davon überzeugen, dass das vorliegende Modellierungsproblem auch wirklich sachgemäß gestellt ist. Das Modell beschreibt ja meist ein reales System oder einen realen Prozess mit – bei gegebenen Parametern – eindeutigen Eigenschaften, die in stetiger Weise von den Werten der Systemparameter abhängen. Also erwarten wir von einem vernünftigen Modell dieselben Eigenschaften. Es gibt allerdings auch wichtige nicht wohldefinierte (man sagt auch „schlecht gestellte“) Probleme, unter anderem so genannte inverse Probleme, siehe Abschnitt 5.1.3. In solchen Fällen müssen dann insbesondere bei der numerischen Behandlung bestimmte Regularisierungstechniken angewendet werden, um sicherzustellen, dass man trotzdem eine sinnvolle Lösung erhält.

Die Existenz und Eindeutigkeit der Lösung einer komplexen mathematischen Aufgabe zu beweisen und andere Eigenschaften zu untersuchen, erweist sich meistens als eine sehr schwierige Angelegenheit. In der Praxis wird oft auf die formalen Beweise teilweise oder vollständig verzichtet. In den Freiwurfmodellen haben wir das auch getan. Stattdessen führt man – mit der nötigen Vorsicht – numerische Berechnungen durch. Sind die Ergebnisse vernünftig, so ist dies schon ein guter Indikator dafür, dass die entsprechende Aufgabe die erforderlichen mathematischen Eigenschaften besitzt.

Untersuchung von Sonderfällen

Oft gewinnt man erste Einsichten über ein Modell durch die Untersuchung von Sonderfällen, für die man explizit eine Lösung der mathematischen Aufgabenstellung angeben oder die man numerisch wesentlich einfacher lösen kann. Meist erhält man diese Sonderfälle durch eine Wahl geeigneter Werte für die Systemparameter. Bei der Untersuchung der Bahnen von zwei sich anziehenden Planeten kann man z.B. zunächst eine Lösung für zwei gleich schwere Planeten, die sich auf Kreisbahnen um ihren gemeinsamen Schwerpunkt bewegen, konstruieren, bevor man allgemeinere Ellipsenbahnen berechnet. Für ein System von drei Planeten ist es hilfreich, in einem ersten Schritt anzunehmen, dass sich die drei Planeten in einer Ebene bewegen.

Vereinfachungen, Linearisierung, Störungstheorie

Ein anderer Weg, erste Eigenschaften eines Modells zu untersuchen, besteht darin, auf mehr oder weniger systematischem Wege ein vereinfachtes Modell herzuleiten und dann zu zeigen, dass sich gewisse Eigenschaften des vereinfachten Modells auf das ursprüngliche Modell vererben. Die bekannteste Methode ist die Linearisierung eines nichtlinearen Modells. Allgemeiner werden meist gewisse Terme, von denen man annimmt, dass ihr Einfluss relativ klein ist, zunächst weggelassen, und das resultierende vereinfachte Modell wird gelöst. Das ursprüngliche Modell wird dann als eine (kleine) Störung des vereinfachten Modells aufgefasst.

Untersuchung von qualitativen Eigenschaften

Qualitative Eigenschaften eines Modells lassen sich oft mit mathematischen Methoden rigoros, d.h. ohne numerische Näherungen, herleiten. Hierzu zählen zum Beispiel das asymptotische Verhalten eines dynamischen Systems für sehr lange Zeiten, obere oder untere Schranken für die Werte eines zu bestimmenden Minimums oder die Stabilität eines stationären Zustandes. Die Untersuchung qualitativer Eigenschaften eines Modells kann aus ganz verschiedenen Gründen wichtig sein: Zum einen wird nicht selten ein Modell gerade zu dem Zweck aufgestellt, die qualitativen Eigenschaften eines Systems zu verstehen. Man spricht dann auch von konzeptionellen Modellen. Zum anderen geben bekannte qualitative Eigenschaften eine erste Möglichkeit, aufwändige computergestützte Berechnungen zu validieren. Es sei auch noch einmal betont, dass sich qualitative Eigenschaften wie zum Beispiel das Langzeitverhalten eines Systems für sehr große Zeiten $t \to \infty$ gerade *nicht* durch numerische Rechnungen gewinnen lassen, sondern höchstens von diesen bestätigt werden können.

Sensitivitätsanalyse

In ein Modell gehen oft viele Parameter ein. Diese müssen für die Berechnung einer Lösung eingegeben werden, sind aber meist nur mit einer begrenzten Genauigkeit bekannt. Daher ist es wichtig zu wissen, wie und wie stark kleine Störungen dieser Eingabedaten die Modelllösung beeinflussen. Bei der Sensitivitätsanalyse interessiert man sich also nicht für eine spezielle Lösung eines Modells, sondern eben für die Sensitivität der qualitativen und auch der quantitativen Eigenschaften der Lösungen gegenüber Störungen der Eingabedaten.

Nicht selten bilden solche Fragestellungen das eigentliche Modellierungsziel. So versuchten wir mit dem ersten Freiwurfmodell aus dem zweiten Kapitel zu klären, wie groß die Störungen eines bestimmten Abwurfwinkels bei einer festgelegten „idealen" Geschwindigkeit sein dürfen, sodass der Ball den Korb noch trifft. Das eigentliche Modellierungsziel bestand darin, denjenigen Abwurfwinkel zu bestimmen, der die maximale Störung erlaubt. Im zweiten Freiwurfmodell waren beide Parameter – der Abwurfwinkel und die Abwurfgeschwindigkeit – mit Störungen behaftet. Mit dem Modell wurde faktisch der Einfluss der Störungen auf die Flugbahn des Balls beschrieben.

Auswahl numerischer Verfahren

In realen Anwendungen ist man nicht nur an qualitativen, sondern viel mehr an quantitativen Ergebnissen interessiert. So möchte man die genauen Positionen der Planeten oder eine Wettervorhersage zu einem bestimmten Zeitpunkt berechnen oder die Größe der wirkenden Kräfte bei einem Autounfall bestimmen. In wenigen Fällen kann man die mathematische Aufgabenstellung exakt in einigen (endlich vielen) Rechenschritten lösen, aber in der überwiegenden Mehrzahl der Fälle wird man auf numerische Verfahren zur Bestimmung einer Näherungslösung zurückgreifen müssen. Die Untersuchung, welche Verfahren – je nach den mathematischen Eigenschaften des vorliegenden mathematischen Modells – am besten in Frage kommen, ist eine sehr wichtige Komponente der Modellanalyse. Hier benötigt man Kenntnisse der Numerik, die inzwischen ein eigenständiger Zweig der Mathematik ist.

Ein Modell, zu dessen Lösung kein effizientes numerisches Verfahren bekannt ist, ist von sehr eingeschränktem Nutzen. Man wird also bei der Auswahl geeigneter Modellansätze auch diesen Punkt im Auge behalten müssen.

3.5 Computergestützte Berechnungen und Simulationen

Es ist nicht immer einfach, bekannte numerische oder symbolische Verfahren auf eine bestimmte Problemstellung anzuwenden, um dann auch konkrete Ergebnisse zu erhalten. Oft beteiligen sich Informatiker und Programmierer an diesem Schritt, um die geeigneten Algorithmen und Datenstrukturen für die Realisierung des Verfahrens auszuarbeiten und sie dann in einer geeigneten Software-Umgebung zu implementieren. Heutzutage werden bei der Lösung mathematischer Probleme oft umfangreiche Software-Bibliotheken benutzt, die bereits viele Standard-Verfahren als Bausteine bereitstellen. Besonders komfortabel für den Benutzer sind dabei Software-Systeme, die zusätzlich eine einfache Programmierung auf hohem abstraktem Niveau erlauben. Bekannt sind hier zum Beispiel die Computeralgebrasysteme Mathematica, Maple oder Macsyma oder auch die numerisch orientierten Systeme MATLAB oder Octave. Da inzwischen auch MATLAB Werkzeuge für symbolische Berechnungen bereitstellt und die führenden Computeralgebrasysteme auch so gut wie alle wichtigen numerischen Algorithmen zur Verfügung stellen, wird die Grenze zwischen den symbolisch-orientierten und numerisch-orientierten Systemen immer unschärfer. In diesem Buch entschieden wir uns für die Implementierungen der Berechnungen und Simulationen mit MATLAB. Ähnliche Implementierungen lassen sich mit vergleichbarem Aufwand auch in den anderen genannten Systemen erstellen.

Implementierung

Obwohl das Programmieren in einer Software-Umgebung wie MATLAB bereits in weiten Teilen dem Aufschreiben von Algorithmen in einem Pseudo-Code entspricht, muss man doch auch hier einige wichtige Grundsätze beachten, um eine fehlerfreie, effiziente und auch für andere verständliche und weiterzuentwickelnde Implementierung zu erhalten, siehe Abschnitt A.2.4. Der Aspekt der Verständlichkeit und Transparenz ist insbesondere im Hinblick auf den Modellierungszyklus wichtig, bei dem ja eventuell erst nach einer fertigen Implementierung und erfolgter Simulation entschieden wird, das Modell weiter zu verfeinern.

Simulation und Visualisierung

Durch wiederholtes Lösen des mathematischen Modells mit unterschiedlichen Parametern erhofft man sich, das Verhalten des Modellierungsgegenstands hinreichend genau simulieren zu können, um es besser zu verstehen. Inzwischen bezeichnet man ganz allgemein die Durchführung einer oder mehrerer computergestützter Rechnungen zur Lösung eines mathematischen Problems als eine **Simulation**. Insbesondere, wenn die Rechnungen sehr aufwändig sind, muss die Menge der Parameter, für die das Problem gelöst werden soll, sorgfältig gewählt werden.

Als Simulationsergebnisse erhält man normalerweise riesige Mengen von berechneten Zahlen, die erst durch eine geeignete grafische Darstellung, eine so genannte **Visualisierung**, interpretiert werden können. Beispielsweise besteht eine Wurfbahn, wie sie im Listing 2.2 berechnet wird, aus 500 Punkten, die dann als eine durchgezogene Linie visualisiert wird. Ein weiteres Beispiel einer typischen Visualisierung von Simulationsergebnissen ist die grafische Darstellung der Niveaulinien der von zwei Parametern abhängigen Zielfunktion in Abbildung 2.9 in Kapitel 2. Ein paar grundlegende Techniken der Visualisierung, die sich in MATLAB einfach realisieren lassen, werden in Abschnitt A.3 dargestellt.

3.6 Interpretation und Validierung

Nachdem mit den Berechnungen und Simulationen Ergebnisse produziert wurden, müssen diese noch interpretiert und validiert werden. Sind die Ergebnisse richtig? Was bedeuten diese Ergebnisse, wenn man sie zurück in das ursprünglich gestellte Anwendungsproblem übersetzt? Sind die erhaltenen Ergebnisse konsistent mit bekannten Eigenschaften der realen Anwendung? Ist das Modell in der Lage, relevante Aspekte der Wirklichkeit korrekt zu beschreiben? Am Ende des Durchlaufes eines Modellierungszyklus müssen diese Fragen beantwortet werden, um schließlich zu entscheiden, ob das aufgestellte Modell den Anforderungen genügt oder aber geeignet verändert werden muss.

3.6.1 Validierung der Berechnung der Lösung

Zunächst sollte unbedingt überprüft werden, ob bzw. wie genau die vorliegende mathematische Aufgabenstellung gelöst wurde. Hier geht es demnach nicht um eventuelle Mängel des aufgestellten Modells, sondern um Fehler, die durch das verwendete numerische Verfahren, durch Rundungsfehler bei den Rechnungen oder durch eine fehlerhafte Implementierung zustande kommen.

Es gibt eine ganze Reihe von verschiedenen Techniken, um ein Rechenverfahren zu validieren.

- Einsetzen der Lösung in die Modellgleichung und Berechnung des Residuums: In manchen Fällen – man denke zum Bespiel an lineare und nichtlineare Gleichungssysteme – kann man direkt verifizieren, wie genau eine berechnete Näherungslösung das gestellte Problem löst. Die Abweichung vom erwarteten Ergebnis bei Einsetzen der berechneten Lösung wird als Residuum bezeichnet und kann als Maß für die Güte der Näherungslösung dienen.
- Überprüfung der Konsistenz der Lösungen mit den Ergebnissen der mathematischen Analyse: Oft ergibt die mathematische Analyse des Modells einige (meist qualitative) Eigenschaften, die alle Lösungen besitzen müssen, wie z.B. gewisse Symmetrieeigenschaften, Positivität oder andere eingeschränkte Wertebereiche. Diese müssen sich in der numerischen Lösung wieder finden.
- Vergleich mit einer bekannten (exakten) Lösung eines Sonderfalls: Auch wenn das Modell insgesamt nicht analytisch lösbar ist, kennt man in manchen Fällen zumindest für einen Spezialfall eine solche Lösung, und kann dann zumindest für diesen Fall die Übereinstimmung mit der entsprechenden numerisch berechneten Lösung überprüfen.
- Vergleich mit anderen Ergebnissen: Wurde dasselbe Problem bereits mit einem anderen Verfahren oder mit demselben Verfahren in einer anderen Implementierung gelöst, so kann man die erhaltenen Lösungen vergleichen.

Bei all diesen Techniken wird man allerdings nie ganz ausschließen können, dass nicht doch noch ein Fehler unentdeckt bleibt.

Wir unterstreichen noch einmal, dass bei der Validierung der Berechnung eine zufriedenstellende Übereinstimmung der berechneten Modellergebnisse mit dem mathematischen Modell und nicht mit dem entsprechenden Anwendungsproblem untersucht wird. Hier wird nur geprüft, ob für ein mathematisches Modell geeignete numerische Verfahren gefunden und richtig implementiert wurden. Über die Richtigkeit des eigentlichen Modells wird hier keine Aussage getroffen.

3.6.2 Interpretation der Ergebnisse und Validierung des Modells

Am Ende eines Modellierungszyklus stehen Interpretation und Validierung der Ergebnisse. Interpretation bedeutet die Rückübersetzung der mathematischen Ergebnisse in die Sprache des Anwendungsgebietes inklusive der Klärung der Bedeutung dieser Ergebnisse. Mit Validierung der Ergebnisse meinen wir den Vergleich der berechneten (interpretierten) Ergebnisse mit Beobachtungsdaten, Experimenten, oder auch theoretischen Erwartungen. Bei der Validierung der Ergebnisse spricht man oft auch von der Validierung des Modells, da ja hier nicht zuletzt darüber entschieden wird, wie gut das Modell zur Lösung des ursprünglichen Anwendungsproblems geeignet ist. Eine Einschätzung der Aussagekraft und Bedeutung der berechneten Ergebnisse für das zugrunde liegende Anwendungsproblem ist ein Herzstück des Modellierungsprozesses, sobald man es nicht mit mathematischen Spielproblemen zu tun hat. Dazu müssen diese Ergebnisse richtig interpretiert werden und die Güte des Modells muss richtig eingeschätzt werden.

Interpretation

Bei der Interpretation der Ergebnisse geht man in einem gewissen Sinne die Schritte, die bei der Modellbildung durchgeführt wurden, noch einmal in umgekehrter Richtung durch: Die erzielten Ergebnisse beschreiben gesuchte Größen des Anwendungsproblems bei Wahl von bestimmten Parametern unter den gemachten Annahmen. Wurde bei der Aufstellung des Modells sorgfältig gearbeitet, wurden insbesondere alle verwendeten Annahmen, Nebenbedingungen und Gesetzmäßigkeiten sorgfältig dokumentiert, so wird es nicht schwer sein, die Ergebnisse richtig zu interpretieren.

Validierung

Bei der Validierung eines Modells anhand des Vergleichs mit realen Daten wird man je nach Anwendungsproblem unterschiedliche Anforderungen an die Art und an die Genauigkeit der Übereinstimmung der Daten mit den Modellergebnissen stellen. Bei einem GPS-Navigationssystem sind beispielsweise die Toleranzen für die Genauigkeit durch die Anforderungen an die Ortsauflösung klar vorgegeben. Außerdem wird das verwendete Modell sicherlich für unbrauchbar erklärt, wenn es auch nur in einigen Fällen bei der Vorhersage der genauen Positionen versagt. Die Abweichungen der Modellergebnisse von den realen Daten werden hier in einer so genannten punktuellen Metrik bewertet. Das andere Extrem ist die Bewertung mit einer so genannten kumulativen Metrik: Hier möchte man, dass die Vorhersagen in einem statistischen Mittel möglichst gut mit den realen Daten übereinstimmen. Dies ist zum Beispiel bei Modellen für die Wettervorhersage der Fall. Auch an dieser Stelle ist es vor allen Dingen wichtig, die für eine Validierung eines Modells verwendeten Bewertungskriterien explizit zu formulieren.

Wesentlich schwieriger wird die Validierung eines Modells, wenn es um Phänomene oder Prozesse geht, für die keine Messdaten vorliegen. So kann es z.B. sein, dass sich die abgebildeten Erscheinungen prinzipiell oder mit den aktuell verfügbaren Messgeräten gar nicht quantifizieren lassen. Beispielsweise ist es unmöglich, direkt zu beobachten, was im Inneren eines Sternes passiert oder wie die kleinsten heute bekannten Elementarteilchen – Quarks – miteinander interagieren. Ebenso wird es schwierig, ein Modell zur Beschreibung der zukünftigen Entwicklung des Klimas oder der Langzeitwirkungen eines neu entwickelten Medikamentes zu validieren. Ist das Modell von Google für die Bestimmung des PageRanks „richtig“?

Modelliert wird trotzdem. Wie kann man in solchen Fällen die Güte der entsprechenden Modelle überprüfen? Es gibt keine objektiven Kriterien, und man ist meist auf die Hilfe entsprechender Fachexperten angewiesen, die – eventuell auch aus ganz anderen Überlegungen und Zusammenhängen heraus – zumindest eine grobe Vorstellung von Verlauf und Struktur der modellierten Prozesse und Systeme besitzen. Manchmal kann man über einen Sonderfall oder ein Teilobjekt etwas Genaueres sagen. Diese Kenntnis kehrt dann die Reihenfolge der entsprechenden Modellierungsschritte um: Die erwarteten Ergebnisse führen zu gezielten Berechnungen und Visualisierungen für bestimmte Systemparameter oder von bestimmten Teilprozessen. Andererseits können besonders einfache oder auffällige Berechnungsergebnisse eines Modells für bestimmte Systemparameter Anlass für neue Experimente und Beobachtungen sein.

Verfeinerung / Anpassung des Modells

Nach der Interpretation der Ergebnisse und der Validierung des Modells ist zu entscheiden, ob die ursprüngliche Fragestellung zufriedenstellend beantwortet wurde. Reicht die erreichte Genauigkeit der Vorhersagen nicht aus oder erweisen sich die bei der Modellbildung getroffenen Annahmen als zu restriktiv, so wird das Modell verfeinert, und der Modellierungszyklus wird noch einmal durchlaufen. Natürlich baut man in den meisten Fällen auf schon vorhandenen Komponenten des bereits behandelten Modells auf. Wie wir an der Geschichte der Entwicklung der Modelle für die Planetenbewegungen des Sonnensystems sahen, sollte man sich aber auch nicht scheuen, in manchen Fällen das vorhandene Modell vollständig zu verwerfen und einen ganz anderen innovativen Ansatz zu verfolgen.

Aber auch wenn ein Modell seinen Zweck erfüllt, ist der Modellierungsprozess nicht für immer abgeschlossen. Auch ein erfolgreiches Modell muss „gewartet" werden, insbesondere, wenn es für ein immer breiteres Spektrum von Systemparametern und auf immer komplexere Modellierungsobjekte angewendet wird. Nur eine ständige Validierung der Berechnungen und der Vergleich von Ergebnissen mit neuen Beobachtungsdaten sichert die Zuverlässigkeit der Vorhersagen. Es ist keine Seltenheit in der Geschichte der Wissenschaft, dass gerade auf diesem Wege die Notwendigkeit erkannt wurde, nach neuen, besseren Modellen zu suchen.

Ein mathematisches Modell bildet einen Teil der Realität ab. Mit dem Modell zu experimentieren, hilft diesen Teil der Realität besser zu verstehen und eröffnet so einen Erkenntnisweg. In einem gewissen Sinne kann man sagen, dass mathematische Modelle unseren aktuellen Erkenntnisstand über bestimmte Prozesse oder Systeme widerspiegeln.

3.7 Modelltypen – Modellklassifikation

In den seltensten Fällen werden Modelle völlig neu entwickelt. In der Regel greift man bei der Modellbildung auf bereits bekannte Modellansätze und Modelltypen zurück und passt diese an oder entwickelt sie weiter. Dabei ist es natürlich wichtig, das zu modellierende System gut genug zu verstehen, um sich dann für einen oder mehrere geeignete Modelltypen entscheiden zu können. Außerdem ist es notwendig, über ein gewisses Repertoire an mathematischen Modellen zu verfügen. In den meisten Anwendungsgebieten kommt jeweils eine kleine Zahl von „Standardmodellen" zum Einsatz, die in der jeweiligen Spezialliteratur ausführlich beschrieben sind.

In diesem Abschnitt werden wir einen groben Überblick über mögliche Modelltypen geben. Man beachte dabei, dass ein Modell einer realen Problemstellung aus mehreren Teilmodellen unterschiedlichen Typs bestehen kann. So hatten wir es bei der Modellierung des Basketballfreiwurfs mit einem Modell vom Typ *Optimierungsproblem* zu tun, wobei der Wurf an sich durch ein Modell vom Typ eines *kontinuierlichen dynamischen Systems* modelliert wurde. Das letztgenannte Modell wurde benötigt, um die Zielfunktion des erstgenannten Modells auswerten zu können. Auch wird man für manche Problemstellungen eventuell ganz verschiedene Modelltypen verwenden können, um denselben Prozess zu beschreiben.

Mathematische Modelle lassen sich nach unterschiedlichen Kriterien klassifizieren. Wir werden im Folgenden – ohne Anspruch auf Vollständigkeit – einige solche Kriterien vorstellen, die aus verschiedenen Blickwinkeln eine Einsortierung von Modellen in bestimmte Klassen ermöglichen. In realen Anwendungen wird eine Zuordnung eines Modells zu einer Klasse meist gar nicht möglich sein, da man es oft mit kombinierten Modellen zu tun haben wird, die Bestandteile aus mehreren Klassen besitzen. Trotzdem ist eine solche eher theoretische Klassifizierung hilfreich, um sich des eigenen Vorgehens bei der Modellbildung bewusst zu werden. Erst so ist man in der Lage, den gewählten Modellansatz zu hinterfragen, die richtigen Stichworte für eine Literaturrecherche zu verwenden und dadurch eventuell Vergleichsfälle zu finden. In vielen Fällen gibt es nämlich bereits gut untersuchte Modelle aus ganz anderen Anwendungsgebieten, die mit kleinen Modifikationen und Uminterpretationen für das eigene Anwendungsproblem benutzt werden können.

Oft werden Modelle nach ihrem Anwendungsgebiet oder noch nach dem Modellierungsgegenstand klassifiziert. So spricht man von Verkehrsmodellen, Klimamodellen, Rentenmodellen oder CAD-Modellen. Diese Einteilung verrät jedoch wenig über die innere Struktur der jeweiligen Modelle. Wir werden Modelle zunächst nach den verwendeten mathematischen Methoden und Strukturen einteilen und dann eine an den Phänomenen orientierte Einteilung diskutieren. Als Nächstes werden wir das Modellierungsziel als Einteilungskriterium verwenden und zum Abschluss überlegen, wie sich Modelle in Bezug auf die Ebene der Beschreibung eines Systems unterscheiden lassen.

3.7.1 Mathematische Strukturen und Methoden

Für Mathematiker sind die wichtigsten Merkmale eines Modells die mathematischen Strukturen und Methoden, die zum Einsatz kommen. Oft kommen für die Modellierung ein und desselben Anwendungsproblems verschiedene Modellansätze infrage.

Eine erste Einteilung in verschiedene Modelltypen liefern die folgenden drei Gegensatzpaare:

Statische oder dynamische Modelle. Dynamische Modelle beschreiben zeitliche Änderungen eines Systems als zeitabhängige Prozesse. Zumindest einige Zustandsvariablen sind Funktionen, die von einer Zeitvariablen t abhängen. Je nach Modell kann der Parameter t kontinuierliche Werte annehmen (also alle Werte aus einem Intervall) oder aber es werden nur diskrete Werte zugelassen (also endlich oder abzählbar viele Zeitpunkte). Im ersten Fall werden als Modellansatz in der Regel Differentialgleichungen zum Einsatz kommen, während im zweiten Fall oft rekurrente Folgen oder so genannte diskrete dynamische Systeme verwendet werden.

Statische Modelle dienen meist der Beschreibung und Untersuchung einer zeitunabhängigen Struktur eines Systems oder zur Modellierung von Fragestellungen, bei denen nach optimalen Entscheidungen, Zuständen oder Parametern gesucht wird.

Bei der Modellierung des Freiwurfs kam zur Beschreibung möglicher Flugbahnen ein dynamisches Modell (eine Bewegungsgleichung für den Ballmittelpunkt) zum Einsatz, während zur Beantwortung der Frage, welches wohl die beste anzustrebende Flugbahn sei, ein statisches Modell – eine Optimierungsaufgabe mit Nebenbedingungen – verwendet wurde.

In vielen Fällen gibt es zu einem statischen Modell ein zugehöriges dynamisches Modell. Das statische Modell beschreibt dann die Gleichgewichtslagen oder die stationären (d.h. zeitunabhängigen) Zustände des zugehörigen dynamischen Modells.

Diskrete oder kontinuierliche Modelle. Die Unterscheidung zwischen diskreten und kontinuierlichen Modellen bezieht sich zunächst auf den Wertebereich der Zustandsvariablen des Modells. Können die möglichen Werte der Zustandsvariablen abgezählt, d.h. also durchnummeriert werden, so spricht man von einem diskreten Modell. Insbesondere bei Modellen mit nur endlich vielen möglichen Zuständen ist dies natürlich immer der Fall. Ist der Wertebereich der Zustandsvariablen dagegen kontinuierlich, so nennt man das Modell kontinuierlich. Die mathematischen Methoden zur Behandlung von diskreten und kontinuierlichen Modellen sind im Allgemeinen sehr unterschiedlich. Für diskrete Modelle benötigt man zum Beispiel oft Methoden der Graphentheorie oder der Theorie endlicher Automaten, während bei kontinuierlichen Modellen meist fortgeschrittene Techniken der Differential- und Integralrechnung eine Rolle spielen.

Wie schon erwähnt, spricht man bei dynamischen Modellen bereits von einem diskreten Modell, wenn lediglich die Zeitvariable t eine diskrete Größe ist, auch dann, wenn die zu jedem diskreten Zeitpunkt t möglichen Zustände $x(t)$ einen kontinuierlichen Wertebereich haben. Oft werden kontinuierliche Modelle, um sie einer numerischen Lösung zugänglich zu machen, *diskretisiert*, d.h. man schränkt die möglichen Werte der Zustands- und der Zeitvariablen auf eine diskrete Menge ein, z.B. indem man nur Werte auf einem festgewählten Gitter zulässt. In einem gewissen Sinne wird hier also ein zu einem kontinuierlichen Modell korrespondierendes neues diskretes Modell aufgestellt, und man hofft, mit diesem neuen Modell die Eigenschaften des ursprünglichen Modells hinreichend genau abbilden zu können.

Deterministische oder stochastische Modelle. Bei einem *deterministischen Modell* ist der Ausgang eines „Modellexperimentes“ bei Vorgabe aller Parameter und des Anfangszustandes des Systems eindeutig bestimmt. Insbesondere führt die Wiederholung eines solchen Experimentes wieder zu denselben Ergebnissen. Im Gegensatz dazu spielt bei einem stochastischen Modell der Zufall eine Rolle. Der Ausgang eines Modellexperimentes lässt sich nicht mit Sicherheit vorhersagen. Man denke zum Beispiel an die Modellierung eines Würfelspiels, einer Verlosung oder der Ausbreitung einer ansteckenden Krankheit. Die Stochastik beschäftigt sich mit der mathematischen Beschreibung und Analyse von zufälligen Ereignissen und stellt die Werkzeuge für die Formulierung und Untersuchung von stochastischen Modellen bereit.

Es sei bereits an dieser Stelle erwähnt, dass stochastische Modelle nicht nur zur Beschreibung von Systemen zum Einsatz kommen, bei denen der Zufall eine Rolle spielt, sondern zum Beispiel auch, wenn ein System sehr komplex und seine innere Struktur nur unvollständig verstanden ist. Auch als Methode zur Simulation von sehr komplizierten deterministischen Systemen mit einem riesigen Zustandsraum werden stochastische Modelle eingesetzt, sodass man sich innerhalb des Zustandsraumes mithilfe eines sinnvollen Zufallsprozesses bewegt. Umgekehrt werden wir sehen, dass sich viele Eigenschaften stochastischer Systeme durch ein deterministisches Modell einfangen lassen, etwa der Zusammenhang zwischen Brownscher Bewegung und Diffusionsgleichung.

In den realen Anwendungen wird es nicht selten vorkommen, dass ein konkretes Modell diskrete und auch kontinuierliche Zustandsvariablen besitzt oder dass Teile des Modells statischer und andere dynamischer Natur sind. Die oben dargestellten Alternativen mögen aber dazu dienen, bei der Modellbildung Entscheidungen bewusst zu fällen und sich das eigene Vorgehen und die damit verbundenen Konsequenzen insbesondere auch auf das dann zur Verfügung stehende mathematische Instrumentarium klar zu machen.

Modellansätze/Problemklassen

Unter einem Modellansatz verstehen wir hier eine mathematische Problemstellung eines bestimmten Typs, die formuliert und dann gelöst werden muss. Wichtige Modellansätze, die dem Leser zumindest teilweise bekannt sein werden, sind die folgenden:

Lineare Gleichungssysteme / Eigenwertprobleme. Viele (meist statische) Systeme lassen sich unter gewissen Modellannahmen durch eine endliche Anzahl von linearen Beziehungen zwischen den Zustandsvariablen in Form eines linearen Gleichungssystems beschreiben. Beispiele dafür sind etwa elektrische Netzwerke oder elastische Fachwerke.

Nichtlineare Gleichungssysteme. In anderen Fällen ergeben sich beim Modellieren nichtlineare Gleichungen für die Beziehungen zwischen den Variablen.

Gewöhnliche Differentialgleichungen. Zeitabhängige Prozesse mit endlich vielen kontinuierlichen Zustandsvariablen, deren Änderungsverhalten allein vom momentanen Zustand (und nicht von bereits zeitlich zurückliegenden Zuständen) abhängt, lassen sich meist mithilfe eines Systems von gewöhnlichen Differentialgleichungen modellieren. Man nennt dies ein *dynamisches System*.

Integralgleichungen. Prozesse „mit Gedächtnis“, bei denen der aktuelle Zustand von der gesamten Vorgeschichte abhängt, werden oft mit Integralgleichungen beschrieben, wobei der Integralausdruck die Abhängigkeit des momentanen Zustands von den vergangenen Zuständen modelliert. Auch die so genannten inversen Probleme, bei denen aus einer beobachteten Wirkung auf die Ursachen zurückgeschlossen werden soll, werden in vielen Fällen mit Integralgleichungen modelliert.

Partielle Differentialgleichungen. Hängen die Zustandsvariablen nicht nur von der Zeit, sondern auch von anderen freien Variablen, meist den Ortkoordinaten, ab, so kommen bei der Modellierung oft Systeme von partiellen Differentialgleichungen zum Einsatz. Hier werden Beziehungen zwischen dem zeitlichen und/oder dem räumlichen Änderungsverhalten der Zustandsvariablen mathematisch formuliert. Man denke zum Beispiel an eine schwingende Membran oder an die Diffusion eines Tintentröpfchens in Wasser.

Stochastische Differentialgleichungen. Hier werden bei der Modellierung des Änderungsverhaltens auch zufällige Komponenten wie zum Beispiel zufällige Störungen oder ein Hintergrundrauschen mit einbezogen.

Endliche Automaten und Graphen. Systeme mit endlich vielen Zuständen und festen Übergangsregeln von einem Zustand zu einem anderen können als so genannte endliche Automaten modelliert werden oder als Graphen, bei denen die Knoten den Zuständen und die Kanten den möglichen Übergängen entsprechen.

Markov-Ketten. Sind die Übergangsregeln zwischen den möglichen Zuständen durch bedingte Wahrscheinlichkeiten gegeben, so spricht man von (diskreten) stochastischen Prozessen. Handelt es sich um einen Prozess ohne Gedächtnis, dann spricht man von Markov-Ketten.

Rekurrente Folgen. Diskrete zeitabhängige Prozesse werden oft durch eine rekursiv definierte Folge von Zuständen $x(t_i)$ zu Zeitpunkten t_i beschrieben, so genannten *Iterationsfolgen* oder *Iterationsprozessen*. Man spricht auch von *diskreten dynamischen Systemen*. Auch einige statische diskrete Strukturen wie zum Beispiel Spiralmuster lassen sich durch eine rekursiv definierte Folge modellieren.

Optimierungsprobleme. In einer Menge von zulässigen Zuständen sucht man denjenigen Zustand, für den eine vorgegebene so genannte *Ziel-* oder auch *Kostenfunktion* ihr Extremum annimmt. Man unterscheidet zwischen diskreten Optimierungsproblemen, bei denen die Menge der zulässigen Zustände diskret, meist sogar endlich ist, und den kontinuierlichen Optimierungsproblemen mit einem kontinuierlichen Wertebereich der zulässigen Zustände. Während bei den diskreten Optimierungsproblemen, die im Falle eines endlichen zulässigen Bereiches auch kombinatorische Optimierungsprobleme heißen, Strukturen und Methoden aus der diskreten Mathematik zum Einsatz kommen wie zum Beispiel Graphen oder Polytope, spielen in der kontinuierlichen Optimierung Methoden und Strukturen der Analysis eine große Rolle. Eine spezielle Klasse von Optimierungsproblemen sind die so genannten *Variationsprobleme*, bei denen die Menge der zulässigen Zustände in einem unendlich-dimensionalen Raum, einem Funktionenraum, liegt.

Für all diese Modellansätze gibt es eigene Methoden zur mathematischen Analyse und zur (numerischen) Lösung und Simulation, die man in zahlreichen Lehrbüchern und in der Spezialliteratur findet. Für die mathematische Modellierung ist es wichtig, ein Repertoire solcher Modellansätze zu besitzen und möglichst gut zu verstehen, welche Eigenschaften eines realen Systems oder Prozesses sich mit welchen mathematischen Modellansätzen geeignet beschreiben lassen. Im zweiten Teil des Buches werden wir eine Reihe von Anwendungsbeispielen zusammen mit passenden Modellansätzen vorstellen.

3.7.2 Gruppierung nach Phänomenen

Ein mathematisches Modell beschreibt üblicherweise eine reale Struktur oder einen Prozess oder allgemeiner ein Phänomen mit charakteristischen Eigenschaften. Man kann Gruppen von Phänomenen mit charakteristischen Eigenschaften bilden. Zum Beispiel beobachtet man die Ausbreitung von Tinte in Wasser, von Wärme in einem Metallstab und von Infektionen, stellt gleiche Eigenschaften bei diesen Prozessen fest und gruppiert sie zur Klasse der Diffusionsprozesse. Die *Diffusion* bezeichnen wir als charakteristisches

Phänomen dieser Gruppe von Prozessen. Ein mathematisches Modell eines Prozesses muss dann in der Lage sein, diese charakteristischen Phänomene abzubilden. In der Regel wird es zu einem charakteristischen Phänomen einige spezielle mathematische Modellansätze geben, die bereits in anderen Zusammenhängen erfolgreich eingesetzt wurden. Dies hilft bei der Auswahl eines Modellansatzes für das vorliegende Problem. Man spricht in diesem Zusammenhang von einer *Modellbildung durch Analogie*.

So wird zum Beispiel ein Diffusionsprozess oft mit einer partiellen Differentialgleichung eines bestimmten Typs modelliert oder aber durch einen stochastischen Prozess, siehe Kapitel 4.3.3. Stellt man also fest, dass in einem vorliegenden Anwendungsproblem ein Diffusionsprozess eine wichtige Rolle spielt, so wird man zunächst diese Modellansätze in Erwägung ziehen.

Im Folgenden stellen wir eine kurze Übersicht einiger häufig vorkommender charakteristischer Phänomene zusammen.

Transportprozesse. Stofftransporte in räumlichen Gebieten; Stoffe können so unterschiedliche Dinge wie „Energie“, Tintenmoleküle in Wasser, Viren, Meinungen oder Autos sein. Zwei wichtige Transportprozesse sind die *Konvektion*, bei der die Stoffe mit einem sie umgebenden Medium mitbewegt werden, und die *Diffusion*, bei der sich die Stoffe von Gebieten hoher Konzentration zu Gebieten niedrigerer Konzentration bewegen.

Wachstums-/Zerfallsprozesse. Vorgänge, bei denen sich die Anzahl von Individuen eines bestimmten Typs durch eine Vielzahl von Mechanismen zeitlich verändern; Individuen können hier z.B. Bakterien, Hasen und Füchse, die Einwohner Berlins und Moleküle sein, während Beispiele für Mechanismen z.B. Vermehrung, Zuzug, chemische Reaktionen etc. sind.

Schwingungen und Wellen. Zeitlich und/oder räumlich periodische Vorgänge, z.B. Ausbreitung elektromagnetischer oder akustischer Wellen, Schwingungen eines Trommelfells, einer Autokarosserie usw.

Statische Feldverteilungen. Zeitlich konstante, räumlich veränderliche Größenverteilungen, z.B. elastische Spannungen in einer Hängebrücke, Magnetfeld der Erde, stationäre Temperaturverteilung in einem Kühlschrank.

Bewegungen von starren Körpern. Bewegung von Körpern im Raum, die nicht deformierbar sind, z.B. Bewegung von Molekülen in einem Gas, Planetenbewegung, Jojo, Schaukeln oder Pendel.

Musterbildung und Selbstorganisation. Strukturbildung in biologischen Systemen (Zebrastreifen, DNA-Helix), Konvektionszellen, soziale Netzwerke.

3.7.3 Modellierungsziele

Es gibt ganz unterschiedliche Ziele, die man bei der mathematischen Modellierung verfolgen kann. Bei der Analyse des Anwendungsproblems wird geklärt, worin das Modellierungsziel besteht. Neben den ganz konkreten Fragestellungen, die beantwortet werden sollen, sollte man sich klar machen, mit welchem übergeordneten Typ von Zielstellung man es zu tun hat. Im Folgenden nennen wir einige Beispiele, die das breite Spektrum solcher Modellierungsziele deutlich machen, zusammen mit exemplarischen Anwendungsgebieten.

Entscheidungsfindung, Strategieplanung. Oft stellt sich das Problem, unter einer kleinen Anzahl von alternativen Möglichkeiten eine geeignete auszuwählen, man denke zum Beispiel an die Entscheidung der Freigabe von Medikamenten, an die Wahl einer geeigneten Verkehrsführung oder an Strategien bei einem Spiel. In vielen Fällen lassen sich solche Entscheidungsprobleme durch ein mathematisches Modell abbilden. Eine Entscheidung wird dann unter den getroffenen Annahmen berechenbar. Insbesondere legt das mathematische Modell in diesem Fall die getroffenen Annahmen fest, unter denen die getroffene Entscheidung „richtig“ ist.

Prognose, Vorhersage. Das zukünftige Verhalten eines Systems aus dem momentanen Zustand oder aus dem Verhalten des Systems in der Vergangenheit zu berechnen, ist sicherlich eines der prominentesten Ziele einer mathematischen Modellierung. Bekannte Beispiele sind die Vorhersage einer Sonnenfinsternis, Wettervorhersagen oder Wahlprognosen. Je nach Situation wird man eine genaue deterministische Vorhersage erwarten und verlangen, oder aber sich mit Wahrscheinlichkeitsaussagen begnügen müssen.

Optimierung. In unterschiedlichsten Anwendungen ist es erstrebenswert, ein System oder einen Prozess in Bezug auf festgewählte Kriterien zu optimieren, wie zum Beispiel bei der Bestimmung von optimalen Routen, Fahr- oder Produktionsplänen oder bei der Formoptimierung eines Bauteils zur Minimierung des Luftwiderstandes oder des Materialverbrauchs.

Steuerung/Kontrolle/Regelung. Die automatische Ablaufsteuerung von Prozessen oder die Regelung von Systemen, wie zum Beispiel eine automatische Fahrzeugsteuerung oder die Regelung von Heizungs- oder Beleuchtungsanlagen, beruht auf geeigneten mathematischen Modellen.

Virtueller Prototyp / Materialsimulation. Bei der Entwicklung neuer Produkte möchte man zunächst möglichst viele Planungsschritte mit einem computergestützten Modell durchführen, ehe man die aufwändige Produktion eines Prototyps durchführt. Man spricht dann von einem *virtuellen Prototyp* und allgemeiner vom *Digital Mock Up*, was soviel wie *digitale Produktplanung* bedeutet. Oft werden dann mit einem solchen Prototypen aufwändige Simulationen zur Untersuchung von Materialeigenschaften durchgeführt, deren Ergebnisse zur Konstruktionsverbesserung verwendet werden, bevor man Experimente an *realen Prototypen* durchführt. Ein bekanntes Beispiel ist die Simulation von Crashtests.

Mustererkennung. Eine computergestützte Mustererkennung spielt in zahlreichen Anwendungen eine wichtige Rolle. So müssen von einem biometrischen Sicherheitssystem Fingerabdrücke, Gesichter oder die Augeniris zuverlässig identifiziert werden. Weitere wichtige Anwendungen sind die Schrift- und Spracherkennung oder die automatische Werkstoffprüfung.

Konzeptionelles Verständnis. Es gibt auch Situationen, in denen man mithilfe von mathematischen Modellen insbesondere das qualitative Verhalten eines Systems oder eines Prozesses untersuchen möchte. Man lässt dann ganz bewusst den Anspruch auf die quantitative Richtigkeit der Modellvorhersagen fallen, um relativ einfach zu überblickende Modelle zu erhalten. Es geht vielmehr darum, die entscheidenden Eigenschaften der Wirkungszusammenhänge oder den Einfluss der Größe gewisser Parameter auf das Verhalten des Systems besser zu verstehen. Viele Modelle von Ökosystemen und einige einfache Klimamodelle dienen beispielsweise lediglich einem solchen konzeptionellen Verständnis.

Validierung oder Falsifizierung. Um eine naturwissenschaftliche Hypothese zu bestätigen oder gegebenenfalls auch zu falsifizieren, wird ein passendes mathematisches Modell formuliert. Die mithilfe eines solchen Modells berechneten Vorhersagen können dann mit entsprechenden experimentellen Ergebnissen verglichen werden und führen entweder zu einer Bestätigung oder aber zu einer Falsifizierung des Modells und entsprechend der Ausgangshypothese.

Man beachte, dass sich die skizzierten Modellierungsziele nicht gegenseitig ausschließen. So wird zum Beispiel oft nach einer optimalen Entscheidung gesucht oder aber ein Material simuliert, um sein Verhalten vorherzusagen und um gegebenenfalls optimale Parameter zu bestimmen.

3.7.4 Beschreibungsebene

Eine weitere wichtige Unterscheidung der Modelltypen bezieht sich auf die Ebene der Beschreibung des zu modellierenden Gegenstandes. Das System, das abgebildet werden soll, kann aus unterschiedlichen Perspektiven betrachtet werden. Entsprechend unterscheidet sich die Ebene der Beschreibung. Dies führt dazu, dass die Modelle die inneren Gesetzmäßigkeiten und Wirkungszusammenhänge des Systems in unterschiedlichem Grad transparent machen. Entscheidend für die Wahl der Beschreibungsebene ist, welche Informationen über die inneren Gesetzmäßigkeiten und Wirkungszusammenhänge überhaupt vorliegen und wie genau diese vom Modell abgebildet werden sollen.

„First-Principles"-Modelle, White-Box-Modelle. Lässt sich ein Modell aus bekannten Gesetzmäßigkeiten herleiten und ist es durch diese vollständig spezifiziert, so spricht man von einem White-Box-Modell und einer Herleitung aus „first principles". Die Bewegungsgleichung für den Basketballwurf folgt zum Beispiel aus zwei vollständig bekannten Gesetzen, dem zweiten Newtonschen Gesetz und dem Gravitationsgesetz. Auch das Problem des Handlungsreisenden, bei dem die kürzeste Rundreise zum Besuch einer Anzahl von Städten gesucht wird, wäre ein solches White-Box-Modell.

Heuristische Modelle, Grey-Box-Modelle. Viele Modelle beruhen jedoch auf mehr oder weniger plausiblen Annahmen über die Wirkungszusammenhänge des betrachteten Systems, die entweder nicht in Form von streng formulierten Gesetzmäßigkeiten vorliegen oder zu kompliziert sind, um unverändert von dem Modell abgebildet zu werden. Typische Beispiele für solche Grey-Box-Modelle sind so genannte Populationsmodelle, mit denen die zeitliche Entwicklung der Anzahl einer oder mehrerer Arten von Individuen beschrieben werden soll, also zum Beispiel die Bevölkerungsentwicklung in Deutschland oder die Entwicklung verschiedener Fischpopulationen in einem See. Hier führen dann heuristische Ansätze zur Spezifikation von gewissen Teilprozessen wie Geburten, Todesfälle oder Zuzug, und damit schließlich zu einem System von gewöhnlichen Differentialgleichungen, siehe Kapitel 8.

Deskriptive Modelle, Black-Box-Modelle. Am anderen Ende der Skala stehen Modelle, die sich darauf beschränken, im Wesentlichen aus Datenerhebungen bzw. Messungen bekannte Zusammenhänge zwischen Eingabe- und Ausgabedaten in einem geeigneten Modell abzubilden. Hier wird also explizit darauf verzichtet, innere Strukturen des Modellierungsgegenstands im Modell abzubilden. Man spricht auch von *Input/Output-* oder *Reiz/Reaktions-Modellen.* Ein typisches Beispiel ist die Modellierung des Kaufverhaltens einer Bevölkerungsgruppe, ausgehend von einer geeigneten Datenerhebung. Oft werden auf ähnliche Weise auch dynamische Modelle hergeleitet, indem ein (meist linearer) Ansatz für eine Input-Outputrelation gewählt wird und die entsprechenden Modellparameter mithilfe der Messdaten identifiziert werden.

3.8 Aufgaben

Aufgabe 3.1 Stellen Sie für ein GPS-Modell einige vereinfachende Annahmen auf, sowohl über die Art der Wechselwirkungen als auch über die Menge der betrachteten Modellierungsobjekte/Zustände. Diskutieren Sie, welche Annahmen notwendig sind, um ein einfaches Modell wie in Abschnitt 1.3.4 zu erhalten.

Aufgabe 3.2 Es soll die Entwicklung des Wasserstandes eines Sees im Jahresverlauf vorhergesagt werden. Versuchen Sie ein einfaches Modell aufzustellen. Formulieren Sie dazu zunächst einige vereinfachende Annahmen über die Prozesse, die dabei eine Rolle spielen. Welche Systemparameter – d.h. insbesondere geometrische Informationen, klimatische Daten, etc. – werden benötigt? Welche Zustandsvariablen brauchen Sie? Versuchen Sie, ein einfaches Modell aufzustellen und diskutieren Sie mögliche Verfeinerungen.

Aufgabe 3.3 Sie werden gebeten, den Energieverbrauch eines Sportlers beim Hochsprung zu berechnen. Welche Fragen stellen Sie Ihrem Auftraggeber, um die Aufgabenstellung geeignet zu präzisieren? Welche Fragen müssen Sie mit den Anwendern (Sportler, Trainer) diskutieren? Welche Informationen benötigen Sie aus den entsprechenden Fachgebieten wie der Medizin oder der Biologie? Versuchen Sie geeignete, sehr restriktive Annahmen zu formulieren und dann ein einfaches Modell aufzustellen.

Teil II

Werkzeuge

4 Prinzipien zur Formulierung eines Modells

Übersicht

In diesem Kapitel werden wir einige Prinzipien und Herangehensweisen beschreiben, die zur Formulierung eines mathematischen Modells führen. Im Grunde handelt es sich dabei um unterschiedliche Blinkwinkel, aus denen man ein zu modellierendes System oder einen zu modellierenden Prozess betrachtet. Wir beginnen zunächst mit einer globalen Sicht auf das System und versuchen, eine Bilanzierung der in einem System vorkommenden mengenartigen Größen durchzuführen. Danach betrachten wir das System in Hinsicht auf mögliche Übergänge zwischen Zuständen und im dritten Teil versuchen wir, das Verhalten eines makroskopischen Systems aus der Kenntnis seiner mikroskopischen Struktur herzuleiten. Natürlich gibt es auch andere wichtige Blickwinkel auf ein System, zum Beispiel Variationsprinzipien oder Input-Output-Analysen, aber wir werden anhand der vorgestellten Beispiele sehen, dass sich mit den oben genannten Ansätzen eine erstaunliche Breite unterschiedlicher Modelle „herleiten" lassen. Diese Ansätze schließen sich nicht gegenseitig aus und führen in vielen Fällen auch erst bei ihrer Kombination zu einem vollständigen Modell.

In vielen Fällen sind zumindest für Teilaspekte eines vorliegenden Anwendungsproblems bereits erprobte und akzeptierte Modelle bekannt. Ein wichtiger Schritt bei der Modellierung besteht darin, sorgfältig zu recherchieren und keine Räder neu zu erfinden. Einige solcher Teilmodelle gehören geradezu zu den Grundprinzipien einer Anwendungsdisziplin und können gar nicht ohne weiteres hergeleitet werden. Wir werden dann diese Modelle selbst nicht weiter hinterfragen sondern als gegeben akzeptieren und uns auf eine Überprüfung ihrer Gültigkeit in dem betrachteten Kontext beschränken. Als Beispiel betrachte man das weiter unten genauer beschriebene Newtonsche Kraftgesetz für die Bewegung eines Massenpunktes, welches als Teilmodell bei der Modellierung des Sonnensystems und des Basketballfreiwurfs eine Rolle spielt. Wir werden dieses physikalische Modell in unserer Rolle als mathematische Modellierer nicht hinterfragen, uns aber gegebenenfalls darüber informieren, dass bei großen Geschwindigkeiten dieses Modell nur eine Näherung an das Modell der speziellen Relativitätstheorie ist.

Bei den in den folgenden Abschnitten vorgestellten Modellbildungen werden wir an vielen Stellen auf allgemein bekannte und akzeptierte Teilmodelle zurückgreifen ohne diese ihrerseits in ihrer Gültigkeit anzuzweifeln oder gar herzuleiten.

4.1 Erhaltungssätze und Bilanzgleichungen

In diesem Abschnitt werden wir sehen, wie sich aus sehr anschaulichen Überlegungen heraus eine allgemeine Form für eine Modellgleichung – eine Bilanzgleichung – für eine mengenartige Größe formulieren lässt. Erst zusammen mit so genannten konstitutiven Gleichungen, die die konkreten Eigenschaften der betrachteten Größen und des betrachteten Systems beschreiben, ergibt sich daraus eine Modellgleichung. Erhaltungssätze werden uns als spezielle Bilanzgleichungen für abgeschlossene Systeme begegnen.

4.1.1 Systembilanzgleichungen

Zunächst wollen wir uns die Frage stellen, welche Größen denn sinnvoll in einem System bilanziert werden können. Die dafür notwendige gemeinsame Eigenschaft von so unterschiedlichen Größen wie Gewinn, Masse, Volumen, Energie, Impuls etc. wird in der folgenden formalen Definition eingefangen: Eine Zustandsgröße heißt *mengenartig* oder auch *extensiv*, wenn sich diese Größe bei der Zusammenfassung von Teilsystemen zu einem Gesamtsystem additiv verhält (sich also z.B. beim Zusammenfassen zweier identischer Kopien zu einem System verdoppelt). Im Gegensatz dazu bezeichnet man eine Größe als *intensiv*, wenn sich diese beim Zusammenfassen zweier identischer Systeme nicht verändert. Beispiele für intensive Größen sind z.B. die Temperatur, der Druck oder ein Zinssatz.

Für eine mengenartige Größe M kann man als ersten Modellansatz eine so genannte **Systembilanzgleichung** aufstellen, in der alle möglichen Änderungen der Systemgröße M aufaddiert werden, ähnlich wie man dies z.B. bei einer monatlichen Kontobilanz durchführt. Im Allgemeinen setzt sich dabei die Gesamtänderung ΔM zusammen aus einer im Inneren des Systems erzeugten (produzierten) oder vernichteten (verbrauchten) Menge ΔM_P und einer dem System von außen zugeführten oder entzogenen Menge ΔM_Z. Bei Systemen mit einer räumlichen Ausdehnung unterscheidet man noch zwischen einer über die räumlichen Systemgrenzen ein- oder ausströmenden Menge ΔM_J und einer über sonstige (volumenartige) äußere Quellen zugeführten Menge ΔM_Q. Man stelle sich zum Beispiel die Bilanzierung der Grundwassermenge in einer Region vor, bei der Zu-/Abfluss durch Bäche/Flüsse vom ersten Typ und der Zufluss durch eine Quelle vom zweiten Typ wäre. Damit hat eine allgemeine Systembilanzgleichung die folgende Form

$$\Delta M = \Delta M_P + \Delta M_Z = \Delta M_P + \Delta M_Q + \Delta M_J. \tag{4.1}$$

Betrachtet man einen zeitlichen Prozess, so ergibt sich für eine Zeitspanne Δt die zeitliche Änderungsrate $dM/dt \approx \Delta M/\Delta t$ der Göße $M(t)$ als Summe einer **Produktionsrate** $P_M(t) \approx \Delta M_P/\Delta t$, einer **Quellstärke** $Q_M(t) \approx \Delta M_Q/\Delta t$ und einer **Stromstärke** $J_M(t) \approx \Delta M_Z/\Delta t$. Fasst man wieder Quellstärke und Stromstärke zu einer gemeinsamen Größe $Z_M(t)$ zusammen und betrachtet den Grenzübergang $\Delta t \to 0$, so ergibt sich die folgende zeitabhängige Systembilanzgleichung:

$$\frac{\mathrm{d}}{\mathrm{dt}} M(t) = P_M(t) + Z_M(t) = P_M(t) + Q_M(t) + J_M(t). \tag{4.2}$$

Man beachte, dass die Gleichungen (4.1) und (4.2) zunächst lediglich einen sehr allgemeinen Ansatz darstellen und noch kein vollständiges Modell sind. Die Spezifikation der Quellen, Ströme und Produktivitäten erfordert jede Menge Spezialwissen oder weitere Modellierungsansätze, die in manchen Fällen mehr oder weniger streng aus Grundgesetzen der jeweiligen Anwendungsdisziplin hergeleitet werden oder aber aus heuristischen Überlegungen und empirischen Messdaten gefolgert werden.

Beispiel 4.1 (Karpfenpopulation in einem See)
Wir betrachten die Entwicklung der Karpfenpopulation in einem See. Es sei $N(t)$ die zu bilanzierende Anzahl der Karpfen in dem See zum Zeitpunkt t. Sei $\lambda(t)$ die Vermehrungsrate zum Zeitpunkt t, die jahreszeitlichen Schwankungen unterliegt, und $\tau(t)$ die Sterberate, so ergibt sich für die „Erzeugung" im System:

$$P(t) = \lambda(t)N(t) - \tau(t)N(t).$$

Als Quellen bzw. Senken des Systems betrachten wir die pro Zeiteinheit abgefischten Karpfen $A(t)$ und die pro Zeiteinheit zugesetzten Karpfen $B(t)$ und erhalten damit eine Quellstärke

$$Q(t) = B(t) - A(t).$$

Schließlich betrachten wir noch den Zuzugsstrom $J_z(t)$ bzw. den Abwanderungsstrom $J_a(t)$ über einmündende bzw. abfließende Bäche oder Flüsse, die wir zu einem Gesamtstrom

$$J(t) = J_z(t) - J_a(t)$$

zusammenfassen. Insgesamt ergibt sich damit die folgende Differentialgleichung für die Karpfenpopulation $N(t)$

$$\frac{\mathrm{d}}{\mathrm{dt}} N(t) = P(t) + Q(t) + J(t) = \big(\lambda(t) - \tau(t)\big)N(t) + J_z(t) - J_a(t) + B(t) - A(t). \tag{4.3}$$

Man beachte, dass in Gleichung (4.3) eine ganze Anzahl unbekannter Funktionen enthalten sind, die erst noch genauer spezifiziert werden müssen. So kann z.B. die Vermehrungsrate von der vorhandenen Futtermenge, die selbst eine zu modellierende extensive Größe ist, oder aber die Sterberate von der Anzahl der Raubfische im See abhängen. Damit ergeben sich dann gekoppelte Bilanzgleichungen für verschiedene extensive Größen. In Kapitel 8 werden wir ein solche Räuber-Beute-Modelle aufstellen. ∎

Beispiel 4.2 (Energiebilanzmodelle in der Klimamodellierung)
Als Klima bezeichnet man das Langzeitverhalten von atmosphärischen Größen wie der Temperatur oder des Niederschlags. Wir betrachten im Folgenden ein sehr einfaches Energiebilanzmodell, zur Modellierung der zeitlichen Entwicklung einer globalen Durchschnittstemperatur T am Erdboden, welche die räumlich über die gesamte Erde und zeitlich über viele Jahre gemittelte Temperatur am Erdboden beschreibt. In derzeit verwendeten Klimamodellen kommen natürlich wesentlich aufwändigere Modelle zum Einsatz, aber ein einfaches Modell dient zumindest einem ersten konzeptionellen Verständnis einiger Mechanismen des vorliegenden sehr komplexen Systems. Eine detaillierte Darstellung findet man z.B. in Storch, Heimann und Güss (1999).

Um die Temperaturentwicklung $T(t)$ zu modellieren, betrachten wir die Erdoberfläche als einen Wärmeenergiespeicher mit einem Energieinhalt $E(t)$ (bezogen auf eine Flächeneinheit) mit einer homogenen (d.h. räumlich konstanten) Temperatur $T(t)$. Nimmt die Energie $E(t)$ zu bzw. ab, so steigt bzw. fällt die Temperatur $T(t)$. Wie stark sich die Temperatur bei einem Zustrom bzw. Abstrom von Energie ändert, hängt dabei direkt mit der Wärmespeicherkapazität der Erdoberfläche zusammen. Die folgenden drei Annahmen führen zu einer Energiebilanzgleichung, die sich in Form einer Gleichung für die Temperatur $T(t)$ schreiben lässt:

i. Als relevanten Energiespeicher wählen wir die untere Atmosphäre mit der ozeanischen Deckschicht, die ungefähr die obersten 70 Meter umfasst (die Wärmespeicherkapazität der Landmasse ist wesentlich geringer und wird vernachlässigt). Im globalen Mittel ergibt sich eine effektive Wassertiefe von $50\,m$. Sei c die spezifische Wärmekapazität einer $50\,m$ tiefen Wasserschicht, bezogen auf eine Flächeneinheit der Erdoberfläche, sodass also eine Wärmezufuhr von $\Delta E = c\Delta T$ pro Flächeneinheit zu einer Temperaturerhöhung ΔT führt. Nehmen wir außerdem an, dass die Erdoberfläche nur Energie in Form von Wärme austauscht, so ergibt sich:

$$\frac{\mathrm{d}}{\mathrm{dt}}E(t) = c\frac{\mathrm{d}}{\mathrm{dt}}T(t).$$

ii. Durch die Absorption der einfallenden kurzwelligen Sonnenstrahlung wird dem System Energie zugeführt. Es bezeichne $J_{\text{in}}(t,T)$ den entsprechenden Energiestrom in das System, also die pro Zeiteinheit und Flächeneinheit durch die Sonneneinstrahlung zugeführte Energiemenge. Diese lässt sich wie folgt beschreiben:

$$J_{\text{in}}(t,T) = \big(1-\alpha(T)\big)S(t). \tag{4.4}$$

Hier ist $S(t)$ die pro Zeiteinheit und Flächeneinheit durch Sonneneinstrahlung einfallende Energie, die durch eventuelle Schwankungen in der Erdumlaufbahn, der Erdneigung oder durch Sonnenflecken geringfügig schwanken kann. Der dimensionslose Parameter $\alpha(T) \in [0,1]$ bezeichnet das Verhältnis von reflektierter zu einfallender Energie, die so genannte planetare Albedo. Die Albedo ist insbesondere temperaturabhängig, da Eis die Sonnenstrahlung wesentlich besser reflektiert als Wasser.

iii. Durch langwellige Wärmestrahlung gibt die Erdoberfläche Energie ins Weltall ab. Es bezeichne $J_{\text{out}}(t,T)$ den entsprechenden Energiestrom aus dem System, also die pro Zeiteinheit und Flächeneinheit durch Wärmestrahlung abgegebene Energiemenge. Diese lässt sich wie folgt beschreiben:

$$J_{\text{out}}(t,T) = \tau(t,T)\sigma T^4. \tag{4.5}$$

Hier bezeichnet σ die Stefan-Boltzmann-Konstante und für $\tau = 1$ beschreibt Gleichung (4.5) die Wärmestrahlung eines schwarzen Körpers der Temperatur T. Der dimensionslose Faktor $\tau(t,T) \in [0,1]$ berücksichtigt zum einen die unterschiedlichen Emissionseigenschaften der Erdoberfläche (als „grauer" Strahler hätte die Erde ungefähr den Wert $\tau = 0.95$) und andererseits den so genannten Treibhauseffekt: Die vom Erdboden ausgehende Wärmestrahlung wird teilweise von atmosphärischen Substanzen wie Wolkenwasser oder CO_2 absorbiert und zurückgestrahlt. Also parametrisiert τ die effektive Durchlässigkeit (Transmissivität) der Atmosphäre für langwellige Strahlung.

Zusammenfassend erhalten wir die folgende Energiebilanzgleichung, die als eine Gleichung für die Temperatur T ausgedrückt wird:

$$c\frac{\mathrm{d}}{\mathrm{dt}}T(t) = \frac{\mathrm{d}}{\mathrm{dt}}E(t) = J_{\text{in}}(t,T) - J_{\text{out}}(t,T) = \big(1-\alpha(T)\big)S(t) - \tau(t,T)\sigma T^4. \tag{4.6}$$

Man beachte, dass in diesem Modell die beiden Modellparameter α und τ sehr komplexe Vorgänge in einfachen skalaren Funktionen zusammenfassen sollen. Man spricht in diesem Zusammenhang auch von einem „parametrisierten" Modell. Strenge quantitative Aussagen sind von einem solch einfachen Modell natürlich nicht zu erwarten. Die Gleichung (4.6) wird auch als „null-dimensionales" Energiebilanzmodell bezeichnet, da es weder die Höhe, noch die geografische Länge oder Breite auflöst. Mit einem solchen Modell hat bereits der schwedische Wissenschaftler Arrhenius im Jahr 1896 eine Theorie der durch Treibhausgase bedingten Erwärmung des Klimasystems aufgestellt. ■

4.1.2 Erhaltungsgrößen und Erhaltungssätze

Ein System heißt **abgeschlossen** bezüglich der extensiven Systemgröße M, wenn keine Zu- oder Abfuhr von/nach außen erfolgt, wenn also gilt, dass $\Delta M_J = \Delta M_Q = 0$ bzw. $J_M(t) = Q_M(t) = 0$. Im anderen Fall spricht man von einem **offenen** System

Eine extensive Systemgröße M genügt einem so genannten **Erhaltungsprinzip**, wenn M weder erzeugt noch vernichtet werden kann, wenn also immer $P_M(t) = 0$ ist. Das bedeutet, dass sich die Systemgröße M nur durch Zu- oder Abfuhr von außen ändern kann. Insbesondere ist damit nach Gleichung (4.2) eine solche Größe M in einem abgeschlossenen System zeitlich konstant. Eine Zustandsgröße, die während eines zeitabhängigen Prozesses konstant bleibt, nennt man eine **Erhaltungsgröße**. Formuliert man das Erhaltungsprinzip in Form einer Bilanzgleichung für abgeschlossene Systeme, so spricht man auch von einer **Erhaltungsgleichung** oder einem **Erhaltungssatz**. Oft nennt man auch die Bilanzgleichung einer Größe für offene Systeme, also mit äußeren Quellen und Strömen, eine Erhaltungsgleichung und die bilanzierte Größe eine Erhaltungsgröße, wenn die Größe einem Erhaltungsprinzip genügt, obwohl sie ja eigentlich als Zustandsgröße des Systems nicht erhalten bleibt.

Viele grundlegende Postulate der Physik sind allgemeine Erhaltungsprinzipien: Sie postulieren, dass die extensiven Größen wie Energie, Impuls oder elektrische Ladung weder erzeugt noch vernichtet werden können. Unter Einschränkungen gilt dies auch für einige andere Größen wie die Masse eines Systems, die Anzahl der Atome/Moleküle einer bestimmen Spezies (bei Abwesenheit von chemischen Reaktionen und Zerfallsprozessen), etc. Aber auch in anderen Zusammenhängen gelten Erhaltungsprinzipien: So werden bei einer Verkehrsmodellierung oft Systeme angenommen, bei denen die Gesamtanzahl der Fahrzeuge konstant ist. Ebenso geht man bei der Modellierung von Warenströmen oder von Datenströmen in Netzwerken davon aus, das nichts verloren geht, also ein Erhaltungsprinzip gilt. In solchen Fällen wird man dies explizit als Annahme formulieren.

Wir beginnen mit einer Reihe von physikalischen Beispielen aus der Newtonschen Mechanik. Zum einen werden einige wichtige physikalische Begriffe wie Energie, Impuls und Kraft kurz eingeführt und es wird gezeigt, wie aus den dynamischen Gesetzmäßigkeiten ein Erhaltungssatz abgeleitet werden kann. Zum anderen werden wir die umgekehrte Richtung vorführen und zeigen, wie ein allgemeiner Erhaltungssatz (der dann an dieser Stelle nicht mehr weiter hinterfragt wird) zur Herleitung eines dynamischen Modells benutzt werden kann.

Beispiel 4.3 (Newtonsche Mechanik für einen Massenpunkt)
Unter einem **Massenpunkt** oder auch einem **Punktteilchen** versteht man einen mit einer Masse m versehenen Punkt im euklidischen Raum. Nach Wahl eines Koordinatensystems lässt sich der Zustand eines Massenpunktes der Masse m zum Zeitpunkt t beschreiben durch seine Position $x(t) \in \mathbb{R}^3$ und seine Geschwindigkeit $v(t) = \dot{x}(t)$. Hier und im Folgenden bezeichnet der Punkt die Ableitung nach der Zeitvariablen t. Ein Massenpunkt idealisiert (modelliert !) einen ausgedehnten Körper der Gesamtmasse m mit Schwerpunkt am Ort $x(t)$ in Situationen, in denen die Ausdehnung des Körpers vernachlässigt werden kann – der Abstand zu anderen Körpern ist wesentlich größer als die Ausdehnung des Körpers – und innere Freiheitsgrade wie Drehung um eine Achse oder Deformationen des Körpers keine Rolle spielen.

Die Dynamik eines Massenpunktes wird durch das zweite Newtonsche Gesetz beschrieben, welches die Wirkung einer auf den Massenpunkt wirkenden Kraft F beschreibt: Es sei $p(t) := mv(t)$ der **Impuls** eines Massenpunktes und $a(t) = \ddot{x}(t)$ seine Beschleunigung, dann lautet das zweite Newtonsche Gesetz: „Zeitliche Änderung des Impulses = wirkende Kraft“ oder auch, falls die Masse m zeitlich konstant ist: „Masse $\times$ Beschleunigung = wirkende Kraft“: in Formeln

$$\dot{p} = F, \quad \text{oder, falls } \dot{m} = 0: \quad m\ddot{x}(t) = F. \tag{4.7}$$

Oft ist die wirkende Kraft von der Position des Massenpunktes abhängig. Dann ist die Kraft ein Vektorfeld $F(t) = F(x(t))$, man denke an die Bewegung einer Masse in einem Gravitationsfeld oder eines geladenen Teilchens in einem elektrischen Feld.

Wir werden jetzt einen Energieerhaltungssatz für ein Punktteilchen mit fester Masse m herleiten. Bildet man in Gleichung (4.7) auf beiden Seiten das Skalarprodukt mit $\dot{x}$ und integriert über t, so erhält man für die linke Seite

$$m\int_{t_1}^{t_2} \dot{x}\cdot\ddot{x}\,\mathrm{dt} = \frac{m}{2}\int_{t_1}^{t_2}\frac{\mathrm{d}}{\mathrm{dt}}\dot{x}^2\,\mathrm{dt} = E_{\mathrm{kin}}(t_2) - E_{\mathrm{kin}}(t_1)$$

mit der so genannten **kinetischen Energie**

$$E_{\mathrm{kin}}(t) = \frac{m\dot{x}(t)^2}{2}. \tag{4.8}$$

Die rechte Seite ergibt das Integral

$$\int_{t_1}^{t_2} F(x(t))\dot{x}(t)\,\mathrm{dt},$$

also ein Wegintegral entlang des Weges $x(t)$. Dieses Wegintegral beschreibt die von der Kraft F an dem Massenpunkt längs des Weges geleistete Arbeit. Aus der Vektoranalysis ist bekannt, dass ein Wegintegral über ein Vektorfeld $F(x)$ genau dann wegunabhängig ist, also nur vom Anfangspunkt und Endpunkt abhängt, wenn es eine skalare Funktion $U(x)$ – ein so genanntes Potential – gibt mit

$$F(x) = -\nabla U(x).$$

Hier bezeichnet ∇U den Gradienten von U, also den Spaltenvektor $\nabla U(x) = (\partial U/\partial x_1, \partial U/\partial x_2, \partial U/\partial x_3)^T$. Ein solches Kraftfeld wird als **konservatives Kraftfeld** bezeichnet. In diesem Fall folgt aus der Kettenregel

$$\int_{t_1}^{t_2} F(x(t))\dot{x}(t)\,\mathrm{dt} = -\int_{t_1}^{t_2}\frac{\mathrm{d}}{\mathrm{dt}}U(x(t))\,\mathrm{dt} = U(x(t_1)) - U(x(t_2)).$$

Man bezeichnet U auch als **potentielle Energie** E_{pot}. Damit gilt dann

$$E_{\mathrm{kin}}(t_2) + E_{\mathrm{pot}}(t_2) = E_{\mathrm{kin}}(t_1) + E_{\mathrm{pot}}(t_1).$$

Das bedeutet, dass für konservative Kraftfelder die Summe

$$E(t) = E_{\text{kin}}(t) + E_{\text{pot}}(t) \tag{4.9}$$

zeitlich konstant ist, wenn die Bahnkurve $x(t)$ eine Lösung der Bewegungsgleichung (4.7) ist. Dies nennt man den **Energieerhaltungssatz** der Mechanik, der auch in viel allgemeineren Situationen gilt. Man beachte, dass die Energie hier eigentlich eine Erhaltungsgröße des abgeschlossenen Systems ist, welches aus dem Massepunkt **und** dem Kraftfeld besteht. Die wichtigsten Kraftfelder in den Anwendungen sind konservativ. ■

Die folgenden beiden Beispiele illustrieren exemplarisch, wie man den Energieerhaltungssatz bei der Formulierung eines Modells einsetzen kann.

Beispiel 4.4 (Mathematisches Pendel)
Wir betrachten einen dünnen Stab oder Faden der Länge L, der am oberen Ende fixiert, aber drehbar gelagert ist und an dessen unterem Ende ein Pendelgewicht der Masse m befestigt ist, siehe Abbildung 4.1. Das Pendel werde zum Zeitpunkt $t_0 = 0$ um den Winkel ϕ_0 ausgelenkt und dann losgelassen. Es soll die Bewegung des Pendels als Funktion der Zeit bestimmt werden.

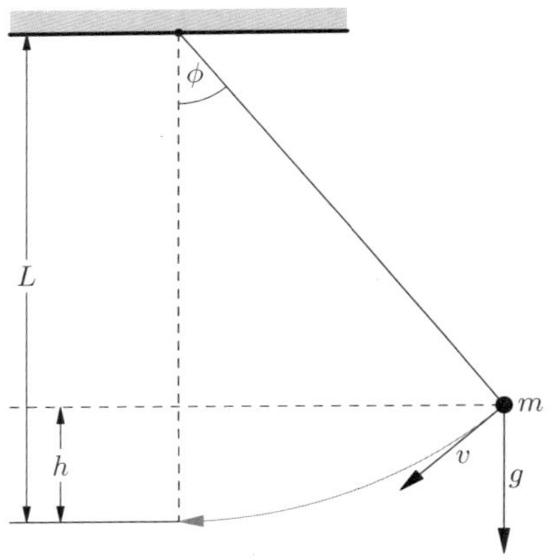

Abb. 4.1: Mathematisches Pendel

Obwohl ein solches „physikalisches“ Pendel ein recht übersichtliches System ist, so wären zu einer genauen Modellierung eine ganze Reihe von physikalischen Größen und Gesetzmäßigkeiten zu beachten, wie die Masse des Pendelfadens und seine elastischen Eigenschaften, die Reibungskräfte im Drehpunkt, die Massenverteilung und geometrische Form des Pendelgewichtes oder der Luftwiderstand.

Im Folgenden soll jedoch ein vereinfachtes Problem betrachtet werden, das so genannte ideale Pendel oder auch mathematische Pendel, das für viele Anwendungen bereits eine ausreichende Approximation darstellt: Die Pendelmasse wird als ein Massenpunkt der Masse m betrachtet, die an einer masselosen starren Stange der Länge L befestigt ist. Des Weiteren treten am Drehpunkt keine Reibungskräfte auf. Die einzige auf die

Pendelmasse wirkende Kraft ist die konstante Erdanziehungskraft mg mit der Erdbeschleunigung g in senkrechter Richtung nach unten. Darüber hinaus nehmen wir an, dass die Pendelbewegung in einer vertikalen Ebene stattfindet.

Unter den obigen Annahmen kann der Zustand des Pendels zum Zeitpunkt t durch eine einzige Zustandsvariable, den Auslenkungswinkel $\phi(t)$, beschrieben werden, siehe Abbildung 4.1. Die Funktion $\phi(t)$ ist auch gleichzeitig die gesuchte Größe.

Das vorliegende System ist ein abgeschlossenes mechanisches Massenpunktsystem wie in Beispiel 4.3 beschrieben (wie bereits oben erwähnt, betrachten wir damit die wirkende Gravitationskraft als einen inneren Teil des Pendelsystems). Wir wollen den Energiesatz zur Herleitung einer Bewegungsgleichung benutzen: Die potentielle Energie des Pendels bei einer Auslenkung $\phi(t)$ ist gleich der Arbeit, die verrichtet werden muss, um das Pendel in diese Position zu bringen. Wählen wir den tiefsten Punkt als Referenzpunkt (also den Zustand $\phi = 0$), dann erhalten wir mit den Bezeichnungen aus Abbildung 4.1:

$$E_{\text{pot}}(t) = mgh(t) = mgL\big(1 - \cos(\phi(t))\big).$$

Die kinetische Energie ergibt sich aus der Geschwindigkeit $v(t)$ des Massenpunktes zu

$$E_{\text{kin}}(t) = \frac{mv(t)^2}{2} = \frac{m\big(L\dot{\phi}(t)\big)^2}{2}.$$

Mit dem Energieerhaltungssatz erhalten wir damit

$$0 = \frac{\mathrm{d}}{\mathrm{dt}}E(t) = \frac{\mathrm{d}}{\mathrm{dt}}E_{\text{kin}}(t) + \frac{\mathrm{d}}{\mathrm{dt}}E_{\text{pot}}(t) = mgL\sin(\phi(t))\dot{\phi}(t) \; + \; mL^2\ddot{\phi}(t)\dot{\phi}(t).$$

Dividieren wir die letzte Gleichung noch durch $mL\dot{\phi}(t)$ – dieser Term ist bis auf die beiden Umkehrpunkte in der Pendelbewegung ungleich Null –, so erhalten wir schließlich die gesuchte Modellgleichung für die Zustandsgröße $\phi(t)$:

$$\ddot{\phi}(t) \; = \; -\frac{g}{L}\sin(\phi(t)). \tag{4.10}$$

Für diese (nichtlineare) Differentialgleichung zweiter Ordnung benötigt man zur Bestimmung einer eindeutigen Lösung zwei Anfangsbedingungen, die sich direkt aus der obigen Aufgabenstellung ergeben zu

$$\phi(0) = \phi_0, \; \dot{\phi}(0) = 0. \tag{4.11}$$

Das mithilfe des Energieerhaltungssatzes aufgestellte mathematische Modell der Pendelbewegung ist eine Anfangswertaufgabe (4.11) für die nichtlineare Differentialgleichung (4.10) zweiter Ordnung. Alternativ könnte man die Bewegungsgleichung (4.10) auch direkt aus dem zweiten Newtonschen Gesetz herleiten. ■

Beispiel 4.5 (Isochrones Pendel)
Noch Galileo Galilei glaubte, dass die Periodendauer eines mathematischen Pendels nur von dessen Länge, aber nicht von der Anfangsauslenkung abhängt. Sein wissenschaftlicher Nachfolger Christian Huygens (1629–1695) zeigte aber, dass diese Behauptung nur für sehr kleine Anfangsauslenkungen angenähert gilt. Somit kann die Zeit mit einer Pendeluhr nur dann genau gemessen werden, wenn ihre maximale Auslenkung, die so genannte Amplitude, immer gleich bleibt. Das mathematische Pendel erfüllt diese Eigenschaft, da ja die Energie zeitlich konstant ist und somit am Umkehrpunkt, an dem ja die kinetische Energie verschwindet, immer die gleiche potentielle Energie und damit immer die gleiche Höhe erreicht wird. In der Realität wird eine Pendeluhr aber durch den Luftwiderstand und durch die Reibung im Drehpunkt abgebremst und verliert damit Energie, sodass die Amplitude und damit die Periodendauer abnehmen. Eine in vielen alten Pendeluhren eingesetzte und von Huygens vorgeschlagene Lösung dieses Problems besteht darin, dem System von außen durch angehängte Gewichte oder aufgezogene Federn fortlaufend Energie zuzufügen, sodass die Amplitude immer gleich gehalten wird.

Huygens verfolgte aber auch einen anderen Ansatz und machte sich zur Aufgabe, ein isochrones Pendel, bei dem die Periodenlänge nicht von der Anfangsauslenkung abhängt, zu konstruieren. Diese Aufgabe zerlegte er in zwei Teile:

i. Bestimme die Bahnkurve – die so genannte Tautochrone – entlang der sich das Ende eines isochronen Pendels bewegt.
ii. Bestimme eine geometrische Form für die Beschränkung des Pendelseiles, siehe Abbildung 4.2, sodass sich das Pendelende entlang einer Tautochrone bewegt.

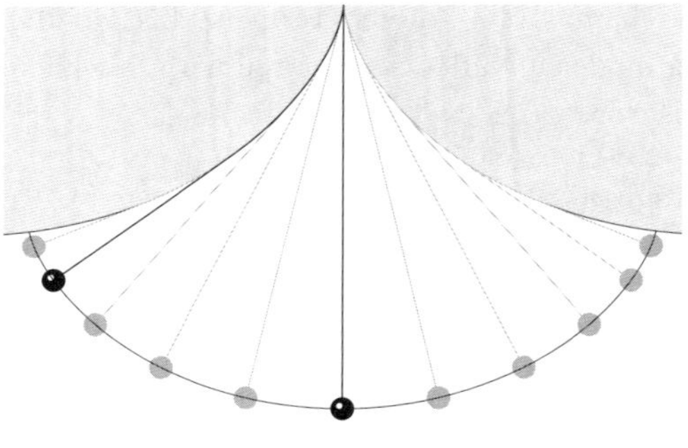

Abb. 4.2: Realisierung eines isochronen Pendels: Der Abstand des Massenpunktes vom Drehpunkt hängt vom Auslenkungswinkel ab. Die geometrische Form der Backen muss so gewählt werden, dass sich der Massenpunkt auf einer Tautochrone bewegt.

Huygens konnte beide Aufgaben erfolgreich lösen. Wir betrachten in diesem Abschnitt nur die erste, die als das folgende Tautochronenproblem umformuliert werden kann:

Konstruiere eine in einer vertikalen Ebene liegende Rutschbahn, die von einem Punkt A aus monoton fallend zu einem Punkt B verläuft, im Tiefpunkt B die Steigung Null hat und darüber hinaus die folgende Eigenschaft besitzt: Gleitet ein Körper von irgendeiner Stelle auf der Rutschbahn aus der Ruhe reibungsfrei und nur unter dem Einfluss der Erdanziehungskraft bis zum Tiefpunkt B, so benötigt er dazu immer dieselbe vorgegebene Zeit T.

Das Tautochronenproblem beschreibt offensichtlich die Bahn des ersten Viertels einer Periode der Pendelbewegung eines isochronen Pendels. Schon aus physikalischen Überlegungen folgt übrigens, dass für eine Lösung des Tautochronenproblems die Steigung am tiefsten Punkt verschwinden muss, da sich ansonsten die Rutschzeit in der Nähe des tiefsten Punktes wie die Rutschzeit bei Start auf einer schiefen Ebene verhält und daher nicht unabhängig vom Startpunkt sein kann.

Um ein mathematisches Modell für das Tautochronenproblem aufzustellen, wird die Rutschbahn als eine ebene Kurve $y = y(x)$ in einem rechtwinkligen Koordinatensystem dargestellt, siehe Abbildung 4.3. Dabei wählen wir den Koordinatenursprung so, dass er mit dem Endpunkt der Tautochrone zusammenfällt, also $y(0) = 0$ erfüllt ist. Die Funktion $y = y(x)$ ist die gesuchte Größe.

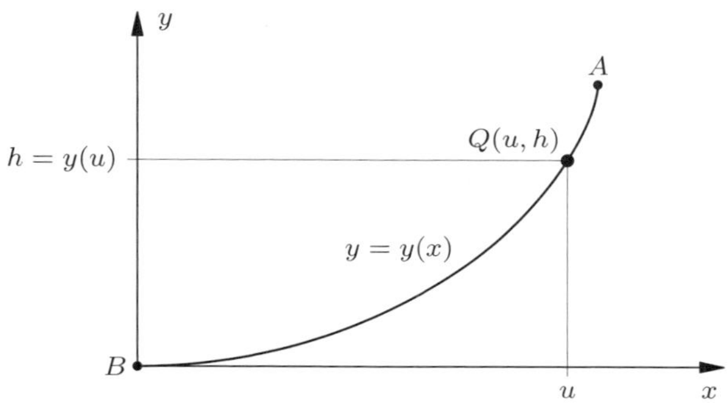

Abb. 4.3: Rutschbahn in einem Koordinatensystem

Jetzt gehen wir weiter wie folgt vor: Zunächst stellen wir eine Gleichung für die Zeit $T(y)$ auf, die der Körper benötigt, wenn er aus einem beliebigen Punkt $P(x, y)$ auf einer gegebenen Kurve $y = y(x)$ ohne Anfangsgeschwindigkeit in die Position $O(0, 0)$ gleitet. Dann hoffen wir, dass diese Gleichung (eindeutig) eine Kurve $y(x)$ festlegt, wenn wir fordern dass $T(y) = T$ konstant ist.

Wie im vorigen Beispiel benutzen wir zur Herleitung einer Gleichung den Energieerhaltungssatz. Im obersten Punkt $P(x, y)$ ist die Gesamtenergie des Körpers allein durch die potentielle Energie gegeben, in einem beliebigen Zwischenpunkt $Q(u, h)$, $h = y(u)$ auf der Rutschbahn hat er eine zunächst unbekannte Geschwindigkeit v, für die dann gelten muss

$$mgy = mgh + \frac{mv^2}{2}.$$

Aus dieser Gleichung kann der Betrag der momentanen Geschwindigkeit v des Körpers zum Zeitpunkt t berechnet werden:

$$|v(t)| = -\frac{d\,s}{d\,t} = \sqrt{2g(y-h)},$$

wobei $s = s(t)$ die Bogenlänge der Kurve zwischen dem tiefsten Punkt $(0, 0)$ und dem momentanen Punkt $(u(t), h(t))$, also die noch zurückzulegende Wegstrecke bezeichnet.

Für die Zeit $t = t(s)$, die der Körper benötigt, um den Punkt $(u(s), h(s)) = (u(t(s)), h(t(s)))$ mit einer noch zurückzulegenden Wegstrecke s zu erreichen, ergibt sich damit nach dem Satz für die Ableitung einer Umkehrfunktion

$$\frac{d\,t}{d\,s} = -\frac{1}{\sqrt{2g(y-h)}}$$

mit einer zu bestimmenden Funktion $h = h(s)$. Sei L die Gesamtlänge der Rutschbahn, dann erhalten wir für die Gesamtrutschzeit $T(y)$ vom Punkt $P(x, y)$ bis zum Endpunkt $O(0, 0)$

$$T(y) = t(0) - t(L) = \int_L^0 \frac{d\,t}{d\,s}\,ds = \int_y^0 \frac{d\,t}{d\,s}\frac{d\,s}{d\,h}\,dh = \int_0^y \frac{s'(h)}{\sqrt{2g(y-h)}}\,dh. \tag{4.12}$$

Dabei ist wie oben $s = s(h)$ die Bogenlänge der Kurve zwischen den Punkten $O(0, 0)$ und $Q(u, h),\ h = y(u)$, jetzt ausgedrückt als Funktion von h. Bezeichnen wir die Funktion s' mit r und formen die Gleichung (4.12) etwas um, erhalten wir die folgende, so genannte Abelsche Integralgleichung für die unbekannte Funktion $r(y)$

$$\frac{1}{\sqrt{\pi}}\int_0^y \frac{r(h)}{\sqrt{y-h}}\,dh = q(y), \quad q(y) = \sqrt{\frac{2g}{\pi}}T(y), \tag{4.13}$$

die von Abel im Jahre 1823 aufgestellt und gelöst wurde. Zur Lösung des Tautochronenproblems benötigen wir also eine Lösung $r(y)$ der Gleichung (4.13) für die die rechte Seite konstant ist:

$$q(y) = q_0 = \sqrt{\frac{2g}{\pi}}T.$$

Damit ist unser Modell noch nicht vollständig, da wir letzten Endes nicht die Funktion r, sondern die Tautochrone, d.h. die Funktion $y = y(x)$ mit der Nebenbedingung $y(0) = 0$ bestimmen wollen. Zum Modell gehört also noch das Anfangswertproblem

$$s'(h) = r(h), \quad s(0) = 0,$$

zur Bestimmung der Funktion $s(h)$. Aus der Funktion $s = s(h)$ bzw. $s = s(y)$ (wir haben die y-Koordinate des Punktes Q mit h bezeichnet) lässt sich nun zunächst die Umkehrfunktion $x(y)$ der Tautochronenkurve $y(x)$ wie folgt berechnen: Für ein kleines Bogenstück ds auf der Kurve $x = x(y)$ gilt nach dem Satz des Phythagoras

$$d\,s = \sqrt{1 + \left(\frac{dx}{dy}\right)^2}\,d\,y,$$

und daher gilt für die Funktionen ds/dy und dx/dy der Zusammenhang

$$\frac{d\,s}{d\,y} = \sqrt{1 + \left(\frac{dx}{dy}\right)^2}.$$

Auflösen nach dx/dy ergibt die Differentialgleichung

$$\frac{dx}{dy} = \sqrt{\left(\frac{ds}{dy}\right)^2 - 1}$$

für die Funktion $x = x(y)$ (die x-Koordinate wächst monoton mit der y-Koordinate, deswegen das Plus-Vorzeichen in der Gleichung), die zusammen mit der Anfangsbedingung $x(0) = 0$ zu einer eindeutigen Lösung führt. Abschließend muss dann noch die Umkehrfunktion $y = y(x)$ der Funktion $x = x(y)$ bestimmt werden.

Huygens hat das Tautochronenproblem mit geometrischen Methoden modelliert und gelöst. Später konnten Jakob Bernoulli (1655–1705) und Niels Hendrik Abel (1802–1829) sein Modell und seine Argumentation vervollständigen und mit analytischen Mitteln, ähnlich wie wir das in diesem Abschnitt gemacht haben, darstellen. ■

Als nächstes Beispiel betrachten wie ein mechanisches System von Punktteilchen und leiten für dieses System den Impuls- und Energieerhaltungssatz her.

Beispiel 4.6 (System von wechselwirkenden Massepunkten)
Wir betrachten ein System von N Massenpunkten, wobei m_i die Masse und $x_i \in \mathbb{R}^3$ den Ort des i-ten Massenpunktes bezeichne. Wir werden unter speziellen Annahmen an die wirkenden Kräfte zeigen, dass die Energie und der Impuls des gesamten Systems Erhaltungsgrößen sind. Für eine ausführliche Diskussion unter allgemeineren Annahmen siehe Honerkamp und Römer (1993).

Die auf den i-ten Massenpunkt wirkende Kraft F_i setzt sich in den allermeisten Fällen zusammen aus einer äußeren Kraft $F_i^a(x_i)$, die nur von der Lage x_i des i-ten Massenpunktes abhängt, und *inneren* Kräften $F_{ij}(x_i, x_j)$, die das j-te Teilchen auf das i-te Teilchen ausübt. Das 2. Newtonsche Gesetz ergibt dann für den i-ten Massenpunkt:

$$\dot{p}_i = m_i \ddot{x}_i = \sum_{\substack{j=1 \\ j \neq i}}^{N} F_{ij}(x_i, x_j) + F_i^a(x_i). \tag{4.14}$$

Nach dem 3. Newtonschen Gesetz („Actio = Reactio“) muss gelten:

$$F_{ji} = -F_{ij},$$

und so ergibt sich für den Gesamtimpuls $p(t) = \sum_i p_i(t)$ des Systems

$$\dot{p} = \sum_i \dot{p}_i = \sum_i F_i^a =: F^a, \tag{4.15}$$

da sich alle inneren Kräfte in der Summe wegheben. Die Gleichung (4.15) ist eine Impulsbilanzgleichung für das Massenpunktsystem. Man nennt (4.15) auch eine Impulserhaltungsgleichung: Innerhalb des Massenpunktsystems kann Impuls weder erzeugt noch vernichtet werden, sondern nur durch äußere Kräfte F_i^a verändert werden. Äußere Kräfte sind also äußere Quellen/Senken für die extensive Größe Impuls. In einem abgeschlossenen Massenpunktsystem – wenn also keine äußeren Kräfte wirken, $F_i^a = 0$ – ist der Gesamtimpuls konstant.

Analog zum Fall eines Massenpunktes kann man wie im Beispiel 4.3 die kinetische Energie des Systems als Summe der Beiträge der einzelnen Massenpunkte und die längs eines Weges von allen Kräften geleistete Arbeit als ein Wegintegral (jetzt für einen Weg in $\mathbb{R}^{3n}$) formulieren. Falls die geleistete Arbeit unabhängig vom Weg ist, lässt sich diese wieder durch ein Potential ausdrücken und die Kraft F_i auf das i-te Teilchen als Gradient des Potentials bezüglich der Variablen x_i schreiben.

Wir betrachten im Folgenden nur die inneren Kräfte F_{ij}, von denen wir annehmen, dass sie von der folgenden Form sind:

$$F_{ij}(x_i, x_j) = \frac{x_i - x_j}{|x_i - x_j|} f_{ij}(|x_i - x_j|),$$

wobei mit $|x|$ für $x = (u, v, w)$ die euklidische Norm $\sqrt{u^2 + v^2 + w^2}$ bezeichnet wird. Anschaulich bedeutet dies, dass die Kraft, die zwei Punkte aufeinander ausüben, immer in (oder gegen) Richtung des Verbindungsvektors zwischen den beiden Punkten zeigt und sich ansonsten als eine Funktion des Abstandes der beiden Punkte ausdrücken lässt. Aus dem 3. Newtonschen Gesetz folgt dann unmittelbar, dass $f_{ij} = f_{ji}$. Sei nun U_{ij} eine Stammfunktion von f_{ij}, dann bestätigt man direkt, dass mit

$$U(x_1, \ldots, x_N) = \sum_{\substack{i,j=1 \\ i<j}}^{N} U_{ij}(|x_i - x_j|)$$

gilt, dass

$$F_i = -\nabla_i U + F_i^a,$$

wobei ∇_i den Gradienten bezüglich der Variablen $x_i \in \mathbb{R}^3$ bezeichnet. Definieren wir die innere Energie des Massenpunktsystems als

$$E(t) = E_{\text{kin}}(t) + E_{\text{pot}}(t) = \sum_{i=1}^{N} m_i \frac{|v_i(t)|^2}{2} + \sum_{\substack{i,j=1 \\ i<j}}^{N} U_{ij}(|x_i - x_j|), \tag{4.16}$$

so ergibt sich wie im Beispiel 4.3 unter Benutzung der Bewegungsgleichung (4.14).

$$\frac{\mathrm{d}}{\mathrm{d}t} E(t) = \frac{\mathrm{d}}{\mathrm{d}t} E_{\text{kin}}(t) + \frac{\mathrm{d}}{\mathrm{d}t} E_{\text{pot}}(t) = \sum_{i=1}^{N} F_i^a(x_i)\dot{x}_i. \tag{4.17}$$

Für ein abgeschlossenes System von N Massepunkten (d.h. falls keine äußeren Kräfte wirken, $F_i^a = 0, i = 1, \ldots, N$) ist die Energie $E(t)$ eine Erhaltungsgröße.

Das Sonnensystem lässt sich zum Beispiel in guter Näherung als ein System von N Massenpunkten beschreiben, die sich gegenseitig mit der Gravitationskraft anziehen. Hier ist

$$U_{ij}(|x_i - x_j|) = -\gamma \frac{m_i m_j}{|x_i - x_j|}, \quad F_{i,j} = -\frac{x_i - x_j}{|x_i - x_j|} \gamma \frac{m_i m_j}{|x_i - x_j|^2}, \tag{4.18}$$

mit der Gravitationskonstanten $\gamma \approx 6,67 \times 10^{-11} \mathrm{m}^3 \mathrm{kg}^{-1} \mathrm{s}^{-2}$. ■

Die nächsten beiden Beispiele demonstrieren die Anwendung des Impulserhaltungssatzes bei der Aufstellung von Modellen:

Beispiel 4.7 (Vollkommen inelastischer Stoß – Impulserhaltung)
Mit der Anwendung des Energieerhaltungssatzes sollte man vorsichtig umgehen und immer alle Formen der Energie berücksichtigen, da nur die **Gesamtenergie** eines geschlossenen Systems erhalten bleibt. Welche Gefahren dabei auf einen warten, wird an dem folgenden Beispiel illustriert.

Angenommen, ein Kriminologe muss die Geschwindigkeit einer Gewehrkugel bestimmen, hat aber keine entsprechenden Messgeräte zur Hand. Er führt daher folgendes Experiment durch: Er hängt einen schweren Gegenstand, einen Sandsack oder einen Holzklotz, an einem Seil auf, schießt auf diesen Gegenstand, sodass die Kugel stecken bleibt, und misst den Auslenkungswinkel α des Pendels, siehe Abbildung 4.4. Unter der Annahme, dass für das gebaute Pendel dieselben vereinfachenden Annahmen gültig sind, wie für das in Beispiel 4.4 betrachtete mathematische Pendel, lässt sich dann die Geschwindigkeit der Gewehrkugel berechnen.

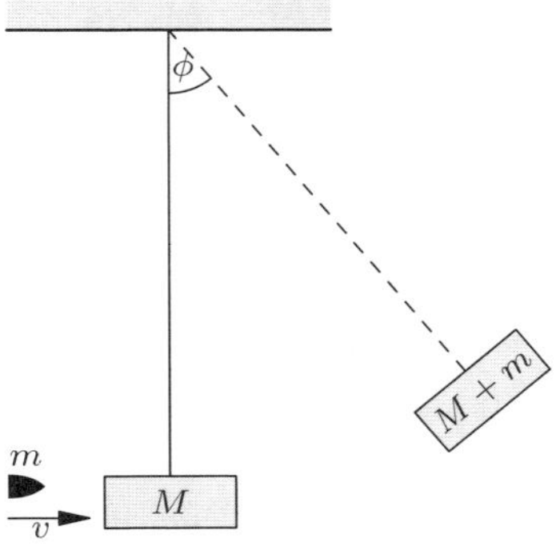

Abb. 4.4: Kugel-Masse-System: Eine Gewehrkugel der Masse m trifft auf einen an einem Seil hängenden Gegenstand der Masse M.

Wir bezeichnen die Kugelgeschwindigkeit mit v, die Masse der Kugel mit m, die Pendelmasse mit M und die Länge des Seiles mit l. Da die Kugel im Gegenstand stecken bleibt, nehmen wir an, dass die kinetische Energie vollständig in die potentielle Energie des Systems „Kugel und Gegenstand" beim höchsten Auslenkungswinkel übergeht, und erhalten (vergleiche Beispiel 4.4) die folgende Modellgleichung

$$\frac{mv^2}{2} = (M+m)gh = (M+m)gl(1-\cos\alpha). \tag{4.19}$$

Auflösen nach der Geschwindigkeit v ergibt:

$$v = \sqrt{\frac{2(M+m)gl(1-\cos\alpha)}{m}}. \tag{4.20}$$

Doch Vorsicht: Gleichung (4.19) ist **nicht richtig** und Gleichung (4.20) führt zu einer falschen Geschwindigkeit v. Gilt das Gesetz von der Erhaltung der Energie nicht mehr?

Doch, aber nur für die **Gesamtenergie** des Systems. Im vorliegenden Fall geht ein wesentlicher Teil der kinetischen Energie der Kugel in Wärmeenergie, die beim Abbremsen der Kugel in dem Gegenstand freigegeben wird, über. Bezeichnen wir die Geschwindigkeit des Kugel-Masse-Systems unmittelbar nachdem die Kugel nach dem Auftreffen vollständig abgebremst ist, mit V, und die dabei freigegebene Wärmeenergie mit E_W, erhalten wir die folgende Bilanzgleichung für die Gesamtenergie:

$$\frac{(m+M)V^2}{2} + E_W = (M+m)gl(1-\cos\alpha) + E_W. \tag{4.21}$$

Aus dieser Gleichung können wir die Geschwindigkeit V berechnen:

$$V = \sqrt{2gl(1-\cos\alpha)}. \tag{4.22}$$

Für die Berechnung der Geschwindigkeit v der Kugel können wir den Impulserhaltungssatz anwenden, siehe (4.15). Auf das Gesamtsystem wirkt bei der Auslenkung $\alpha = 0$ keine äußere Kraft, $F^a = 0$ und daher ist der Gesamtimpuls vor dem Stoß und direkt nach dem Stoß gleich und wir erhalten

$$mv = (M+m)V. \tag{4.23}$$

Aus den Gleichungen (4.22) und (4.23) bestimmen wir jetzt die **richtige** Geschwindigkeit v der Kugel:

$$v = \frac{M+m}{m}\sqrt{2gl(1-\cos\alpha)}. \tag{4.24}$$

Beim Vergleich der beiden Ergebnisse (4.20) und (4.24) sieht man, dass die richtig berechnete Geschwindigkeit der Kugel um den Faktor $\sqrt{\frac{M+m}{m}}$ größer ist, als die falsch berechnete. Bei allen Bilanzgleichungen und insbesondere auch bei allgemein formulierten Erhaltungssätzen ist es also sehr wichtig, alle für den betrachteten Prozess wesentlichen Beiträge zu berücksichtigen. Im Gegensatz zu einem elastischen Stoß, bei dem die mechanische Energie des Gesamtsystems erhalten bleibt, bezeichnet man einen Stoßprozess, bei dem sich beide Stoßpartner nach dem Zusammenstoß mit gleicher Geschwindigkeit weiterbewegen, als *vollkommen inelastisch.* ∎

Beispiel 4.8 (Raketengleichung – Impulserhaltung)
Wir betrachten eine weitere praktische Aufgabenstellung, bei deren Lösung das Impulserhaltungsgesetz angewendet werden kann. Ein Satellit der Masse m_S soll von einer Rakete mit Düsenantrieb in eine Umlaufbahn um die Erde befördert werden. Die Rakete besteht aus einem Raketenkörper der Masse m_R und einer Brennstoffmenge der Masse m_B, sodass für ihre Anfangsgesamtmasse m_0 die Beziehung

$$m_0 = m_B + m_S + m_R \tag{4.25}$$

gilt. Der Antrieb der Rakete erfolgt durch den Düsenschub, d.h. durch den Impulsübertrag der Auspuffgase, die die Ausstromdüsen mit einer konstanten Geschwindigkeit u_0 relativ zum Raketenkörper verlassen.

Unabhängig von den Details der Bauart der Rakete soll geklärt werden, für welche Wahl der Systemparameter m_B, m_S, m_R und u_0 – oder ob überhaupt – eine solche Rakete prinzipiell in der Lage ist, den Satelliten in die Erdumlaufbahn zu befördern. Um die Aufgabe zu vereinfachen, treffen wir die Annahme, dass für die Bewegung der Rakete die Anziehungskraft der Erde und der Luftwiderstand vernachlässigbar sind. Dies ist natürlich in der Realität nicht der Fall. Zunächst präzisieren wir die Aufgabenstellung: Damit ein Satellit auf einer Umlaufbahn um die Erde bleibt, muss er eine gewisse Mindestgeschwindigkeit besitzen. Die Rakete muss daher in der Lage sein, den Satelliten (und damit sich selbst) mindestens auf diese Geschwindigkeit, die so genannte *erste kosmische Geschwindigkeit*, zu beschleunigen. Die Aufgabe besteht also darin, die erste kosmische Geschwindigkeit v_k zu bestimmen und dann zu klären, welche maximale Geschwindigkeit $v_{\max}$ die Rakete mit den Systemparametern m_B, m_S, m_R, u_0 erreichen kann.

Bewegt sich ein Körper der Masse m mit der Geschwindigkeit v auf einer Kreisumlaufbahn der Höhe h um die Erde, die den Radius R_E und die Masse M_E hat, so ist seine Beschleunigung $a = v^2/(R_E + h)$ (man rechne dies durch zweifaches Ableiten einer in der Zeit t parametrisierten Kreisbahn nach). Bleibt der Körper auf dieser Kreisbahn, so muss nach dem zweiten Newtonschen Gesetz die entsprechende Trägheitskraft ma gleich der auf den Körper wirkenden Gravitationskraft (der Erdanziehungskraft in der Höhe h) sein, siehe Gleichung (4.18)

$$m\frac{v^2}{R_E + h} = \gamma\frac{m\,M_E}{(R_E + h)^2}.$$

Auflösen nach v ergibt die Bahngeschwindigkeit des Satelliten:

$$v = \sqrt{\gamma\frac{M_E}{(R_E + h)}}. \tag{4.26}$$

Nehmen wir an, dass die Höhe h klein ist im Vergleich zum Erdradius R_E, so können wir die Formel (4.26) noch etwas vereinfachen und erhalten nach Einsetzen der entsprechenden Größen

$$v \approx \sqrt{\gamma\frac{M_E}{R_E}} \approx 8\frac{km}{s} =: v_k,$$

und nehmen diese Approximation als Wert für die erste kosmische Geschwindigkeit v_k.

Als Nächstes bestimmen wir die maximale Geschwindigkeit $v_{\max}$, die die Rakete erreichen kann. Den Zustand der Rakete zum Zeitpunkt t beschreiben wir mit ihrer skalaren Geschwindigkeit $v(t)$ und ihrer Masse $m(t)$, die sich durch Verbrennung des Brennstoffes im Laufe der Zeit verändert. Wegen der Impulserhaltung des Systems „Rakete und Verbrennungsprodukte" wissen wir, dass der Impuls $p(t)$ der Rakete bis auf das Vorzeichen gerade gleich dem gesamten Impuls des bis zu diesem Zeitpunkt ausgeströmten Verbrennungsproduktes ist. Erhöht sich die Geschwindigkeit der Rakete innerhalb eines kleinen Zeitintervalls $[t, t + \Delta t]$ um Δv, wobei die Masse Δm des Brennstoffes verbrannt wurde, also mit der Geschwindigkeit u_0 relativ zur Rakete ausgeströmt ist und damit den Impuls $\Delta m(v - u_0)$ hat, so ergibt die Impulserhaltung

$$m\,v = (m - \Delta m)(v + \Delta v) + \Delta m(v - u_0), \tag{4.27}$$

wobei $m\,v$ der Impuls der Rakete zum Zeitpunkt t ist und der Ausdruck auf der rechten Seite der Gleichung den Gesamtimpuls der Rakete zum Zeitpunkt $t+\Delta t$ und des während der Zeit Δt ausgetretenen Verbrennungsproduktes darstellt. Die Gleichung (4.27) können wir noch weiter umformen zu

$$0 = m\,\Delta v - \Delta m\,u_0 - \Delta m\,\Delta v. \tag{4.28}$$

Nun können wir für kleine Δt die Größen Δv und Δm in der Form

$$\Delta v = \dot{v}\,\Delta t + \mathcal{O}((\Delta t)^2), \quad \Delta m = -\dot{m}\,\Delta t + \mathcal{O}((\Delta t)^2) \tag{4.29}$$

darstellen, da die Geschwindigkeit der Rakete mit der Zeit wächst und die Masse schrumpft. Einsetzen in Gleichung (4.27) und kürzen durch Δt ergibt

$$m\,\dot{v} = -\dot{m}\,u_0 + \mathcal{O}(\Delta t). \tag{4.30}$$

Geht Δt in Gleichung (4.30) gegen Null, erhalten wir eine Modellgleichung der Raketenbewegung in Form einer Differentialgleichung:

$$m(t)\,\dot{v}(t) = -\dot{m}(t)\,u_0. \tag{4.31}$$

Hat die Rakete die Anfangsmasse $m(0) = m_0$ und die Anfangsgeschwindigkeit $v_0 = v(0) = 0$, so erhalten wir durch Umformung und Integration

$$\dot{v}(t) = -\frac{\dot{m}(t)}{m(t)}\,u_0 = -u_0\frac{d}{dt}\big(\ln(m(t))\big)$$
$$\int_0^t \dot{v}(\tau)\,\mathrm{d}\tau = -u_0\int_0^t \frac{d}{d\tau}\big(\ln(m(\tau))\big)\,\mathrm{d}\tau \;\Rightarrow\; v(t) = u_0 \ln\left(\frac{m_0}{m(t)}\right).$$

Offensichtlich erreicht die Rakete die maximale Geschwindigkeit, wenn der Brennstoff aufgebraucht ist:

$$v_{max} = u_0 \ln\left(\frac{m_B + m_S + m_R}{m_S + m_R}\right) \tag{4.32}$$

Für moderne Raketen liegt die Geschwindigkeit u_0 bei etwa 3 km/s. Für eine Rakete ohne Satelliten, also für $m_S = 0$ ist $\frac{m_B+M_R}{m_R}$ etwa 10. Wird die maximale Raketengeschwindigkeit v_{max} für diese Parameterwerte nach der Formel (4.32) berechnet, erhalten wir einen Wert von etwa 7 km/s, also ist es nicht möglich, irgendeinen Satelliten auf die benötigte Geschwindigkeit von 8 km/s zu beschleunigen, damit er auf der Umlaufbahn bleibt und nicht auf die Erde zurückfällt. Das bedeutet, dass die so genannten einstufigen Raketen von dem Typ, den wir in diesem Abschnitt betrachtet haben, nicht in der

Lage sind, einen Satelliten auf eine Umlaufbahn um die Erde zu befördern. Auf ähnliche Weise erhält man die etwas komplexeren Modelle der mehrstufigen Raketen, die mehrere Brennstofftanks (Stufen) abwerfen, sobald diese leer sind. Dabei stellt sich heraus, dass bereits zweistufige Raketen in der Lage sind, die erste kosmische Geschwindigkeit von 8 km/s mit einem kleinen Satelliten an Bord zu erreichen. Dreistufige Raketen sind noch wesentlich tragfähiger und zusätzliche Stufen erhöhen die Tragefähigkeit nur noch minimal. ■

Zum Abschluss dieses Abschnitts betrachten wir noch ein Beispiel aus der Elektrotechnik, in dem zwei Erhaltungssätze zur Herleitung der Modellgleichungen herangezogen werden.

Beispiel 4.9 (Elektrische Netzwerke: Energie- und Ladungserhaltung)
Für die elektrische Ladung Q gilt genauso wie für die Energie ein Erhaltungsprinzip: Elektrische Ladung kann weder erzeugt noch vernichtet werden. Für einen verzweigten elektrischen Schaltkreis mit Ohmschen Verbrauchern, an dem eine äußere Gleichspannung U_0 anliegt, lässt sich aus der Energieerhaltung und der Ladungserhaltung bereits ein vollständiges mathematisches Modell herleiten.

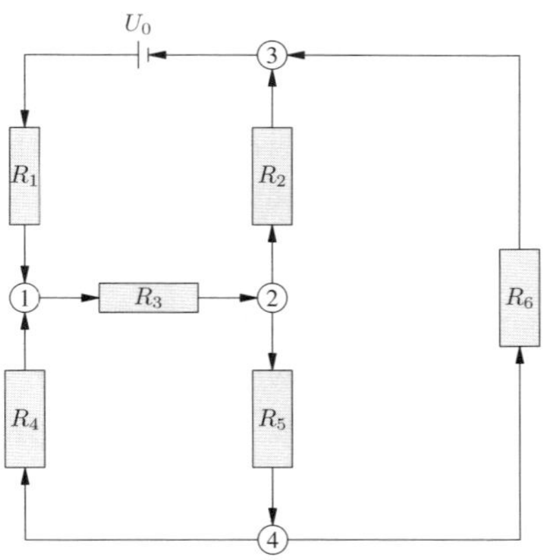

Abb. 4.5: Elektrisches Netzwerk als gerichteter Graph mit 4 Knoten und 6 Kanten. Jede Kante i hat eine festgelegte Richtung und ein Gewicht, den Ohmschen Widerstand R_i des Verbrauchers. An einer der Kanten liegt eine äußere Spannung U_0 an.

Man betrachte als konkretes Beispiel das Netzwerk in Abbildung 4.5. Ein solches Netzwerk besteht aus Kanten, welche elektrische Leitungen darstellen und Knoten, an denen zwei oder mehr Leitungen verbunden sind. Außerdem gibt es Verbraucher (so genannte Widerstände), an denen der durch das Netzwerk fließende elektrische Strom I (die Ladung, die pro Zeiteinheit durch einen Leiterquerschnitt fließt) Arbeit verrichtet und Spannungsquellen, die Energie in das System pumpen. Eine mögliche Aufgabenstellung wäre es, alle unbekannten Stromstärken in den Kanten des Netzwerkes zu bestimmen.

Wir erläutern zunächst kurz einige benötigte physikalischen Begriffe und Gesetzmäßigkeiten. Jedem Punkt in einem Netzwerk kann ein elektrisches Potential $V(x)$ zugeordnet werden, sodass die potentielle Energie einer Ladung q am Punkt x gegeben ist durch $qV(x)$. Wird eine Ladung von einem Punkt x_1 an einen Punkt x_2 transportiert, so wird dabei die Arbeit $q(V(x_2) - V(x_1))$ verrichtet. Die Potentialdifferenz zwischen zwei Punkten bezeichnet man als die Spannung U zwischen diesen Punkten. Man sagt, dass an einem Verbraucher die Spannung U abfällt, wenn die Potentialdifferenz zwischen einem Punkt direkt vor und einem Punkt direkt nach dem Verbraucher gleich U ist. Wer hier an ein mechanisches Analogon denkt, wobei die Ladung q einer Masse m und das Potential V der Höhe h entspricht, liegt genau richtig. Die Spannung entspricht dann einer Höhendifferenz und der elektrische Strom einem Massenstrom. Die Größen Spannung und Strom werden in physikalischen Einheiten angegeben. Wir betrachten im Folgenden der Einfachheit halber alle Größen als dimensionslos, also ohne Einheiten.

Materialgleichung Wir benötigen den Zusammenhang zwischen der Spannung U und dem fließenden Strom I in einem Bauteil, also spezielle Eigenschaften des vorliegenden Systems. Ein Verbraucher heißt **Ohmscher Verbraucher** mit Ohmschem Widerstand R, wenn der Spannungsabfall U bei einer Stromstärke I gegeben ist als

$$U = RI. \tag{4.33}$$

Die Gleichung (4.33) wird auch als Ohmsches Gesetz bezeichnet und der Ohmsche Widerstand ist eine „Materialkonstante“ des Bauteils (in realen Bauteilen ist der Widerstand nur näherungsweise und nur in bestimmten Wertebereichen von Spannung bzw. Strom konstant). Weiter nehmen an, dass entlang der Leiterbahnen keine Spannungen abfallen, d.h. die Leiter haben keinen elektrischen Widerstand. Damit ist also das Potential V vollständig durch seine Werte an den Knoten des Netzwerkes bestimmt.

Beziehungen zwischen den Strömen in unterschiedlichen Kanten bzw. den Spannungsabfällen an unterschiedlichen Kanten folgen aus den Prinzipien der Ladungserhaltung und der Energieerhaltung:

Kirchhoffsche Knotenregel. Die Summe aller Ströme in einem Knoten ist Null. Dies ist eine direkte Folgerung aus der Erhaltung der elektrischen Ladung, die in einem Knoten weder erzeugt noch vernichtet werden kann. Insbesondere ist damit der Strom entlang einer Kante konstant.

Kirchhoffsche Maschenregel. Die Summe über alle in einer geschlossenen Leiterschleife abfallenden Spannungen ist Null. Dies folgt direkt aus der Existenz des Potentials V oder aus der Energieerhaltung: Wird eine Ladung einmal im Kreis transportiert, so ist die verrichtete Arbeit Null.

Die Kirchhoffsche Knotenregel ergibt für jeden Knoten eine lineare Gleichung für die unbekannten Stromstärken. Für den Knoten 1 in Abbildung 4.5 erhält man zum Beispiel die Gleichung

$$I_1 + I_4 - I_3 = 0.$$

Aus der Maschenregel erhält man für jeden geschlossenen Weg im Netzwerk eine lineare Gleichung für die unbekannten Spannungen, die mithilfe der Materialgleichungen (Ohmsches Gesetz) auch in lineare Gleichungen für die Stromstärken umgeformt werden können. Für die Masche von Knoten 1 nach 2 nach 3 nach 1 ergibt sich zum Beispiel

$$R_1 I_1 + R_3 I_3 + R_2 I_2 = U_0.$$

Dies ergibt dann ein lineares Gleichungssystem für die unbekannten Ströme, wobei im Allgemeinen die Anzahl der Gleichungen größer ist als die Anzahl der unbekannten Ströme. Für kleine Netzwerke kann man von Hand eine geeignete Anzahl von Gleichungen auswählen und die Ströme als Lösung dieses linearen Gleichungssystems bestimmen. Die Spannungen ergeben sich dann aus dem Ohmschen Gesetz.

Für größere Netzwerke ist ein systematisiertes Vorgehen sinnvoll. Die Topologie eines elektrischen Netzwerkes lässt sich eindeutig durch die Inzidenzmatrix A des entsprechenden gerichteten Graphen beschreiben. Die Knoten- und die Maschenregel lassen sich mithilfe der Matrix A in Matrixform schreiben und ergeben dann zusammen mit dem linearen Ohmschen Gesetz ein lineares Gleichungssystem, dessen Lösbarkeit man für zusammenhängende Netzwerke zeigen kann, siehe zum Beispiel Eck, Garcke und Knabner (2008).

■

4.1.3 Lokale Bilanzgleichungen

In vielen Fällen ist man nicht nur an extensiven Systemgrößen interessiert, also an globalen Größen wie der Gesamtmasse, Gesamtenergie, dem Gesamtverkehrsaufkommen etc., sondern auch an der räumlichen Verteilung dieser Größen und insbesondere auch an der Dynamik dieser Verteilung. Die extensiven Größen werden dann durch so genannte Dichten beschrieben, also durch Funktionen, die von den Koordinaten der Punkte im Systemgebiet abhängen und die Menge der extensiven Größe bezogen auf eine Raumeinheit an diesem Punkt angeben. Eine Bilanzierung an jedem Punkt führt dann zu so genannten lokalen Bilanzgleichungen, die in vielen Fällen die Form von partiellen Differentialgleichungen für die betrachtete extensive Größe haben. Diese lokalen Bilanzgleichungen werden oftmals auch als Transportgleichungen bezeichnet, denn bei einer lokalen (d.h. ortsaufgelösten) Bilanzierung gehen ja insbesondere auch die räumlichen Umverteilungsprozesse der extensiven Größe mit ein.

Wir betrachten zunächst eine diskrete Formulierung der eindimensionalen Wärmeleitungsgleichung, die sich in völliger Analogie zu den oben beschriebenen Systembilanzgleichungen zusammen mit einem Materialgesetz ergibt. Im Anschluss diskutieren wir die kontinuierliche Wärmeleitungsgleichung und das allgemeine Konzept von lokalen kontinuierlichen Bilanzgleichungen, wie es insbesondere bei der Herleitung der Modelle der

Kontinuumsmechanik zum Einsatz kommt. Abschließend geben wir noch ein Beispiel für einen Modellansatz zur Verkehrsmodellierung.

Beispiel 4.10 (Diskretes eindimensionales Modell der Wärmeleitung) Denken wir noch einmal an das einfache globale Klimaenergiebilanzmodell aus Beispiel 4.2 zurück: Die Temperatur an der Erdoberfläche hängt in der Realität natürlich vom Breitengrad ab. So könnte man für eine erste Verfeinerung des Modells die Erdoberfläche in eine endliche Anzahl von Ringen R_i parallel zum Äquator aufteilen und für jeden dieser Ringe eine global gemittelte Temperatur $T_i(t)$ als Zustandsgröße wählen. Als zusätzliche Beiträge für die Energiebilanz eines jeden solchen Kompartiments kämen dann noch der Ab- bzw. Zufluss zu/von den Nachbarkompartimenten hinzu. Der Einfachheit halber betrachten wir die folgende ähnliche physikalische Fragestellung:

Ein gut isolierter dünner Rundstab der Länge L, der sich im Anfangszustand (zur Zeit $t = 0$) auf Umgebungstemperatur befindet, wird durch eine externe Wärmequelle, zum Beispiel durch einen elektrischen Strom, der durch den Stab fließt, erhitzt. Des Weiteren werden die beiden Enden des Stabes auf einer festen Temperatur T_l (linke Seite) und T_r (rechte Seite) gehalten. Man bestimme den zeitlichen Verlauf der Temperaturverteilung innerhalb des Stabes in Anhängigkeit von der Intensität der Wärmequelle.

Wir nehmen an, dass der Radius des Stabquerschnittes sehr viel kleiner als seine Länge L ist. Da der Stab sehr gut isoliert ist, kann man daher die Temperatur entlang eines Stabquerschnittes als nahezu konstant annehmen. Damit ist die gesuchte Größe die orts- und zeitabhängige Temperaturverteilung $u(x,t)$ mit $x \in [0, L]$ und $t \in [0, t_E]$, und $u(0,t) = T_l$, $u(L,t) = T_r$. Jetzt teilen wir den Stab in Zellen gleicher Länge $\Delta x = L/n$ wie folgt auf, siehe Abbildung 4.6: Wir wählen räumliche Gitterpunkte $x_i = i\Delta x$, $i = 0, 1 \ldots, n$ als Mittelpunkte einer Zelle, in der wir die räumliche Durchschnittstemperatur $u_i(t)$ bestimmen wollen. An den beiden Randpunkten x_0 und x_n, an denen nur eine Hälfte der entsprechenden Zelle zum Stab gehört, setzen wir die Randtemperaturen $u_0(t) = T_l$, $u_n(t) = T_r$. Wir benötigen jetzt Bestimmungsgleichungen für die $n - 1$ unbekannten

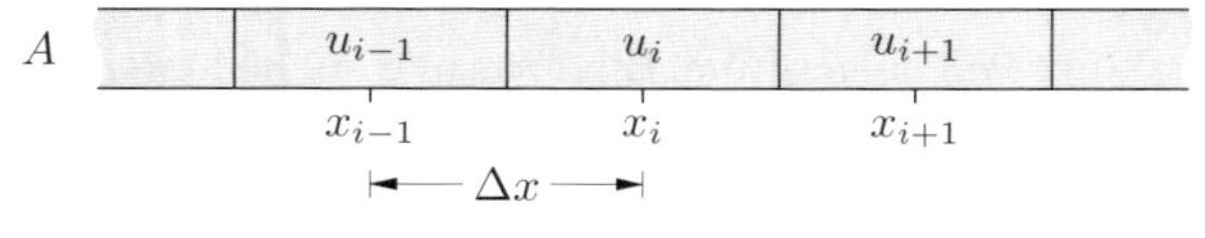

Abb. 4.6: Wärmeleitung in einem Stab mit Querschnittsfläche A. Der Stab ist gedanklich unterteilt in Zellen der Länge Δx mit konstanter Temperatur u_i.

Funktionen $u_i(t)$, $i = 1, \ldots, n-1$. Dazu stellen wir zunächst die Energiebilanzgleichung auf: Wir nehmen an, dass keine Energie erzeugt oder vernichtet werden kann und dass Energie nur in Form von Wärme ausgetauscht wird. Es sei

- $E_i(t)$ die innere Energie in der $i - ten$ Zelle zum Zeitpunkt t

- $F_i(t)$ die Stärke der äußeren Wärmeenergiequelle in der $i - ten$ Zelle (Energie pro Zeit)
- $J_{i+\frac{1}{2}}$ der Wärmeenergiestrom an der Grenze zwischen den Zellen i und $i+1$, mit positivem Vorzeichen, wenn der Strom von Zelle i nach Zelle $i+1$ fließt (Energie pro Zeit und Fläche),

dann erhalten wir aus diesen Annahmen für die $i - te$ Zelle die Bilanzgleichung

$$E_i(t + \Delta t) - E_i(t) = F_i(t)\Delta t - J_{i+\frac{1}{2}}(t)\Delta t + J_{i-\frac{1}{2}}(t)\Delta t,$$

die sich für $\Delta t \to 0$ auch als Differentialgleichung

$$\frac{\mathrm{d}}{\mathrm{dt}} E_i(t) = F_i(t) - J_{i+\frac{1}{2}}(t) + J_{i-\frac{1}{2}}(t) \tag{4.34}$$

schreiben lässt. Um eine Gleichung für die Temperatur $u_i(t)$ zu erhalten, benötigen wir wieder Materialgleichungen. Zunächst nehmen wir einen linearen Zusammenhang zwischen Energieänderung und Temperaturänderung an. Es sei also $C_i = \rho c A \Delta x$ die Wärmekapazität der i-ten Zelle, wobei $\rho = \rho(u_i, x_i)$ die Dichte des Stabmaterials (Masse/Volumen), A die Querschnittsfläche und $c = c(u_i, x_i)$ die spezifische Wärmekapazität bezeichnet, dann gelte

$$\Delta E_i = C_i \Delta u_i = \rho\, c\, A\, \Delta x\, \Delta u_i \quad \text{also} \quad \frac{\mathrm{d}}{\mathrm{dt}} E_i(t) = \rho c A \Delta x \frac{\mathrm{d}}{\mathrm{dt}} u_i(t). \tag{4.35}$$

Es bleibt noch, eine Materialgleichung für den Wärmefluss anzugeben. Für Festkörper gilt in guter Näherung das bereits von Fourier aufgestellte so genannte Fouriersche Gesetz, welches besagt, dass Wärmenergie immer in Richtung abnehmender Temperatur fließt und die Stärke des Wärmeflusses proportional zur Temperaturänderung pro Länge ist. Im vorliegenden Fall erhalten wir damit

$$J_{i+\frac{1}{2}}(t) = -\kappa_i A\big(u_{i+1}(t) - u_i(t)\big)/\Delta x, \tag{4.36}$$

mit der Proportionalitätskonstanten $\kappa_i = \kappa(x_i, u_i)$, der so genannten *Wärmeleitfähigkeit* des Materials, die im Allgemeinen von der räumlichen Koordinate des Stabes (falls das Material inhomogen ist) und der Temperatur u abhängt. Wir nehmen im Folgenden an, dass κ konstant ist. Aus der Bilanzgleichung (4.34) ergibt sich zusammen mit den Materialgleichungen (4.35) und (4.36) und der Bezeichung $f_i = F_i/(A\Delta x)$ schließlich die ortsdiskrete **Wärmeleitungsgleichung**

$$\begin{aligned} \rho\, c \frac{\mathrm{d}}{\mathrm{dt}} u_i &= f_i + \kappa\Big(\frac{u_{i+1} - u_i}{\Delta x} - \frac{u_i - u_{i-1}}{\Delta x}\Big)/\Delta x \\ &= f_i + \kappa \frac{u_{i+1} - 2u_i + u_{i-1}}{(\Delta x)^2}, \quad i = 1, 2, \ldots, n-1\,. \end{aligned} \tag{4.37}$$

Zusammen mit den Randbedingungen $u_0(t) = T_l$, $u_n(t) = T_r$ und einer vorgegebenen Anfangstemperatur $u_i(0) = u_i^0$, $i = 0, 1, \dots n$ erhalten wir als mathematisches Modell ein Anfangswertproblem für ein System von $n-1$ gewöhnlichen Differentialgleichungen erster Ordnung. Falls die Materialparamter ρ, c, κ konstant sind, ist das System linear. ■

Beispiel 4.11 (Kontinuierliches Modell für die Wärmeleitung)
Betrachtet man in Gleichung (4.37) den Grenzübergang $\Delta x \to 0$, so erhält man die kontinuierliche Form der eindimensionalen Wärmeleitungsgleichung. Dazu sei $f(x,t)$ eine kontinuierliche Quellstärke pro Längeneinheit mit $f_i(t) = f(x_i, t)$ und $u^0(x)$ eine kontinuierliche Anfangstemperaturverteilung mit $u_i^0 = u(x_i)$. Ferner erinnere man sich an den diskreten zentralen Differenzenquotienten zur Approximation der zweiten Ableitung einer Funktion $g(x)$:

$$g''(x) = \big(g(x+h) - 2g(x) + g(x-h)\big)/h^2 + \mathcal{O}(h^2).$$

Dann ergibt sich aus (4.37) das folgende Anfangswert-Randwertproblem für die gesuchte Temperaturverteilung $u(x,t)$:

$$\begin{aligned} \rho\, c\,\frac{\partial u}{\partial t} &= f + \kappa \frac{\partial^2 u}{\partial x^2}, \qquad \forall x \in (0,L),\ t \in [0,T] \\ u(x,0) &= u^0(x), \qquad \forall x \in [0,L] \\ u(0,t) &= T_l(t), \quad u(L,t) = T_r(t), \qquad \forall t \in [0,T]. \end{aligned} \tag{4.38}$$

Gleichung (4.38) nennt man die **eindimensionale Wärmeleitungsgleichung**, eine lineare parabolische partielle Differentialgleichung zweiter Ordnung. Die diskrete Gleichung lässt sich umgekehrt auch als eine räumliche Diskretisierung der kontinuierlichen Gleichung mit der Methode der finiten Differenzen und einer Gitterweite $h = \Delta x$ auffassen.

Wir wollen jetzt die kontinuierliche Gleichung direkt herleiten. Der Ansatz ist dabei völlig analog zum diskreten Fall: Für jedes zusammenhängende Stück des Stabes – gegeben durch ein Intervall $[a,b] \subset [0,L]$ – können wir eine Energiebilanz aufstellen: Sei $e(x,t)$ die (innere) Energiedichte (Energie pro Länge), $f(x,t)$ die Quellstärke, d.h., die von außen zugeführte Energie pro Länge und Zeit und $j(x,t)$ der Energiestrom im Stab (Energie pro Länge und Zeit, die durch den Stabquerschnitt fließt). Dabei bedeutet positives j, dass der Strom von links nach rechts fließt. Dann folgt aus dem Energieerhaltungsprinzip

$$\underbrace{\frac{d}{dt}\int_a^b e(x,t)\,dx}_{\text{Gesamtänderung}} = \underbrace{\int_a^b f(x,t)\,dx}_{\text{Quelle}} \quad - \quad \underbrace{\big(j(b,t) - j(a,t)\big)}_{\text{Fluss über die Ränder}} . \tag{4.39}$$

Benutzt man den Hauptsatz der Differential- und Integralrechnung:

$$j(b,t) - j(a,t) = \int_a^b \frac{\partial j}{\partial x}(x,t)\,dx$$

und zieht die Ableitung d/dt auf der linken Seite von Gleichung (4.39) unter das Integral, so ergibt sich

$$\int_a^b \frac{\partial e}{\partial t}(x,t)\,dx = \int_a^b f(x,t)\,dx - \int_a^b \frac{\partial j}{\partial x}(x,t)\,dx. \tag{4.40}$$

Da Gleichung (4.40) für beliebige (insbesondere auch beliebig kleine) Intervalle gilt, folgt daraus die folgende lokale Bilanzgleichung

$$\frac{\partial e}{\partial t}(x,t) = f(x,t) - \frac{\partial j}{\partial x}(x,t). \tag{4.41}$$

Um zu einer Modellgleichung zu kommen, benötigt man noch einen Modellansatz für den Strom j. Den einfachsten Ansatz liefert das Fouriersche Gesetz in kontinuierlicher Form: Die Energiestromdichte $j(x,t)$ (der Wärmestrom) ist direkt proportional zum negativen Gradienten der Temperatur $u(x,t)$:

$$j(x,t) = -\kappa(u,x)\frac{\partial u}{\partial x}(x,t). \tag{4.42}$$

Wenn wir wieder voraussetzen, dass Energie nur in Form von Wärme fließt, kommt die zeitliche Änderung von $e(x,t)$ nur durch eine Temperaturänderung zustande, d.h. es gilt

$$\frac{\partial e}{\partial t} = \frac{\partial e}{\partial u}\frac{\partial u}{\partial t} = \rho\, c\,\frac{\partial u}{\partial t} \tag{4.43}$$

($\frac{\partial e}{\partial u}$ ist die Änderung der Energie pro Volumen und Temperatur, also eine spezifische Wärmekapazität pro Volumen, also das Produkt aus der spezifischen Wärmekapazität pro Masse c und der Dichte ρ). Einsetzen von (4.42) und (4.43) in die Bilanzgleichung (4.41) ergibt

$$\rho\, c\,\frac{\partial u}{\partial t} = f + \frac{\partial}{\partial x}\Big(\kappa\frac{\partial u}{\partial x}\Big).$$

Für konstantes κ erhalten wir wieder die kontinuierliche Wärmeleitungsgleichung (4.38). Die obige Herleitung der eindimensionalen Wärmeleitungsgleichung lässt sich unmittelbar auf den höherdimensionalen Fall verallgemeinern. Für den zweidimensionalen Fall betrachtet man dann statt eines Intervalls $[a,b]$ ein beliebiges kleines zusammenhängenden Gebiet Ω in der Ebene (z.B. kleine Kreisscheiben). Der Zu/Abfluss über den Rand Γ des Gebietes Ω wird dann berechnet als ein Integral der Normalenkomponente des Stromes $j = (j_x, j_y)^T$ – bezeichnet mit $\langle j, n\rangle$ – entlang des Randes Γ, siehe Abbildung 4.7, und es ergibt sich in Analogie zu (4.39)

$$\underbrace{\frac{d}{dt}\int_\Omega e(x,y,t)\,dxdy}_{\text{Gesamtänderung}} = \underbrace{\int_\Omega f(x,y,t)\,dxdy}_{\text{Quelle}} \quad - \quad \underbrace{\int_\Gamma \langle j,n\rangle(x,y)\,ds}_{\text{Fluß über den Rand}}\,.$$

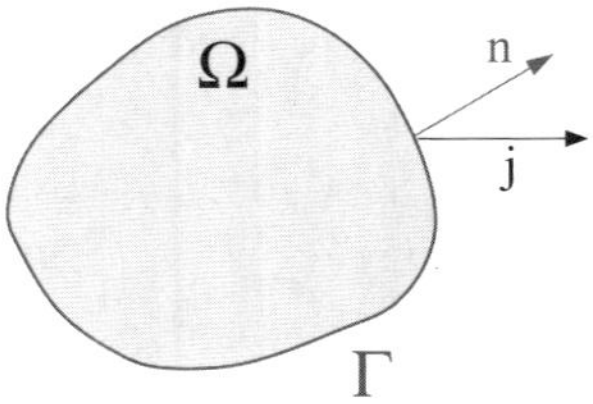

Abb. 4.7: Kleines Testgebiet $\Omega \subset \mathbb{R}^2$ mit Rand Γ. Die Normalenkomponente des Stromes j am Rand ist das Skalarprodukt von $j = (j_x, j_y)^T$ mit der äußeren Normalen $n = (n_x, n_y)^T$: $\langle j, n\rangle = j_x n_x + j_y n_y$.

Der Gaußsche Satz, der den Fundamentalsatz in höhere Dimensionen verallgemeinert, besagt, dass sich das Linienintegral über den Normalenstrom als ein Flächenintegral über die Divergenz des Stromes schreiben lässt:

$$\int_\Gamma \langle j, n\rangle \, \mathrm{d}s = \int_\Omega \nabla \cdot j \, \mathrm{d}x\mathrm{d}y, \qquad \nabla \cdot j = \frac{\partial j_x}{\partial x} + \frac{\partial j_y}{\partial y} \quad \text{(Divergenz)}.$$

Zusammen mit dem Fourierschen Gesetz

$$j = -\kappa \nabla u, \qquad \nabla u = \begin{pmatrix} \partial u/\partial x \\ \partial u/\partial y \end{pmatrix}$$

ergibt sich mit der gleichen Argumentation wie im eindimensionalen Fall die Wärmeleitungsgleichung

$$\rho\, c\, \frac{\partial u}{\partial t} = f - \nabla \cdot j = f + \nabla \cdot \big(\kappa \nabla u\big).$$

Falls ρ, c und κ konstant sind, schreibt man diese auch oft in der Form

$$\frac{\partial u}{\partial t} = f - \lambda \Delta u,$$

mit $\lambda = \kappa/(\rho c)$ und dem Laplace-Operator $\Delta u = \partial^2 u/\partial x^2 + \partial^2 u/\partial y^2$. Wie im eindimensionalen Fall müssen für eine eindeutige Lösung dieser parabolischen Differentialgleichung zweiter Ordnung noch Anfangs- und Randbedingungen vorgegeben werden. Die Herleitung für die dreidimensionale Gleichung ist völlig analog. ■

Bevor wir allgemein die Struktur einer lokalen Bilanzgleichung erläutern, diskutieren wir noch ein Beispiel aus einem ganz anderen Anwendungsbereich:

Beispiel 4.12 (Makroskopisches Verkehrsflußmodell)
Wir wollen kurz andeuten, wie einfache makroskopische Verkehrsmodelle mithilfe lokaler Bilanzgleichungen aufgestellt werden können. Bei dieser Gelegenheit werden wir auch den zweiten wichtigen Typ lokaler Erhaltungsgleichungen, die so genannten hyperbolischen Erhaltungsgleichungen kennen lernen. Eine ausführlichere Beschreibung einführender Beispiele und weiterführende Literatur findet man z.B. in Bungartz u. a. (2009) oder Ortlieb u. a. (2008).

Wenn zum Beispiel neue Straßennetze konzipiert, Ampelschaltungen optimiert oder Verkehrsführungen zur Stauverhinderung geplant werden sollen, benötigt man, allein schon in Ermangelung an durchführbaren Experimenten, ein geeignetes Verkehrsmodell zur Simulation geplanter Szenarien. Betrachtet man den Verkehr mit dem „Hubschrauberblick", so erkennt man zum Beispiel, dass sich Verdichtungen oder Verdünnungen des Verkehrsaufkommens oft wellenartig ausbreiten. Insgesamt ähnelt das Verkehrsaufkommen auf einer Straße aus dieser Perspektive einem kontinuierlichen Strom unterschiedlicher Dichte, der durch ein Kanalsystem strömt. Wird der Verkehr als eine Ansammlung dynamischer wechselwirkender Objekte modelliert, so spricht man von einem mikroskopischen Modell. In Gegensatz dazu wird in einem makroskopischen Modell die Gesamtheit der mikroskopischen Objekte („der Verkehr") durch eine kontinuierlich entlang des Kanalsystems verteilte extensive Größe modelliert. Wir betrachten im Folgenden das so genannte *Lightwill-Whitman-Richards*-Modell, welches den unidirektionalen Verkehr auf langen geraden einspurigen Straßen ohne Ab- und Zufahrten modelliert.

Es bezeichne $x \in [0, L] \subset \mathbb{R}$ einen Punkt auf einem Straßenabschnitt der Länge L, $\rho(x,t)$ die lokale Fahrzeugdichte (Anzahl Fahrzeuge pro Längeneinheit) und $v(x)$ die Verkehrsflussgeschwindigkeit, also die Geschwindigkeit der Fahrzeuge am Punkt x zum Zeitpunkt t. Sei weiterhin $j(x,t)$ der Verkehrsstrom an der Stelle x, also die Anzahl Fahrzeuge pro Zeiteinheit, die den Punkt x zum Zeitpunkt t passieren. Da die Anzahl der Fahrzeuge eine Erhaltungsgröße ist, gilt für alle $x \in (0, L)$ die lokale Bilanzgleichung

$$\frac{\partial \rho}{\partial t} + \frac{\partial j}{\partial x} = 0. \tag{4.44}$$

Um zu einer Modellgleichung für die zeitliche Entwicklung der Fahrzeugdichte ρ zu kommen, benötigen wir noch eine konstitutive Gleichung für den Strom j. Da offensichtlich gilt, dass

$$j(x,t) = \rho(x,t)v(x,t),$$

ist dies äquivalent zu einer zusätzlichen Gleichung für die Geschwindigkeit v. Wir nehmen vereinfachend an, dass die Geschwindigkeit v allein eine Funktion der Verkehrsdichte ρ ist, also $v(x,t) = v(\rho(x,t))$. Um die funktionale Beziehung $v(\rho)$ „herzuleiten", treffen wir die folgenden weiteren Annahmen:

- Auf einer leeren Straße fahren die Autos mit einer zulässigen Höchstgeschwindigkeit $v_{\max}$, d.h. es gilt $v(0) = v_{\max}$.
- Ab einer gewissen Dichte $\rho_{\max}$ steht die Autokolonne, d.h. es gilt $v(\rho_{\max}) = 0$.
- Die Funktion $v(\rho)$ ist monoton fallend in ρ und interpoliert die obigen Extremwerte linear.

Damit gilt dann

$$v(\rho) = v_{\max}\Big(1 - \frac{\rho}{\rho_{\max}}\Big), \quad 0 \leq \rho \leq \rho_{\max},$$

und wir erhalten aus (4.44) die folgende Modellgleichung für die Fahrzeugdichte ρ:

$$\frac{\partial \rho}{\partial t} + \frac{\partial}{\partial x}\Big(\rho v_{\max}\big(1 - \frac{\rho}{\rho_{\max}}\big)\Big) = 0, \quad x \in (0, L),\, t > 0\,. \tag{4.45}$$

Zusammen mit Randbedingungen für ρ am linken und rechten Rand des Straßenabschnittes und einer vorgegebenen Anfangsbedingung $\rho(x,0) = \rho^0$ erhalten wir damit ein vollständiges Verkehrsmodell. Die Gleichung (4.45) ist eine hyperbolische Erhaltungsgleichung erster Ordnung. Gleichungen dieses Typs kommen auch in vielen anderen Anwendungsgebieten, zum Beispiel bei Modellen in der Gasdynamik oder bei der Modellierung von Wellenausbreitung im flachen Wasser vor. Sie haben ganz andere mathematische Eigenschaften als die in den obigen Beispielen vorgestellten parabolischen Erhaltungsgleichungen. So haben Lösungen im Allgemeinen Wellencharakter und eine anfangs glatte Lösung kann in der Zeitentwicklung Unstetigkeiten (so genannte Schocks) entwickeln, wie das z.B. bei einer Stauentstehung der Fall ist.

Es gibt mittlerweile stark verfeinerte Modelle, bei denen zu der allgemeinen lokalen Bilanzgleichung (4.44) noch eine weitere gekoppelte partielle Differentialgleichung für die Verkehrsflussgeschwindigkeit v hinzukommt, die sich aus mikroskopischen Betrachtungen herleiten lässt, siehe z.B. Aw u. a. (2002). ■

Nachdem wir zwei ausführliche Beispiele für lokale Bilanzgleichungen diskutiert haben, wollen wir abschließend noch einmal die allgemeine Struktur zusammenfassen und ein paar weitere prominente Anwendungsgebiete angeben. Es sei $a(x,t), x \in \Omega_0 \subset \mathbb{R}^d$, $d = 1,2,3$ eine zu bestimmende Volumendichte einer extensiven Größe in einem Gebiet Ω_0 (die Bezeichnung Volumen, Fläche etc. hat je nach der Raumdimension d des betrachteten Gebietes die entsprechende Bedeutung). Dann stellen wir für ein beliebiges Teilgebiet $\Omega \subset \Omega_0$ wie in Gleichung (4.39) eine globale Bilanzgleichung für die zeitliche Änderung der Größe a in dem Gebiet Ω auf und erhalten mithilfe des Gaußschen Satzes die folgende **allgemeine lokale Bilanzgleichung**

$$\frac{\partial a}{\partial t} + \nabla \cdot j_a = q_a \tag{4.46}$$

mit noch zu spezifizierenden Stromdichten $j_a(x,t)$ und Quelldichten $q_a(x,t)$. Gilt für die Größe a ein Erhaltungsprinzip, so ist q_a eine äußere Quelle/Senke.

Erst die Angabe von Bestimmungsgleichungen für die Ströme und Quellen führen dann zu einem vollständigen mathematischen Modell. Die Gleichungen für die Ströme werden oft als **konstitutive Gleichungen** oder auch als **Materialgleichungen** bezeichnet, denn in diese gehen die speziellen (physikalischen) Eigenschaften des vorliegenden Systems ein.

Bilanziert man Größen in Systemen, die sich im Raum bewegen, also zum Beispiel die Wärmeenergie in einer Luftströmung oder die Ausbreitung eines Stoffes in einem Bach, so unterscheidet man üblicherweise die folgenden beiden Bestandteile eines Stromes j_a:

Diffusiver/konduktiver Strom. Dieser Strom möchte das System in einen Gleichgewichtszustand treiben und ist oft proportional zum negativen Gradienten einer Zustandsgröße;

konvektiver Strom. Dieser Anteil des Stromes entsteht durch die Mitbewegung der betrachteten extensiven Größe in dem umgebenden Medium.

In unseren obigen Beispielen hatten wir im Falle der Wärmeleitung einen rein konduktiven Strom, während der Verkehrsstrom rein konvektiv war. Ist der Quellterm q_a eine Funktion der Größe a, so bezeichnet man q_a auch als **Reaktionsterm**. Oft hat man es mit Bilanzgleichungen zu tun, die einen Diffusionsanteil, einen Konvektionsanteil und einen Reaktionsanteil enthalten. Die relativen Größen dieser Terme untereinander bestimmen dann das qualitative Verhalten des Modells. Wir werden ein solches Beispiel in Kapitel 9 genauer betrachten.

Interessiert man sich für stationäre – also zeitunabhängige – Zustände eines Systems, so setzt man in der lokalen Bilanzgleichung den Term mit der Zeitableitung gleich Null. Man beachte, dass man damit im Allgemeinen keine statischen Modelle erhält: Die extensive Größe fließt lediglich mit einem zeitlich konstanten Strom.

Zum Abschluss wollen wir noch anmerken, dass sich alle Grundgleichungen der Kontinuumsmechanik als lokale Bilanzgleichungen für die extensiven Größen Masse, Teilchenzahl, Impuls und Energie verstehen lassen und meist nach dem obigen Prinzip zusammen mit geeigneten konstitutiven Gleichungen hergeleitet werden. Für eine detaillierte Darstellung empfehlen wir z.B. Honerkamp und Römer (1993), Eck, Garcke und Knabner (2008) oder Marsden und Chorin (1993).

4.2 Zustände und Übergänge

In diesem Abschnitt werden wir aus einem anderen Blickwinkel heraus ein zu modellierendes System bzw. einen zu modellierenden Prozess betrachten und daraus zu Modellansätzen kommen. Wir betrachten als Ausgangspunkt die Menge der möglichen bzw. der im gegebenen Kontext relevanten Zustände, den so genannten Zustandsraum (oder auch Phasenraum) $\mathcal{Z}$ und versuchen – möglichst vollständige – Übergangsregeln zwischen Zuständen in mathematischer Form zu beschreiben. Solche Übergangsregeln können so verschiedene Dinge beschreiben wie eine zeitliche Abfolge von Zuständen, einen stochastischen Prozess oder eine Input-Output-Relation. Als Modelle ergeben sich auf diese Weise z.B. diskrete oder kontinuierliche dynamische Systeme, endliche deterministische oder stochastische (zelluläre) Automaten oder lineare/nichtlineare Filter. Ein solcher Modellierungsansatz ist sehr flexibel und man kann vieles verwenden, was man über das betrachtete System weiß: bekannte Gesetzmäßigkeiten, empirische Daten oder auch direkt das gewünschte Verhalten.

Wir werden im Folgenden ohne Anspruch auf Vollständigkeit das Vorgehen exemplarisch anhand einiger Beispiele vorführen. Dabei werden wir drei Typen von Übergängen betrachten: Diskrete deterministische und diskrete stochastische Übergange sowie kontinuierliche Übergänge.

4.2.1 Diskrete deterministische Übergänge

Wir beginnen mit Zustandsraummodellen mit diskreten deterministischen Übergängen. Sei $\mathcal{Z}$ ein geeignet gewählter Zustandsraum. Dann besteht ein solches Modell aus einem Anfangszustand $z^0 \in \mathcal{Z}$ und eindeutigen Regeln zur Erzeugung einer endlichen oder unendlichen Folge von Zuständen $z^k \in \mathcal{Z}$, $k = 1, 2, \ldots$. Beschreibt das Modell einen zeitlichen Prozess, so wird $z^k = z(t_k)$ als Zustand zum Zeitpunkt t_k mit $t_k < t_{k+1}$ interpretiert und man spricht dann auch von einer Zeitreihe.

Die einfachsten Modelle dieser Bauart sind so genannte einstufige iterative Folgen von Zuständen, bei denen sich der Zustand z^{k+1} durch eine Übergangsregel $z^k \to z^{k+1}$ allein aus dem Zustand z^k bestimmen lässt. Im Fall von zeitlichen Prozessen spricht man dann auch von (einstufigen) Iterationsprozessen. Insbesondere so genannte zeitdiskrete dynamische Systeme sind von dieser Bauart. Wir betrachten ein einfaches Beispiel mit einem eindimensionalen Zustandsraum.

Beispiel 4.13 (Newtonsche und Stefansche Abkühlung als Iterationsprozess) Wir betrachten eine mit heißem Kaffee gefüllte Tasse und wollen die zeitliche Abkühlung modellieren. Dazu nehmen wir an, dass die Tasse permanent gerührt wird, der (Temperatur-)Zustand des Kaffees zum Zeitpunkt t also mit einer einzigen Zustandsvariablen, der Temperatur $u(t)$, beschrieben werden kann. Des Weiteren nehmen wir an, die Temperatur zum Zeitpunkt $t_0 = 0$ sei u_0 und die Tasse sei sehr gut isoliert, sodass die Abkühlung nur an der Oberfläche durch Kontakt mit der Umgebungsluft einer festen Temperatur $u_L < u^0$ stattfindet (die Luft strömt also an der Oberfläche vorbei und führt Wärmenergie mit sich fort). Es soll die Temperatur $u(t_k) = u^k$ der Tasse zu diskreten Zeitpunkten $t_k = t_0 + k\Delta t$ mit einem kleinem Zeitintervall Δt bestimmt werden. Schon Newton postulierte, dass die Temperaturabnahme proportional zur Temperaturdifferenz von Kaffee und Umgebung und dem Zeitintervall Δt ist (dies entspricht dem Fourierschen Gesetz bei der Wärmeleitungsgleichung in einem Medium, siehe Gleichung (4.35), wobei wir bei der Kaffeetasse einen Wärmefluss über eine Grenzfläche hinweg betrachten). Damit ergibt sich die Iterationsvorschrift für die Newtonsche Abkühlung:

$$u^{k+1} = u^k - \kappa(u^k - u_L)\Delta t = (1 - \kappa\Delta t)u^k + \kappa\Delta t u_L \tag{4.47}$$

mit einer experimentell zu bestimmenden Abkühlungsrate $\kappa > 0$ und vorgegebener Anfangstemperatur u_0. Offensichtlich ist dieses Modell nur sinnvoll, wenn $\kappa\Delta t < 1$ ist, wenn also das Zeitintervall Δt klein genug ist, da sonst die Temperaturen u^k nicht monoton fallen mit wachsendem k.

Betrachten wir jetzt einen glühenden Stahlbarren, so ist der dominierende Prozess bei der Abkühlung die Wärmestrahlung, vergleiche Beispiel 4.2. Die Intensität dieser Strahlung ist nach dem Stefan-Boltzman-Gesetz proportional zur vierten Potenz der Temperatur $u(t)$ des strahlenden Körpers. Da umgekehrt auch die Umgebung auf den Stahlbarren strahlt, ergibt sich in diesem Fall eine Iterationsvorschrift der Form

$$u^{k+1} = u^k - \sigma\big((u^k)^4 - u_L^4\big)\Delta t. \tag{4.48}$$

Man spricht in diesem Fall von der **Stefanschen Abkühlung**. Während die Stefansche Abkühlung durch einen nichtlinearen Iterationsprozess beschrieben wird, ist das obige diskrete Modell der Newtonschen Abkühlung ein linearer Prozess. Letzteres lässt sich analytisch einfach lösen, und man kann eine explizite Darstellung von $u^k = \Phi(k, u^0)$ angeben, siehe Aufgabe 4.4. ■

Sind die Übergangsregeln von einem Zustand zum nächsten wie in dem obigen Beispiel durch eine einzige Vorschrift T mit $z^{k+1} = T(z^k)$ gegeben, die auf dem ganzen Zustandsraum $\mathcal{Z} \subset \mathbb{R}^n$ definiert ist, spricht man von einem n-dimensionalen autonomen **zeitdiskreten dynamischen System** oder auch von einem **einstufigen Iterationsprozess** mit der Iterationsvorschrift T. Es gilt dann

$$z^k = T(z^{k-1}) = T \circ T(z^{k-2}) = \underbrace{T \circ T \cdots T}_{k-\text{mal}}(z^0) =: \Phi(k, z^0). \tag{4.49}$$

Hängt die Abbildung $T = T_k$ vom Zeitpunkt t_k ab, so heißt das System nichtautonom. Die Abbildung $\Phi : \mathbb{N} \times \mathcal{Z} \to \mathcal{Z}$ bezeichnet man dann als den **diskreten Fluss** des dynamischen Systems. Allgemeiner sind auch Übergansregeln mit Gedächtnis möglich, bei denen der Zustand z^{k+1} von mehreren oder gar von allen vorigen Zuständen z^j, $0 \leq j \leq k$ abhängt. Hängt z^k immer von einer festen Anzahl von n vorigen Zuständen ab, so spricht man von einem **n-stufigen Iterationsprozess**

Als nächstes Beispiel betrachten wir ein diskretes dynamisches System mit einem mehrdimensionalen Zustandsraum, ein in der theoretischen Ökologie prominentes Modell zur Simulation der zeitlichen Entwicklung einer altersstrukturierten Population, welches erstmals in Leslie (1945) untersucht wurde, und daher den Namen Leslie-Modell trägt. Hier wird die Herangehensweise, einen Prozess als eine Folge von Zuständen zu modellieren, die durch eine Übergangsregel auseinander hervorgehen, besonders deutlich.

Beispiel 4.14 (Leslie-Modell)
Es ist offensichtlich, dass Sterbe- und Geburtenraten einer Gesamtpopulation von der Altersstruktur der Population abhängen. Um diesen Umstand in einem Modell abzubilden (man vergleiche im Gegensatz dazu das Modell für die Karpfenpopulation in Beispiel 4.1), wird die Gesamtpopulation einer Spezies in N Altersklassen eines gleichen Zeitintervalls Δt eingeteilt. Zur i-ten Altersklasse gehören dann alle Individuen im Alter zwischen $(i-1)\Delta t$ und $i\Delta t$. Für jede Altersklasse wird eine eigene Geburten- und Sterberate festgelegt, die man zum Beispiel auf Grundlage empirischer Daten schätzt. Wir

betrachten im Folgenden nur die weibliche Population einer Spezies und nehmen an, dass die Geburtenrate nicht von der Größe der männlichen Population abhängt. Außerdem seien die Geburten- und die Sterberaten zeitlich konstant und es gebe weder Zuzug noch Abwanderung.

Unser Modell besitzt dann N Zustandsvariablen p_i, $i = 1, \ldots, N$, und

$$p_i(t_k) = p_i^k, \qquad k = 0, 1, 2, \ldots$$

gibt die Anzahl der weiblichen Individuen der Altersklasse i zum Zeitpunkt t_k an. Um die Populationsentwicklung durch einen iterativen Prozess beschreiben zu können, wählen wir das Zeitintervall $t_{k+1} - t_k$ gleich dem Zeitintervall Δt einer Altersklasse (zum Beispiel ein Jahr). So geht beim Übergang der Population von t_k nach t_{k+1} die gesamte Population $p_i(t_k)$ nach $p_{i+1}(t_{k+1})$ über. Für die Formulierung der Übergangsregel von einem Zeitschritt zum nächsten müssen für jede Altersklasse i die Geburtenrate λ_i und die Sterberate δ_i mithilfe empirischer Daten festgelegt werden:

λ_i : weibliche Nachkommen der Altersklasse i pro Zeitintervall und Individuum.

δ_i : Sterbefälle der Altersklasse i pro Zeitintervall und Individuum.

Wir nehmen außerdem an, dass $\delta_N = 1$ ist – die Individuen der ältesten Klasse sterben alle innerhalb eines Zeitintervalls – und erhalten damit die folgenden Übergangsregeln

$$\begin{aligned} p_i^{k+1} &= (1 - \delta_{i-1}) p_{i-1}^k, \qquad i = 2, \ldots, N, \\ p_1^{k+1} &= \lambda_1 p_1^k + \cdots + \lambda_N p_N^k. \end{aligned}$$

Fasst man die Zustandsgrößen in einem Zustandsvektor $p^k = (p_1^k, \ldots, p_N^k)^T$ zusammen, so lassen sich die N Übergangsregeln mit einer Matrix $\mathbf{L} \in \mathbb{R}^{N \times N}$ in der Form

$$p^{k+1} = \mathbf{L} p^k$$

schreiben. Wir haben es also mit einem einstufigen linearen Iterationsprozess auf dem N-dimensionalen Phasenraum $\mathcal{Z} \subset \mathbb{R}^N$ zu tun. Eigenschaften eines solchen linearen Iterationsprozesses, wie zum Beispiel das Langzeitverhalten, gewinnt man durch eine genauere Analyse der Matrix $\mathbf{L}$, der so genannten Leslie-Matrix, siehe Abschnitt 5.5.1. ■

Diskrete dynamische Systeme vom Typ des obigen Beispiels lassen sich auch als eine spezielle Art einer Bilanzgleichung auffassen und anders interpretieren: Jede Zustandsvariable beschreibt die Menge einer extensiven Größe. Diese Größen sind gerade keine Erhaltungsgrößen, können sich aber in andere Größen „umwandeln“. Dadurch fließen Ströme von einem „Behälter“ (im obigen Beispiel eine Altersklasse) in einen anderen. Solche Ansätze kann man zum Beispiel zur Modellierung chemischer Reaktionen benutzen, bei denen Teilchensorten ineinander umgewandelt werden.

Wir betrachten jetzt ein ausführlicheres Beispiel eines *räumlichen* Prozesses, bei dem eine räumliche Struktur modelliert wird. Wie wir sehen werden, wird dabei das räumliche Muster iterativ durch Übergangsregeln aufgebaut, was man auch als einen zeitlichen Prozess interpretieren könnte.

Beispiel 4.15 (Modellierung von Spiralmustern in der Phyllotaxie)
In der belebten Natur gibt es viele immer wiederkehrende geometrische Muster. Als prominente Beispiele wollen wir die für das menschliche Auge so attraktiven diskreten Spiralmuster betrachten, wie man sie etwa am Blütenstand einer Sonnenblume 4.8 oder eines Gänseblümchens findet.

Wie lassen sich solche Muster mathematisch modellieren? Unser Ziel ist es, ein rein deskriptives Modell aufzustellen, mit dem wir die geometrische Anordnung simulieren können. Ein weiteres, hier nicht betrachtetes Modellierungsziel könnte sein, die Spiralbildung als dynamischen Prozess durch das Nachwachsen im Zentrum der Spirale zu modellieren oder sogar ein kausales morphogenetisches Modell, basierend auf biochemischen Regelungsmechanismen im Pflanzenorganismus, aufzustellen.

Abb. 4.8: Blütenstand einer Sonnenblume. Man erkennt deutlich ein Muster von Spiralarmen. Photo mit freundlicher Genehmigung von Marc Schilling, http://marcschilling.com

Wir wählen den folgenden Ansatz für ein in einer Ebene liegendes Spiralmuster: Das Muster bestehe aus N diskreten Bestandteilen einer mehr oder weniger festen geometrischen Form, zum Beispiel den Samenkernen, und wir beschränken uns darauf, die Positionen $p_i \in \mathbb{R}^2, i = 0, 1, \ldots, N$, dieser Bestandteile zu modellieren. Als Punkt p_0 wählen wir den Mittelpunkt der Spirale und als Zustand $z^0 = \{p_0\}$ die Spirale mit nur einem Punkt. Entsprechend bezeichne $z^n = \{p_0, \ldots, p_n\}$ ein Spiralmuster mit n Punkten, die entsprechend ihres Abstandes zum Zentrum p_0 der Spirale sortiert sind. Jetzt versuchen wir, die Spiralbildung mit einer Übergangsregel T zu modellieren:

$$z^{n+1} = T(z^n).$$

Im Allgemeinen können sich beim Übergang von z^n nach z^{n+1} auch alle Punktpositionen der bereits vorhandenen Punkte ändern. Wir betrachten aber im Folgenden den einfachen Fall, dass die Spirale mit einem zusätzlichen Punkt p_{n+1} einfach durch Hinzufügen eines neuen Punktes entsteht, wobei alle anderen Punkte unverändert bleiben. Gehen wir außerdem davon aus, dass sich die Position p_{n+1} allein aus der Position des Punktes p_n nach einer von n unabhängigen Regel ergibt, so ist das Spiralmuster durch eine Iterationsvorschrift $t : \mathbb{R}^2 \to \mathbb{R}^2$

$$p_{n+1} = t(p_n), \quad \text{d.h.} \quad T(\{p_0, \ldots, p_n\}) = \{p_0, \ldots, p_n, t(p_n)\}$$

eindeutig festgelegt. Für diesen Ansatz gibt es zunächst neben seiner Einfachheit keine Begründung, der Erfolg wird uns Recht geben. Wie könnte nun eine solche Vorschrift t für das in Abbildung 4.8 beobachtete Spiralmuster aussehen? Dazu betrachten wir die Punktpositionen $p_n = (x_n, y_n)$ in Polarkoordinaten, d.h. $p_n = (r_n, \varphi_n)$ mit

$$x_n = r_n \cos \varphi_n, \quad y_n = r_n \sin \varphi_n, \quad \text{bzw.} \quad r_n = \sqrt{x_n^2 + y_n^2}, \quad \varphi_n = \arctan \tfrac{y_n}{x_n}.$$

Spiralen entstehen, wenn der Radius r eine monoton wachsende Funktion des Winkels φ ist. Drei bekannte Wachstumsfunktionen, die zu den Archimedischen, den logarithmischen und den Fermatschen Spiralen führen, sind in Abbildung 4.9 zu sehen.

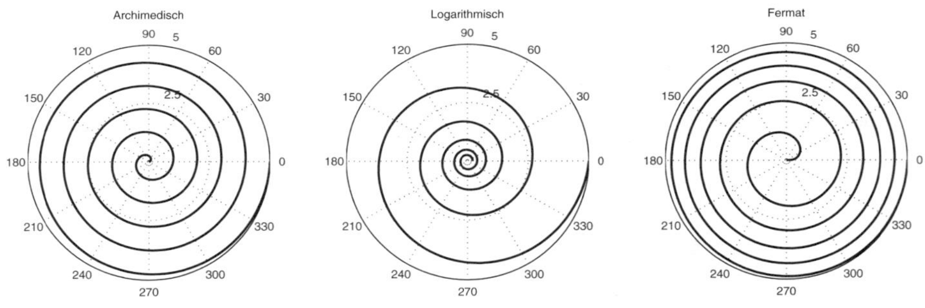

Abb. 4.9: Verschiedene Spiraltypen: In allen drei Fällen ist der Radius r eine monoton wachsende Funktion des Winkels φ. Bei der **Archimedischen Spirale** (links) wächst der Radius linear mit dem Winkel, $r(\varphi) = a\varphi$; $a > 0$, d.h. die Abstände zwischen den Windungen sind konstant. Bei der **logarithmischen Spirale** wächst der Abstand der Windungen nach außen immer schneller: $r(\varphi) = a \exp(k\varphi)$; $k, a > 0$, wohingegen bei der so genannten **Fermatschen Spirale** die Windungen immer enger werden: $r(\varphi) = a\sqrt{\varphi}$; $a > 0$. Die abgebildeten Spiralen lassen sich in MATLAB einfach mithilfe des Befehls `polarplot` erzeugen.

Für viele Spiralen in der Natur gilt, dass der Winkel zwischen zwei aufeinander folgenden Punkten, der so genannte Divergenzwinkel $\varphi_d = \varphi_{n+1} - \varphi_n$, konstant ist. Für eine Fermatsche Spirale erhalten wir damit zum Beispiel bei Wahl von φ_d und $a > 0$ die Iterationsvorschrift

$$\varphi_0 = 0, \, r_0 = 0; \qquad \varphi_{n+1} = \varphi_n + \varphi_d; \quad r_{n+1} = a\sqrt{\varphi_{n+1}}, \quad n = 1, 2, \ldots$$

Blicken wir noch einmal auf die Abbildung 4.8, so beobachten wir, dass das Spiralmuster nicht durch direkt aufeinander folgende Punkte auf einer Spirale der in den Abbildungen 4.9 gezeigten Spiraltypen entsteht. Die auf dieser so genannten generierenden Spirale liegenden Punkte werden nicht als zusammengehörend wahrgenommen, da sie zu weit auseinander liegen. Ist der Divergenzwinkel ein rationales Vielfaches der Drehung um 2π, also $\varphi_d = 2\pi q$ mit $q = z/n$, $z, n \in \mathbb{N}$, dann liegen zwei Punkte p_k und p_{k+n} auf einem vom Zentrum ausgehenden Strahl, also nahe beieinander. In der Natur werden bei der Anordnung von Blättern rund um eine Achse für q die Werte

$$1/2, \quad 1/3, \quad 2/5, \quad 3/8, \quad 5/13, \quad 8/21, \ldots \tag{4.50}$$

beobachtet. Blickt man auf das Spiralmuster der Sonnenblume in Abbildung 4.8, so erkennt man keine solchen Strahlen, wohl aber verschiedene Spiralarme, die sich um das Zentrum winden. Also muss hier q eine irrationale Zahl sein, aber welche? Die oben angegebene Folge (4.50) weist den Weg zu einer Vermutung, die sich — zumindest im Fall der Sonnenblume und auch zahlreicher anderer botanischer Spiralmuster — als konsistent mit den Beobachtungen erwiesen hat. Mit der Fibonacci-Folge F_k

$$F_1 = 1, F_2 = 1; \quad F_{n+1} = F_n + F_{n-1}, \quad n = 2, 3, \ldots$$

lässt sich nämlich die Folge $q_1, q_2, \ldots$ in (4.50) auch ausdrücken als $q_k = F_k/F_{k+2}$. Es ist bekannt, dass der Quotient F_{k+1}/F_k zweier aufeinander folgender Fibonacci-Zahlen gegen den goldenen Schnitt $g_s = (1+\sqrt{5})/2$ konvergiert. Wegen

$$\frac{F_k}{F_{k+2}} = \frac{F_{k+2} - (F_{k+2} - F_k)}{F_{k+2}} = 1 - \frac{F_{k+1}}{F_{k+2}}$$

folgt dann für den gesuchten so genannten Limitdivergenzwinkel

$$\varphi_s = 2\pi \lim_{k\to\infty} \frac{F_k}{F_{k+2}} = 2\pi\Big(1 - \frac{1}{g_s}\Big) = 2\pi\Big(\frac{3-\sqrt{5}}{2}\Big).$$

Der Winkel φ_s wird auch als der (kleine) goldene Winkel bezeichnet. Im Gradmaß ist $\varphi_s \approx 137{,}5078°$.

In Abbildung 4.11 ist eine Simulation einer diskreten Fermatspirale (da die Samenkörner auch weiter außen nicht größer werden, muss sich die Spirale verengen) mit $\varphi_d = \varphi_s$ gezeigt. Das entstehende Muster ähnelt verblüffend dem bei Sonnenblumen beobachteten. Das Entstehen der Spiralarme lässt sich wie an den Bildern in Abbildung 4.11 verdeutlicht, wie folgt verstehen: Betrachten wir nur jeden n-ten Punkt, wobei n eine nicht zu kleine Fibonacci-Zahl F_k ist, so gilt für die Winkel φ_l und φ_{l+n} des l-ten und des $(l+n)$-ten Punktes:

$$\varphi_{n+l} - \varphi_l = n\varphi_s = F_k\varphi_s \approx F_k\, 2\pi\, \frac{F_{k-2}}{F_k} = 2\pi\, F_{k-2},$$

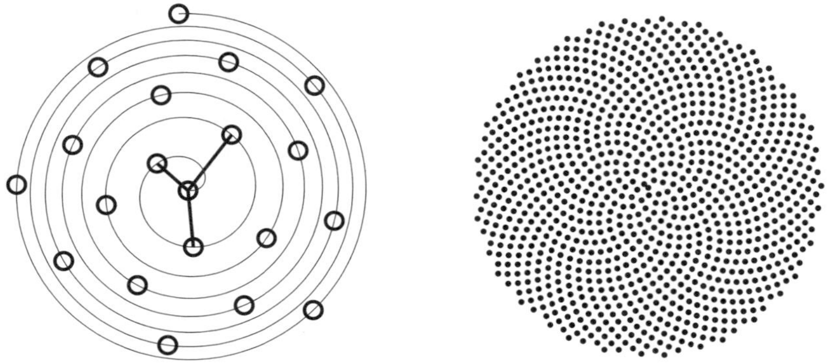

Abb. 4.10: Auf der linken Graphik sieht man eine generierende Fermatsche Spirale mit 10 Punkten. Der Divergenzwinkel φ_d ist hier der goldene Winkel $\varphi_s \approx 137,5078°$. Auf dem rechten Bild ist dasselbe Spiralmuster mit 1000 Punkten abgebildet.

also liegen die beiden Punkte p_n und p_{n+1} fast auf einem Strahl durch den Mittelpunkt der Spirale und nahe beieinander. Das menschliche Auge empfindet diese Punkte als zusammengehörig. Weitere Beispiele, insbesondere auch ein wunderschönes Applet zur Erzeugung aller möglichen so genannten Spiral-Gitter und weiterführende Literatur findet man auf der Webseite `http://www.math.smith.edu/phyllo/index.html`. Dort finden sich auch Hinweise und Literaturangaben zu dynamischen und kausalen Modellen, welche Themen aktueller Forschung sind. Insbesondere geht es dabei um die viel allgemeinere Frage der Musterentstehung und Selbstorganisation in biologischen Systemen. Teile unserer Darstellung sind an die sehr schöne Einführung in die mathematischen Gesetzmäßigkeiten der Phyllotaxie (Blattstellungslehre) in Ortlieb u. a. (2008) angelehnt.

■

Zum Abschluss wollen wir noch Systeme betrachten bei denen nicht nur die Übergänge, sondern auch der Zustandsraum selbst diskret modelliert werden können. Die entsprechenden Modelle nennt man auch **deterministische Automaten**. Gibt es nur endlich viele Zustände, so spricht man von **endlichen** Automaten.

Solche Modelle werden zum Beispiel bei der Spezifikation oder der Simulation des Verhaltens von realen Maschinen oder Automaten oder beim Software-Entwurf benutzt und spielen vor allem in der Informatik eine sehr große Rolle. Als Anwendungsbeispiel stelle man sich die Planung/Simulation eines Getränkeautomaten (mit Kaffee, Tee und Kaltgetränken) vor. Hier ist es ganz offensichtlich, dass ein solcher Automat endlich viele Zustände nach festzulegenden Regeln durchlaufen muss. Eine Verallgemeinerung zur Modellierung von nebenläufigen Abläufen sind die so genannten *Petri-Netze*, auf die wir hier nicht weiter eingehen werden. Eine sehr anschauliche und anwendungsorientierte

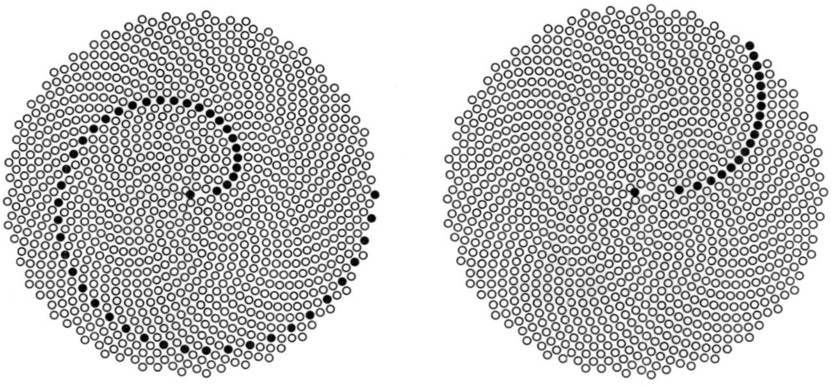

Abb. 4.11: Betrachtet man auf der generierenden Spirale nur jeden n-ten Punkt, wobei n eine Fibonacci-Zahl ist, so entstehen n Spiralarme. Daher nennt man diese Spiralen auch **Fibonacci-Spiralen**. Als Beispiel ist für $n = 21$ (links) und $n = 55$ (rechts) jeweils ein Spiralarm gekennzeichnet.

Einführung in die Modellierung mit endlichen Automaten und anderen in der Informatik gebräuchlichen Modellen findet man in Kastens und Büning (2008).

Ein endlicher Automat lässt sich durch einen gerichteten Graphen darstellen. Die Knoten entsprechen dabei den Zuständen und die gerichteten Kanten den möglichen Übergängen. Ein möglicher Prozess, der Zustand z^i in einen Zustand z^j überführt, ist dann ein Pfad in diesem Graphen. Nicht selten kann man mithilfe einer sorgfältigen Spezifikation eines solchen Graphen für ein reales System bestimmte Problemstellungen lösen: Man sieht an dem Graphen alle prinzipiell möglichen Prozessvarianten. Wir betrachten zur Illustration die folgende klassische Knobelaufgabe (siehe z. B. Kastens und Büning, 2008):

Beispiel 4.16 (Der Wolf, die Ziege und der Kohlkopf)
Ein Bauer kommt mit einem Kohlkopf, einem Wolf und einer Ziege an einen Fluss, den er überqueren will. Es gibt ein Boot, welches nur der Bauer rudern kann. Das Boot ist leider so klein, dass der Bauer nur höchsten einen weiteren „Fahrgast“, also entweder Wolf oder Ziege oder Kohlkopf, mit ins Boot nehmen kann. Wenn Ziege und Kohlkopf unbeaufsichtigt zusammen sind, so frisst die Ziege den Kohl. Ebenso wird der Wolf die Ziege fressen, wenn der Bauer nicht dabei ist. Ist es möglich, den Fluss zu überqueren, ohne dass die Ziege oder der Kohlkopf gefressen werden? Als mathematisch vorbelastete Menschen werden wir auch gleich die weitere Frage beantworten wollen: Falls es eine Lösung gibt, dann möchten wir eine Lösung mit möglichst wenig Flussüberfahrten bestimmen und auch noch klären, ob diese Lösung dann eindeutig ist!

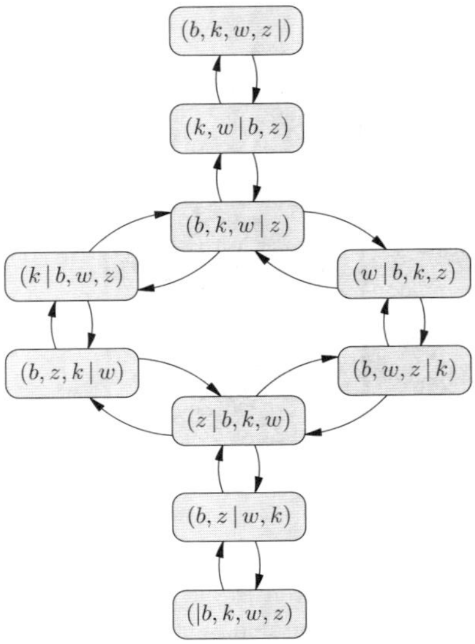

Abb. 4.12: Zustandsgraph für die Flussüberquerung: Bauer (b), Kohlkopf (k), Wolf (w), Ziege (z).

Wir modellieren das vorliegende System als einen endlichen Automaten auf die folgende Weise: Ein Zustand ist eine Aufteilung der vier Objekte Bauer (b), Wolf (w), Ziege (z) und Kohlkopf (k) auf die beiden Ufer, sodass weder die Ziege mit dem Kohlkopf, noch der Wolf mit der Ziege ohne den Bauern an einem Ufer sind. Formal können wir einen Zustand als eine Teilmenge $z \subseteq \{b, w, z, k\}$ der Objekte, die sich am linken Ufer befinden, beschreiben, welche gewissen Eigenschaften genügt, die der Leser zur Übung formal aufschreiben möge. Wie viele mögliche Zustände gibt es? Der Übersichtlichkeit halber notieren wir im Folgenden einen Zustand durch Angabe der Objekte auf der linken Seite des Flusses, gefolgt von einem horizontalen Strich und den Objekten auf der rechten Seite. Ein Übergang zwischen zwei Zuständen modelliert eine Überfahrt, bei der der Bauer und höchstens ein weiteres Objekt die Seite wechseln. Jetzt konstruiert man den Zustandsgraphen und analysiert die (hoffentlich vorhandenen) gerichteten Pfade vom Startzustand $(b, k, w, z \mid \ )$ zum Zielzustand $(\ \mid b, k, w, z)$. Legen Sie für einen Moment das Buch beiseite und konstruieren Sie selbst den Zustandsgraphen, indem Sie vom Startzustand ausgehend sukzessive alle möglichen Übergänge zusammen mit den neuen Zuständen hinzufügen. In Abbildung 4.12 ist der Graph abgebildet. Man sieht deutlich die „Links-Rechts"-Symmetrie bezüglich der Flussufer. Der kürzeste Pfad benötigt 7 Überfahrten und es gibt offensichtlich zwei Pfade mit dieser Länge. Alle anderen Lösungen würden zu geschlossenen Zyklen in dem Graphen führen. In diesem einfachen Beispiel führt also das Aufstellen eines mathematischen Modells, welches das betrachtete System auf die für die Problemstellung wesentlichen Merkmale reduziert, bereits zur Lösung der Aufgabenstellung. ■

4.2.2 Stochastische Übergänge – Stochastische Prozesse

In vielen Systemen lassen sich die Übergänge von einem Zustand zum nächsten nicht mit einer deterministischen Regel modellieren. Dies kann entweder daran liegen, dass zufällige Prozesse eine Rolle spielen oder aber daran, dass nicht alle Prozesse gut genug bekannt sind bzw. nicht vollständig modelliert werden können. Die Übergangsregel zwischen den Zuständen eines Systems wird dann durch Übergangswahrscheinlichkeiten modelliert. Wir betrachten zunächst ein einfaches Modell für die Wettervorhersage aus Häggström (2002), an dem wir die wichtigsten Begriffe entwickeln:

Beispiel 4.17 (Wettervorhersage mit 2 Zuständen)
Es soll für eine bestimmte Region ein einfaches Modell für die Vorhersage des Wetters an den nächsten Tagen aufgestellt werden. Dabei wollen wir jedem Tag einen von zwei möglichen Wetterzuständen zuschreiben: Sonnentag (Zustand 1) oder Regentag (Zustand 2). Außerdem nehmen wir die folgenden (hypothetischen) Messdaten an: Es gibt genauso viel Sonnentage wie Regentage, und an drei von vier Tagen ist das Wetter wie am Vortag. Da wir keine weiteren Informationen über das Wetter benutzen wollen, müssen wir uns mit dem folgenden stochastischen Modell begnügen, welches immerhin im Mittel die experimentellen Daten reproduziert: Wir betrachten den Zustand am Tag k als eine Zufallsvariable X_k mit Werten im Zustandsraum (Ereignisraum) $\mathcal{Z} = \{1, 2\}$. Die empirischen relativen Häufigkeiten für Sonnen- bzw. Regentage und den Wechsel von Sonnentag nach Regentag etc. werden als Wahrscheinlichkeiten interpretiert. Unser Modell kann dann nur Wahrscheinlichkeitsaussagen für das Wetter am Tag k machen, die wir gleich in einer allgemeinen Notation formulieren: Es sei

$$\pi_i^k = P(X_k = i), \quad i = 1, 2$$

die Wahrscheinlichkeit, dass am Tag k das Wetter den Zustand i hat. Weiter sei

$$p_{ij}, \quad i, j = 1, 2$$

die Wahrscheinlichkeit, dass Zustand i am Tag k in den Zustand j am Tag $k+1$ übergeht — die so genannte Übergangswahrscheinlichkeit — die nach unserer Annahme nicht vom Tag k abhängt. Dann gilt offensichtlich

$$\pi_j^{k+1} = \pi_1^k \, p_{1j} + \pi_2^k \, p_{2j}.$$

Fassen wir die Übergangswahrscheinlichkeiten p_{ij} in einer Matrix $\mathbf{P} \in \mathbb{R}^{2\times 2}$ und die Zustandswahrscheinlichkeiten π_i^k in einem Vektor $\pi^k = (\pi_1^k, \pi_2^k)^T$ zusammen, so erhalten wir als Zustandsmodell bei einer vorgegebenen Anfangsverteilung π^0 am Tag 0 die folgende „Wettervorhersage" für den Tag $k+1$:

$$\pi^{k+1} = \mathbf{P}^T \pi^k = \mathbf{P}^T \cdot \mathbf{P}^T \pi^{k-1} = \cdots = (\mathbf{P}^{k+1})^T \pi^0, \quad \text{mit} \quad \mathbf{P} = \begin{pmatrix} 3/4 & 1/4 \\ 1/4 & 3/4 \end{pmatrix}. \tag{4.51}$$

Man erhält also in völliger Analogie zu den diskreten dynamischen Systemen eine Iterationsvorschrift, die eine Folge von Wahrscheinlichkeitsverteilungen π^k auf dem Zustandsraum $\mathcal{Z}$ oder anders ausgedrückt, eine Folge von Zufallsvariablen X_k mit Werten in $\mathcal{Z}$ festlegt. Startet man mit einen bekannten Zustand, etwa dem Zustand 1 (sonniger Tag), dann ist $\pi^0 = (1,0)^T$, und wir erhalten bereits für den Zustand am ersten Tag lediglich eine Wahrscheinlichkeitsaussage für das Wetter, $\pi^1 = (3/4, 1/4)^T$. Unabhängig von der Sinnhaftigkeit des Modells erhält man übrigens keine aussagekräftigen Prognosen für längere Zeiten: Betrachten wir zum Beispiel eine Prognose für das Wetter nach fünf Tagen, so ergibt sich

$$P^5 = \frac{1}{64}\begin{pmatrix} 33 & 31 \\ 31 & 33 \end{pmatrix},$$

d.h., die Prognose ist fast unabhängig vom Wetter am Tag 0. In der Tat strebt der vorliegende Prozess gegen die eindeutige stationäre Zustandsverteilung $\pi = (1/2, 1/2)^T$, unabhängig vom Anfangszustand π^0, siehe Aufgabe 4.6. ■

Es sei noch einmal betont, dass die zentrale Modellannahme in dem obigen Beispiel der als zulässig angenommene Übergang von relativen Häufigkeiten zu Wahrscheinlichkeiten ist. Unter dieser Annahme können dann aus dem Verhalten in der Vergangenheit (das durch die relativen Häufigkeiten gewisser Ereignisse beschrieben ist) Prognosen für das zukünftige Verhalten gefolgert werden. Ob diese Prognosen sinnvoll sind, steht und fällt mit der Richtigkeit der Modellannahme.

Das in Beispiel 4.17 entwickelte mathematische Modell ist ein spezieller stochastischer Prozess, eine so genannte Markov-Kette. Bevor wir ein weiteres Beispiel dieses wichtigen Modellansatzes betrachten, fassen wir ein paar formale Definitionen und Eigenschaften zusammen. Eine ausführlichere Einführung findet man z.B. in Behrends (2000). Ein stochastischer Prozess beschreibt (i.a. zeitlich) geordnete zufällige Ereignisse, die wir im Folgenden als Zustände eines Systems auffassen. Sei also $\mathcal{Z}$ der Zustandsraum, d.h. die Menge aller möglichen Zustände, und $\mathcal{T}$ die Menge der zulässigen Zeitparameter, dann ist ein **stochastischer Prozess** eine Abbildung, die jedem $t \in \mathcal{T}$ eine Zufallsvariable $X(t) = X_t$ mit Werten in $\mathcal{Z}$ zuordnet. Wir werden uns im Folgenden nicht dafür interessieren, über welchem Wahrscheinlichkeitsraum die Zufallsvariablen X_t definiert sind, sondern lediglich ihre Verteilungen im Zustandsraum $\mathcal{Z}$ betrachten, also die Wahrscheinlichkeiten $P(X_t = x)$, dass zum Zeitpunkt $t \in \mathcal{T}$ der Zustand $x \in \mathcal{Z}$ vorliegt. In diesem Sinne kann man auch den Zustandsraum $\mathcal{Z}$ selbst als den zugrunde liegenden Wahrscheinlichkeitsraum betrachten.

Ist der Zustandsraum abzählbar oder sogar endlich – wie im obigen Beispiel – so spricht man von einem **diskreten stochastischen Prozess**, der oft auch als **Kette** bezeichnet wird, im anderen Fall von einem **kontinuierlichen Prozess**. Ebenso unterscheidet man zwischen **zeitdiskreten Prozessen**, bei denen $\mathcal{T}$ abzählbar ist und zeitkontinuierlichen Prozessen. Zeitdiskrete stochastische Prozesse werden – vor allem im Kontext statistischer Datenanalysen – auch als **Zeitreihen** bezeichnet. Oft wird dann der Parameterraum $\mathcal{T}$ mit einer Teilmenge der ganzen Zahlen $\mathbb{Z}$ identifiziert, d.h. man schreibt $X_{t_k} = X_k$, $k \in \mathbb{Z}$.

Markov-Prozesse sind spezielle stochastische Prozesse, die sich allein durch Übergangswahrscheinlichkeiten zwischen den Zuständen zu verschiedenen Zeitpunkten beschreiben lassen. Für zwei Ereignisse A und B mit $P(B) > 0$ bezeichne $P(A|B) := P(A \cap B)/P(B)$ die bedingte Wahrscheinlichkeit d.h. die Wahrscheinlichkeit des Ereignisses A unter der Vorraussetzung, dass B eingetreten ist. Ein stochastischer Prozess heißt **Markov-Prozess**, wenn für jede geordnete Folge von Zeitpunkten $t_1 < t_2 < \cdots < t_{k+1} \in \mathcal{T}$ gilt, dass

$$P(X_{t_{k+1}} = x_{k+1}|X_{t_k} = x_k, \ldots, X_{t_1} = x_1) = P(X_{t_{k+1}} = x_{k+1}|X_{t_k} = x_k), \tag{4.52}$$

falls $P(X_{t_k} = x_k, \ldots, X_{t_1} = x_1) > 0$ ist. Das bedeutet also, dass sich die Wahrscheinlichkeit $P(X_{t'} = x)$ für einen Zustand x zum Zeitpunkt $t' > t$ allein aus den Wahrscheinlichkeiten der Zustände zum aktuellen Zeitpunkt t bestimmen lässt ohne die Kenntnisse früherer Zustände. Der Prozess ist gedächtnislos. Dies entspricht den deterministischen dynamischen Systemen, die in genau dem gleichen Sinne ohne Gedächtnis sind. Ein Markov-Prozess heißt **homogen**, wenn die **Übergangswahrscheinlichkeiten** $P(X_{t_{k+1}} = x_{k+1}|X_{t_k} = x_k)$ bezüglich der Zeit translationsinvariant sind, d.h. nur von der Differenz $t_{k+1} - t_k$ abhängen. Wir betrachten im Folgenden der Einfachheit halber **homogene endliche diskrete Markov-Ketten**, also Markov-Prozesse mit diskreter Zeit und endlichem Zustandsraum, wobei wir Zeiten und Zustände wie folgt mit einer Durchnummerierung identifizieren:

$$\mathcal{T} = \{t_0, t_1, t_2 \ldots\} = \{0, 1, 2, \ldots\}, \quad \mathcal{Z} = \{z_1, z_2, \ldots, z_l\} = \{1, 2, \ldots, l\}.$$

Wie in Beispiel 4.17 bezeichnen wir mit π_i^k die Zustandswahrscheinlichkeiten für den Zustand i zum Zeitpunkt k und mit π^k den Vektor der Zustandswahrscheinlichkeiten, also die Zustandsverteilung zum Zeitpunkt k, mit p_{ij} die Übergangswahrscheinlichkeiten für den Übergang von Zustand i nach Zustand j in einem Zeitschritt – die wegen der Homogenität nicht vom gewählten Zeitpunkt abhängen – und mit $\mathbf{P}$ die Übergangsmatrix:

$$\begin{aligned} \pi_i^k &= P(X_k = i), \quad \pi = (\pi_1^k, \ldots, \pi_l^k)^T, \\ p_{ij} &= P(X_{k+1} = j|X_k = i), \quad \mathbf{P} = \{p_{ij}\} \in \mathbb{R}^{l \times l}. \end{aligned}$$

Aus der Markov-Eigenschaft (4.52) folgt, dass durch die Angabe der Übergangsmatrix $\mathbf{P}$ und einer Anfangsverteilung π^0 alle Zustandsverteilungen π^k zu späteren Zeitpunkten $k = 1, 2, \ldots$ festgelegt sind:

$$\pi^{k+1} = \mathbf{P}^T \pi^k = \mathbf{P}^T\, \mathbf{P}^T \pi^{k-1} = \cdots = (\mathbf{P}^{k+1})^T \pi^0.$$

Markov-Ketten sind also spezielle einstufige lineare Iterationsfolgen, wobei man als k-tes Folgenglied nicht den Zustand zum Zeitpunkt k, sondern eine Wahrscheinlichkeitsverteilung der Zustände zum Zeitpunkt k erhält. Die Rekursionsmatrix $\mathbf{P}$ hat dabei eine besondere Struktur: $\mathbf{P}$ ist eine so genannte **stochastische Matrix**, d.h. es gilt

$$p_{ij} \geq 0, \qquad \sum_{j=1}^{l} p_{ij} = 1. \tag{4.53}$$

Von einem realen System erwarten wir, dass es zu jedem Zeitpunkt $t_k \in \mathcal{T}$ in einem wohldefinierten Zustand $z^k \in \mathcal{Z}$ ist. Eine Folge von Zuständen $\{z^0, z^1, \ldots, z^n\}$ wird als ein **Pfad** der Markov-Kette bezeichnet. Eine Markov-Kette lässt sich dann auch als eine Festlegung eines Wahrscheinlichkeitsmaßes auf der Menge aller Pfade auffassen.

Bei manchen Modellen lassen sich die den Anwender interessierenden Größen wie das asymptotische Verhalten für $t \to \infty$ oder charakteristische Pfade („das typische Verhalten") etc. analytisch bestimmen. Zur Untersuchung des asymptotischen Verhaltens und insbesondere zur Klärung der Frage, ob es eine (eindeutige) stationäre Verteilung π mit $\mathbf{P}^T\pi = \pi$ gibt, wird man – wie immer bei linearen Systemen – das Spektrum (die Menge der Eigenwerte) der entsprechenden Matrix, hier der Matrix $\mathbf{P}^T$ untersuchen, worauf wir in Abschnitt 5.5.3 eingehen werden. Im Allgemeinen wird man jedoch auf Computersimulationen zurückgreifen müssen, bei denen eine große Anzahl von zufälligen Pfaden mithilfe von Zufallsgeneratoren unter Beachtung der Übergangswahrscheinlichkeiten der Markov-Kette erzeugt und dann statistisch ausgewertet werden. Man macht also Zufallsexperimente mit dem Computer.

Eine (endliche) Markov-Kette lässt sich als nichtdeterministischer (endlicher) Automat auffassen und kann durch einen gewichteten gerichteten Graphen $G = (E, V, w)$ dargestellt werden. Die Menge der Zustände $\mathcal{Z}$ entspricht der Knotenmenge K. Zwei Knoten k_i und k_j sind genau dann mit einer von k_i nach k_j gerichteten Kante $e(k_i, k_j)$ mit dem Gewicht p_{ij} verbunden, wenn die entsprechende Übergangswahrscheinlichkeit p_{ij} echt positiv ist, d.h. wenn der Übergang möglich ist. Für das obige Beispiel 4.17 erhält man z.B. den Graphen in Abbildung 4.13.

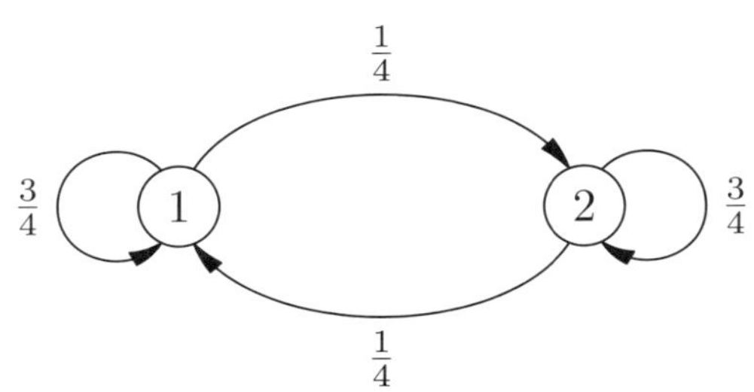

Abb. 4.13: Das Zweizustands-Wettermodell als gerichteter gewichteter Graph. Der Pfeil von Zustand i nach Zustand j hat als Gewicht die Übergangswahrscheinlichkeit p_{ij} aus Gleichung (4.51).

Beispiel 4.18 (Random Walk – Brownsche Bewegung)
Als weiteres Beispiel betrachten wir das Modell eines eindimensionalen Zufallswanderer (auch als Modell des „drunken sailor“ bekannt) oder auch eine eindimensionale Brownsche Bewegung. Im einfachsten Fall ist die homogene Markov-Kette durch den Graphen in Abbildung 4.14 gegeben: Ein Zufallswanderer oder Teilchen bewegt sich in einem kleinen Zeitschritt Δt mit gleicher Wahrscheinlichkeit entweder um eine kleine Strecke Δx nach rechts oder nach links. Die Zustände sind hier die Positionen $x_i = i\Delta x$ auf einem eindimensionalen Gitter. Fragestellungen, die man mit diesem oder ähnlichen, aber kom-

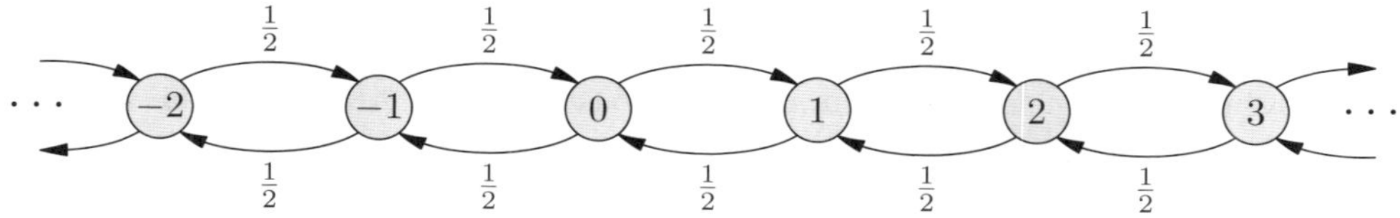

Abb. 4.14: Zustandsgraph des eindimensionalen Zufallswanderers (Random Walk).

plexeren Modellen untersuchen kann, sind z.B. die Frage nach dem Erwartungswert für den Aufenthaltsort des Teilchens (im vorliegenden Fall offensichtlich der Ort zum Zeitpunkt t_0, es gibt keine Vorzugsrichtung) oder die Frage nach dem Erwartungswert der quadratischen Abweichung vom Startpunkt nach n Schritten, die hier gleich n ist (man bestätige das). ∎

Das obige einfache Modell der Brownschen Bewegung erlaubt auch eine etwas andere Interpretation, die uns später noch bei der Herleitung von makroskopischen Modellen aus mikroskopischen Modellen begegnen wird und daher hier allgemein diskutiert werden soll. Man kann einen Markov-Prozess benutzen, um das zeitliche Verhalten eines ganzen Ensembles von Teilchen oder anderen Objekten zu modellieren. Jedes einzelne Teilchen verhält sich dabei zufällig gemäß den Übergangswahrscheinlichkeiten des Markov-Prozesses. Der Zustand des Ensembles lässt sich dann durch eine Dichtefunktion $\rho(t_k, x_i)$ beschreiben, die die Anzahl der Teilchen zum Zeitpunkt t_k im Zustand x_i angibt. Teilt man ρ durch die Gesamtanzahl N aller Teilchen/Objekte, so erhält man zu jedem Zeitpunkt eine Wahrscheinlichkeitsverteilung. Für eine große Anzahl von Teilchen/Objekten folgt nach dem Gesetz der großen Zahlen, dass sich diese Verteilung in guter Näherung wie die Zustandsverteilung π^k des Markov-Prozesses verhält. Damit hat man dann ein **deterministisches** Modell für die zeitliche Entwicklung der Dichteverteilung erhalten!

Betrachten wir noch einmal das obige Beispiel in dieser Interpretation. Damit wir mit endlich vielen Teilchen auskommen, wählen wir ein periodisch geschlossenes Gitter mit l Gitterpunkten auf einem Kreis. Man kann sich dann schnell davon überzeugen, dass für eine beliebige Anfangsverteilung der Prozess gegen die stationäre Gleichverteilung strebt. Wie wir später sehen werden, folgt bei einem Grenzwert $\Delta x \to 0$ aus dem einfachen Random-Walk-Modell die eindimensionale Diffusionsgleichung.

4.2.3 Zelluläre Automaten

Zelluläre Automaten (ZA) sind spezielle Automaten, die zur Modellierung von zeitdiskreten Prozessen mit räumlich verteilten Zustandsvariablen eingesetzt werden. Zugrunde gelegt wird ein diskreter (meist ein- oder zweidimensionaler) so genannter **Zellraum**, bestehend aus Zellen derselben Geometrie, die das betrachtete räumliche Gebiet abdecken. In der Ebene hat man üblicherweise quadratische, dreieckige oder sechseckige Zellen, und der Zellraum bildet ein reguläres Rechtecks-, Dreiecks- oder Waben-Gitter. Jede Zelle hat zu einer festen Zeit einen Zustand aus einer diskreten Zustandsmenge $\mathcal{Q}$. Der Gesamtzustand des Automaten, den man – zur Unterscheidung des Zustandes der einzelnen Zellen – auch Konfiguration nennt, ist dann durch die Zustände aller Zellen gegeben. Im Falle von einem endlichen Zellraum mit n Zellen ist der Zustandsraum des Automaten dann $\mathcal{Z} = \mathcal{Q}^N$.

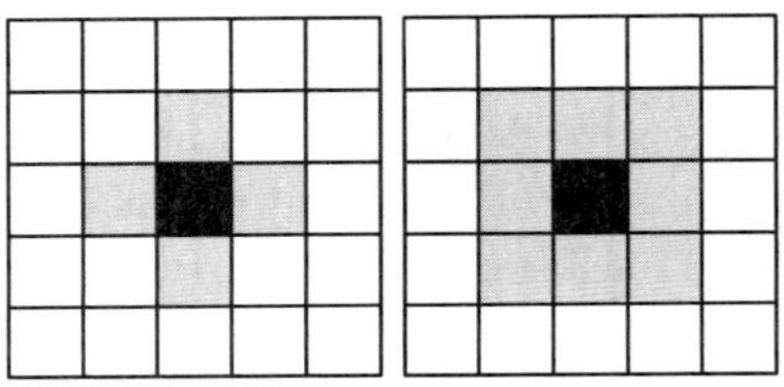

Abb. 4.15: 4er- und 8er-Nachbarschaft in einem kartesischen zweidimensionalen ZA.

Wir betrachten zunächst deterministische zelluläre Automaten. Die charakteristische Eigenschaft dieser zeitdiskreten dynamischen Systeme ist die Lokalität der Übergangsregel bzw. Übergangsfunktion (d.h. also der Iterationsvorchrift). Damit ist Folgendes gemeint: Auf dem Zellraum ist eine **Nachbarschaftsbeziehung** $\mathcal{N}$ definiert, die festlegt, welche Zellen als Nachbarn einer Zelle zu betrachten sind. Bei einem eindimensionalen Zellraum sind das üblicherweise der linke und der rechte Nachbar. Für einen kartesischen zweidimensionalen Zellraum wird meist entweder die 4er-Nachbarschaft (die vier Zellen mit einer gemeinsamen Kante) oder die 8er-Nachbarschaft (die 8 Zellen mit einer gemeinsamen Ecke) verwendet. Die Übergangsregel zu einer neuen Konfiguration des ZA ist dann durch eine lokale Übergangsfunktion gegeben, die jeder Zelle in Abhängigkeit von den aktuellen Zuständen der Zellen in der Nachbarschaft (und des eigenen Zustands) einen neuen Zustand zuordnet. Dabei werden alle neuen Zellzustände parallel bestimmt.

Zelluläre Automaten wurden zum ersten Mal um 1940 von Stanislas Ulam in Los Alamos verwendet, um Kristallwachstum zu untersuchen. Das theoretische Konzept wurde unter anderem von John von Neumann weiterentwickelt. Wir betrachten als illustrierendes Beispiel das bekannte **Game of Life** (Spiel des Lebens), das 1970 von John Horton Conway entwickelt wurde.

Beispiel 4.19 (Game of Life)
Dieser einfache zweidimensionale ZA modelliert ein „Universum“ bestehend aus quadratischen Zellen, die einen von zwei möglichen Zuständen haben können: $\mathcal{Q} = \{0, 1\}$, wobei

„1“ als „lebend“ und „0“ als „tot“ interpretiert werden kann. Die lokale Übergangsfunktion basiert auf der 8er-Nachbarschaft und ist durch die folgenden Regeln beschrieben:

(a) Eine tote Zelle mit genau drei lebenden Nachbarn wird zu einer lebendigen Zelle (Vermehrung, falls genügend Platz/Nahrung).
(b) Eine lebende Zelle mit zwei oder mit drei lebenden Nachbarn lebt weiter.
(c) In allen anderen Fällen stirbt die Zelle oder bleibt tot (Einsamkeit oder Nahrungsmangel/Überfüllung).

Diese einfachen Regeln führen erstaunlicherweise zu einer Fülle von statischen, periodischen oder sich reproduzierenden Mustern. In Abbildung 4.16 ist eine Beispiel-Sequenz zu sehen. Zelluläre Automaten haben den Vorteil, dass sie meist sehr einfach zu implementieren sind. Für eine einfache Implementierung des Game of Life in MATLAB siehe Aufgabe 4.8. Wir empfehlen unseren Lesern, an dieser Stelle Aufgabe 4.8 zu bearbeiten und selbst einige Simulationen durchzuführen. Eine etwas aufwändigere Implementierung mit einer grafischen Oberfläche zur Auswahl interessanter Anfangskonfigurationen findet man in Moler (2009).

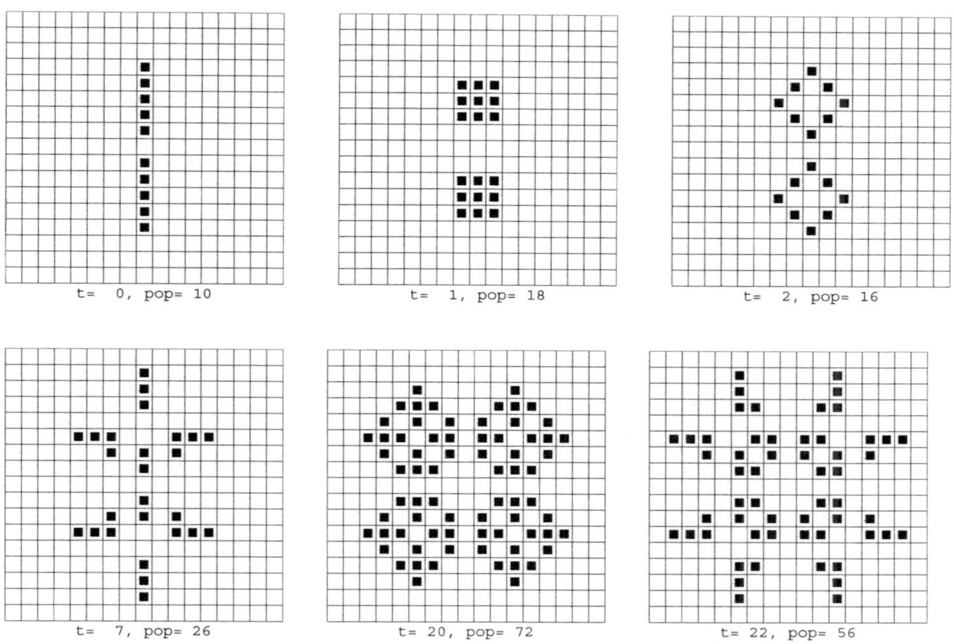

Abb. 4.16: Conway's Game of Life.

Zelluläre Automaten wurden und werden auch heute noch bezüglich ihrer Eigenschaften als universelle Modelle für Musterbildung und Selbstorganisation theoretisch untersucht, aber vor allem in unterschiedlichsten Bereichen zur Modellierung und Simulation von zeitabhängigen räumlich verteilten Prozessen benutzt. Wir betrachten einen weiteren Klassiker eines zellulären Automaten, der zur Modellierung realer Anwendungsprobleme dient.

Von den beiden Physikern Nagel und Schreckenberg wurde ein eindimensionaler zellulärer Automat zur Simulation des Autobahnverkehrs vorgeschlagen, mit dem reale Phänomene wie die Staubildung „aus dem Nichts" erfolgreich simuliert werden konnten. Ähnliche, verfeinerte Modelle werden heute vielerorts zur Verkehrssimulation eingesetzt. Mit einem solchen so genannten mikroskopischen Modell kann im Gegensatz zu dem in Beispiel 4.12 vorgestellten makroskopischen Modell das Fahrverhalten der einzelnen Verkehrsteilnehmer im Prinzip beliebig detailliert in das Modell mit aufgenommen werden. Damit Simulationen auch für kompliziertere Straßennetze noch effizient durchführbar sind, dürfen die lokalen Übergangsfunktionen des ZA allerdings nicht zu kompliziert werden. Wir präsentieren im Folgenden das ursprünglich in Nagel und Schreckenberg (1992) vorgestellte Modell.

Beispiel 4.20 (Mikroskopische Verkehrsmodellierung mit dem NaSch-Modell) Ein einspuriger Fahrbahnabschnitt wird durch einen Zellraum mit L Zellen der Länge l modelliert. Jede Zelle kann von einem Auto besetzt oder leer sein. Als Länge einer Zelle nehmen wir $l = 7{,}5\,\mathrm{m}$ an, was dem durchschnittlichen Platzbedarf eines Autos in einem Stau auf der Autobahn entspricht. Sei Δt der noch festzulegende Zeitschritt zwischen zwei Zuständen des ZA, dann kann sich ein Auto in dieser Zeitspanne nur um eine diskrete Anzahl von j Zellen weiterbewegen. Damit sind für ein Auto nur diskrete Geschwindigkeiten

$$v_j = jl/\Delta t,\ j = 0, 1, \ldots, j_{\max}$$

möglich. Je kleiner $j_{\max}$ gewählt wird, desto effizienter wird eine Simulation mit dem ZA sein, aber desto ungenauer werden auch die Ergebnisse sein. Im ursprünglichen NaSch-Modell wurde $j_{\max} = 5$ gewählt, sodass also 6 diskrete Geschwindigkeiten $v_0, \ldots, v_5$ möglich sind. Eine Rechtfertigung für diese Wahl können letztlich nur die Ergebnisse der Simulationen liefern. Der Parameter $j_{\max}$ ist ein typisches Beispiel für einen Modellparameter. Er beschreibt eine Eigenschaft des Modells und nicht des zu modellierenden Systems. Bei einer Validierung des Modells muss dann überprüft werden, welchen Einfluss die Wahl dieses Modellparameters auf die Simulationsergebnisse hat. Man beachte, dass der Zeitschritt Δt und die maximal mögliche Geschwindigkeit $v_{\max} = v_5$ über die Beziehung

$$v_5 = 5 \cdot 7{,}5\,\mathrm{m}/\Delta t$$

miteinander verknüpft sind. Für die weitere Formulierung des ZA ist eine Festlegung von Δt bzw. $v_{\max}$ nicht notwendig, für eine spätere Interpretation der Ergebnisse aber sehr wohl! Eine plausible Wahl ist eine Zeitschrittlänge von $\Delta t = 1\,\mathrm{s}$, was zu einer maximalen Geschwindigkeit von $v_{\max} = 37,5\,\mathrm{m/s} = 135\,\mathrm{km/h}$ führt.

Wir werden im Folgenden dimensionslose diskrete Zeiten $t_k = k$, $k = 0, 1, 2, \ldots$ (in Einheiten von Δt) und dimensionslose Geschwindigkeiten $v_j = j$, $j = 0, 1, 2, 3, 4, 5$ (in Einheiten von Anzahl Zellen/Zeitschritt) betrachten. Identifizieren wir mit -1 den Zustand einer leeren Zelle und mit $l \geq 0$ den Zustand einer Zelle mit einem Auto der Geschwindigkeit j, so erhalten wir als Zustandsraum $\mathcal{Q}$ jeder Zelle

$$\mathcal{Q} = \{-1, 0, 1, 2, 3, 4, 5\}.$$

Als Nächstes muss eine geeignete lokale Übergangsfunktion modelliert werden. Dabei gehen wir von dem folgenden einfachen *Follow-the-Leader*-Ansatz aus: Jeder Autofahrer reguliert seine eigene Geschwindigkeit in Abhängigkeit vom Abstand zum Vorgänger. Die folgenden weiteren Annahmen werden gemacht:

- Es gibt keine Kollisionen, ein Auto fährt also in einem Zeitschritt nicht in eine besetzte Zelle.
- Es gehen keine Fahrzeuge verloren (anders als beim Game of Life).
- Jedes Auto fährt mit der maximal möglichen Geschwindigkeit bei gleichzeitiger Vermeidung von Kollisionen.
- Ein Auto kann seine Geschwindigkeit pro Zeitschritt nur um eins erhöhen und höchstens auf $v_{\max} = 5$.
- Ein Auto kann beliebig schnell abbremsen.
- Mit einer Wahrscheinlichkeit p trödelt ein Verkehrsteilnehmer, das heißt er reduziert seine Geschwindigkeit, ohne dass es notwendig wäre. Durch diese Annahme wird der zelluläre Automat ein stochastischer Prozess.

Aus den obigen Annahmen ergeben sich die folgenden Regeln, die man am einfachsten für alle vorhandenen Autos statt für die Zellen formuliert – die Zustandsübergänge der Zellen ergeben sich daraus. Für alle Fahrzeuge werden die folgenden Schritte parallel ausgeführt, d.h. jeder Schritt zunächst für alle Fahrzeuge, bevor der nächste Schritt erfolgt.

1. **Beschleunigung** Falls die Maximalgeschwindigkeit des Fahrzeugs noch nicht erreicht ist, wird die Geschwindigkeit um eins erhöht:

$$v \leftarrow \max\{v + 1, v_{\max}\}$$

2. **Kollisionsvermeidung** Falls die Lücke (in Zellen) d zum nächsten Fahrzeug kleiner ist als die Geschwindigkeit (in Zellen), wird die Geschwindigkeit des Fahrzeugs auf die Größe der Lücke reduziert.

$$v \leftarrow \min\{v, d\}$$

3. **Trödeln** Die Geschwindigkeit eines Fahrzeugs wird mit der Wahrscheinlichkeit p um eins reduziert, sofern es nicht schon steht.

$$v \leftarrow \min\{v - 1, 0\}, \quad \text{mit Wahrscheinlichkeit } p.$$

4. Bewegung Das Fahrzeug wird um v Zellen vorwärts bewegt.

Für $p = 0$ ist damit ein deterministischer ZA festgelegt. Für $p > 0$ erhält man einen stochastischen ZA. Interessanterweise führt erst das stochastische Modell zu interessanten und realistischen Phänomenen wie einer spontanen Staubildung und Verdichtungswellen, wie wir später in den Simulationen sehen werden. Nahe liegende Verfeinerungen des Modells sind die Berücksichtigung von Bremslichtern und eine geschwindigkeitsabhängige Trödelwahrscheinlichkeit $p = p(v)$ (beim Anfahren ist die Trödelwahrscheinlichkeit am größten). ■

Ein Beispiel eines zweidimensionalen ZA zur Modellierung der Ausbreitung einer ansteckenden Krankheit wird in Aufgabe 4.9 behandelt.

4.2.4 Kontinuierliche Übergänge

Obwohl wir bisher fast ausschließlich diskrete Übergänge betrachtet haben, lassen sich die meisten der besprochenen Modellansätze auch für kontinuierliche Übergänge formulieren. Die notwendigen mathematischen Techniken und Methoden werden dann meist komplexer und eine Darstellung basierend auf einem gerichteten Grafen ist dann nicht mehr ohne weiteres möglich.

Wichtig und interessant: Übergang von kontinuierlichen zu diskreten Modellen/Prozessen durch einen Grenzübergang ($t_{k+1} - t_k \to 0$) und umgekehrt **Diskretisierung** eines kontinuierlichen Modells. Dieser Zusammenhang erweist sich sowohl bei der Modellbildung als auch bei der Analyse der mathematischen Eigenschaften und der Entwicklung numerischer Lösungsmethoden und Simulationstechniken als sehr fruchtbar!

Dynamische Systeme

Die Spezifikation des zeitlichen Änderungsverhaltens einer von einer kontinuierlichen Zeitvariablen t abhängigen Zustandsgröße ist nichts anderes als eine kontinuierliche Übergangsregel. Wird das Änderungsverhalten durch Beziehungen zwischen den Zustandsgrößen und ihren Ableitungen ausgedrückt, so erhält man als Modelltyp gewöhnliche Differentialgleichungen, die man auch als dynamische Systeme bezeichnet. Oft ergibt sich die kontinuierliche Übergangsregel aus einem diskreten Zustandsübergang, wenn man die Zeitschrittweite $t_{k+1} - t_k$ gegen Null gehen lässt.

Beispiel 4.21 (Newtonsche und Stefansche Abkühlung, kontinuierl. Modell) Bringt man in Beispiel 4.13 in den Gleichungen (4.47) und (4.48) die aktuelle Temperatur $u^k = u(t_k)$ auf die linke Seite und teilt beide Seiten durch Δt, so ergeben sich für $\Delta t \to 0$ kontinuierliche Modelle in Form einer Differentialgleichung erster Ordnung für eine Temperaturfunktion $u(t)$. Für die Newtonsche Abkühlung erhält man das lineare Anfangswertproblem

$$\dot{u} = -\kappa\big(u - u_L\big),\ t \geq t_0, \quad u(t_0) = u^0.$$

Im Fall der Stefanschen Abkühlung ergibt sich entsprechend das nichtlineare Anfangswertproblem

$$\dot{u} = -\sigma\big(u^4 - u_L^4\big), t \geq t_0 \quad u(t_0) = u^0.$$

■

Während die modellierten Abkühlungsprozesse von Natur aus zeitkontinuierliche Prozesse in einem kontinuierlichen Zustandsraum sind und man die zeitdiskreten Modelle als eine Approximation ansehen kann, verhält es sich in vielen Fällen genau umgekehrt.

Beispiel 4.22 (Radioaktiver Zerfall)
Betrachtet man zum Beispiel den radioaktiven Zerfall einer Substanz, so ist die Anzahl der radioaktiven, noch nicht zerfallenen Teilchen $n(t)$ offensichtlich eine diskrete Größe. Da $n(t)$ im Allgemeinen sehr groß ist, nimmt man diese Größe als kontinuierlich an und argumentiert, dass die zeitliche Änderung $\dot{n}$ von $n(t)$ proportional zur Anzahl der noch vorhandenen aktiven Teilchen $n(t)$ ist. Als resultierendes kontinuierliches Modell ergibt sich das Anfangswertproblem

$$\dot{n}(t) = -\tau n(t), \quad n(0) = n^0 \tag{4.54}$$

mit einer experimentell zu bestimmenden Zerfallskonstante $\tau > 0$. Dasselbe Modell wird auch zur Modellierung des chemischen Abbaus einer Substanz, des organischen Wachstums bei unbegrenzten Ressourcen (hier ist dann $\tau < 0$) etc. benutzt. ■

Auch bei der Modellierung einer Populationsentwicklung hat man es mit diskreten Übergängen in einem diskreten Zustandsraum zu tun, siehe Beispiel 4.14, und kontinuierliche Modelle werden zur Approximation des eigentlich diskreten Systems eingesetzt. Wir werden in Kapitel 8 eine Reihe solcher kontinuierlicher Populationsmodelle näher untersuchen. Unter der Annahme, dass die diskrete Individuenzahl groß ist, stellt man auch hier direkt ein kontinuierliches Modell auf.

Beispiel 4.23 (Räuber-Beute-Modell)
Als Beispiel für die Entwicklung eines Modells aus heuristischen Annahmen über das Änderungsverhalten der Zustandsgrößen betrachten wir das prominente Lotka-Volterra-Modell für die zeitliche Entwicklung von zwei Spezies, einer Räuberpopulation $r(t)$ und einer Beutepopulation $b(t)$, man denke zum Beispiel an Hechte und Karpfen oder Füchse und Hasen.

Ohne Anwesenheit von Räubern vermehre sich die Beutepopulation mit einer Rate α (der Differenz zwischen Geburten- und Sterberate), und bei Anwesenheit von Räubern nehmen wir an, dass die Anzahl der Beutetiere, die pro Zeiteinheit von den Räubern gefressen wird, proportional zur Anzahl der Räuber und der Beutetiere ist. Damit erhalten wir

$$\dot{b}(t) = \alpha b(t) - \beta\, r(t)\, b(t), \quad \alpha, \beta > 0. \tag{4.55}$$

Umgekehrt nehmen wir an, dass die Räuber sich nur von den Beutetieren ernähren. Daher scheint es plausibel, eine Geburtenrate anzunehmen, die proportional zum Nahrungsangebot, also zur Anzahl der Beutetiere $b(t)$ ist. Nehmen wir außerdem für die Räuber noch eine Sterberate γ an, so ergibt sich

$$\dot{r}(t) = -\gamma r(t) + \delta r(t)\, b(t), \quad \gamma, \delta > 0. \tag{4.56}$$

Zusammen mit Anfangsbedingungen $r(t_0) = r^0$, $b(t_0) = b^0$ bilden die beiden Gleichungen (4.55) und (4.56) ein vollständiges Modell für die zeitliche Entwicklung der beiden Populationen. ■

Die letzten beiden Beispielmodelle könnte man genauso gut aus dem Blickwinkel der Bilanzierung herleiten, siehe Beispiel 4.1 auf S. 83.

Allgemein bezeichnet man ein System von n expliziten gewöhnlichen Differentialgleichungen erster Ordnung für n Zustandsvariablen zusammen mit n Anfangswerten $x^0 \in \mathbb{R}^n$ als ein **Anfangswertproblem erster Ordnung** oder auch als ein **kontinuierliches dynamisches System**. Der Zustandsraum $\mathcal{Z} \subset \mathbb{R}^n$ wird in diesem Zusammenhang oft als Phasenraum bezeichnet. Unter geeigneten Voraussetzungen ist das Anfangswertproblem eindeutig lösbar. Damit beschreibt also ein dynamisches System eindeutig das zeitliche Verhalten eines Modellsystems, welches sich zum Zeitpunkt t_0 im Zustand x^0 befindet. Die eindeutige Lösung $x(t)$, $x(t_0) = x^0$ ist eine Kurve im Phasenraum $\mathcal{Z}$. Die Abbildung

$$\Phi : \mathbb{R} \times \mathcal{Z} \to \mathcal{Z}, \quad (t, x^0) \mapsto \Phi(t, x^0)\,, \tag{4.57}$$

die jedem Anfangswert $x^0 \in \mathcal{Z}$ die eindeutige Lösung $\Phi(\cdot, x^0)$ zuordnet, nennt man den **Fluss** des dynamischen Systems, vergleiche (4.49). Man kann auch umgekehrt die Abbildung Φ zusammen mit geeigneten Eigenschaften als Definition eines dynamischen Systems ansehen. In diesem Sinne kann man auch den Fluss Φ als das mathematische Modell eines zeitabhängigen Prozesses betrachten. Dieser Fluss muss allerdings erst durch Lösen des Anfangswertproblems bestimmt werden. Wir werden in späteren Kapiteln noch einigen dynamischen Systemen als Modelle für reale Systeme begegnen.

4.3 Einmal vom Mikroskopischen zum Makroskopischen und zurück

In den vorigen Abschnitten wurden einige allgemeine Prinzipien zur Formulierung von mathematischen Modellen für Prozesse und Systeme mit einer relativ kleinen Anzahl unabhängiger Zustandsgrößen eingeführt. Es gibt aber auch wichtige Prozesse oder Systeme, die aus einer sehr großen Anzahl miteinander wechselwirkender Objekte oder Teilchen zusammengesetzt sind. Im Prinzip kann man versuchen, alle diese Objekte mit ihren Wechselwirkungen zu modellieren und zu einem Gesamtmodell zusammenzusetzen, wie wir das in Beispiel 4.6 bei der Modellierung eines Systems von wechselwirkenden Massepunkten gesehen haben. Praktisch ist dies aber in Anbetracht der riesigen Anzahl der Objekte oft weder möglich noch sinnvoll. Wollte man zum Beispiel für ein Gasgemisch jedes einzelne Gasmolekül als einen Massepunkt mit 6 Freiheitsgraden modellieren, so käme man auf ein Modell mit $6N$ Gleichungen, wobei die Anzahl N der Gasmoleküle schon bei einem Volumen von einem Liter von der Größenordnung 10^{23} ist.

Die Zustandsgrößen der einzelnen Objekte bzw. Teilsysteme nennt man auch **mikroskopische** Zustandsgrößen, und ein Mikrozustand des Systems ist festgelegt durch die Werte aller mikroskopischen Zustandsgrößen. In vielen Fällen ist eine genaue Kenntnis des Mikrozustandes weder gewünscht noch möglich, sondern man möchte vielmehr den Zustand des Gesamtsystems durch einige wenige **makroskopische** Zustandsgrößen beschreiben. Die komplexen mikroskopischen Prozesse oder Systeme sollen dann durch Gleichungen für diese makroskopischen Zustandsgrößen abgebildet werden.

Typische Beispiele für diese Vorgehensweise findet man bei der Herleitung von thermodynamischen Zustandsgrößen aus der statistischen Mechanik. Physikalische Größen wie die Temperatur oder der Druck sind makroskopische Zustandsgrößen und können in manchen Fällen als eine Mittelung von mikroskopischen Größen eingeführt und berechnet werden. Beispielsweise gilt für die *absolute Temperatur* T eines idealen Gases unter der Voraussetzung, dass die Temperatur im gesamten Gasvolumen konstant ist und sich das Gas in einem globalen Gleichgewichtszustand befindet, die Formel (Honerkamp und Römer, 1993)

$$T = \frac{1}{3k} m\overline{v^2} = \frac{2}{3k}\overline{E}_{\text{kin}} \tag{4.58}$$

wobei $k = 1,38 \cdot 10^{-23}$ J/K die Boltzmannsche Konstante, m die Masse eines Gasmoleküls, v der Betrag seiner Geschwindigkeit und der Querstrich die Mittelung über alle Gasmoleküle bezeichnet. Die absolute Temperatur T (Kelvinskala) hängt mit der Temperatur T_C in Celsius über die Beziehung $T = T_C + 273,15°$ zusammen.

Mit der Formel (4.58) kann jetzt umgekehrt die mittlere Geschwindigkeit v_M der Teilchen eines idealen Gases einer Temperatur T abgeschätzt werden. Auf diese Weise schließt sich der Kreis: Die Mittelwerte der mikroskopischen Größen lassen sich aus bekannten makroskopischen Größen bestimmen. Lösen wir Gleichung (4.58) nach $\overline{v^2}$ auf, erhalten wir die Annäherung

$$v_M = \sqrt{\overline{v}^2} \approx \sqrt{\overline{v^2}} = \sqrt{\frac{3kT}{m}} \tag{4.59}$$

unter der Voraussetzung, dass die Varianz der Verteilung der mikroskopischen Geschwindigkeiten nicht zu groß ist (in der statistischen Mechanik wird eine explizite Formel für diese Verteilung, die so genannte Boltzmann-Verteilung hergeleitet). Ausgedrückt durch die molare Masse μ, die definiert ist als die Masse von N_0 Molekülen mit der Avogadrozahl $N_0 \approx 6,02 \cdot 10^{23}$, erhält man

$$v_M \approx \sqrt{\frac{3kTN_0}{\mu}}. \tag{4.60}$$

So bewegen sich beispielsweise Wasserstoffmoleküle (H_2, $\mu = 2\,\mathrm{g}$) bei Zimmertemperatur $T_C = 20\,°\mathrm{C}$ ungefähr mit einer mittleren Geschwindigkeit von

$$v_M \approx 2\,\mathrm{km/s}.$$

Wie man in (4.59) sieht, ist die mittlere Geschwindigkeit von Gasmolekülen umgekehrt proportional zur Quadratwurzel der Molekülmasse. Teilchen, die sich frei in einer Flüssigkeit oder in einem Gas bewegen, lassen sich ähnlich wie ein ideales Gas modellieren. Die so genannte Brownsche Bewegung lässt sich daher für Partikel, die groß und schwer genug sind, mit einem Lichtmikroskop beobachten.

Im Allgemeinen ist es eine schwierige Aufgabe, makroskopische Zustandsgrößen und -gleichungen aus den mikroskopischen herzuleiten. Wir werden im Folgenden einige einfache Beispiele betrachten, um typische Vorgehensweisen kennen zu lernen. Dabei werden wir an vielen Stellen sehr anschaulich argumentieren und auf eine mathematisch rigorose Herleitung verzichten. Im ersten Beispiel werden wir makroskopische Zustandsgrößen und die Zustandsgleichung des idealen Gases durch eine einfache Mittelung über mikroskopische Größen erhalten. Im zweiten und dritten Beispiel wird noch eine weitere wichtige Technik benutzt: die Beschreibung eines aus vielen Teilchen bestehenden Systems durch kontinuierliche ortsabhängige Dichtefunktionen oder Ströme. Ähnliche Techniken eines Übergangs von einer mikroskopischen zu einer makroskopischen Beschreibung findet man zum Beispiel bei Verkehrs- oder Populationsmodellen.

4.3.1 Modell des idealen Gases

Um zu illustrieren, wie man aus mikroskopischen Eigenschaften eines Systems Rückschlüsse auf das makroskopische Verhalten ziehen kann, wird in diesem Abschnitt ein Modell für das ideale Gas aufgestellt. Das ideale Gas ist dadurch charakterisiert, dass es keine Wechselwirkungen zwischen den einzelnen Molekülen gibt oder diese vernachlässigt werden können. Unser Ziel besteht nun darin, Beziehungen für die makroskopischen Zustandsgrößen Temperatur, Volumen und Druck des idealen Gases herzuleiten.

Wir nehmen an, dass sich das Gas in einem quaderförmigen Behälter befindet. Die Stöße der Gasmoleküle mit der Behälterwand seien außerdem vollständig elastisch, d.h. der Einfallswinkel eines auf die Wand treffenden Teilchens ist gleich dem Ausfallswinkel und der Betrag der Geschwindigkeit ist vor und nach dem Zusammenstoß gleich, siehe Abbildung 4.17.

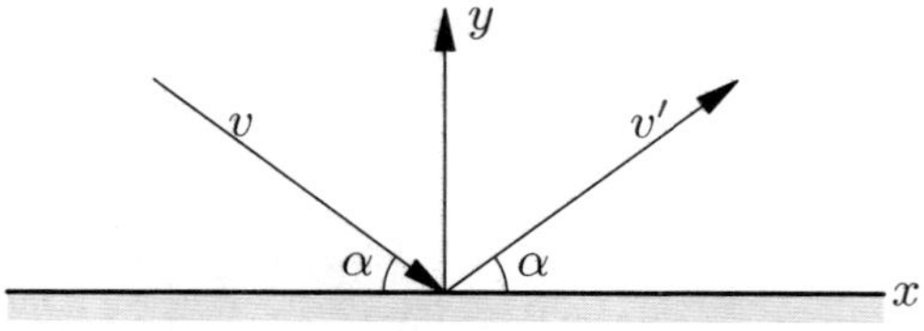

Abb. 4.17: Bewegungstrajektorie eines Moleküls des idealen Gases bei Zusammenstoß mit der Behälterwand.

Wir berechnen jetzt den Druck, den das Gas auf eine Behälterwand, ausübt, also die pro Flächeneinheit auf die Wand ausgeübte Kraft. Diese Kraft berechnet sich nach dem 3. Newtonschen Gesetz als die Änderung des Gesamtimpulses des Gases pro Zeiteinheit durch Stöße von Gasmolekülen mit der Wand.

Zuerst bestimmen wir die Impulsänderung eines Moleküls beim Zusammenstoß mit der Behälterwand. Ist v die Molekülgeschwindigkeit und v_y ihre Projektion auf die y-Achse, so ist die y-Komponente der Impulsänderung ΔI_M eines Moleküls der Masse m gleich

$$\Delta I_M = mv_y - (-mv_y) = 2mv_y. \tag{4.61}$$

Wir nehmen in Folgenden an, dass die mittlere freie Weglänge λ – die Strecke, die ein Gasmolekül fliegt, ohne mit einem anderen Molekül zusammenzustoßen – wesentlich größer als der Abstand h zwischen den entgegengesetzten Behälterwänden ist. Dann erreicht das Molekül nach einem Zusammenstoß mit einer Behälterwand die entgegengesetzte Wand innerhalb einer Zeitspanne von h/v_y und kehrt nach der Zeit $\Delta t = 2h/v_y$ wieder zur ursprünglichen Wand zurück. Dies bedeutet, dass das Molekül auf die Wand die Kraft

$$F_M = \frac{\Delta I_M}{\Delta t} = \frac{v_y}{2h} 2mv_y = \frac{mv_y^2}{h} \tag{4.62}$$

ausübt. Die Gesamtkraft F_y des Gases auf die Wand ergibt sich damit zu

$$F_y = \sum \frac{I_M}{\Delta t} = \sum \frac{mv_y^2}{h} = \frac{1}{h} \sum mv_y^2, \tag{4.63}$$

wobei über alle Gasmoleküle in dem Behälter summiert wird. Um von dieser mikroskopischen Beschreibung der makroskopischen Größe F_y zu einer makroskopischen Beschreibung zu gelangen, betrachten wir den Mittelwert von v_y^2 aller N Gasmoleküle in dem Behälter und erhalten, da N sehr groß ist,

$$F_y = \frac{1}{h} \sum mv_y^2 = \frac{N}{h} m\overline{v_y^2}. \tag{4.64}$$

Nun berücksichtigen wir noch, dass alle Bewegungsrichtungen der Gasmoleküle von einander unabhängig und gleich wahrscheinlich sind, also $\overline{v_x^2} = \overline{v_y^2} = \overline{v_z^2}$ ist. Mit $v^2 = v_x^2 + v_y^2 + v_z^2$ kann man dann Gleichung (4.64) umschreiben zu

$$F_y = \frac{N}{3h} m\overline{v^2}. \tag{4.65}$$

Den Druck p des idealen Gases auf eine Wand der Fläche S können wir jetzt wie folgt berechnen:

$$p = \frac{F_y}{S} = \frac{N}{3hS} m\overline{v^2}. \tag{4.66}$$

Mit der Formel $V = h\,S$ für das Volumen V eines Quaders und Gleichung (4.58) für die absolute Temperatur T des idealen Gases erhalten wir die folgende Zustandsgleichung des idealen Gases

$$p\,V = N\,k\,T. \tag{4.67}$$

Der makroskopische Zustand eines idealen Gases im thermodynamischen Gleichgewicht wird vollständig durch die makroskopischen Größen Druck p, Volumen V, Temperatur T und Teilchenzahl N festgelegt. Gleichung (4.67) beschreibt die Beziehung zwischen diesen Zustandsgrößen und stellt ein makroskopisches Modell dar.

Wie wir sehen, hängt die Gleichung (4.67) von keinen speziellen Eigenschaften des Gases ab, was den Annahmen, dass im idealen Gas keine Wechselwirkungen zwischen einzelnen Molekülen stattfinden und alle Moleküle gleich sind, entspricht.

Befindet sich das ideale Gas in einem konservativen Kraftfeld (s. Beispiel 4.3) entlang der vertikalen y-Achse, sodass auf ein Gasmolekül in der Höhe y mit der potentiellen Energie $U(y)$ eine äußere Kraft $F = -\frac{dU}{dy}$ wirkt, so hängt der Gasdruck p von der Höhe y ab. Ähnlich wie beim Aufstellen des vorigen Modells kann man unter Benutzung von Gleichung (4.67) die Boltzmannsche Druckverteilung

$$p(y) = p_0 \exp\left(-\frac{U(y)}{kT}\right)$$

herleiten, wobei p_0 der Gasdruck in der Höhe y_0 mit der potenziellen Energie $U_0 = 0$ ist. Insbesondere folgt daraus eine Formel für den Luftdruck $p(h)$ in der Höhe h. In diesem Fall ist $U(h) = mgh$ und man erhält

$$p(h) = p_0 \exp\left(-\frac{mgh}{kT}\right).$$

Diese Gleichung heißt auch Barometerformel. Sie gilt nur näherungsweise, da das Gasgemisch der Erdatmosphäre kein ideales Gas ist und außerdem die Temperatur T von der Höhe h abhängt.

4.3.2 Fouriersches Gesetz der Wärmeleitung

In Abschnitt 4.1.3 wurde das Fouriersche Gesetz, welches besagt, dass die Wärmeenergie immer in Richtung abnehmender Temperatur fließt und der Wärmestrom direkt proportional zum negativen Gradienten der Temperatur ist, in diskreter und kontinuierlicher Form verwendet, siehe (4.36) und (4.42). Dieses makroskopische Gesetz wird experimentell bestätigt, kann aber in einfachen Fällen direkt aus mikroskopischen Modellen hergeleitet werden.

Den Ausgangspunkt bilden Überlegungen zu den mikroskopischen Mechanismen der Wärmeübertragung. Laut Formel (4.58) wird die Temperatur eines Gases über die mittlere kinetische Energie ihrer Moleküle bestimmt. Eine unterschiedlich starke Wärmebewegung der Moleküle auf der Mikroebene führt zu einer Temperaturänderung auf der Makroebene.

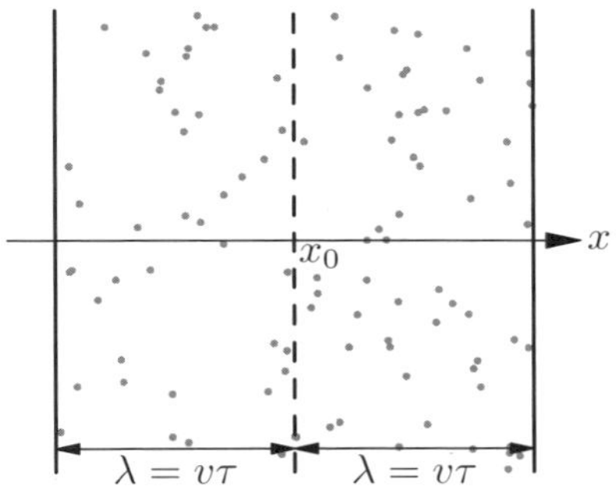

Abb. 4.18: Wärmeübertragung durch die Wärmebewegung der Moleküle. Die gestrichelte Linie symbolisiert eine gedachte Trennung in zwei Gebiete mit unterschiedlich starker Wärmebewegung der Moleküle.

Wir betrachten ein kleines Teilvolumen des Gases in einem rechtwinkligen Koordinatensystem, siehe Abbildung 4.18, und wollen den Wärmefluss in x-Richtung bestimmen, der pro Zeiteinheit durch ein Einheits-Flächenelement strömt, welches sich senkrecht zur x-Achse im Punkt x_0 befindet. Die Anzahl der Moleküle in dem Teilvolumen wird als sehr groß vorausgesetzt, sodass angenommen werden kann, dass diese sich gleich verteilt in allen Richtungen bewegen und die Einheitsfläche mit der gleichen Häufigkeit von beiden Seiten überquert wird. Da aber die Temperatur des Körpers und somit die mittlere kinetische Energie der Moleküle links und rechts von der Einheitsfläche unterschiedlich sein kann, wird dadurch mikroskopische kinetische Energie und damit Wärme aus dem Gebiet mit der höheren Temperatur in das Gebiet mit der niedrigeren Temperatur durch die Wärmebewegung der Moleküle übertragen.

Sei λ die mittlere freie Weglänge und $\overline{v}$ die mittlere Geschwindigkeit eines Gasmoleküls. Dann ergibt sich die mittlere Zeit τ, die ein Molekül ohne Zusammenstöße mit den anderen Molekülen unterwegs ist, als

$$\tau = \frac{\lambda}{\overline{v}}. \tag{4.68}$$

Wir betrachten sowohl links als auch rechts von einer Einheitsfläche ein Gebiet der Dicke λ, siehe Abbildung 4.18. In beiden Gebieten sei die Konzentration n der Gasmoleküle, also die Anzahl Moleküle pro Volumeneinheit, gleich. Etwa 1/6 der Moleküle im rechten Gebiet bewegt sich nach links, da alle sechs Bewegungsrichtungen gleich wahrscheinlich sind. Innerhalb der Zeitspanne τ aus Gleichung (4.68) überqueren diese Moleküle die ausgewählte Einheitsfläche von rechts nach links. Bezeichnet E_r die mittlere kinetische Energie der Moleküle im rechten Gebiet, so wird die Wärmeenergie pro Fläche

$$W_{r\to l} = \frac{1}{6} n\lambda E_r \tag{4.69}$$

übertragen. Analog kann man $W_{l\to r}$ bestimmen, wenn E_l die mittlere kinetische Energie der Moleküle im linken Gebiet ist:

$$W_{l\to r} = \frac{1}{6} n\lambda E_l. \tag{4.70}$$

Der Quotient aus der Differenz der beiden Beiträge (4.70) und (4.69) und der Zeit τ ergibt den gesuchten Wärmestrom J_x in x-Richtung:

$$J_x = \frac{1}{\tau}\big(W_{l\to r} - W_{r\to l}\big) = \frac{\lambda}{\tau}\frac{1}{6} n\big(E_l - E_r\big) = \frac{n\overline{v}}{6}(E_l - E_r). \tag{4.71}$$

Ist E die mittlere kinetische Energie eines Moleküls auf der Einheitsfläche, können wir mit der Taylorschen Entwicklung die Größen E_r und E_l angenähert in der Form

$$E_r \approx E + \lambda\frac{\partial E}{\partial x}, \quad E_l \approx E - \lambda\frac{\partial E}{\partial x} \tag{4.72}$$

darstellen. Die Formeln (4.71) und (4.72) zusammen mit Gleichung (4.58) führen nun zu der folgenden Gleichung für den Wärmestrom

$$J_x = -\frac{2n\overline{v}\lambda}{6}\frac{\partial E}{\partial x} = -\frac{n\overline{v}\lambda}{3}\frac{3k}{2}\frac{\partial T}{\partial x} =: -\kappa\frac{\partial T}{\partial x}. \tag{4.73}$$

Für die Komponenten J_y und J_z des Wärmestroms erhalten wir analog

$$J_y = -\kappa\frac{\partial T}{\partial y}, \quad J_z = -\kappa\frac{\partial T}{\partial z}, \tag{4.74}$$

was zusammen mit Gleichung (4.73) das in Beispiel 4.11 verwendete Fouriersche Gesetz

$$J = -\kappa\,\nabla T, \quad \kappa = n\overline{v}\lambda k/2 \tag{4.75}$$

ergibt. Die Wärmeleitfähigkeit κ des idealen Gases hängt nach der Formel (4.75) von der mittleren freien Weglänge λ und der mittleren Geschwindigkeit $\overline{v}$ und damit von der Temperatur T ab.

4.3.3 Random-Walk-Modell der Diffusion

In den bisher betrachteten Beispielen konnten Beziehungen zwischen den makroskopischen Zustandsgrößen durch Mittelungen von Gleichungen für bestimmte mikroskopische Zustandsgrößen hergeleitet werden. Dabei konnte darauf verzichtet werden, das im Prinzip deterministische Verhalten einzelner mikroskopischer Objekte zu beschreiben. Ein anderer Zugang besteht darin, das Verhalten der mikroskopischen Objekte durch stochastische Prozesse zu beschreiben, siehe Abschnitt 4.2.2. Man beachte, dass wir bei der Herleitung der Zustandsgleichung des idealen Gases und des Fourierschen Gesetzes auch bereits gewisse stochastische Annahmen über das Gesamtensemble der mikroskopischen Teilchen gemacht haben, wie zum Beispiel die Annahme, dass alle Bewegungsrichtungen der Gasmoleküle gleichwahrscheinlich sind. Im Folgenden werden wir einen einfachen Diffusionsprozess als einen stochastischen Prozess modellieren und daraus ein kontinuierliches deterministisches Modell herleiten. Auch an dieser Stelle begnügen wir uns mit anschaulichen Argumentationen und verzichten auf eine mathematisch rigorose Darstellung.

Unter Diffusion verstehen wir im Folgenden die Ausbreitung einer aus einzelnen Teilchen bestehenden Substanz in einem umgebenden Medium, die allein durch die unregelmäßigen mikroskopischen Bewegungen – also die Wärmebewegungen – der Teilchen zustande kommt. Diese mikroskopischen Bewegungen führen dazu, dass sich die Teilchen im statistischen Mittel von Gebieten hoher Teilchenkonzentration zu Gebieten niedrigerer Teilchenkonzentration bewegen, was auf makroskopischer Ebene zu einem Konzentrationsausgleich führt. Diffusionsprozesse, die einem im täglichen Leben begegnen, sind beispielsweise die Ausbreitung von Rauch in Luft oder der Milch im Frühstückskaffee. Aber auch die Ausbreitung neuer Tier- und Pflanzenarten, Geldscheinen, Meinungen, Gerüchten, Krankheiten oder Sprachen lassen sich als Diffusionsprozesse modellieren, siehe Vogl (2007). In Kapitel 9 werden wir detaillierter die Ausbreitung eines Schadstoffes in einem Gewässer diskutieren.

Der deutsche Physiologe Adolf Fick (1829–1901) formulierte als erster die Diffusionsgleichung ausgehend von empirischen Beobachtungen, und man spricht daher auch vom 2. Fickschen Gesetz (als 1. Ficksches Gesetz wird in Analogie zum Fourierschen Gesetz die lineare Abhängigkeit des Partikelflusses vom Gradienten der Konzentration bezeichnet). Die Idee, einen Diffusionsprozess als stochastischen Prozess zu beschreiben, geht zurück auf einen der berühmten Aufsätze von Albert Einstein aus dem Jahre 1905.

Nun wollen wir einen Diffusionsprozess, z.B. die Ausbreitung eines Schadenstoffes in einem stehenden Gewässer, modellieren. Der Einfachheit halber nehmen wir an, das Gewässer sei flach und sehr lang gestreckt und betrachten daher die Ausbreitung in einem eindimensionalen Gebiet. Ein Molekül des Schadstoffes wird aufgrund seiner Wärmebewegung mit vielen Wassermolekülen zusammenstoßen und sich daher sehr unregelmäßig und scheinbar zufällig einmal nach links, einmal nach rechts bewegen. Für ein Molekül, das sich zum Anfangszeitpunkt $t = 0$ im Startpunkt $x = 0$ befindet, wollen wir vorhersagen, wo es sich im Laufe der Zeit aufhalten wird. Natürlich wird es aufgrund der zufälligen Bewegungen des Moleküls nicht möglich sein, seine genaue Lage zu jedem Zeitpunkt zu bestimmen. Man kann nur noch über die Wahrscheinlichkeit sprechen, dass sich das Molekül zum Zeitpunkt t in einem bestimmten räumlichen Intervall befindet. Kennen wir diese Wahrscheinlichkeit und nehmen weiter an, dass sich alle Moleküle unabhängig voneinander bewegen, so gelangen wir bei einer gegebenen Anfangsverteilung zu einer Zeitentwicklung der Aufenthaltswahrscheinlichkeit, d.h. zu einem stochastischen Prozess. Wegen der sehr großen Anzahl der Moleküle, kann diese Wahrscheinlichkeit als deterministische Konzentration interpretiert werden.

Wir beginnen mit einem zeitlich und räumlich diskreten Modell, dem Zufallswanderer aus Beispiel 4.18. Dazu nehmen wir an, dass sich das Molekül auf einem räumlichen Gitter mit Gitterweite Δx bewegt, indem es zu jedem diskreten Zeitpunkt $t = 0, \Delta t, 2\Delta t, \ldots$ zufällig entweder einen Gitterplatz nach rechts oder nach links springt, siehe Abbildung 4.19 für einen zweidimensionalen Random-Walk.

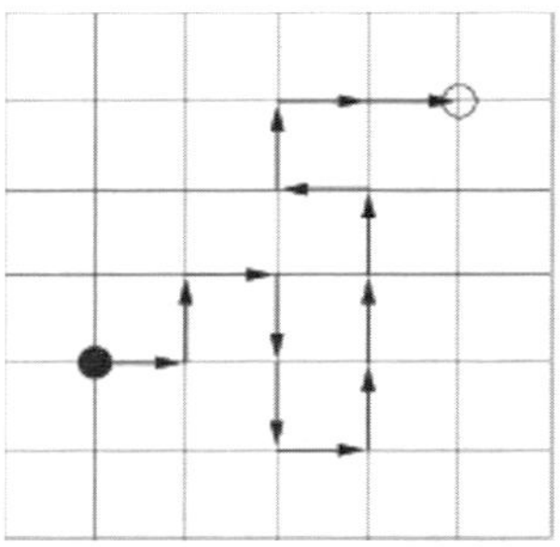

Abb. 4.19: Zweidimensionale Irrfahrt (Random Walk) eines Partikels

Bezeichnen wir nun mit $\pi(x,t)$ die Wahrscheinlichkeit, dass sich das Molekül zum Zeitpunkt t im Punkt x befindet, dann gilt die folgende Übergangs- oder auch Master-Gleichung

$$\pi(x, t + \Delta t) = \frac{1}{2}\pi(x + \Delta x, t) + \frac{1}{2}\pi(x - \Delta x, t). \tag{4.76}$$

Sie besagt, dass man zum Punkt x nur mit einem Sprung aus den benachbarten Punkten $x+\Delta x$ bzw. $x-\Delta x$ gelangen kann und Sprünge in beide Richtungen gleich wahrscheinlich sind. Zusammen mit den Anfangsbedingungen

$$\pi(x, 0) = \begin{cases} 1 & : \ x = 0, \\ 0 & : \ x \neq 0, \end{cases} \tag{4.77}$$

erhalten wir ein diskretes stochastisches Modell der Ausbreitung eines Schadstoffmoleküls in Form einer Markov-Kette. Wir haben hier die Markov-Kette in einer etwas anderen Notation dargestellt als in Abschnitt 4.2.2. Mit den dortigen Bezeichnungen $\pi_i^k := \pi(i\Delta x, k\Delta t)$ lässt sich die Mastergleichung schreiben als

$$\pi_i^{k+1} = \tfrac{1}{2}\pi_{i+1}^k + \tfrac{1}{2}\pi_{i-1}^k,$$

und die Übergangswahrscheinlichkeiten p_{ij} der Markov-Kette sind

$$p_{ij} = \begin{cases} \frac{1}{2} & : |i-j| = 1, \\ 0 & : \text{sonst} \end{cases}.$$

Durch iteratives Anwenden der Formel (4.76) kann man, ausgehend von der Anfangsverteilung (4.77), alle Aufenthaltswahrscheinlichkeiten $\pi(i\Delta x, j\Delta t)$, $i \in \mathbb{Z}$, $j \in \mathbb{N}$ und daraus die eigentlich interessanten Größen wie den Erwartungswert für den Aufenthaltsort des Moleküls zum Zeitpunkt $j\Delta t$ (offensichtlich 0 wegen der Punktsymmetrie der Geometrie des Modells in Bezug auf den Koordinatenursprung) oder für die quadratische Abweichung vom Erwartungswert berechnen.

Der Schadenstoff verbreitet sich im Wasser aber nicht auf einem diskreten Gitter und durch Sprünge zu diskreten Zeiten. Wir möchten also einen geeigneten Kontinuumslimes des obigen stochastischen Prozesses bilden. Durch Einsetzen der Taylor-Entwicklungen

$$\pi(x, t + \Delta t) = \pi(x,t) + \Delta t \frac{\partial \pi}{\partial t} + \mathcal{O}((\Delta t)^2),$$

$$\pi(x \pm \Delta x, t) = \pi(x,t) \pm \Delta x \frac{\partial \pi}{\partial x} + \frac{(\Delta x)^2}{2} \frac{\partial^2 \pi}{\partial x^2} + \mathcal{O}((\Delta x)^3)$$

in die Mastergleichung (4.76) und einfachen Umformungen gelangen wir zu

$$\frac{\partial \pi}{\partial t} = \frac{(\Delta x)^2}{2\Delta t} \frac{\partial^2 \pi}{\partial x^2} + \Delta x\, \mathcal{O}\left(\frac{(\Delta x)^2}{\Delta t} \right) + \mathcal{O}(\Delta t). \tag{4.78}$$

Nun wollen wir die Schrittweiten Δt und Δx gegen Null gehen lassen. Ein solcher Grenzübergang ergibt offensichtlich nur dann einen Sinn, wenn der Grenzwert

$$D := \lim_{\Delta x \to 0,\ \Delta t \to 0} \frac{(\Delta x)^2}{2\Delta t} \tag{4.79}$$

existiert und endlich ist, wenn also die Schrittweiten Δt und Δx voneinander abhängig sind. In diesem Fall erhalten wir die eindimensionale Diffusionsgleichung (vgl. mit der Wärmeleitungsgleichung aus dem Beispiel (4.11)) in der Form

$$\frac{\partial \pi}{\partial t} = D \frac{\partial^2 \pi}{\partial x^2}. \tag{4.80}$$

Die positive Konstante D heißt auch Diffusionskoeffizient. Die Funktion $\pi(x,t)$ ist jetzt eine kontinuierliche zeitabhängige Wahrscheinlichkeitsdichte, d.h. mit

$$\int_a^b \pi(x,t)\, dx$$

berechnet man die Wahrscheinlichkeit, das Molekül zum Zeitpunkt t im Intervall $[a, b]$ vorzufinden.

Die Wahl (4.79) für den Zusammenhang zwischen zeitlichen und räumlichen Schrittweiten Δt und Δx erfolgte an dieser Stelle „künstlich“, um den Grenzübergang in Gleichung (4.78) durchführen zu können, kann aber auch über die folgende Überlegung motiviert werden: Wir fordern, dass der mittlere quadratische Abstand $\sigma^2(t)$ des Moleküls vom Startpunkt $x = 0$ zum Zeitpunkt t möglichst nicht von der Wahl der Schrittweiten Δx und Δt abhängen soll. Nach einem Zeitschritt Δt gilt offensichtlich

$$\sigma^2 = (\Delta x)^2 = 2D\Delta t \tag{4.81}$$

mit einer durch diese Relation bestimmten Konstanten D. Man überzeugt sich durch direktes Nachrechnen davon, dass sich nach vier Zeitschritten auf diesem Gitter die quadratische Abweichung verdoppelt. Um für ein Gitter mit der Gitterweite $2\Delta x$ die gleiche Varianz (in einem Zeitschritt) zu erhalten, muss offensichtlich die neue Zeitschrittweite gleich $4\Delta t$ sein. In der Tat sollte also daher für eine beliebige Wahl von Schrittweiten immer die Relation (4.81) gelten.

Völlig analog erhält man aus der Betrachtung von zwei- oder dreidimensionalen Zufallswanderern, die zwei- bzw. dreidimensionale Diffusionsgleichung (vgl. (4.11))

$$\frac{\partial \pi}{\partial t} = D\Delta\pi, \ \Delta := \sum_{k=i}^{n} \frac{\partial^2}{\partial x_i^2}, \ n = 2, 3. \tag{4.82}$$

Befindet sich das Molekül zum Zeitpunkt $t = 0$ im Punkt $x = 0$, $x \in \mathbb{R}^n$, $n = 1, 2, 3$, so gilt für die Wahrscheinlichkeitsdichte $\pi(x, t)$ die Anfangsbedingung

$$\pi(x, 0) = \prod_{i=1}^{n} \delta(x_i), \qquad \int_{-\infty}^{+\infty} \delta(x)\, dx = 1, \ n = 1, 2, 3 \tag{4.83}$$

mit der Diracschen δ-Funktion. Die Lösung $\pi(x, t)$ der Diffusionsgleichung (4.82) mit der Anfangsbedingung (4.83) kann man explizit mithilfe der Laplace- und Fourier-Integraltransformation bestimmen. Im eindimensionalen Fall erhält man

$$\pi(x, t) = \frac{1}{\sqrt{4\pi D t}} \exp\left(-\frac{x^2}{4Dt}\right). \tag{4.84}$$

Die Wahrscheinlichkeitsdichte $\pi(x, t)$ ist zu jedem Zeitpunkt $t > 0$ eine Gauß-Verteilung mit Erwartungswert $\mu = 0$ und Standardabweichung $\sigma = \sqrt{2Dt}$, also der quadratischen Abweichung $\sigma^2(t) = 2Dt$, in Übereinstimmung mit Gleichung (4.81).

Die Standardabweichung $\sigma(t) = \sqrt{2Dt}$ des Molekülaufenthaltsortes lässt sich als die Entfernung der Ausbreitungsfront vom Ursprung interpretieren. Damit erhält man für die Ausbreitungsgeschwindigkeit der diffundierenden Substanz den Ausdruck

$$\frac{d\sigma}{dt} = D/\sqrt{t}.$$

Allgemein wird man, wie wir das weiter oben schon implizit getan haben, nicht ein einziges Molekül betrachten, sondern eine kontinuierliche Massendichte $\rho(x,t)$ einer Substanz. Unter der Annahme, dass die einzelnen Moleküle der Substanz unabhängig voneinander diffundieren, folgt sofort aus den obigen Überlegungen, dass auch ρ der Diffusionsgleichung (4.82) genügt und wir erhalten so ein makroskopisches Modell für die Ausbreitung einer Substanz in Form der partiellen Differentialgleichung (4.82) für die makroskopische Massendichte $\rho(x,t)$.

4.4 Aufgaben

Aufgabe 4.1 Bestimmen Sie die Spannungen und die Ströme des Netzwerkes in Abbildung 4.5 auf Seite 99 für die Parameter $R_1 = 2\,\Omega$, $R_2 = 1\,\Omega$, $R_3 = 1\,\Omega$, $R_4 = 2\,\Omega$, $R_5 = 1\,\Omega$, $R_6 = 2\,\Omega$ und $U_0 = 10\,\text{V}$. Die Einheit der Stromstärke ist Ampère (A), Spannungen werden in Volt (V) gemessen und Widerstände werden üblicherweise in der Einheit Ohm (Ω) angegeben. Dabei gilt: $1\,\Omega = 1\,\text{V/A}$. Stellen Sie dazu zunächst ein Modell in Form eines linearen Gleichungssystems auf, in das alle Parameter des Modells eingehen.

Aufgabe 4.2 Man betrachte das makroskopische Verkehrsflussmodell in Beispiel 4.12.

a) Bei welcher Geschwindigkeit ist für eine konstante Verkehrsdichte $\rho(x,t) = c$ der Verkehrsfluss j maximal?

b) Modellierungsprojekt: Man modelliere auf der Basis des vorgestellten makroskopischen Modells die Ausbreitung einer Störung, zum Beispiel wenn eine Ampel auf rot oder auf grün schaltet, siehe auch Bungartz u. a., 2009 oder `http://www.numerik.mathematik.uni-mainz.de/~juengel/scripts/trafficflow.pdf`.

Aufgabe 4.3 Man betrachte das folgende MATLAB-Skript zur Visualisierung von Fibonacci-Spiralen:

Listing 4.1: Spiralen

```
div        = (3 - sqrt(5) )/2;     % Divergenz
deltaPhi   = 2*pi*div;             % Divergenzwinkel
n          = 1000;                 % Anzahl Punkte
a          = n/sqrt(n*2*pi);
phi        = 0:deltaPhi:(n-1)*deltaPhi;
r          = a*sqrt(phi);
x = r.*cos(phi);  y = r.*sin(phi);

h = plot(x,y,'o');
set(h,'MarkerSize',3,'MarkerFaceColor','k')
axis square; axis off
```

Experimentieren Sie mit unterschiedlichen Divergenzwinkelen `deltaPhi`. Was passiert, wenn `deltaPhi` leicht gestört wird (um ± 0.01, ± 0.1)? Welche Muster erhält man für rationale Vielfache von 2π? Modifizieren Sie das Skript, wenn die generierende Spirale keine Fermatsche, sondern eine Archimedische Spirale ist. Versuchen Sie, verschiedene Spiralarme unterschiedlich einzufärben.

Aufgabe 4.4 **a)** Zeigen Sie, dass für die Newtonsche und für die Stefansche Abkühlung die Umgebungstemperatur u_L eine stabile Gleichgewichtstemperatur ist und das System für $t \to \infty$ die Temperatur u_L annimmt. Gilt das Gleiche auch bei Erwärmung, d.h. wenn die Umgebungstemperatur größer als die Anfangstemperatur des Gegenstandes ist?

b) Leiten Sie für die Newtonsche Abkühlung aus Beispiel 4.13 die folgende Formel für den diskreten Fluss her:

$$u^k = \Phi(k, u^0) = (1 - \kappa \Delta t)^k (u^k - u_L) + u_L. \tag{4.85}$$

c) Lösen Sie das folgende, in jedem zweiten Krimi vorkommende Problem: Es wird eine Leiche gefunden. Sie sind am Tatort und sollen den Todeszeitpunkt bestimmen. Sie können von den folgenden Annahmen ausgehen:

- Die Abkühlung des Körpers wird durch das Modell der Newtonschen Abkühlung beschrieben.
- Die Außentemperatur ist konstant bei $T_L = 20\,^\circ\mathrm{C}$.
- Die Körpertemperatur zum Todeszeitpunkt war $T_0 = 37\,^\circ\mathrm{C}$.
- Ihr Assistent misst eine Körpertemperatur des Leichnams von $T_1 = 29\,^\circ\mathrm{C}$.

Da Ihnen der Abkühlungsfaktor κ nicht bekannt ist, weisen Sie ihren Assistenten an, zwei Stunden später erneut die Temperatur des Leichnams zu messen. Die Messung ergibt eine Temperatur $T_2 = 23\,^\circ\mathrm{C}$. Tipp: Lösen Sie zunächst das inverse Problem: Bestimmen Sie den Parameter κ aus den beiden gemessenen Temperaturen T_1 und T_2 mithilfe von (4.85). Benutzen Sie die Näherung $\log(1 - \kappa\tau) \approx -\kappa\tau$ (warum ist diese Näherung möglich?). Löst man das kontinuierliche Problem, so gelangt man zu derselben Lösung. Überprüfen Sie dies.

Aufgabe 4.5 **a)** Auf der Internetseite des statistischen Bundesamtes (`www.destatis.de`, insbesondere die GENESIS-online Datenbank) findet man aktuelle (meist 1–2 Jahre zurückliegende) statistische Daten zur Bevölkerungsentwicklung wie die gegenwärtige Bevölkerungsverteilung nach Geschlecht und Alter, Geburtenraten (nach Alter), Sterbetafeln (Sterberaten nach Geschlecht und Jahr). Benutzen Sie diese Datensätze, um ein Leslie-Modell für die Bevölkerungsentwicklung für die weibliche Bevölkerung in Deutschland aufzustellen.

b) Wie lässt sich die Populationsentwicklung der männlichen Individuen in analoger Weise modellieren?

c) Modellierungsprojekt: Simulation und Visualisierung der Bevölkerungsentwicklung in Deutschland unter der Annahme von konstanten Sterbe- und Geburtenraten für die nächsten 50 Jahre. Modifikation des Modells durch Einbau von Migration, nichtkonstante Sterbe- und Geburtenrate etc. Vergleich mit den animierten Simulationen auf `www.destatis.de`.

Aufgabe 4.6 a) Zeigen Sie, dass für das Wettermodell in Beispiel 4.17 die Verteilung π^k für $k \to \infty$ für einen beliebigen Anfangszustand π^0 gegen die Gleichverteilung $\pi = (1/2, 1/2)^T$ konvergiert. (Tipp: Die Matrix $\mathbf{P}$ ist symmetrisch, also diagonalisierbar. Berechnen Sie zunächst die Eigenwerte und Eigenvektoren von $\mathbf{P}$.)

b) In einer anderen Gegend liegen die folgenden experimentellen Daten vor: Auf einen Sonnentag folgt in 10 % aller Fälle ein Regentag und auf einen Regentag in 20 % aller Fälle ein Sonnentag. Wie sieht jetzt die Übergangsmatrix $\mathbf{P}$ für ein Zwei-Zustandsmodell aus? Gegen welche Verteilung konvergiert jetzt jeder Pfad der Markov-Kette? Diskutieren Sie, welches Verhältnis von Sonnen- zu Regentagen das Modell vorhersagt. Ist die Grenzverteilung π stationär, also zeitunabhängig, d.h. gilt $P^T\pi = \pi$?

c) Nehmen sie jetzt an, dass 80 % aller Tage Sonnentage sind und die restlichen 20% Regentage. Außerdem folge auf 10 % aller Sonnentage als nächster Tag ein Regentag. Bestimmen Sie eine geeignete Übergangsmatrix $\mathbf{P}$ (Benutzen Sie die Erkenntnisse aus Teil b)).

Aufgabe 4.7 Man zeige für eine homogene Markov-Kette mit endlichem Zustandsraum $\mathcal{Z}$ die **Chapman-Kolmogorov-Gleichung**: Für $t_m < t_k < t_n$ und $x_n, x_m \in \mathcal{Z}$ gilt

$$P(X_n = x_n | X_m = x_m) = \sum_{x_k \in \mathcal{Z}} P(X_n = x_n | X_k = x_k)\, P(X_k = x_k | X_m = x_m).$$

(Tipp: Man benutze die folgende Identität für gemeinsame Verteilungen von mehreren Zufallsvariablen

$$P(X_n = x_n, X_m = x_m) = \sum_{x_k \in \mathcal{Z}} P(X_n = x_n, X_k = x_k, X_m = x_m)$$

und die Markov-Eigenschaft (4.52).) Was bedeutet diese Gleichung anschaulich?

Aufgabe 4.8 Betrachten Sie die folgende Implementierung des ZA „Game of Life“:

Listing 4.2: ZA: Conway's Game of Life

```
% Anfangspopulation
iniPop = sparse([1 1 1 1 1 0 1 1 1 1 1;]);

% Zellraum und Anfangspopulation setzen
[p,q] = size(iniPop);
```

```
n      = max(p,q) + 10
Pop    = sparse(n,n);
iCol   = floor((n-p)/2)+(1:p);
iRow   = floor((n-q)/2)+(1:q);
Pop(iCol,iRow) = iniPop;

while 1   % Endlos
    spy(Pop); pause(0.5);   % Plot

    iL = [1 1:n-1]; % nach links verschobene Indizes
    iR = [2:n n];   % nach rechts verschobene Indizes

    % Berechnung, wieviele der 8 Nachbarn lebend sind
    L = Pop(:,iL)  + Pop(:,iR)  + Pop(iL,:)  + Pop(iR,:) + ...
        Pop(iL,iL) + Pop(iR,iR) + Pop(iL,iR) + Pop(iR,iL);

    % Neue Population
    Pop = ((Pop == 1) & (L == 2)) | (L == 3);
end
```

Machen Sie sich die Funktionsweise des Codes in allen Einzelheiten klar, insbesondere, wie die lokalen Übergangsregeln mithilfe von Matrixoperationen implementiert werden. Ist sichergestellt, dass alle lokalen Übergänge parallel ausgeführt werden? Informieren Sie sich in der `help` von MATLAB über `sparse`-Matrizen, und die Funktion `spy`. Vergrößern Sie den Zellraum, wählen Sie andere Anfangspopulationen, implementieren Sie eine schönere Darstellung (siehe 4.16), etc.

Aufgabe 4.9 Es soll die Ausbreitung einer ansteckenden Krankheit mithilfe eines zellulären Automaten modelliert werden. Man betrachte dazu den folgenden vereinfachten Fall aus O'Leary (2009): Zelle = Bett; Zellraum = großer Schlafsaal $n \times m$ Betten. Zeitschritt: 1 Tag; Zustände: krank, gesund und ansteckbar, gesund und immun (da schon krank gewesen). Nach k Tagen Krankheit wird man gesund und immun. Ansteckung über die Bettnachbarn an Kopf- oder Fußende und den beiden Seiten. Ansteckwahrscheinlichkeit: $0 < \alpha < 1$. Formulieren Sie präzise das mathematische Modell, d.h. spezifizieren Sie den ZA. Führen Sie weitere Verfeinerungen des Modells durch, z.B. Berücksichtigung von Impfungen (tägliche Impfrate), Mobilität der Erkrankten (Wechsel von Betten), etc.

Aufgabe 4.10 Berechnen Sie mit der Formel (4.60) eine Abschätzung für die mittlere Geschwindigkeit der Wärmebewegung der Sauerstoffmoleküle (O_2, $\mu = 32$g) bei der Temperatur $T_C = 0$°C.

Aufgabe 4.11 Leiten Sie aus der Zustandsgleichung (4.67) des idealen Gases das folgende Gesetz von Gay-Lussac ab, das das Volumen V des Gases in Abhängigkeit von seiner Temperatur T_C in Grad Celsius beschreibt:

$$V = V_0 \left(1 + \frac{T_C}{273\,^\circ\mathrm{C}}\right), \quad p = \mathrm{Const.}$$

Hier bezeichnet V_0 das Volumen des Gases bei der Gefriertemperatur $T_C = 0\,^\circ\mathrm{C}$ destillierten Wassers.

Aufgabe 4.12 Schreiben Sie ein MATLAB-Programm zur Berechnung der Wahrscheinlichkeiten π_i^k, dass sich ein Zufallswanderer nach der Zeit t_k im Gitterpunkt x_i befindet, wenn er zum Zeitpunkt $t_0 = 0$ im Punkt $x = 0$ war. Benutzen Sie die folgenden Parameterwerte: $|x| \leq 10,\ \Delta x = 0.1, \quad 0 \leq t \leq 10,\ \Delta t = 0.01$. Visualisieren Sie die Ergebnisse geeignet:

(a) Dreidimensionale Darstellung (π, x, t) im Bereich $|x| \leq 10,\ 0 \leq t \leq 10$,
(b) Zweidimensionale Darstellung im Bereich $x = 1,\ 0 \leq t \leq 10$ und im Bereich $|x| \leq 10,\ t = 5$.

und interpretieren Sie die Grafiken.

Aufgabe 4.13 Simulieren Sie mit MATLAB einen zweidimensionalen Zufallswanderer auf einem Gitter mit Gitterweiten $\Delta x = \Delta y = 1$, indem Sie in jedem Zeitschritt mit der Wahrscheinlichkeit $1/4$ einen Schritt in eine der vier möglichen Richtungen gehen. Zeichnen Sie den resultierenden Zufallspfad für 100 Zeitschritte. Führen Sie jetzt 1000 Simulationen mit derselben Startposition und jeweils 500 Zeitschritten durch. Berechnen Sie den mittleren quadratischen Abstand der berechneten Endposition des Zufallswanderers vom Startpunkt und vergleichen Sie mit dem theoretischen Wert.

Aufgabe 4.14 Visualisieren Sie mit MATLAB die Wahrscheinlichkeitsdichte $\pi(x, t)$ aus Gleichung (4.84) mit $D = 0.5$ geeignet:

(a) dreidimensionale Darstellung auf dem Gebiet $|x| \leq 10$, $1 \leq t \leq 10$,
(b) zweidimensionale Darstellung für den Punkt $x = 1$ im Intervall $1 \leq t \leq 10$,
(c) zweidimensionale Darstellung für den Zeitpunkt $t = 5$ im Intervall $|x| \leq 10$.

Vergleichen Sie mit den Ergebnissen aus Aufgabe 4.12.

5 Mathematische Analyse von Modellen

Übersicht

5.1 Lösbarkeit

Wie wir in den vorigen Kapiteln gesehen haben, kommen in mathematischen Modellen ganz unterschiedliche mathematische Problemstellungen vor wie Iterationsfolgen, Systeme von linearen und nichtlinearen Gleichungen, gewöhnliche und partielle Differentialgleichungen, Integralgleichungen oder Optimierungsprobleme. Die mathematische Analyse eines jeden der oben erwähnten Probleme beginnt üblicherweise mit der Klärung der Frage nach der Existenz und Eindeutigkeit von Lösungen, um dann Lösungsstrategien und oft notwendige numerische Lösungsverfahren auszuwählen. Dies ist Gegenstand zahlreicher Bücher. In diesem Abschnitt beschränken wir uns darauf, einige Begriffe, Ergebnisse und Lösungsverfahren zusammenzustellen, die im Hinblick auf die in diesem Buch betrachteten Beispiele wichtig sind, und es werden Verweise auf die weiterführende Literatur gegeben. Etwas detaillierter gehen wir auf inverse und schlecht gestellte Probleme ein, deren Behandlung in der Literatur nicht ganz so verbreitet ist.

5.1.1 Lineare und nichtlineare Gleichungen

Eine detaillierte Darstellung direkter und iterativer Verfahren zur Lösung von linearen Gleichungssystemen ist in jedem Lehrbuch über lineare Algebra oder Numerik zu finden.

Wir verweisen hier auf Bosch (2008) und Hermann (2006). Mit Hinblick auf die Problematik von inversen und schlecht gestellten Problemen, die im Abschnitt 5.1.3 eingeführt werden, diskutieren wir an dieser Stelle kurz die Begriffe Kondition und Singulärwertzerlegung einer quadratischen Matrix A.

Gegeben sei ein lineares Gleichungssystem

$$Ax = b, \quad x, b \in \mathbb{R}^n, \ A \in \mathbb{R}^{n \times n}. \tag{5.1}$$

Als Rang der Matrix A bezeichnet man die Dimension des durch die Spaltenvektoren von A aufgespannten Vektorraums. Die Matrix A ist regulär bzw. invertierbar genau dann, wenn der Rang von A gleich n ist, andernfalls bezeichnet man die Matrix A als singulär. Für invertierbares A hat Gleichung (5.1) für eine beliebige rechte Seite b immer eine eindeutige Lösung x.

Oft wird die Lösung x von (5.1) mit iterativen Verfahren approximativ berechnet. Aber auch bei direkten Verfahren wird aufgrund der endlichen Rechengenauigkeit eine numerisch berechnete Lösung im Allgemeinen keine exakte Lösung sein. Eine Möglichkeit, den Fehler einer approximativen Lösung $\tilde{x}$ abzuschätzen, besteht darin, den Residuenvektor

$$r = b - A\tilde{x}$$

für eine Abschätzung des Fehlers

$$e = x - \tilde{x}$$

zu benutzen. Für eine beliebige Vektornorm $\|x\|$ mit zugehöriger Matrixnorm $\|A\|$ gilt

$$\|b\| = \|Ax\| \leq \|A\|\|x\| \ \Rightarrow \|x\| \geq \frac{\|b\|}{\|A\|},$$

und damit

$$\|e\| = \|A^{-1}r\| \leq \|A^{-1}\|\|r\|.$$

Für den relativen Fehler der approximativen Lösung $\tilde{x}$ erhalten wir dann die folgende Abschätzung

$$\frac{\|e\|}{\|x\|} = \frac{\|x - \tilde{x}\|}{\|x\|} \leq \|A\|\|A^{-1}\|\frac{\|r\|}{\|b\|} := \text{cond}(A)\frac{\|r\|}{\|b\|}.$$

Die Zahl $\text{cond}(A) = \|A\|\|A^{-1}\|$ heißt (normweise) **Kondition** der Matrix A und hängt von der verwendeten Matrixnorm ab. Die Kondition hat noch eine weitere wichtige Bedeutung. Sie liefert eine Abschätzung für die Empfindlichkeit der Lösung gegenüber Störungen der Matrix A bzw. der rechten Seite b. So kann man zeigen (siehe zum Beispiel Hermann, 2006), dass sich die Änderung Δx der Lösung x bei einer Störung der Matrix A um ΔA folgendermaßen abschätzen lässt:

$$\frac{\|\Delta x\|}{\|x\|} \leq \text{cond}(A)\frac{\|\Delta A\|}{\|A\|}.$$

Da alle numerischen Rechenoperationen und auch schon die Eingabe von Matrixeinträgen etc. auf einem Computer mit endlicher Genauigkeit ausgeführt werden, gibt die Konditionszahl einen wichtigen Hinweis darauf, welche Genauigkeit man von einer numerischen Lösung eines vorliegenden linearen Gleichungssystem unter der Annahme eines exakten Lösungsverfahrens erwarten kann. Bezeichnen wir mit ϵ die Maschinengenauigkeit, das heißt den relativen Abstand zweier Maschinenzahlen (in MATLAB ist $\epsilon \approx 10^{-16}$), so müssen wir auf jeden Fall mit einem Eingabefehler $\|\Delta A\|/\|A\| \approx \epsilon$ rechnen, und ein lineares Gleichungssystem $Ax = b$ heißt gut konditioniert, falls gilt

$$\text{cond}(A)\epsilon \ll 1.$$

Als nächstes führen wir den Begriff der **Singulärwertzerlegung** einer quadratischen Matrix ein, der sich auch auf nichtquadratische Matrizen verallgemeinern lässt.

Satz 5.1

Für eine beliebige Matrix $A \in \mathbb{R}^{n\times n}$ existieren zwei orthogonale Matrizen U und V, so dass

$$U^TAV = \Sigma, \; U = [u_1, \ldots, u_n] \in \mathbb{R}^{n\times n}, \quad V = [v_1, \ldots, v_n] \in \mathbb{R}^{n\times n} \tag{5.2}$$

mit

$$\Sigma = \begin{pmatrix} D & 0 \\ 0 & 0 \end{pmatrix}, \; D = \text{diag}(\sigma_1, \ldots, \sigma_p), \; \sigma_1 \geq \sigma_2 \cdots \geq \sigma_p > 0. \tag{5.3}$$

Die Zahlen $\sigma_1 \geq \sigma_2 \cdots \geq \sigma_p$ heißen die nichtverschwindenden Singulärwerte von A, und p ist der Rang der Matrix A.

Hat die Koeffizientenmatrix A des linearen Gleichungssystems (5.1) vollen Rang, d.h. ist $p = n$ in dem obigen Satz 5.1, dann hat die eindeutige Lösung x_0 die Darstellung

$$x_0 = \sum_{i=1}^{n} \frac{v_i^T b}{\sigma_i} u_i. \tag{5.4}$$

Man sieht hier unmittelbar, dass eine Berechnung der Lösung x_0 mit dieser Formel sehr ungenau werden kann, wenn einzelne Singulärewerte σ_i nahe bei Null liegen, da dann auch winzige Fehler durch Multiplikation mit einem riesigen Faktor $1/\sigma_i$ extrem verstärkt werden können. Dies ist umso unangenehmer, da doch die Anteile in der Matrix A, die zu den kleinen Singulärwerten gehören, keine allzu große Rolle spielen sollten. Eine sehr schlecht konditionierte reguläre Matrix zeichnet sich im Allgemeinen dadurch aus, dass das Verhältnis von kleinstem zu größtem Singulärwert von der Größenordnung der Maschinengenauigkeit ist. In diesem Fall kann der kleinste Singulärwert im Rahmen der Maschinengenauigkeit als Null betrachtet werden, d.h. die Matrix A kann im Rahmen der Maschinengenauigkeit nicht von einer singulären Matrix unterschieden werden.

Sind einige Singulärwerte von A gleich Null, $\sigma_i = 0,\ i = p+1, \dots, n$, so nennt man

$$x_0^* = \sum_{i=1}^{p} \frac{v_i^T b}{\sigma_i} u_i. \tag{5.5}$$

die verallgemeinerte Lösung x_0^* des linearen Gleichungssystems (5.1). Auch für den Fall, dass einzelne Singulärwerte fast Null sind, greift man zur Bestimmung einer so genannten regularisierten Lösung auf die Formel (5.5) zurück, siehe Abschnitt 5.1.3.

In Abschnitt 1.3.4 führte ein einfaches Modell zur Positionsbestimmung mithilfe der GPS-Navigation auf ein System von vier nichtlinearen Gleichungen (1.4). Speziell für dieses Gleichungssystem ist es möglich, direkt in endlich vielen Schritten die exakte Lösung zu berechnen. Die ist aber im Allgemeinen für nichtlineare Gleichungssysteme die große Ausnahme und man ist so gut wie immer auf numerische Lösungsverfahren angewiesen. Aber selbst die Frage, wie viele Lösungen eine skalare Gleichung

$$f(x) = 0,\ f : \mathbb{R} \to \mathbb{R},\ x \in \mathbb{R} \tag{5.6}$$

mit einer stetigen Funktion f hat, ist in der Regel schwer zu beantworten. Immerhin weiß man, dass es auf einem Intervall $[a, b]$ mindestens eine Lösung geben muss, wenn sich $f(a)$ und $f(b)$ im Vorzeichen unterscheiden und man kann in diesem Fall eine Lösung durch iterative Intervallhalbierung bestimmen. Dieses Verfahren hat den Vorteil, keine Voraussetzungen an die Differenzierbarkeit der Funktion f zu machen und immer gegen eine Lösung zu konvergieren. Allerdings konvergiert das Verfahren sehr langsam und lässt sich nicht auf Systeme von nichtlinearen Gleichungen verallgemeinern.

Es gibt eine Reihe von effizienteren iterativen Verfahren zur Bestimmung einer Lösung von Gleichung (5.6) oder eines Systems von n nichtlinearen Gleichungen

$$\begin{aligned} f_1(x_1, \dots, x_n) &= 0 \\ &\vdots \\ f_n(x_1, \dots, x_n) &= 0, \end{aligned}$$

die man auch kürzer in der Form

$$f(x) = 0,\ f : \mathbb{R}^n \to \mathbb{R}^n,\ x \in \mathbb{R}^n \tag{5.7}$$

mit $f = (f_1, \dots, f_n)^T$ und $x = (x_1, \dots, x_n)$ schreibt. Das wohl bekannteste unter ihnen ist das Newton-Verfahren zu dem es zahlreiche Modifikationen gibt, siehe Hermann (2006).

Ein anderer Ansatz zur numerischen Lösung der Gleichung (5.7) besteht darin, die Gleichung in Form eines Optimierungsproblems mit der Zielfunktion

$$\Phi(x) = \sum_{i=1}^{n} f_i^2(x), \quad x \in \mathbb{R}^n \tag{5.8}$$

umzuschreiben. Offensichtlich liefert jede Lösung der Gleichung (5.7) ein Minimum der Zielfunktion (5.8), sodass sich alle Lösungen von (5.7) unter den Minima der Zielfunktion befinden. Für das Lösen von Optimierungsproblemen, insbesondere für ihre numerische Lösung, existiert eine Vielzahl von effizienten Algorithmen (Jarre und Stoer, 2003).

5.1.2 Differentialgleichungen

In diesem Abschnitt geben wir einen kurzen Überblick über die allgemeinen Existenz- und Eindeutigkeitssätze für Lösungen gewöhnlicher Differentialgleichungen. Für die entsprechende Theorie partieller Differentialgleichungen verweisen wir auf Burg u. a. (2009) und Knabner und Angermann (2000).

Eine gewöhnliche Differentialgleichung n-ter Ordnung in expliziter Form hat die Gestalt

$$y^{(n)} = f(t, y, y', \ldots, y^{(n-1)}), \ n \geq 1, \tag{5.9}$$

wobei die Funktion $f : \mathbb{R}^{n+1} \supseteq D \to \mathbb{R}$ gegeben ist und $y : \mathbb{R} \supseteq I \to \mathbb{R}$ gesucht wird. Eine Funktion $y(t)$ ist eine Lösung der Differentialgleichung (5.9) in einem Intervall I, wenn sie in I n-mal differenzierbar ist und die Gleichung (5.9) für alle $t \in I$ erfüllt. Die Differentialgleichung (5.9) kann in ein äquivalentes System von n Differentialgleichungen erster Ordnung für n unbekannte Funktionen $y_1(t), \ldots, y_n(t)$ umgeformt werden:

$$\begin{aligned} y_1' &= y_2 \\ y_2' &= y_3 \\ &\vdots \\ y_{n-1}' &= y_n \\ y_n' &= f(t, y_1, y_2, \ldots, y_n). \end{aligned} \tag{5.10}$$

Denn dann gilt: Ist $y = y(t)$ eine Lösung von (5.9), so ist die Vektorfunktion $y = (y_1, \ldots, y_n) = (y, y', \ldots, y^{(n-1)})$ eine Lösung von (5.10). Ist umgekehrt $y = (y_1, \ldots, y_n)$ eine Lösung von (5.10) und setzt man $y(t) := y_1(t)$, so ist y n-mal differenzierbar und erfüllt die Gleichung (5.9). Insbesondere für die Formulierung und Analyse von numerischen Verfahren ist die Darstellung (5.10) vorteilhaft. In MATLAB stehen beispielsweise unterschiedliche numerische Löser für Systeme von Differentialgleichungen erster Ordnung zur Verfügung, nicht aber für Differentialgleichungen der Ordnung $n \geq 2$, sodass diese Gleichungen zuerst in die Form (5.10) transformiert werden müssen. Im Folgenden beschränken wir uns auf die Behandlung von Systemen erster Ordnung.

Wie wir bereits in vielen Modellierungsbeispielen gesehen haben, ist für die praktischen Anwendungen nicht die Lösungsmenge eines Systems von Differentialgleichungen von Interesse, sondern man möchte eine spezielle Lösung bestimmen, die durch zusätzliche Bedingungen festgelegt ist. Für ein System von n Differentialgleichungen erster Ordnung werden in der Regel n Zusatzbedingungen an die Lösungsfunktionen $y_1(t), \ldots, y_n(t)$ gestellt, um eine eindeutige Lösung zu erhalten. Werden alle diese Bedingungen an einem Punkt $t = t_0$, gestellt, so spricht man von Anfangsbedingungen:

$$y_1(t_0) = y_1^0, \ldots, y_n(t_0) = y_n^0.$$

Werden die Zusatzbedingungen dagegen an unterschiedlichen Stellen des Intervalls, in dem die Lösung gesucht wird, gestellt, spricht man von Randbedingungen. Ein System von Differentialgleichungen zusammen mit einer Festlegung von Anfangsbedingungen bezeichnet man als ein **Anfangswertpoblem**. Im Fall von Randbedingungen spricht man von einem **Randwertproblem**. Die Theorie der Anfangs- und Randwertprobleme für gewöhnliche Differentialgleichungen findet man in jedem Buch über Differentialgleichungen, beispielsweise in Walter (2000).

Betrachten wir jetzt ein System von n nichtlinearen Differentialgleichungen

$$\begin{aligned} y_1' &= f_1(t, y_1, \ldots, y_n) \\ &\vdots \\ y_n' &= f_n(t, y_1 \ldots, y_n). \end{aligned} \tag{5.11}$$

Die Funktionen $y_1(t), \ldots, y_n(t)$ bilden eine Lösung des Gleichungssystems (5.11) in einem Intervall I, wenn sie in I differenzierbar sind und, in (5.11) eingesetzt, diese Gleichungen identisch erfüllen. Mit den Bezeichnungen $\mathbf{y} = (y_1, \ldots, y_n)^T$ und $\mathbf{f}(t, \mathbf{y}) = (f_1(t, \mathbf{y}), \ldots, f_n(t, \mathbf{y}))^T$, können wir das Gleichungssystem schreiben als

$$\mathbf{y}' = \mathbf{f}(t, \mathbf{y}). \tag{5.12}$$

Im Unterschied zu Systemen linearer Differentialgleichungen kann man die Struktur der Lösungsmenge des Systems (5.12) im Allgemeinen nicht beschreiben. Unter bestimmten Bedingungen ist es aber möglich, die lokale Existenz und Eindeutigkeit der Lösung eines Anfangswertproblems

$$\mathbf{y}' = \mathbf{f}(t, \mathbf{y}), \quad \mathbf{y}(t_0) = \mathbf{y}^0 \tag{5.13}$$

zu beweisen.

Satz 5.2 (Existenzsatz von Peano)
Ist $\boldsymbol{f}(t, \boldsymbol{y})$ in dem offenen Gebiet $D \subset \mathbb{R}^{n+1}$ stetig und $(t_0, \boldsymbol{y}^0) \in D$, so besitzt das Anfangswertproblem (5.13) *mindestens eine Lösung in einer geeignet gewählten Umgebung des Punktes $(t_0, \boldsymbol{y}^0)$. Jede Lösung lässt sich nach rechts und links bis zum Rand von D fortsetzen.*

Ein einfaches Gegenbeispiel zeigt, dass die Voraussetzungen von Satz 5.2 nicht die Eindeutigkeit der Lösung sichern. Das Anfangswertproblem

$$y' = \sqrt{y}, \quad y(0) = 0$$

hat in der Umgebung des Punktes $(0, 0)$ mindestens die beiden folgenden Lösungen

$$y_1(t) \equiv 0, \ \forall t, \qquad \text{und} \qquad y_2(t) = \begin{cases} 0 & t \leq 0 \\ t^2/4 & t \geq 0 \end{cases}$$

Für die Eindeutigkeit der Lösung müssen also etwas strengere Bedingungen an die rechte Seite $\mathbf{f}$ der Differentialgleichung gestellt werden.

Definition 5.1
Die Funktion $\mathbf{f}(t, \mathbf{y})$ genügt in $D \subset \mathbb{R}^{n+1}$ einer Lipschitz-Bedingung bezüglich $\mathbf{y}$ mit einer Lipschitz-Konstanten $L > 0$, wenn gilt:

$$\|\mathbf{f}(t, \mathbf{y}) - \mathbf{f}(t, \overline{\mathbf{y}})\| \leq L\|\mathbf{y} - \overline{\mathbf{y}}\|, \quad \forall (t, \mathbf{y}), \ (t, \overline{\mathbf{y}}) \in D. \tag{5.14}$$

♦

Eine Funktion, die einer Lipschitz-Bedingung in D genügt, nennt man Lipschitz-stetig in D. Eine Lipschitz-stetige Funktion ist immer stetig im herkömmlichen Sinne; die Umkehrung dieser Aussage ist im Allgemeinen nicht richtig. Aber eine stetig-differenzierbare Funktion ist auf einem kompakten Gebiet auch Lipschitz-stetig.

Satz 5.3
Die Funktion $\boldsymbol{f}(t, \boldsymbol{y})$ sei in dem offenen Gebiet $D \subset \mathbb{R}^{n+1}$ stetig und genüge in D einer Lipschitz-Bedingung bezüglich $\boldsymbol{y}$. Sei $(t_0, \boldsymbol{y}^0) \in D$, so besitzt das Anfangswertproblem (5.13) *genau eine Lösung in einer Umgebung des Punktes $(t_0, \boldsymbol{y}^0)$. Diese lässt sich nach rechts und links bis zum Rand von D fortsetzen.*

Satz 5.3 ist insbesondere für numerische Verfahren zur Lösung von Anfangswertproblemen wichtig, da er unter geeigneten Voraussetzungen die Existenz und Eindeutigkeit der Lösung, die numerisch berechnet wird, sicherstellt. Bei den in diesem Buch behandelten Modellen sind die rechten Seiten f der Differentialgleichungen stetig differenzierbar und damit Lipschitz-stetig. Für eine detaillierte Darstellung der numerischen Verfahren zur Behandlung von Anfangs- und Randwertproblemen für gewöhnliche Differentialgleichungen verweisen wir auf Hermann (2004) und Deuflhard und Bornemann (2001). Die Beweise der Existenz- und Eindeutigkeitssätze findet man beispielsweise in Walter (2000).

5.1.3 Inverse und schlecht gestellte Probleme

In fast allen bisher in diesem Buch betrachteten mathematischen Modellen ging es darum, ausgehend von vorgegebenen Anfangsbedingungen und Systemparametern das Verhalten eines Systems zu bestimmen oder etwas allgemeiner aus bekannten Ursachen auf das Verhalten eines Systems zu schließen. So haben wir beispielsweise die Bewegung eines mathematischen Pendels bei vorgegebenem Anfangszustand und bekannten Parameterwerten, wie Pendelmasse oder Pendellänge, bestimmt. Derartige mathematische

Problemstellungen bezeichnet man als direkte Probleme. Bei den so genannten inversen Problemen geht es dagegen darum, aus dem beobachteten oder bekannten Verhalten eines Systems Rückschlüsse auf seinen Anfangszustand und/oder die Systemparameter zu ziehen. Obwohl es keine mathematisch strenge Definition eines direkten oder inversen Problems gibt, versuchen wir, diese beiden Begriffe etwas präziser zu beschreiben. Dazu fassen wir ein mathematisches Modell eines Prozesses wie folgt auf: *Eingangsgrößen* oder *Ursachen* werden bei festgelegten *Systemparametern* eindeutig auf *Ausgangsgrößen* oder *Wirkungen* abgebildet. Diese Abbildung ist in unserer bisherigen Sichtweise so etwas wie der *Lösungsoperator* des vorliegenden mathematischen Problems. Bezeichnen wir mit X den Raum der Eingabegrößen, mit Y den Raum der gesuchten Ausgabegrößen und mit P den Raum der Parametergrößen, können wir ein solches Modell symbolisch in Form einer Operatorgleichung

$$y = A_p(x), \; p \in P, \; x \in X, \; y \in Y \tag{5.15}$$

beschreiben. Als Beispiel betrachte man ein Anfangswertproblem $\dot{y}(t) = f(y,t)$, $y^0(t) = y^0$. In diesem Fall wäre dann in Gleichung (5.15) x gleich dem Vektor der Anfangsbedingungen, y wäre die Lösung $y(t)$ des Anfangswertproblems, p wären die in der rechten Seite der Differentialgleichung vorkommenden Parameter und der Operator A_p wäre der Fluss Φ der Differentialgleichung, siehe auch Gleichung (4.57) auf Seite 130. Für das Modell (5.15) unterscheidet man dann drei Arten von Problemstellungen:

Direktes Problem. Soll die Ausgabe $y \in Y$ bei gegebener Eingabe $x \in X$ und gegebenen Systemparametern $p \in P$ bestimmt werden, handelt es sich um ein direktes Problem.

Rekonstruktionsproblem. Soll die Eingabe $x \in X$ in das System bei bekannter Ausgabe $y \in Y$ und gegebenen Systemparametern $p \in P$ bestimmt werden, spricht man von einem Rekonstruktionsproblem.

Identifikationsproblem. Sind sowohl die Eingabe $x \in X$ als auch die Ausgabe $y \in Y$ bekannt und wird nach den Systemparametern gesucht, die ein solches Prozessverhalten ermöglichen, nennt man dies ein Identifikationsproblem.

In den letzten beiden Fällen spricht man von einem **inversen Problem**. Die Abelsche Integralgleichung

$$\frac{1}{\sqrt{\pi}} \int_0^t \frac{x(s)}{\sqrt{t-s}}\, ds = y(t) \tag{5.16}$$

mit vorgegebener Funktion y und einer zu bestimmenden Funktion x, die wir in Beispiel 4.5 als Modell für die Bestimmung der isochronen Bewegungskurve aufgestellt haben, siehe Gleichung (4.13) mit den Ersetzungen $y(t) \leftrightarrow T(y)$, $x(s) \leftrightarrow r(h)$, ist ein typisches Beispiel für ein inverses Problem. Aufgrund der gemessenen Rutschzeit $y(t)$, die als Ausgabe des Systems oder als Wirkung zu verstehen ist, versucht man auf die

Funktion $x(s)$, die die Bewegungskurve beschreibt, also auf die Ursache zu schliessen. Das zugehörige direkte Problem, das in diesem Fall wesentlich leichter zu lösen ist, würde darin bestehen, die Rutschzeit des Massenpunktes entlang einer vorgegebenen Kurve zu bestimmen. Andere praktische Anwendungen, deren mathematische Modelle die Form eines inversen Problems haben, findet man in der Computer-, Impedanz- und Ultraschall-Tomographie, bei inversen Wärmeleitungsproblemen wie der Bestimmung der Wandstärke eines Hochofens aus Temperaturmessungen oder bei Problemen der Seismik und Geophysik, bei denen Materialeigenschaften der Erdkruste aus gemessenen Laufzeiten von Erdbebenwellen berechnet werden. Eine detaillierte Besprechung dieser und weiterer inverser Probleme findet man in Rieder (2003).

Bei der analytischen und numerischen Lösung von inversen Problemen muss beachtet werden, dass diese in der Regel schlecht gestellt sind. Die formale Definition für gut gestellte Probleme im Sinne von Hadamard lautet in diesem Kontext:

Definition 5.2
Sei A eine (nicht notwendigerweise lineare) Abbildung zwischen zwei normierten Räumen X und Y. Gesucht ist eine Lösung der Gleichung

$$Ax = y.$$

Dieses Problem heißt **gut gestellt**, wenn folgende Eigenschaften erfüllt sind

1. Die Gleichung $Ax = y$ hat für jedes $y \in Y$ eine Lösung.
2. Diese Lösung ist eindeutig bestimmt.
3. Die inverse Abbildung $A^{-1} : Y \to X$ ist stetig, die Lösung x hängt also stetig von den Daten y ab (kleine Störungen in y bewirken kleine Störungen in x).

Ist eine der Bedingungen verletzt, so heißt das Problem schlecht gestellt. ♦

Lange Zeit war man davon überzeugt, dass mathematische Modelle, die relevante physikalische Vorgänge beschreiben, immer auf gut gestellte Probleme führen. In diesem Sinne ist die historisch bedingte Bezeichnung „schlecht gestellt“ etwas irreführend.

Wie aus der Definition 5.2 hervorgeht, hängt die Antwort auf die Frage, ob ein Problem gut oder schlecht gestellt ist, nicht nur von der Form des Operators A ab, sondern auch von der Wahl der normierten Räume X und Y, da von dieser Wahl die Stetigkeit des Operators A^{-1} abhängt.

Beispiel 5.1 (Schlecht konditionierte lineare Gleichungssysteme)
Die Lösung eines linearen Gleichungssystems $Ax = y$ mit $A \in \mathbb{R}^{n \times n}$ für eine beliebige rechte Seite y ist nach der obigen Definition gut gestellt, falls A regulär ist, denn in endlichdimensionalen Räumen ist die inverse Abbildung $x = A^{-1}y$ immer stetig. Ist die Matrix A allerdings singulär, so ist das Problem schlecht gestellt.

In Abschnitt 5.1.1 haben wir den Begriff der Kondition einer Matrix A eingeführt. Ein lineares Gleichungssystem $Ax = b$ mit einer nicht singulären schlecht konditionierten Koeffizientenmatrix A ist im Prinzip ein gut gestelltes Problem. Allerdings hatten wir in Abschnitt 5.1.1 gesehen, dass bei Rechnung mit endlicher Genauigkeit eine sehr schlecht konditionierte Matrix „numerisch“ singulär ist, d.h. im Rahmen der Maschinengenauigkeit nicht von einer singulären Matrix unterschieden werden kann. In diesem Sinne ist dann das numerische Lösen eines solchen linearen Gleichungssystems ein schlecht gestelltes Problem. Die nach den üblichen Verfahren berechnete Lösung wird sehr ungenau oder sogar völlig unbrauchbar sein. Es gibt mehrere Möglichkeiten, wie man trotzdem zu einer brauchbaren Lösung kommt. Wir zeigen an einem Beispiel, wie das in Abschnitt 5.1.1 skizzierte Vorgehen auf Basis der Singulärwertzerlegung der Matrix A zum Ziel führt.

Dazu betrachten wir eine 12×12 Hilbertmatrix A mit den Elementen $a_{ij} = \frac{1}{i+j-1}$. Diese Matrix ist nicht singulär, und die Inverse kann sogar explizit berechnet werden, in MATLAB mit dem Befehl `invhilb`. Allerdings ist die Matrix A extrem schlecht konditioniert mit $\text{cond}(A) \approx 1.5 \times 10^{16}$ (bezüglich der euklidischen Norm), also von der Größenordnung der inversen Maschinengenauigkeit von MATLAB. Berechnet man mit MATLAB die 12 Singulärwerte der Matrix A, so erhält man (mit einer Stelle nach dem Komma) die folgenden Werte:

$$\begin{array}{cccccc} 1.8 & 3.8 \times 10^{-1} & 4.5 \times 10^{-2} & 3.7 \times 10^{-3} & 2.3 \times 10^{-4} & 1.1 \times 10^{-5} \\ 4.1 \times 10^{-7} & 1.1 \times 10^{-8} & 2.3 \times 10^{-10} & 3.1 \times 10^{-12} & 2.6 \times 10^{-14} & 1.1 \times 10^{-16} \end{array}$$

Das Verhältnis von kleinstem und größtem Singulärwert σ_{12}/σ_1 ist also in der Tat von der Größenordnung der Maschinengenauigkeit, sodass der Wert σ_{12} durchaus aus einer Null durch Rundungsfehler bei den numerischen Berechnungen entstehen kann. So berechnet MATLAB den Rang der Matrix A als 11, siehe Listing 5.1.

Listing 5.1: Singulärwertzerlegung der 12×12 Hilbert-Matrix

```
% 12x12 Hilbert-Matrix  und Kondition
A = hilb(12); cond = norm(A)*norm(inv(A));
% Singulärwertzerlegung und Rang
sw = svd(A); r = rank(A);
```

Die für ein lineares Gleichungssystem $Ax = b$ eindeutig bestimmte verallgemeinerte Lösung x_0^* hat nach Gleichung (5.5) die Darstellung

$$x_0^* = \sum_{i=1}^{p} \frac{v_i^T b}{\sigma_i} u_i, \tag{5.17}$$

wobei $\sigma_1, \ldots, \sigma_p$ die nichtverschwindenden Singulärwerte von A sind. Da wir aber für die Hilbert-Matrix aufgrund der numerisch berechneten Singulärwerte nicht entscheiden können, ob der letzte Singulärwert verschwindet oder nicht, sollten wir in Gleichung (5.17) die Summation nur bis $p = 11$ erstrecken. Allgemeiner kann es sinnvoll sein, auch noch weitere sehr kleine Singulärwerte nicht mit zu berücksichtigen. Man wählt also eine geeignete Zahl $\alpha > 0$ und setzt alle Singulärwerte, die kleiner als α sind, auf Null. Sei also $p(\alpha)$ die größte natürliche Zahl mit der Eigenschaft

$$\sigma_{p(\alpha)} \geq \alpha,$$

dann definieren wir als eine *regularisierte* Lösung x_α den Ausdruck

$$x_\alpha = \sum_{i=1}^{p(\alpha)} \frac{v_i^T b}{\sigma_i} u_i. \tag{5.18}$$

In der Formel (5.18) werden die kleinsten Singulärwerte der Matrix A ausgeschlossen. Damit berechnen wir jetzt die verallgemeinerte Lösung eines linearen Gleichungssystems $A_\alpha x = b$ zu einer veränderten Matrix A_α. Man bezeichnet dann das Problem $A_\alpha x = b$ als das **regularisierte** Problem und α als einen Regularisierungsparameter. Wie aber wählt man den Regularisierungsparameter? Für sehr kleines α wird die numerische Berechnung der Lösung sehr ungenau, für größere Werte von α nimmt dagegen der durch die Regularisierung verursachte Fehler zu. In der Praxis wird ein geeigneter Wert des Regularisierungsparameters oft experimentell, das heißt durch Vergleich mehrerer Berechnungen mit verschiedenen Parameterwerten, bestimmt. Für unser Beispiel ist der Einfluss des Regularisierungsparameters α auf den Fehler der berechneten Lösung in der folgenden Tabelle zu sehen:

α	10^{-15}	10^{-12}	10^{-11}	10^{-7}	10^{-3}
Fehler	4.2×10^{-3}	6.3×10^{-5}	4.1×10^{-6}	1.6×10^{-4}	2.7×10^{-2}

Hier wurde das Gleichungssystem für eine rechte Seite $b = Ax$ mit $x = (1, \ldots, 1)^T$ nach der oben beschriebenen Methode gelöst und der Fehler bezüglich der euklidischen Norm berechnet. Ein Wert von $\alpha \approx 10^{-11}$ ist hier offensichtlich eine geeignete Wahl. ∎

Für das Verständnis des nächsten Beispiels und die anschließende Diskussion benötigt man eine gewisse Vertrautheit mit Funktionenräumen.

Beispiel 5.2 (Volterrasche Integralgleichungen erster Art)
Wir betrachten die Gleichung

$$(Ax(s))(t) := \int_0^t x(s)\, ds = y(t), \quad t \in [0, 1], \tag{5.19}$$

wobei die Funktion y gegeben ist und die Funktion x bestimmt werden soll. Wählen wir für Y den Raum der auf dem Intervall $[0, 1]$ stetig differenzierbaren Funktionen, die im Punkt $t = 0$ den Wert Null annehmen,

$$Y = C_0^1([0, 1]) = \{y \in C^1([0, 1]) : \ y(0) = 0\},$$

dann hat die Integralgleichung (5.19) offensichtlich für jedes $y \in Y$ die eindeutige Lösung $x = y'$. Mit der Wahl

$$X = C([0,1])$$

ist der Integraloperator $A: \ X \to Y$ bijektiv. Wählen wir auf dem Raum Y die Norm

$$\|y\|_{C_0^1([0,1])} := \max_{t\in[0,1]} |y(t)| + \max_{t\in[0,1]} |y'(t)|,$$

und auf $X = C([0,1])$ die übliche Maximumsnorm, so ist der inverse Operator A^{-1} stetig, was man wie folgt sieht:

$$\|A^{-1}y\|_{C([0,1])} = \|y'\|_{C([0,1])} = \max_{t\in[0,1]} |y'(t)| \le \max_{t\in[0,1]} |y(t)| + \max_{t\in[0,1]} |y'(t)| = \|y\|_{C_0^1([0,1])}.$$

Daraus folgt, dass $\|A^{-1}\|_{Y\to X} \le 1$ und damit ist die Gutgestellheit des Problems $(A, C([0,1]), C_0^1([0,1]))$ für die Integralgleichung (5.19) bewiesen.

Nun ist es aber in praktischen Anwendungen oft so, dass die rechte Seite der Integralgleichung (5.19), die Funktion y, durch Messungen, Beobachtungen oder Experimente bestimmt wird, und daher nicht genau bekannt ist. Die Integralgleichung (5.19) wird also mit einer verrauschten oder gestörten Funktion $y_\epsilon(t) = y(t) + \epsilon(t)$ anstatt mit der exakten Funktion $y(t)$ gelöst. Im Allgemeinen ist die Rauschfunktion $\epsilon(t)$ nicht differenzierbar und auch oft nicht stetig, sodass man den Definitions- und den Bildbereich des Operators A erweitern muss, um Datenfehler zuzulassen. In der Regel kommt an dieser Stelle der Raum der wesentlich beschränkten Funktionen $L^\infty([0,1])$ ins Spiel, der aus allen Funktionen f besteht, für die $\sup_{t\in[0,1]} |f(t)|$ endlich ist. Die Norm $\|f\|$ einer wesentlich beschränkten Funktion f wird als $\|f\| := \sup_{t\in[0,1]} |f(t)|$ definiert. Nun wird die Integralgleichung (5.19) auf den Räumen $X = Y = L^\infty([0,1])$ betrachtet.

Das Problem $(A, L^\infty([0,1]), L^\infty([0,1]))$ ist jetzt schlecht gestellt. Um dies zu zeigen, betrachten wir eine spezielle gestörte Funktion $y_\epsilon(t) = y(t) + \epsilon \sin(nt), \ \epsilon > 0, \ n \in \mathbb{N}$. Die zugehörige Lösung der Integralgleichung (5.19) bezeichnen wir mit x_ϵ. Dann sehen wir, dass

$$\|y_\epsilon - y\|_{L^\infty} = \|\epsilon \sin(nt)\|_{L^\infty} = \epsilon, \quad \|x_\epsilon - x\|_{L^\infty} = \|y'_\epsilon - y'\|_{L^\infty} = \|n\,\epsilon \cos(nt)\|_{L^\infty} = n\,\epsilon.$$

Der Datenfehler wird also beim Lösen der Integralgleichung (5.19) um den Faktor n verstärkt. Wählen wir den Störfaktor ϵ in der Form $\epsilon = \epsilon_n = 1/\sqrt{n}$ aus, folgt aus den oben gegebenen Gleichungen, dass

$$\|y_{\epsilon_n} - y\|_{L^\infty} = \frac{1}{\sqrt{n}} \to 0, \ n \to \infty, \quad \|x_{\epsilon_n} - x\|_{L^\infty} = \sqrt{n} \to \infty, \ n \to \infty,$$

was bedeutet, dass der Operator A^{-1} nicht stetig sein kann und somit ist das Problem $(A, L^\infty([0,1]), L^\infty([0,1]))$ schlecht gestellt. ■

Genau wie in Beispiel 5.2 kann man zeigen, dass die Abelsche Integralgleichung (5.16), deren Lösung

$$x(t) = \frac{1}{\sqrt{\pi}} \frac{d}{dt} \int_0^t \frac{y(s)}{\sqrt{t-s}}\, ds \tag{5.20}$$

die Ableitung $\frac{d}{dt}$ beinhaltet, in den Räumen der wesentlich beschränkten bzw. der stetigen Funktionen schlecht gestellt ist. Dagegen ist eine Volterrasche Integralgleichung 2. Art

$$x(t) + \int_0^t K(t,s)x(s)\, ds = y(t) \tag{5.21}$$

mit einem stetigen oder quadratintegrierbaren Kern K ein gut gestelltes Problem. Auch die meisten klassischen Probleme der mathematischen Physik in Form von partiellen Differentialgleichungen sind gut gestellt. Zu der Klasse zählen die Randwertprobleme für partielle Gleichungen vom elliptischen Typ wie die Laplace-Gleichung sowie die Anfangswertprobleme und die Anfangs-Randwertprobleme auf beschränkten Gebieten für parabolische und hyperbolische partielle Differentialgleichungen, wie die Wärmeleitungs- oder die Diffusionsgleichung und die Wellengleichung. Insbesondere sind die Anfangs-Randwertprobleme, die wir im Kapitel 9 untersuchen, gut gestellt.

Zum Abschluss wollen wir noch kurz besprechen, welche Konsequenzen die Schlechtgestellheit eines Problems auf seine numerische Lösung hat. Wenn die numerische Berechnung des zum Integraloperator (5.19) inversen Operators – des Differentialoperators D – mit den zentralen Differenzenquotienten D_h zur Schrittweite $h > 0$

$$(D_h y)(t) := \frac{y(t+h) - y(t-h)}{2h} \tag{5.22}$$

realisiert wird, können wir mit der Taylor-Entwicklung

$$y(t \pm h) = y(t) \pm hy'(t) + \frac{h^2}{2} y''(t) \pm \frac{h^3}{6} y'''(t + \theta_\pm h), \ -1 < \theta_- < 0 < \theta_+ < 1$$

zeigen, dass die zu bestimmende Funktion x mit $D_h y$ wie folgt approximiert wird:

$$\|x - D_h y\|_{L^\infty} = \|y' - D_h y\|_{L^\infty} \le \frac{h^2}{6} \|y'''\|_{L^\infty} = \frac{h^2}{6} \|x''\|_{L^\infty}. \tag{5.23}$$

Wir setzen voraus, dass die Daten der Integralgleichung (5.19) gestört werden, d.h. statt der genauen Funktion $y(t)$ liegt uns eine andere Funktion $y_\epsilon(t) = y(t) + \epsilon(t)$ vor, wobei die Störung beschränkt ist: $\|\epsilon\| \le \epsilon_0$. Nun schätzen wir die Abweichung der exakten Lösung x der Integralgleichung (5.19) mit der ungestörten Funktion y von der numerischen Lösung $D_h y_\epsilon$ mit gestörter Funktion y_ϵ ab. Die Ungleichung (5.23) zusammen mit

$$\|D_h(y - y_\epsilon)\| \le \frac{\epsilon_0}{h}$$

führt zu der Abschätzung

$$\|x - D_h y_\epsilon\|_{L^\infty} = \|x - D_h y + D_h(y - y_\epsilon)\|_{L^\infty} \le \frac{h^2}{6} \|x''\|_{L^\infty} + \frac{\epsilon_0}{h}. \tag{5.24}$$

Der Gesamtfehler des berechneten numerischen Wertes $D_h y_\epsilon$ setzt sich zusammen aus einem Approximationsfehler der Größenordnung $\mathcal{O}(h^2)$ und einem Datenfehler der Größenordnung $\mathcal{O}(1/h)$. Während der Approximationsfehler mit kleinerer Schrittweite h abnimmt, wächst der Datenfehler unbeschränkt für $h \to 0$, was es unmöglich macht, den Gesamtfehler beliebig klein zu machen.

Ähnliche Phänomene treten bei Versuchen auf, die Abelsche Integralgleichung (5.16) oder andere schlecht gestellte Probleme auf „naive“ Weise numerisch zu behandeln. Daher sind hier andere Ansätze erforderlich, die man als Regularisierungsmethoden bezeichnet. Die Idee der Regularisierungsmethoden besteht darin, aus einem schlecht gestellten Problem ein verwandtes gut gestelltes Problem zu konstruieren, es zu lösen und zu hoffen, dass die Lösung des gut gestellten Problems in einem geeigneten Sinn gegen die Lösung des schlecht gestellten Problems konvergiert, wenn man die Stärke der Regularisierung gegen Null gehen lässt. Generell unterscheidet man zwischen Regularisierungsmethoden, die das Originalproblem regularisieren, und solchen, die eine Regularisierung des bereits diskretisierten Problems vornehmen. Für die Abelsche Integralgleichung (5.16) könnte eine der möglichen Realisierungen der ersten Methode darin bestehen, diese in eine Volterrasche Integralgleichung 2. Art

$$\epsilon\, x(t) + \frac{1}{\sqrt{\pi}} \int_0^t \frac{x(s)}{\sqrt{t-s}}\, ds = y(t) \tag{5.25}$$

umzuformen, wobei $\epsilon > 0$ ein kleiner Parameter ist. Die Integralgleichung (5.25) ist bereits ein gut gestelltes Problem, das sich numerisch mit den üblichen Diskretisierungsmethoden behandeln lässt. Geht ϵ gegen Null, erwartet man, dass die Lösung der Integralgleichung (5.25) gegen die Lösung der Abelschen Integralgleichung (5.16) konvergiert.

Der andere Typ von Regularisierungsmethoden wird erst nach der Diskretisierung der Abelschen Integralgleichung, die zu sehr schlecht konditionierten linearen Gleichungssystemen führt, eingesetzt. Solche Gleichungssysteme kann man beispielsweise mit einem passenden Schnitt der Singulärwertzerlegung der Lösung, siehe Beispiel 5.1, oder mit der Tikhonov-Methode oder auch mit anderen Methoden regularisieren. Für eine detaillierte Darstellung der Theorie und Anwendung inverser und schlecht gestellter Probleme und der Regularisierung verweisen wir auf Rieder (2003).

5.2 Dimensionsanalyse

Es ist unmittelbar einleuchtend, dass die Eigenschaften eines Systems oder eines Prozesses nicht von der Wahl der physikalischen Einheiten abhängen. So wird die Schwingungsdauer eines Pendels nicht davon abhängen, ob wir diese in Minuten oder in Sekunden messen bzw. berechnen, solange wir den Zahlenwert mit der richtigen Einheit multiplizieren. Offensichtlich müssen daher Modellgleichungen invariant unter einem Wechsel von Einheiten sein. Diese Symmetrieeigenschaft hat erstaunlich weitreichende Folgen und

Anwendungen bei der Analyse eines Modells, von denen wir in dem folgenden Abschnitt einige kennen lernen werden.

5.2.1 Einheiten und Dimensionen

Quantitative Größen haben im Allgemeinen eine **Dimension** und eine **Einheit**, einige Beispiele finden sich in Tabelle 5.1. Eine Einheit ist durch eine wohldefinierte Messvorschrift festgelegt, man denke an den historischen „Urmeter" in Paris. Der Wert einer solchen **dimensionsbehafteten** Größe ist das Produkt aus einer Zahl und einer Einheit.

Tab. 5.1: Dimensionen und Einheiten

Größe	Dimension	Einheiten
Zeitdauer, Zeitpunkt	T	Sekunde (s), Stunde (h)
Länge, Strecke	L	Meter (m), Kilometer (km)
Anzahl	A (1)	$1,\ 10^3$
Masse	M	Kilogramm (kg), Gramm (g)
Geschwindigkeit	$\mathrm{L/T}$	m/s, km/h
Volumen	L^3	m^3
Energie	$\mathrm{ML^2T^{-2}}$	Joule ($\mathrm{J = kg\,m^2/s^2}$)
Kraft	$\mathrm{MLT^{-2}}$	Newton ($\mathrm{1N = 1kg\,m/s^2}$)

Mit $[x]$ bezeichnet man die Dimension der Größe x. Für eine Geschwindigkeit v gilt also zum Beispiel

$$[v] = \mathrm{L/T}.$$

Fast jede Modellgleichung enthält mehrere dimensionsbehaftete Größen mit im Allgemeinen unterschiedlichen Dimensionen. Dabei unterscheidet man zwischen Basisdimensionen wie der Zeit T, oder der Länge L, und zusammengesetzten Dimensionen wie dem Volumen L^3 oder der Energie $\mathrm{ML^2T^{-2}}$. Wir gehen davon aus, dass reale Prozesse, und damit auch die Modelle, die diese beschreiben, invariant sind bezüglich einer Änderung der Einheiten, in denen die Zustandsgrößen der Prozesse gemessen werden. Insbesondere ändert sich also die Form der Modellgleichungen nicht, wenn wir die Zeit in Stunden statt in Sekunden oder die Masse in Gramm statt in Kilogramm angeben.

Wir betrachten als einführendes Beispiel das einfache Modell des exponentiellen Wachstums einer Bakterienpopulation $n(t)$:

$$\dot{n}(t) = \lambda n(t), \quad n(t_0) = n_0. \tag{5.26}$$

Die in dieser Gleichung vorkommenden Größen haben die folgenden Dimensionen:

$$[t] = \mathrm{T}, \quad [n] = \mathrm{A}, \quad [\lambda] = \mathrm{T}^{-1}, \quad [\dot{n}] = \mathrm{AT}^{-1}.$$

Die Werte der drei Parameter n_0, t_0 und λ hängen von den gewählten Einheiten ab. Da die Gleichung (5.26) aber unabhängig von der Wahl der verwendeten Einheiten gelten soll, müssen die Größen auf der linken und der rechten Seite dieselbe Dimension haben:

$$[\dot{n}(t)] = [\lambda n(t)].$$

Dies gilt für alle vernünftigen Modellgleichungen, sodass eine Überprüfung dieser Tatsache nicht selten einen ersten Hinweis auf eine mögliche Inkonsistenz eines Modells gibt.

Mit einer Dimensionsanalyse von Modellgleichungen werden in der Regel die folgenden Ziele verfolgt:

i. Ein dimensionsbehaftetes Modell lässt sich durch eine so genannte Entdimensionalisierung in ein dimensionsloses Modell überführen. Dies ist insbesondere für numerische Berechnungen, aber auch bevor man mit analytischen Untersuchungen beginnt, unbedingt zu empfehlen.

ii. Oft gelingt es, im Zuge dieser Entdimensionalisierung die Anzahl der Parameter des Modells zu reduzieren, indem man – vereinfacht gesagt – die Einheiten so wählt, dass möglichst viele Parameter den Wert 1 haben.

iii. Außerdem ermöglicht die Entdimensionalisierung eine Skalierung des Modells und eine Skalenanalyse der vorkommenden Größen. Insbesondere lässt sich erst nach der Festlegung von typischen Größen in einem System – den so genannten charakteristischen Größen oder Einheiten – sagen, was man unter klein bzw. groß versteht.

iv. Nicht zuletzt ermöglicht eine Dimensionsanalyse oft ein Vorverständnis von der Struktur möglicher Lösungen.

Diese Aspekte der Dimensionsanalyse werden im Folgenden genauer behandelt.

5.2.2 Entdimensionalisierung und Skalierung

Wir führen das Vorgehen bei einer Entdimensionalisierung an dem obigen Beispiel des Bakterienwachstums vor.

1. **Charakteristische Größen/Einheiten.** Wir führen für die in den Modellgleichungen vorkommenden Einheiten jeweils eine problemangepasste charakteristische Größe als Maßeinheit ein. Diese Größen werden im Folgenden immer mit einen Überstrich versehen. Eine geeignete Wahl für den Wert dieser charakteristischen Größe erfolgt später. In unserem Beispiel führen wir eine für unser Bakterienwachstum charakteristische Zeit $\bar{t}$ und eine charakteristische Bakterienanzahl $\bar{n}$ ein.

2. **Dimensionslose Größen.** Wir schreiben die Variablen in den charakteristischen Einheiten, d.h.

$$n = \bar{n}m, \quad t = \bar{t}s + t_0$$

mit den dimensionslosen Größen s und m.

3. Dimensionslose Gleichung. Für die dimensionslose Größe $m = m(s)$ erhalten wir dann

$$m(s) = \frac{n(s\bar{t} + t_0)}{\overline{n}},$$
$$\dot{m}(s) := \frac{dm}{ds} = \frac{\bar{t}}{\overline{n}}\dot{n}(t).$$

Einsetzen von $n(t)$ und $\dot{n}(t)$ aus den rechten Seiten der obigen Gleichungen in die Modellgleichung (5.26) ergibt das äquivalente Anfangswertproblem

$$\dot{m}(s) = \rho m(s), \quad m(0) = m_0 \tag{5.27}$$

mit den dimensionslosen Parametern

$$\rho = \lambda\bar{t}, \quad m_0 = \frac{n_0}{\overline{n}}.$$

4. Wahl der charakteristischen Größen/Einheiten. Jetzt wählen wir $\overline{n}$ und $\bar{t}$ so, dass möglichst viele Parameter in unserer neuen Modellgleichung (5.27) den Wert 1 haben. Die Forderung $\rho = 1$ und $m_0 = 1$ führt auf die Wahl

$$\overline{n} = n_0, \qquad \bar{t} = 1/\lambda,$$

und wir erhalten die Modellgleichung

$$\dot{m}(s) = m(s), \quad m(0) = 1. \tag{5.28}$$

Man beachte, dass wir damit auch wirklich „charakteristische Einheiten" für das Wachstumsmodell gewählt haben, nämlich die Anfangspopulation und die Zeitskala des exponentiellen Wachstums. Das vorliegende Modell ist parameterfrei! Das heißt, es gibt, unabhängig von den genauen Werten der Modellparameter, nur einen Lösungstyp dieses Modells. Im Allgemeinen kann man auf diese Weise höchstens so viele Parameter aus dem Modell eliminieren, wie charakteristische Größen zu wählen sind. In unserem Beispiel erhalten wir für (5.28) die entdimensionalisierte Lösung

$$m(s) = e^s,$$

und daraus jede dimensionsbehaftete Lösung durch Rücksubstitution:

$$n(t) = \overline{n}m\big(s(t)\big) = \overline{n}m\big((t - t_0)/\bar{t}\big) = n_0 m\big((t - t_0)\lambda\big) = n_0 e^{(t-t_0)\lambda}.$$

Jetzt werden wir das obige Vorgehen an einem klassischen Beispiel anwenden, siehe Holmes (2009).

Beispiel 5.3 (Senkrechter Wurf)
Es sei $x(t) \in \mathbb{R}$ die Höhe eines nach oben geworfenen punktförmigen Gegenstands der Masse m über dem Erdboden. Nach dem Newtonschen Gravitationsgesetz, siehe Gleichung (4.18), wirkt auf diesen Körper unter der Annahme, dass die Erde eine homogene Kugel der Masse M_e mit Radius R ist, die Gravitationskraft

$$F = -\gamma \frac{M_e\, m}{(x+R)^2}.$$

Bei Vernachlässigung der Luftreibung erhalten wir aus dem zweiten Newtonschen Gesetz die folgende Bewegungsgleichung

$$m\ddot{x} = F = -\gamma \frac{M_e\, m}{(x+R)^2}.$$

Mit der Erdbeschleunigung $g := \gamma M_e/R^2$ und den Anfangsbedingungen $x(0) = 0$ und $\dot{x} = v^0 > 0$ (senkrechter Wurf nach oben) ergibt sich das folgende Anfangswertproblem

$$\ddot{x} = -g\frac{R^2}{(x+R)^2}; \qquad x(0) = 0,\, \dot{x}(0) = v^0. \tag{5.29}$$

Man bestätige, dass die Erdbeschleunigung g in der Tat die Dimension $[g] = \mathrm{LT}^{-2}$ hat.

Als erstes führen wir wieder charakteristische Einheiten $\bar{t}$ und $\bar{x}$ ein. Mit

$$t = \bar{t}s, \qquad x(t) = \bar{x}y(s(t)) = \bar{x}y(t/\bar{t})$$

erhalten wir nach Einsetzen in Gleichung (5.29), Anwendung der Kettenregel und Umgruppierung der Parameter das folgende entdimensionalisierte Anfangswertproblem

$$\frac{\bar{x}}{g\bar{t}^2}\ddot{y} = -\frac{1}{\left(\frac{\bar{x}}{R}y+1\right)^2}, \qquad y(0) = 0,\ \dot{y}(0) = \frac{\bar{t}}{\bar{x}}v^0. \tag{5.30}$$

Man beachte, dass der Punkt jetzt die Ableitung nach der dimensionslosen Zeit s bezeichnet. Das entdimensionalisierte Anfangswertproblem (5.30) enthält drei dimensionslose Parameter, die auch als „dimensionslose Gruppen" bezeichnet werden:

$$\Pi_1 = \frac{\bar{x}}{g\bar{t}^2}, \quad \Pi_2 = \frac{\bar{x}}{R}, \quad \Pi_3 = \frac{\bar{t}}{\bar{x}}v^0. \tag{5.31}$$

Durch geeignete Wahl der charakteristischen Größen $\bar{t}$ und $\bar{x}$ lassen sich nur zwei dieser drei Parameter auf den Wert Eins setzen. Bevor wir uns für zwei Parameter entscheiden, wollen wir uns noch kurz die anschauliche Bedeutung der drei dimensionslosen Parameter klarmachen: Π_2 beschreibt das Verhältnis der charakteristischen Höhe $\bar{x}$ und des Erdradius R. Betrachten wir einen senkrechten Wurf einer Höhe $h \ll R$, so sollte dieser Parameter wesentlich kleiner als Eins sein. Π_3 beschreibt, wie groß die Abwurfgeschwindigkeit in den charakteristischen Einheiten ist und Π_1, wie groß die Erdbeschleunigung g in diesen Einheiten ist. Daher liegt es nahe, $\bar{x}$ und $\bar{t}$ so zu wählen, das $\Pi_1 = \Pi_3 = 1$ wird. Diese Forderung ergibt

$$\bar{x} = \bar{t}v^0, \qquad g\bar{t}^2 = \bar{x}$$

mit der Lösung

$$\overline{t} = v^0/g, \qquad \overline{x} = (v^0)^2/g.$$

Damit erhalten wir schließlich das folgende dimensionslose parameterreduzierte Anfangswertproblem mit einem dimensionslosen Parameter

$$\ddot{y} = -\frac{1}{(\epsilon y + 1)^2}, \qquad y(0) = 0,\ \dot{y}(0) = 1, \qquad \epsilon = (v^0)^2/(gR). \tag{5.32}$$

Mit $g \approx 9.8\,\mathrm{m/s^2}$ und $R \approx 6.4 \times 10^6$ m ergibt sich für eine Abwurfgeschwindigkeit v^0 der Wert

$$\epsilon \approx 1.6 \times 10^{-8}\,\mathrm{s^2/m^2}\,(v_0)^2,$$

d.h. $\varepsilon \ll 1$ für übliche Würfe. Für solche Abwurfgeschwindigkeiten v^0 legt Gleichung (5.32) nahe, dass man auch mit $\epsilon = 0$ bereits eine gute Approximation der Wurfbahn erhält. Die dimensionsbehaftete Gleichung lautet in diesem Fall

$$\ddot{x} = -g,$$

und wir hätten diese Approximation auch direkt mit Gleichung (5.29) und der Annahme, dass $x(t) \ll R$ ist, begründen können. In komplizierteren Fällen ist es aber im Allgemeinen ohne eine vorige Entdimensionalisierung und geeignete Skalierung nicht ohne weiteres möglich zu sehen, wann ein bestimmter Term als klein betrachtet werden kann. Im vorliegenden Fall ist zum Beispiel die entscheidende Größe eigentlich der Parameter ϵ und nicht die Wurfhöhe, wobei beide in diesem einfachen Fall direkt miteinander zusammenhängen.

Bei einer anderen Wahl der Skalierung, bei der zum Beispiel die Parameter Π_1 und Π_2 zu Eins werden, steht der einzige verbleibende Parameter an einer ganz anderen Stelle, siehe Aufgabe 5.1. ■

Abschließend führen wir noch die Entdimensionalisierung einer Diffusions-Reaktions-Konvektions-Gleichung durch, bei der insbesondere entschieden werden soll, welche Terme in einer Gleichung auf welchen Raum- und Zeitskalen eine Rolle spielen. Dieses Modell wird in Kapitel 9 detaillierter untersucht. Wir betrachten die folgende partielle Differentialgleichung

$$\frac{\partial u}{\partial t} = D\frac{\partial^2 u}{\partial x^2} - v\frac{\partial u}{\partial x} - \alpha u \tag{5.33}$$

für die unbekannte Konzentration $u = u(x,t)$ einer sich in einen eindimensionalen Gebiet ausbreitenden Substanz. Hier beschreibt der erste Term auf der rechten Seite die Diffusion mit einer Diffusionskonstanten D, der zweite Term die Konvektion mit der Fließgeschwindigkeit v des umgebenden Mediums und der dritte Term den chemischen Abbau mit einer Abbaurate α. Die Dimensionen der auftretenden Größen sind

$$[u] = \mathrm{L}^{-1}, \quad \left[\frac{\partial u}{\partial t}\right] = \mathrm{L}^{-1}\mathrm{T}^{-1}, \quad \left[\frac{\partial u}{\partial x}\right] = \mathrm{L}^{-2}, \quad \left[\frac{\partial^2 u}{\partial x^2}\right] = \mathrm{L}^{-3}$$
$$[D] = \mathrm{L}^2\mathrm{T}^{-1}, \quad [v] = \mathrm{LT}^{-1}, \quad [\alpha] = \mathrm{T}^{-1}.$$

Setzt man die Dimensionen in Gleichung (5.33) ein, so sieht man, dass alle Terme die gleiche Dimension $L^{-1}T^{-1}$ haben. Wir sehen auch, dass in der Gleichung nur zwei Basisdimensionen – L und T – vorkommen. Daher können wir die drei Parameter D, v und α durch Entdimensionalisierung und geeignete Wahl der charakteristischen Einheiten auf einen freien Parameter reduzieren.

Bei der Entdimensionalisierung gehen wir wieder wie oben vor. Zunächst führen wir eine charakteristische Zeit $\bar{t}$, eine charakteristische Länge $\bar{x}$, und eine charakteristische Konzentration $\bar{u}$ ein. Dann werden die Gleichungsvariablen in den charakteristischen Einheiten geschrieben

$$t = \bar{t}\hat{t}, \quad x = \bar{x}\hat{x}, \quad u(x,t) = \bar{u}\hat{u}(\hat{x},\hat{t}) = \bar{u}\hat{u}(x/\bar{x}, t/\bar{t}),$$

mit den dimensionslosen Größen $\hat{t}$, $\hat{x}$, $\hat{u}$. Einsetzen in Gleichung (5.33) ergibt nach einigen elementaren Umformungen

$$\frac{\partial \hat{u}}{\partial \hat{t}} = D\frac{\bar{t}}{\bar{x}^2}\frac{\partial^2 \hat{u}}{\partial \hat{x}^2} - v\frac{\bar{t}}{\bar{x}}\frac{\partial \hat{u}}{\partial \hat{x}} - \alpha\bar{t}\hat{u} \tag{5.34}$$

für die neue unbekannte Größe $\hat{u} = \hat{u}(\hat{x},\hat{t})$.

Jetzt wählen wir $\bar{t}$, $\bar{x}$ derart, dass möglichst viele Parameter in unserer neuen Modellgleichung (5.34) den Wert Eins haben (die Wahl von $\bar{u}$ spielt hier keine Rolle). Wir haben wieder drei Möglichkeiten, wobei jeweils zwei der drei Parameter Eins werden. Mit der Wahl

$$\bar{t} = \frac{1}{\alpha}, \quad \bar{x} = \frac{v}{\alpha}$$

erhalten wir zum Beispiel

$$\frac{\partial \hat{u}}{\partial \hat{t}} = \hat{D}\,\frac{\partial^2 \hat{u}}{\partial \hat{x}^2} - \frac{\partial \hat{u}}{\partial \hat{x}} - \hat{u} \tag{5.35}$$

mit einem einzigen verbleibenden dimensionslosen Parameter

$$\hat{D} = \frac{\alpha\, D}{v^2}.$$

Die entdimensionalisierte Gleichung (5.35) hat gegenüber der ursprünglichen Gleichung (5.33) einige Vorteile. Zum einen kann man diese Gleichung leichter analytisch und numerisch untersuchen, da die Anzahl der freien Parameter von drei auf einen reduziert ist. Zum anderen kann man direkt an der Größe des einzigen Parameters $\hat{D}$ ablesen, ob der Diffusionsprozess gegenüber der Konvektion und des chemischen Abbaus vernachlässigt werden kann ($\hat{D} \ll 1$) oder aber im Gegenteil den Gesamtprozess dominiert ($\hat{D} \gg 1$).

Die Wahl

$$\bar{t} = \frac{1}{\alpha}, \quad \bar{x} = \sqrt{D/\alpha}$$

führt zu einer entdimensionalisierten Gleichung der Form

$$\frac{\partial \hat{u}}{\partial \hat{t}} = \frac{\partial^2 \hat{u}}{\partial \hat{x}^2} - \hat{v}\frac{\partial \hat{u}}{\partial \hat{x}} - \hat{u}$$

mit dem einzigen dimensionslosen Parameter

$$\hat{v} = \frac{v}{\sqrt{\alpha\, D}}.$$

In diesem Fall sind die Prozesse der Diffusion und des chemischen Abbaus "fixiert“ und man kann an dem Parameter $\hat{v}$ ablesen, wie stark die Konvektion im Vergleich zur Diffusion und zum Abbau den Transportprozess beeinflusst. Wir werden in Kapitel 9 eine genauere Analyse durchführen, auf welchen Zeit- und Längenskalen welche Prozesse eine Rolle spielen.

Oft möchte man bei der Entdimensionalisierung nicht die Parameter reduzieren, sondern die Variablen in den Modellgleichungen geeignet skalieren. Als Beispiel einer solchen Skalierung betrachten wir wieder die obige Diffusions-Reaktions-Konvektions-Gleichung, zu der wir noch Anfangs- und Randbedingungen hinzufügen.

$$\begin{aligned} \frac{\partial u}{\partial t} &= D\,\frac{\partial^2 u}{\partial x^2} - v\frac{\partial u}{\partial x} - \alpha u, \\ u(x,0) &= f(x),\ 0 \le x \le L, \qquad u(0,t) = g(t),\ 0 \le t \le T. \end{aligned}$$

Es gibt jetzt fünf Parameter (D, v, α, L und T), die alle von den beiden Basisdimensionen Länge und Zeit abhängen, sodass wir nach Entdimensionalisierung und Skalierung ein Problem mit drei Parametern erhalten[1]. Wiederholen wir die gleichen Schritte wie bei der Entdimensionalisierung von Gleichung (5.33), so erhalten wir das folgende Anfangs-Randwertproblem:

$$\begin{aligned} \frac{\partial \hat{u}}{\partial \hat{t}} &= D\,\frac{\bar{t}}{\bar{x}^2}\,\frac{\partial^2 \hat{u}}{\partial \hat{x}^2} - v\,\frac{\bar{t}}{\bar{x}}\,\frac{\partial \hat{u}}{\partial \hat{x}} - \alpha\bar{t}\hat{u}, \\ \hat{u}(\hat{x},0) &= f(\bar{x}\hat{x}),\ 0 \le \hat{x} \le \frac{L}{\bar{x}}, \qquad \hat{u}(0,\hat{t}) = g(\bar{t}\hat{t}),\ 0 \le t \le \frac{T}{\bar{t}}. \end{aligned} \tag{5.36}$$

Die Wahl

$$\bar{x} = L, \quad \bar{t} = T$$

führt zu

$$\begin{aligned} \frac{\partial \hat{u}}{\partial \hat{t}} &= \hat{D}\,\frac{\partial^2 \hat{u}}{\partial \hat{x}^2} - \hat{v}\,\frac{\partial \hat{u}}{\partial \hat{x}} - \hat{\alpha}\hat{u}, \\ \hat{u}(\hat{x},0) &= \hat{f}(\hat{x}),\ 0 \le \hat{x} \le 1, \qquad \hat{u}(0,\hat{t}) = \hat{g}(\hat{t}),\ 0 \le t \le 1, \end{aligned} \tag{5.37}$$

wobei die neuen Parameter und Funktionen von den ursprünglichen Parametern wie folgt abhängen:

$$\hat{D} = D\,\frac{T}{L^2}, \quad \hat{v} = v\,\frac{T}{L}, \quad \hat{\alpha} = \alpha\,T, \quad \hat{f}(\hat{x}) = f(L\,\hat{x}), \quad \hat{g}(\hat{t}) = g(T\,\hat{t}).$$

---

[1] L bzw. T bezeichnet hier nicht die Dimension Länge bzw. Zeit.

Die oben durchgeführte Entdimensionalisierung nennt man manchmal auch Skalierung, da die Definitionsräume von unabhängigen Variablen skaliert werden, sodass diese jetzt eine fixierte Größe ($\hat{T} = \hat{L} = 1$) haben. Insbesondere für die numerische Lösung von Modellgleichungen, die oft mit einer Diskretisierung von zeitlichen und räumlichen Gebieten verbunden ist, kann eine Skalierung empfehlenswert sein. Dabei verzichtet man darauf, die Anzahl der Parameter der eigentlichen Gleichungen auf die minimal mögliche Anzahl zu reduzieren.

5.2.3 Modellreduktion durch Dimensionsanalyse

Zum Abschluss des Abschnittes wollen wir noch kurz einen weiteren Aspekt der Dimensionsanalyse ansprechen. In einigen Fällen lassen sich die Lösungen der Modellgleichungen oder andere mit ihnen verbundene gesuchte Größen allein mithilfe einer Dimensionsanalyse bis auf einen konstanten Faktor bestimmen.

Als Beispiel wollen wir versuchen, allein aus einer Dimensionsbetrachtung die Periodendauer eines mathematischen Pendels zu berechnen. Unter der Annahme, dass der Auslenkwinkel klein ist und die Periodendauer T_p nicht von den Anfangsbedingungen (Auslenkwinkel und Geschwindigkeit), sondern nur von den Parametern des Pendels – seiner Länge L_p und seiner Masse m_p – und von der Erdbeschleunigung g abhängt, postulieren wir eine noch unbekannte funktionale Beziehung

$$T_p = f(g, m_p, L_p).$$

Damit diese Beziehung unabhängig von der Wahl der Einheiten ist, muss die rechte Seite die Dimension einer Zeit haben, d.h. die Parameter g, m_p, L_p müssen geeignet kombiniert werden. Mit dem Ansatz

$$[T_p] = [g]^k [m_p]^l [L_p]^m$$

erhalten wir für die Dimensionen

$$\mathrm{T} = (\mathrm{L}/\mathrm{T}^2)^k \mathrm{M}^l \mathrm{L}^m.$$

Dies führt auf das Gleichungssystem

$$\begin{aligned} \mathrm{T}: \quad -2k &= 1 \\ \mathrm{L}: \quad k + m &= 0 \\ \mathrm{M}: \quad l &= 0, \end{aligned}$$

da die Dimensionen L, T und M voneinander unabhängig sind. Die Lösung des Gleichungssystems ist offensichtlich $k = -1/2$, $m = 1/2$, $l = 0$, was zu der Gleichung

$$T_p = \alpha \sqrt{L_p/g}$$

mit einer dimensionslosen Konstanten α führt. Es reicht dann, mit einer einzigen Messung für ein beliebiges Pendel die Konstante α zu bestimmen. Natürlich ist in diesem einfachen Beispiel die Lösung $T_p = 2\pi\sqrt{L_p/g}$ bekannt, aber in komplizierteren Beispielen lässt sich mit einer solchen Dimensionsanalyse oft eine ansonsten sehr aufwändige Berechnung umgehen. Das obige Vorgehen lässt sich auch theoretisch untermauern und beruht auf dem so genannten Pi-Theorem, siehe Samarskii und Mikhailov (2002) oder Holmes (2009).

5.3 Linearisierung

Wie bereits in Abschnitt 5.1.1 erwähnt, lassen sich nichtlineare Gleichungen in den meisten Fällen nicht direkt lösen. Darüber hinaus ist auch eine qualitative Analyse der Eigenschaften von nichtlinearen Gleichungen im Allgemeinen sehr schwierig. Tauchen in Modellen nichtlineare Gleichungen auf, so versucht man daher oft, die nichtlinearen Modellgleichungen durch lineare Gleichungen zu approximieren. In manchen Fällen liefert dann schon dieses vereinfachte so genannte **linearisierte Modell** zufriedenstellende Ergebnisse. In anderen Fällen kann man zumindest einige qualitative Eigenschaften des linearisierten Modells auf das nichtlineare übertragen. Eine dritte Anwendung von linearisierten Modellen besteht darin, dass man oft die Lösung des nichtlinearen Modells auf eine iterative Lösung einer Folge von linearen Modellen zurückführen kann.

Grundlage der Linearisierung ist die aus der Analysis bekannte Taylor-Entwicklung: Sei f eine auf einem offenen Gebiet $U \subseteq \mathbb{R}^n$ definierte zweimal stetig differenzierbare reellwertige Funktion mit der ersten Ableitung $\mathrm{D}f(z)$ (der **Jacobi-Matrix** der Funktion f), dann lässt sich f in der Nähe eines Punktes $z_* \in U$ wie folgt schreiben:

$$f(z) = f(z_*) + \mathrm{D}f(z_*)(z - z_*) + r(z - z_*),$$

wobei das Restglied $r(z - z_*)$ für $z \to z_*$ schneller gegen Null geht als die Abweichung $x := z - z_*$, d.h., es gilt

$$\lim_{x \to 0} \frac{r(x)}{\|x\|} \to 0.$$

Bei einer **Linearisierung** um den Punkt z_* wird das Restglied r vernachlässigt, das heißt, die Funktion f wird durch die Funktion

$$\tilde{f}(z) := f(z_*) + \mathrm{D}f(z_*)(z - z_*)$$

ersetzt. Meistens geht man auch noch zu neuen Variablen $x = z - z_*$ über, die den Abstand zum Punkt z_* beschreiben und verwendet in einem linearisierten Modell dann die Funktion

$$g(x) := \tilde{f}(z_* + x) - \tilde{f}(z_*) = \mathbf{A}x, \quad \mathbf{A} = Df(z_*). \tag{5.38}$$

In den Ingenieurwissenschaften wird der Punkt z_* je nach Kontext auch als **Arbeitspunkt** oder als **Referenzkonfiguration** bezeichnet.

Der Übergang von einem nichtlinearen zu einem linearisierten Modell besteht damit aus zwei Schritten:

Auswahl eines Referenzzustandes z_*. Der Zustand z_*, in dessen Umgebung das linearisierte Modell das nichtlineare ersetzen bzw. approximieren soll, muss sinnvoll gewählt werden. Möchte man z.B. das Verhalten eines Systems bei kleinen Störungen aus einer Ruhelage heraus untersuchen, so wird man als Referenzzustand eben diese Ruhelage wählen. Oft muss ein geeigneter Referenzzustand erst berechnet werden.

Linearisierung der Modellgleichungen. Nichtlineare Funktionen $f(z)$ in dem Modell werden um den Punkt z_* linearisiert.

Ein linearisiertes Modell wird – wenn überhaupt – nur einen bestimmten Gültigkeitsbereich haben. Man muss also generell immer überprüfen, ob die Zustände z auch nahe genug an dem gewählten Referenzzustand z_* bleiben, um die Vernachlässigung des nichtlinearen Restgliedes zu rechtfertigen. Wir werden im Folgenden das Vorgehen an zwei Beispielen illustrieren.

Beispiel 5.4 (Mathematisches Pendel)
Wir betrachten die Modellgleichung des mathematischen Pendels, siehe Gleichung (4.10), S. 89 (in entdimensionalisierter Form)

$$\ddot{\phi} = -\sin(\phi) =: f(\phi).$$

Linearisierung der rechten Seite $f(\phi)$ um den Punkt $\phi_* = 0$ ergibt mit

$$f(\phi) = f(0) + f'(0)\phi + r(\phi) = -\cos(0)\phi + r(\phi) = -\phi + r(\phi)$$

die linearisierte Funktion (in der obigen Notation)

$$\tilde{f}(\phi) = g(\phi) = -\phi.$$

Die linearisierte Modellgleichung

$$\ddot{\phi} = -\phi$$

lässt sich im Gegensatz zur nichtlinearen Modellgleichung leicht analytisch lösen. In Abbildung 5.1 ist ein Vergleich des linearisierten und des nichtlinearen Modells für unterschiedliche Anfangsauslenkungen zu sehen. Man mache sich anhand des Vergleichs der nichtlinearen Funktion f und ihrer Linearisierung g, siehe Abbildung 5.2, klar, dass die linearisierte Modellgleichung für Auslenkungen $\phi > \pi/2$ nicht nur ungenaue, sondern auch qualitativ falsche Ergebnisse liefern wird. Bei komplizierteren Modellen erkennt man leider oft nicht so unmittelbar, in welchem Bereich das linearisierte Modell eine gute Approximation liefert oder zumindest ein qualitativ richtiges Verhalten vorhersagt.

■

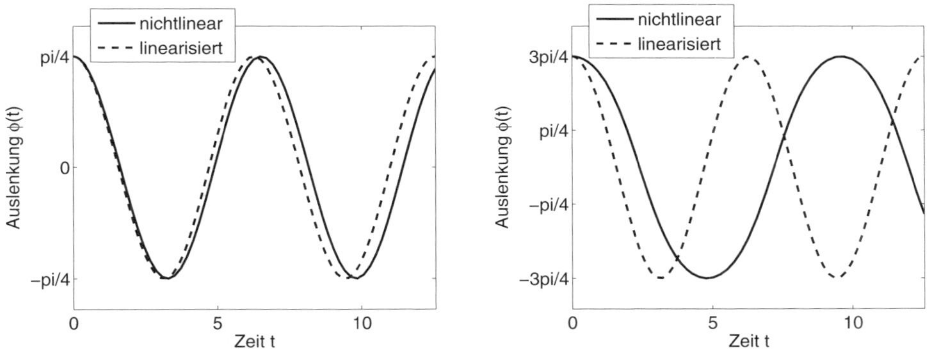

Abb. 5.1: Vergleich der Lösungen des linearisierten und des nichtlinearen mathematischen Pendels für eine relative kleine Anfangsauslenkung $\phi(0) = \pi/4, \dot{\phi}(0) = 0$ und für eine große Auslenkung $\phi(0) = 3\pi/4, \dot{\phi}(0) = 0$. Die Lösungen wurden mit MATLAB numerisch berechnet, siehe auch Beispiel 6.2, S. 202

Beispiel 5.5 (Hooksches Gesetz, ebenes Fachwerk)
Wir betrachten jetzt ein Modell zur Simulation von statischen und dynamischen Eigenschaften eines einfachen ebenen Fachwerkes wie in Abbildung 5.5 dargestellt. Die 6 Knoten seien mit elastischen Balken verbunden (ein Material heißt elastisch, wenn es sich bei Belastung verformt, aber bei verschwindender Belastung wieder in seine ursprüngliche Form übergeht). Es sollen einerseits die Verformungen und die in den Balken auftretenden so genannten Spannungen bei einer gegebenen Belastung (statische Eigenschaften) und andererseits eventuell auftretende Schwingungen des Fachwerks (dynamisches Verhalten) simuliert werden. Man spricht bei dieser Klasse von Problemen auch von statischen und dynamischen Strukturberechnungen.

Dass wir hier ein weiteres Beispiel aus der Mechanik gewählt haben, liegt daran, dass man diese Modelle so gut veranschaulichen kann. Ganz ähnliche Modelle, bei denen lineare bzw. nichtlineare Schwingungsphänomene eine Rolle spielen, finden sich in zahlreichen anderen Anwendungsgebieten (Elektrotechnik, Hirnströme, ...). Wir machen die folgenden vereinfachenden Modellannahmen

1. Jeder Balken wird nur in Längsrichtung (durch Druck oder Zug) belastet — es findet also keine Balkenbiegung statt. Dies ist z.B. in guter Näherung der Fall, wenn die Balken an den Verbindungsknoten drehbar gelagert sind. Alle Balken sind aus demselben Material und haben denselben Querschnitt.
2. Das Fachwerk ist in den Randpunkten 5 und 6 fest gelagert, d.h. die Knoten 5 und 6 können sich nicht bewegen.
3. Wir denken uns die Masse in den (punktförmigen) Knoten konzentriert. Jeder Knoten i erhält die Summe der Hälfte der Masse aller Balken, mit denen er verbunden ist.

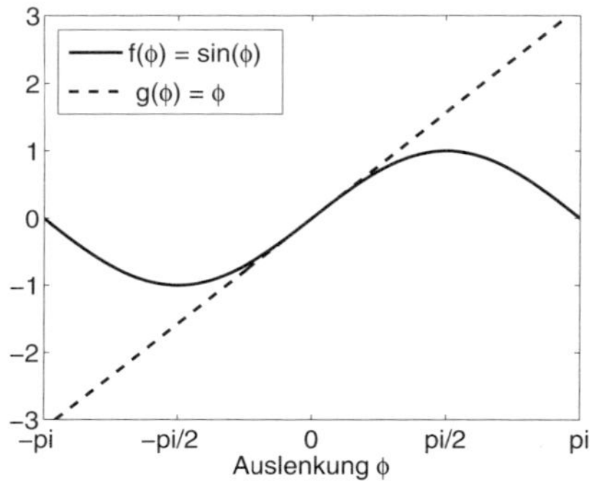

Abb. 5.2: Vergleich der nichtlinearen rechten Seite f und der linearisierten Funktion g für das mathematische Pendel. In diesem einfachen Beispiel wird offensichtlich, dass für Auslenkungen ϕ mit $|\phi| > \pi/2$ das nichtlineare und das linearisierte Modell auch qualitativ nicht mehr übereinstimmen können, da sich sogar die Monotonieeigenschaften der beiden Funktionen f und g unterscheiden.

4. Für jeden Balken gilt das **Hooksche Gesetz**: Die Verformung (also Dehnung bzw. Stauchung) ist proportional zur wirkenden Kraft. Bezeichnen wir mit l_0 die Länge eines Balkens ohne Belastung und mit l die Länge bei Belastung mit einer Zug- bzw. Druckkraft F, so besagt das Hooksche Gesetz
$$F = E\frac{l - l_0}{l_0} \tag{5.39}$$
mit einer von Material und Querschnitt des Balkens abhängigen Materialkonstanten E.

Wir bemerken zunächst, dass die 4. Annahme bereits eine Linearisierung beinhaltet. Messungen ergeben, dass viele Materialien für kleine Dehnungen in guter Näherung ein solches **lineares Materialverhalten** wie in (5.39) aufweisen. Für größere Dehnungen ist dies allerdings nicht mehr der Fall. Im Allgemeinen ergibt sich bei der Anwendung solcher linearer Materialgesetze bereits ein Modellfehler, und bei Anwendungen ist sorgfältig zu prüfen, ob das verwendete Modell noch sinnvolle Ergebnisse liefert.

Aus dem Newtonschen Gesetz, siehe Beispiel 4.6, und dem Kraftgesetz (5.39) folgen die Modellgleichungen für die Bewegung der 4 Massenpunkte (Knoten) des Fachwerkes. Bezeichnen wir mit $r_i = (x_i, y_i)$ die Position des Knotens $i = 1, 2, 3, 4$ in einem kartesischen Koordinatensystem, mit $l_{ij} = \|r_j - r_i\|_2$ die Länge des Balkens, der die Knoten i und j verbindet (also den euklidischen Abstand der Punkte r_i und r_j), mit l_{ij}^0 die Länge dieses Balkens im unbelasteten Zustand und mit m_i die Masse des i-ten Knotens, so erhalten wir:
$$m_i \ddot{r}_i = F_i(r_1, \ldots, r_4) + F_i^a(r_i), \qquad i = 1, \ldots, 4 \tag{5.40}$$
mit äußeren Kräften $F_i^a(r_i)$ und inneren Kräften
$$F_i(r_1, \ldots, r_4) = \sum_{j \in \mathcal{E}(i)} F_{ij}(r_i, r_j),$$
$$F_{ij}(r_i, r_j) = E\frac{(l_{ij} - l_{ij}^0)}{l_{ij}^0}\frac{r_j - r_i}{l_{ij}}, \qquad i = 1, \ldots, 4, \quad j = 1, \ldots, 6\,. \tag{5.41}$$

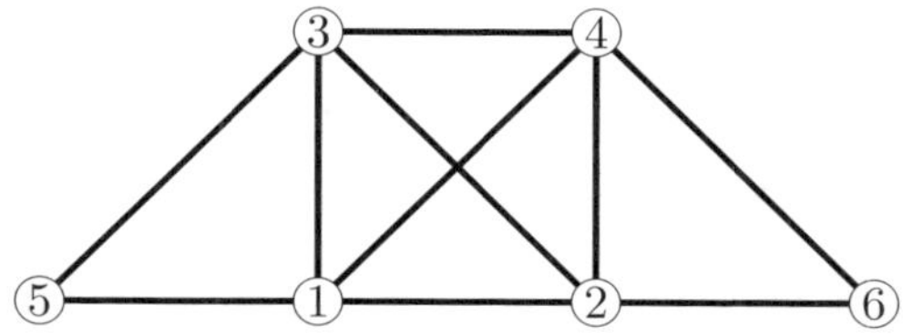

Abb. 5.3: Ein einfaches ebenes Fachwerk mit 6 Knoten und 10 Verbindungen. Wir nehmen an, dass das Fachwerk in den Punkten 5 und 6 fest gelagert ist.

Hier bezeichnet $\mathcal{E}(i)$ die Menge aller Knoten, die durch einen Balken mit dem Knoten i verbunden sind. Es ist z.B. $\mathcal{E}(1) = \{2, 3, 4, 5\}$. $F_{ij}(r_i, r_j) \in \mathbb{R}^2$ ist die Kraft, die über den Balken (i, j) auf den Knoten i wirkt.

Mit den Bezeichnungen

$$z = \left(r_1, \ldots, r_4\right)^T \in \mathbb{R}^8; \quad F(z) = \left(F_1(z), \ldots, F_4(z)\right)^T \in \mathbb{R}^8$$
$$F^a(z) = \left(F_1^a(z), \ldots, F_4^a(z)\right)^T \in \mathbb{R}^8$$
$$\mathbf{M} = \mathrm{diag}(m_1, m_1, \ldots, m_4, m_4) \in \mathbb{R}^{8\times 8}$$

können wir das Differentialgleichungssystem (5.40) in der kompakteren Notation

$$\mathbf{M}\ddot{z} = F(z) + F^a(z) \tag{5.42}$$

darstellen. Es handelt sich um ein so genanntes Feder-Masse-Modell: Massenpunkte sind mit (linearen) Federn (den Balken) verbunden und üben über diese Verbindungen Kräfte aufeinander aus. Es sei angemerkt, dass in realen Anwendungen bei statischen und dynamischen Strukturberechnungen meist die Finite-Elemente-Methode benutzt wird, bei der man von einer Kontinuumsformulierung ausgeht und dann durch eine geeignete Diskretisierung auf ganz ähnliche Gleichungen kommt, wenn man nur die Knoten als diskrete Punkte wählt, siehe z.B. Bathe (2002).

Setzen wir die linke Seite von Gleichung (5.42) gleich Null, so erhalten wir ein nichtlineares Gleichungssystem für eine Gleichgewichtsposition des Fachwerkes, da dann ein Kräftegleichgewicht zwischen den inneren Kräften und den von außen wirkenden Kräften (den Lasten) herrscht. Geben wir Anfangsbedingungen (Orte und Geschwindigkeiten) für die vier Knoten $1, 2, 3, 4$ vor (also $z(0)$ und $\dot{z}(0)$), so erhalten wir ein Anfangswertproblem für die Bewegungen des Fachwerkes, welches sich mit einem geeigneten numerischen Verfahren lösen lässt, siehe auch Beispiel 6.3 auf Seite 207.

Um die Gleichgewichtslage bei gegebenen äußeren Kräften leichter bestimmen zu können, oder um eine Analyse der (linearen) Eigenschwingungen des Fachwerkes zu ermöglichen, werden wir jetzt das vorliegende Modell (ohne die äußeren Kräfte, die ja in einem gewissen Sinn nicht zum eigentlichen Modell des Fachwerkes gehören) linearisieren. Als

Referenzzustand $z_* = (r_1^*, \dots, r_4^*)^T$ wählen wir dabei den Gleichgewichtszustand im unbelasteten Fall. Mit der Jacobi-Matrix $\mathrm{D}F(z_*)$ erhalten wir das linearisierte Modell

$$\mathbf{M}\ddot{z} = \mathrm{D}F(z^*)\big(z - z^*\big) + F^a(z). \tag{5.43}$$

Meist wird diese Gleichung mithilfe der so genannten **Steifigkeitsmatrix** $\mathbf{S} := -\mathrm{D}F(z_*)$, der **Massenmatrix M**, den **Verschiebungen** $u = z - z_*$ und der **Lasten** $F_L(u) = F^a(z_* + u)$ in der folgenden Form geschrieben:

$$\mathbf{M}\ddot{u} = -\mathbf{S}u + F_L(u). \tag{5.44}$$

Hängt die Last F_L nicht von der Verschiebung u ab, so spricht man von **toten Lasten**, und wir erhalten ein inhomogenes lineares System. Diese Linearisierung wird im Gegensatz zu dem linearen Materialgesetz auch als **geometrische Linearisierung** bezeichnet, denn die einzige Nichtlinearität in Gleichung (5.41) kommt durch die nichtlineare Euklidische Norm $l_{ij} = \|r_j - r_i\|_2$. Die Matrix $\mathbf{S}$ lässt sich durch geometrische Überlegungen zur Linearisierung der einzelnen Kraftbeiträge herleiten. Wir werden im Folgenden direkt die Jacobi-Matrix $\mathrm{D}F$ der Funktion F berechnen, um diesen (manchmal etwas beschwerlichen) Weg vorzuführen.

Es bezeichne $\mathrm{D}_l = (\partial/\partial x_l, \partial/\partial y_l)$ die Ableitung bezüglich der Koordinaten $r_l = (x_l, y_l)$, dann ist $\mathrm{D}_l F_k(z_*)$ der 2×2 Teilblock von $\mathrm{D}F(z_*)$ mit den Zeilenindizes $(2k-1, 2k)$ und Spaltenindizes $(2l-1, 2l)$, und es gilt:

$$\mathrm{D}_l F_k(z_*) = \sum_{j=1}^{6} \mathrm{D}_l F_{kj}(r_k^*, r_j^*) = \begin{cases} \mathrm{D}_l F_{kl}(r_k^*, r_l^*) & : k \neq l \\ -\sum_{j=1,\, j\neq l}^{4} \mathrm{D}_l F_{jl}(r_j^*, r_l^*) & : k = l. \end{cases} \tag{5.45}$$

Dabei haben wir benutzt, dass F_{kj} nur von den Variablen r_j und r_k abhängt, und dass $\mathrm{D}_l F_{lj} = -\mathrm{D}_l F_{jl}$ ist. Es bleibt also noch, die Ableitungen $\mathrm{D}_j F_{ij}(r_i^*, r_j^*)$ auszurechnen. Wir schreiben Gleichung (5.41) als

$$F_{ij}(r_i, r_j) = \frac{E}{l_{ij}^0}\left(l_{ij}^0 \frac{r_j - r_i}{l_{ij}} - (r_j - r_i)\right)$$

und erhalten mit der folgenden Formel (die man nachrechnen sollte)

$$\mathrm{D}_j \frac{1}{l_{ij}}(r_i, r_j) = \mathrm{D}_j \frac{1}{\|r_j - r_i\|_2} = -\frac{(r_j - r_i)^T}{l_{ij}^3},$$

sowie der Produkt- und der Kettenregel den Ausdruck

$$D_j F_{ij}(r_i, r_j) = \frac{E}{l_{ij}^0}\left(l_{ij}^0 \frac{(r_j - r_i)(r_j - r_i)^T}{l_{ij}^3} + \frac{l_{ij}}{l_{ij}^0}\begin{pmatrix}1 & 0\\ 0 & 1\end{pmatrix} - \begin{pmatrix}1 & 0\\ 0 & 1\end{pmatrix}\right).$$

Da wir aber z_* so gewählt hatten, dass keine inneren Kräfte wirken, gilt an der Stelle (r_i^*, r_j^*), dass $l_{ij} = l_{ij}^0$ ist, und mit der Bezeichnung

$$e_{ij} := (r_j^* - r_i^*)/l_{ij}^0$$

für die Einheitsvektoren in Richtung der Kante von Knoten i zu Knoten j erhalten wir schließlich

$$D_j F_{ij}(r_i^*, r_j^*) = -\frac{E}{l_{ij}^0} e_{ij} e_{ij}^T. \tag{5.46}$$

Bei Vorgabe der Koordinaten z_* der Knoten im unbelasteten Gleichgewicht und der Adjazenzmatrix lässt sich damit die Jacobi-Matrix $DF(z_*)$ anhand der Gleichungen (5.46) und (5.45) berechnen. Das Aufsummieren aller lokalen, d.h. von den einzelnen Balken stammenden Beiträge zur globalen Jacobi-Matrix $\mathrm{D}F(z_*)$ (d.h. der Steifigkeitsmatrix $\mathbf{M}$) bezeichnet man auch als **Assemblierung** der Matrix. Dies wird man, insbesondere für größere Fachwerke, nicht mehr von Hand durchführen. In Beispiel 6.3, Seite 207, besprechen wir eine mögliche Implementierung einer „automatischen“ Berechnung der Steifigkeitsmatrix und werden dort auch Lösungen des linearisierten und des nichtlinearen Modells miteinander vergleichen.

■

5.4 Störungstheorie und asymptotische Entwicklung

In vielen Fällen lässt sich ein kompliziertes Modell als eine „kleine“, durch einen Parameter $\varepsilon \ll 1$ quantifizierte Störung eines einfacheren so genannten reduzierten Modells auffassen. Man versucht dann, eine Lösung des vollständigen Modells als eine kleine, von ε abhängige Störung der entsprechenden Lösung des reduzierten Modells darzustellen und approximativ zu berechnen. Dabei wird die Lösung in eine Potenzreihe in ε entwickelt. Wir illustrieren das Vorgehen an dem Modell des senkrechten Wurfes im Gravitationsfeld, siehe Beispiel 5.3, Gleichung (5.32), welches in entdimensionalisierter Form durch das folgende Anfangswertproblem gegeben ist:

$$\ddot{y}^\varepsilon = -\frac{1}{(1+\varepsilon y^\varepsilon)^2}, \quad y^\varepsilon(0) = 0,\ \dot{y}^\varepsilon(0) = 1. \tag{5.47}$$

Das hochgestellte ε soll hier andeuten, dass wir ε als einen kleinen, aber im Prinzip frei wählbaren Parameter betrachten, obwohl ε eigentlich einen festen Wert hat. $y^\varepsilon(t)$ ist dann die von ϵ abhängige Lösung. Für $\varepsilon = 0$ erhalten wir das vereinfachte, reduzierte Modell

$$\ddot{y}_0 = -1, \quad y_0(0) = 0,\ \dot{y}_0(0) = 1 \tag{5.48}$$

mit der Lösung

$$y_0(t) = t - t^2/2.$$

Jetzt versuchen wir, die Lösung $y^\varepsilon(t)$ von Gleichung (5.47) als eine Störung der Lösung $y_0(t)$ des reduzierten Problems in Form einer Störungsreihe, d.h. einer Potenzreihe in ε zu entwickeln:

$$y^\varepsilon(t) = y_0(t) + \varepsilon y_1(t) + \varepsilon^2 y_2(t) + \ldots. \tag{5.49}$$

Um Gleichungen für die unbekannten Koeffizientenfunktionen $y_i(t)$ zu erhalten, setzt man den Ansatz (5.49) in die Differentialgleichung (5.47) ein und vergleicht jeweils die Terme zu derselben Potenz von ε. Die Taylor-Entwicklung der Funktion $f(x) = 1/(1+x)^2$ um die Stelle $x = 0$ ergibt für $|x| < 1$ (siehe Aufgabe 5.6)

$$\frac{1}{(1+x)^2} = \sum_{k=0}^{\infty} (-1)^k (k+1) x^k = 1 - 2x + 3x^2 - 4x^3 + \dots$$

und damit erhalten wir für die rechte Seite von (5.47), wobei wir nur Terme bis zur 2. Ordnung in ε betrachten:

$$\begin{aligned} -1 + 2\varepsilon\big(y_0(t) + \varepsilon y_1(t) + \varepsilon^2 y_2(t) + \mathcal{O}(\varepsilon^3)\big) - 3\varepsilon^2\big(y_0(t) + \varepsilon y_1(t) + \varepsilon^2 y_2(t) + \dots\big)^2 + \mathcal{O}(\varepsilon^3) \\ = -1 + \varepsilon 2 y_0(t) + \varepsilon^2\big(2y_1(t) - 3(y_0(t))^2\big) + \mathcal{O}(\varepsilon^3) \end{aligned}$$

Einsetzen in die Differentialgleichung (5.47) ergibt

$$\ddot{y}_0(t) + \varepsilon \ddot{y}_1(t) + \varepsilon^2 \ddot{y}_2(t) + \mathcal{O}(\varepsilon^3) = -1 + 2\varepsilon y_0(t) + \varepsilon^2\big(2y_1(t) - 3(y_0(t))^2\big) + \mathcal{O}(\varepsilon^3).$$

Setzen wir die Reihenentwicklung (5.49) auch in die Anfangsbedingung in (5.47) ein, so erhalten wir

$$\begin{aligned} y_0(0) + \varepsilon y_1(0) + \varepsilon^2 y_2(0) + \dots &= 0 \\ \dot{y}_0(0) + \varepsilon \dot{y}_1(0) + \varepsilon^2 \dot{y}_2(0) + \dots &= 1. \end{aligned}$$

Durch Koeffizientenvergleich erhalten wir für die ersten drei Unbekannten $y_j(t)$, $j = 0, 1, 2$ die folgenden Anfangswertprobleme

$$\begin{aligned} &\text{0. Ordnung, Beiträge } \mathcal{O}(1): && \ddot{y}_0 = -1, \quad y_0(0) = 0, \dot{y}_0(0) = 1 \\ &\text{1. Ordnung, Beiträge } \mathcal{O}(\varepsilon): && \ddot{y}_1 = 2y_0, \quad y_1(0) = 0, \dot{y}_1(0) = 0 \\ &\text{2. Ordnung, Beiträge } \mathcal{O}(\varepsilon^2): && \ddot{y}_2 = 2y_1 - 3y_0^2, \quad y_2(0) = 0, \dot{y}_2(0) = 0. \end{aligned}$$

Entsprechend lassen sich auch Gleichungen für weitere Koeffizienten $y_j(t), j > 2$ aufstellen. Die Anfangswertprobleme lassen sich sukzessive direkt durch zweifache Integration der rechten Seiten, die ja nur von der Variablen t abhängen, lösen, siehe Aufgabe 5.6, und man erhält

$$y_0(t) = t - \frac{t^2}{2}, \qquad y_1(t) = \frac{t^3}{3}\big(1 - \frac{t}{4}\big), \qquad y_2(t) = -\frac{t^4}{4}\big(1 - \frac{11}{5}t + \frac{11}{90}t^2\big). \tag{5.50}$$

Damit erhalten wir schließlich die folgende asymptotische Entwicklung der Lösung des Anfangswertproblems (5.47) bis zur zweiten Ordnung in ε:

$$\begin{aligned} y^\varepsilon(t) &= y_0(t) + \varepsilon y_1(t) + \varepsilon^2 y_2(t) + \mathcal{O}(\varepsilon^3) \\ &= t - \frac{t^2}{2} + \varepsilon\frac{t^3}{3}\big(1 - \frac{t}{4}\big) - \varepsilon^2\frac{t^4}{4}\big(1 - \frac{11}{5}t + \frac{11}{90}t^2\big) + \mathcal{O}(\varepsilon^3). \end{aligned}$$

Natürlich ist nicht ohne weiteres gesichert, dass die formale Reihenentwicklung (5.49) auch existiert, d.h., dass die rechte Seite gegen die Lösung $y^\varepsilon(t)$ konvergiert. Im vorliegenden Fall lässt sich dies in der Tat beweisen, siehe Schmeiser (2009), Eck, Garcke und Knabner (2008). In komplizierteren Modellen lässt sich eine Konvergenz der Störungsreihe oft nicht ohne weiteres beweisen und die Ergebnisse sind dann mit Vorsicht zu genießen. Man spricht in diesem Fall auch von einer **formalen** asymptotischen Analyse.

Vorsicht geboten ist insbesondere bei so genannten singulären Störungen, bei denen das Modell auch für beliebig kleines ε ein qualitativ völlig anderes Verhalten aufweist als das reduzierte Modell. Als Beispiel betrachte man die Gleichung

$$\varepsilon x^2 - 1 = 0,$$

die für $\varepsilon > 0$ die beiden Lösungen $x_\varepsilon = \pm 1/\sqrt{\varepsilon}$ besitzt, aber für $\varepsilon = 0$ keine Lösung besitzt. Insbesondere gehen beide Lösungen x^ε für $\varepsilon \to 0$ gegen ∞. Allgemein ist eine Störung singulär, wenn der Parameter ε vor einem Term steht, der die mathematische Struktur des Modells bestimmt. So steht in dem obigen Beispiel der Parameter ε in der algebraischen Gleichung vor dem Term höchster Ordnung, welcher die Anzahl der (komplexen) Nullstellen eines Polynoms bestimmt. Bei Differentialgleichungen ist in der Regel der Term mit der höchsten Ableitung entscheidend für die mathematische Struktur.

5.5 Stationäre Zustände, Stabilität und asymptotisches Verhalten

In diesem Abschnitt betrachten wir einige qualitative Eigenschaften zeitabhängiger Prozesse und Systeme (bzw. der Modelle, mit denen diese Prozesse modelliert werden), die sich typischerweise nicht ohne weiteres mithilfe von Simulationsrechnungen untersuchen lassen. Hier kommen vielfältige mathematische Methoden zum Einsatz, die sich von Modelltyp zu Modelltyp unterscheiden. Bevor wir exemplarisch solche Methoden für einige Modelltypen vorstellen, geben wir zunächst eine modelltypübergreifende Definition der betrachteten Eigenschaften.

Wir nehmen im Folgenden an, dass der betrachtete zeitabhängige Prozess durch einen Fluss Φ auf einem Zustandsraum $\mathcal{Z}$ modelliert wird, der jedem Anfangszustand $z^0 = z(0) \in \mathcal{Z}$ eine eindeutige Lösung

$$z(t) = \Phi(t, z^0), \quad \forall t \in \mathcal{T}, t \geq 0$$

zuordnet, siehe z.B. Gleichung (4.49) und (4.57). Dabei kann die Menge der Zeitpunkte $\mathcal{T}$ diskret oder kontinuierlich sein. Ebenso machen wir zunächst keine Einschränkungen an den Zustandsraum $\mathcal{Z}$.

Definition 5.3
Ein Zustand $z_* \in \mathcal{Z}$ heißt **Gleichgewichtspunkt** oder auch **stationärer Zustand** eines zeitabhängigen Prozesses Φ, falls

$$\Phi(t, z_*) = z_*, \quad \forall t \in \mathcal{T}. \tag{5.51}$$

♦

Ein stationärer Zustand ist also ein Fixpunkt des Flusses Φ. Die zeitunabhängige Lösung $z(t) = z_*$ wird auch als **stationäre Lösung** bezeichnet. Oft werden die Begriffe stationärer Zustand und stationäre Lösung synonym verwendet, obwohl sie streng genommen unterschiedliche Objekte bezeichnen.

Die Ruhelage eines Pendels ist zum Beispiel ein stationärer Zustand. Man beachte, dass ein stationärer Zustand nicht unbedingt ein Zustand ist, in dem sich nichts bewegt. Modelliert man zum Beispiel eine Wasserströmung in einem Rohr und wählt das Geschwindigkeitsfeld als Zustandsvariable, so kann bei entsprechenden Randbedingungen ein zeitunabhängiges Geschwindigkeitsfeld existieren, welches dann ein stationärer Zustand ist. Ebenso ist eine zeitunabhängige Temperaturverteilung in einem Stab, die der Wärmeleitungsgleichung genügt, eine stationäre Lösung des Modells in Beispiel 4.10, S. 102. Trotzdem kann in einem solchen Zustand Wärmeenergie an beiden Enden des Stabes abfließen, wenn z.B. der Stab an den Enden gekühlt und in der Mitte geheizt wird.

Im Zusammenhang mit stationären Zuständen (Gleichgewichtspunkten) stellt sich dann die weitere Frage, wie sich kleine Störungen auf einen solchen Zustand auswirken. Kehrt das System bei kleinen Störungen wieder zurück in den Gleichgewichtszustand, bleibt es zumindest in der Nähe des stationären Zustandes oder aber entfernt es sich immer weiter von diesem? Im ersten Fall nennt man den stationären Zustand asymptotisch stabil, im zweiten Fall stabil und im dritten Fall instabil. Eine präzise Definition lautet wie folgt:

Definition 5.4
Ein stationärer Zustand z_* eines zeitabhängigen Prozesses heißt **stabil**, falls es zu jeder Umgebung U von z_* eine Umgebung V von z_* gibt, sodass für jede Lösung $z(t) = \Phi(t, z^0)$ mit $z^0 \in V$ gilt:

$$z(t) \in U, \quad \forall t \in \mathcal{T}, \, t \geq 0.$$

Im anderen Fall nennt man den stationären Zustand z_* **instabil**.

Ein stationärer Zustand z_* heißt **attraktiv**, wenn es eine Umgebung W von z_* gibt, sodass

$$\lim_{t \to \infty} \Phi(t, z^0) = z_*, \quad \forall z^0 \in W.$$

Ein stabiler attraktiver Zustand heißt **asymptotisch stabil**. ♦

Betrachten wir noch einmal das mathematische Pendel aus Beispiel 4.4, und stellen uns den Pendelfaden als eine starre Pendelstange vor, so ist die (untere) Ruhelage ($\phi = 0, \dot{\phi} = 0$) offensichtlich ein stabiler stationärer Zustand, die obere Ruhelage ($\phi = \pi, \dot{\phi} = 0$), bei der das Pendel auf dem Kopf steht, dagegen ein instabiler stationärer Zustand. Aber die untere Ruhelage ist nicht asymptotisch stabil, da ja das mathematische Pendel auch bei einer noch so kleinen Auslenkung aus dieser Ruhelage unendlich lange schwingt und die Amplitude nicht abnimmt. Sobald man aber auch die Reibung im Drehpunkt oder aber den Luftwiderstand mit in das Modell einbezieht, wird die untere Ruhelage ein asymptotisch stabiler stationärer Zustand.

Allgemeiner interessiert man sich oft für das Langzeitverhalten, das so genannte **asymptotische Verhalten**. Streben gewisse Zustandsgrößen für große Zeiten gegen unendlich, und wenn ja, wie schnell? Sterben manche Spezies aus? Geht die Temperatur in einem Stab gegen eine räumlich konstante Endtemperatur?

Für lineare Modelle lassen sich die oben genannten Eigenschaften mathematisch gut analysieren. Bei nichtlinearen Modellen bedient man sich zur Untersuchung der Stabilität von stationären Zuständen oder des asymptotischen Verhaltens der in Abschnitt 5.3 behandelten Linearisierung.

5.5.1 Diskrete lineare dynamische Systeme

Bei einem (endlich-dimensionalen, inhomogenen) linearen diskreten dynamischen System, oder allgemeiner einem linearen Iterationsprozess ist der Fluss $z(t_k) = z^k = \Phi(k, z^0)$, $z^0 = z(t_0)$ auf dem Zustandsraum $\mathcal{Z} = \mathbb{R}^n$ durch die folgende Iterationsvorschrift mit einer Matrix $\mathbf{A} \in \mathbb{R}^{n \times n}$ und einer Inhomogenität $b \in \mathbb{R}^n$ bestimmt:

$$z^{k+1} = \mathbf{A} z^k + b, \quad k = 0, 1 \dots . \tag{5.52}$$

Zusammen mit einem Anfangszustand z^0 ergibt sich damit

$$z^k = \mathbf{A} z^{k-1} + b = \mathbf{A}^2 z^{k-2} + \mathbf{A} b + b = \dots = \mathbf{A}^k z^0 + \Big(\sum_{l=0}^{k-1} \mathbf{A}^l \Big) b. \tag{5.53}$$

Der Iterationsprozess (5.52) heißt **homogen**, falls $b = 0$ ist.

Eigenwerte und Eigenvektoren

In Folgenden werden die Eigenwerte der Matrix $\mathbf{A}$ eine wichtige Rolle spielen. Wir wiederholen daher an dieser Stelle kurz einige Begriffe und Resultate aus der linearen Algebra (s. z.B. Meyer, 2000; Fischer, 2009). Es sei $\mathbf{A} \in \mathbb{C}^{n \times n}$. Ein Vektor $v \in \mathbb{C}^n$ mit $\mathbf{A} v = \lambda v$ heißt (Rechts-)Eigenvektor der Matrix $\mathbf{A}$ zum Eigenwert $\lambda \in \mathbb{C}$ und ein Vektor w mit $\mathbf{A}^T w = \lambda w$ oder äquivalent $w^T \mathbf{A} = \lambda w^T$ wird als **Linkseigenvektor** von $\mathbf{A}$ zum

Eigenwert λ bezeichnet. Jeder Eigenwert von $\mathbf{A}$ ist auch ein Eigenwert der Matrixtransponierten $\mathbf{A}^T$. Insbesondere gibt es zu jedem Rechtseigenvektor v mit Eigenwert λ einen Linkseigenvektor w mit demselben Eigenwert, sodass $w^T v = 1$ ist. Für symmetrische Matrizen ist offensichtlich jeder Linkseigenvektor auch ein Rechtseigenvektor.

Die Menge aller (verschiedenen) Eigenwerte von $\mathbf{A}$ bezeichnet man als das **Spektrum** $\sigma(\mathbf{A})$ von $\mathbf{A}$. Der betragsmäßig größte Eigenwert λ_1 einer Matrix $\mathbf{A}$ heißt **dominanter** Eigenwert. Ist der dominante Eigenwert eindeutig, so nennt man ihn **strikt dominant**. Den Betrag eines dominanten Eigenwertes nennt man auch den **Spektralradius** $\rho(\mathbf{A})$ von $\mathbf{A}$, d.h. es ist

$$\rho(\mathbf{A}) = \max_{\lambda \in \sigma(\mathbf{A})} |\lambda|.$$

Eine Matrix $\mathbf{A}$ heißt **diagonalisierbar**, wenn es eine Basis $\{v_1, \ldots, v_n\}$ aus Eigenvektoren von $\mathbf{A}$ gibt. Mit der Diagonalmatrix Λ, deren Diagonaleinträge die Eigenwerte $\lambda_1, \ldots, \lambda_n$ sind, und der Matrix V, deren Spalten die Eigenvektoren $v_1, \ldots, v_n$ sind, gilt dann:

$$\mathbf{A} = V \Lambda V^{-1}. \tag{5.54}$$

Die Matrix $\mathbf{A}$ wirkt also in der Basis der Eigenvektoren als eine Diagonalmatrix. Wir benötigen später den folgenden Satz:

Satz 5.4
Die Matrixfolge $\mathbf{A}^k$ konvergiert genau dann gegen die Nullmatrix, wenn $\rho(\mathbf{A}) < 1$ ist.

Für diagonalisierbare Matrizen ist dieser Satz einfach zu beweisen, siehe Aufgabe 5.7, für den allgemeinen Fall benötigt man die Jordansche Normalform (siehe z.B. Meyer, 2000).

Stationäre Zustände

Die stationären Zustände des Prozesses (5.52) sind die Lösungen des linearen Gleichungssystems

$$(\mathbb{1} - \mathbf{A}) z_* = b. \tag{5.55}$$

Im homogenen Fall $b = 0$ sind dies der Nullvektor $z_* = 0$ und die Eigenvektoren der Matrix $\mathbf{A}$ zum Eigenwert $\lambda = 1$.

Wir betrachten jetzt den wichtigen Spezialfall, dass der Spektralradius $\rho(\mathbf{A})$ von $\mathbf{A}$ kleiner als 1 ist (also alle Eigenwerte betragsmäßig kleiner als eins sind). In diesem Fall konvergiert $\mathbf{A}^k$ für $k \to \infty$ gegen die Null-Matrix, siehe Satz 5.4. Außerdem ist dann die Matrix $(\mathbb{1} - \mathbf{A})$ invertierbar und die Neumannsche Reihe – die Verallgemeinerung der geometrischen Reihe – konvergiert gegen $(\mathbb{1} - \mathbf{A})^{-1}$, (siehe z.B. Meyer, 2000, S. 527):

$$\left(\mathbb{1} - \mathbf{A}\right)^{-1} = \sum_{l=0}^{\infty} \mathbf{A}^l.$$

Damit ist der Zustand

$$z_* = \left(\mathbb{1} - \mathbf{A}\right)^{-1} b$$

der eindeutige stationäre Zustand des Prozesses (5.52) und ein Vergleich mit (5.53) ergibt, dass die Lösung z^k für jeden beliebigen Anfangszustand für $k \to \infty$ gegen diesen stationären Zustand strebt:

$$\lim_{k \to \infty} z^k = (\mathbb{1} - \mathbf{A})^{-1} b.$$

Damit ist für den Fall $\rho(\mathbf{A}) < 1$ auch das asymptotische Verhalten bereits vollständig charakterisiert. Insbesondere ist der eindeutige stationäre Zustand asymptotisch stabil – er ist auf dem gesamten Zustandsraum attraktiv, $W = \mathcal{Z}$, siehe Definition 5.4.

Beispiel 5.6 (Newtonsche Abkühlung)
Wir betrachten den in Beispiel 4.13, S. 110 eingeführten eindimensionalen iterativen Abkühlungsprozess für die Temperatur u:

$$u^{k+1} = (1 - \kappa\Delta t)u^k + \kappa\Delta t u_L = au^k + b; \quad a := 1 - \kappa\Delta t,\ b := \kappa\Delta t u_L$$

Für $|a| < 1$ ist dann

$$u_* = b/(1 - a) = u_L$$

der eindeutige stationäre Zustand, gegen den das System für $k \to \infty$ unabhängig von der Anfangstemperatur u_0 strebt. Der Prozess ist asymptotisch stabil. Man beachte an dieser Stelle, dass $|a| < 1$ nur für Zeitschritte Δt mit

$$\Delta t < 2/\kappa \tag{5.56}$$

gewährleistet ist. Betrachtet man das diskrete Modell als eine Diskretisierung des zugehörigen kontinuierlichen Modells aus Beispiel 4.21, S. 128, so ergibt (5.56) eine Zeitschrittbeschränkung, bei deren Verletzung die Ergebnisse nicht nur ungenau, sondern auch qualitativ völlig unsinnig werden. Man bezeichnet in der Numerik solche Diskretisierungsverfahren, die nur für nicht zu große Schrittweiten die asymptotische Stabilität eines kontinuierlichen Modells auf das diskrete Modell vererben, als „nicht bedingungslos stabil“. ■

Stabilität

Wie verhält sich im Allgemeinen der Prozess (5.52), wenn wir als Anfangszustand $z^0 \in \mathcal{Z} = \mathbb{R}^n$ den um einen Vektor $x^0 \in \mathcal{Z}$ gestörten stationären Zustand z_* wählen? Mit

$$x^0 = z^0 - z_*, \quad x^k = z^k - z_* \tag{5.57}$$

ergibt sich nach (5.52)

$$x^{k+1} = z^{k+1} - z_* = \mathbf{A}z^k + b - \left(\mathbf{A}z_* + b\right) = \mathbf{A}(z^k - z_*) = \mathbf{A}x^k.$$

Damit ist also z_* genau dann ein stabiler (asymptotisch stabiler) stationärer Zustand des inhomogenen linearen Iterationsprozesses, wenn $x_* = 0$ stabiler (asymptotisch stabiler) stationärer Zustand des zugehörigen homogenen Iterationsprozesses $x^{k+1} = \mathbf{A}x^k$ ist. Man mache sich klar, dass damit aus der Definition 5.4 und aus Satz 5.4 unmittelbar die folgende Charakterisierung der Stabilitätseigenschaften folgt (siehe Aufgabe 5.9):

Satz 5.5

i. *Ein stationärer Zustand z_* eines linearen Iterationsprozesses* (5.52) *ist genau dann asymptotisch stabil, wenn $\rho(\mathbf{A}) < 1$ ist, d.h. wenn alle Eigenwerte von $\mathbf{A}$ betragsmäßig kleiner als eins sind.*

ii. *Besitzt die Matrix $\mathbf{A}$ mindestens einen Eigenwert λ mit $|\lambda| > 1$, dann ist z_* instabil.*

Asymptotisches Verhalten

Allgemein hängt das Langzeitverhalten eines linearen Iterationsprozesses von den Eigenwerten der Matrix $\mathbf{A}$ ab, denn diese beschreiben ja gerade die „Wachstumsfaktoren", wenn man die Matrix $\mathbf{A}$ auf Eigenvektoren anwendet. Wir betrachten im Folgenden nur den homogenen Fall

$$z^{k+1} = \mathbf{A}z^k, \quad k = 0, 1, \dots . \tag{5.58}$$

Falls v ein (im Allgemeinen komplexer) Eigenvektor der Matrix $\mathbf{A}$ zum Eigenwert $\lambda \in \mathbb{C}$ ist, so erhalten wir für den Anfangszustand $z^0 = v$ die folgende Lösung des Prozesses (5.58)

$$z^k = \lambda^k v, \quad k = 0, 1, \dots ,$$

wie man durch Einsetzen unmittelbar bestätigt. Falls die Matrix $\mathbf{A}$ diagonalisierbar ist, also eine Basis aus Eigenvektoren $v_1, \dots, v_n$ mit zugehörigen (nicht notwendigerweise verschiedenen) Eigenwerten $\lambda_1, \dots, \lambda_n$ besitzt, so lässt sich ein beliebiger Anfangszustand z^0 als eine Linearkombination der v_i schreiben

$$z^0 = \alpha_1 v_1 + \cdots + \alpha_n v_n, \quad \alpha_i \in \mathbb{C}. \tag{5.59}$$

Die zugehörige Lösung des linearen Iterationsprozesses ergibt sich damit zu

$$z^k = \lambda_1^k \alpha_1 v_1 + \cdots + \lambda_n^k \alpha_n v_n. \tag{5.60}$$

Aus dieser Gleichung lässt sich das Langzeitverhalten $\lim_{k\to\infty} z^k$ einer Lösung direkt ablesen: Für lange Zeiten setzen sich die Eigenvektoren mit den betragsmäßig größten Eigenwerten durch. Für den speziellen Fall eines strikt dominanten Eigenvektors mit eindimensionalem Eigenraum gilt der folgende Satz, der sich auch für nicht diagonalisierbare Matrizen zeigen lässt:

Satz 5.6
Es sei λ_1 *ein algebraisch einfacher strikt dominanter Eigenwert einer Matrix* $\mathbf{A} \in \mathbb{C}^{n\times n}$ *mit zugehörigem (Rechts-)Eigenvektor* v_1 *und Linkseigenvektor* w_1 *mit* $w_1^T v_1 = 1$. *Dann gilt für jede Lösung von* (5.58)*:*

$$\lim_{k\to\infty} \frac{z^k}{\lambda_1^k} = (w_1^T z^0)v_1.$$

Beweis: Wir führen den Beweis nur für eine diagonalisierbare Matrix $\mathbf{A}$. Für den allgemeinen Fall benötigt man die Jordansche Normalform, (siehe z.B. Meyer, 2000). Es sei also $\mathbf{A}$ diagonalisierbar mit Eigenwerten $\lambda_1, \ldots, \lambda_n$. Aus $|\lambda_1| > |\lambda_i|$, $i = 2, \ldots, n$ folgt

$$\lim_{k\to\infty} \lambda_1/\lambda_i \to 0, \qquad i = 2, 3, \ldots, n.$$

Gleichung (5.60) ergibt damit

$$\lim_{k\to\infty} \frac{z^k}{\lambda_1^k} = \alpha_1 v_1.$$

Für die (Rechts-)Eigenvektoren $v_1, \ldots, v_n$ von $\mathbf{A}$ gilt

$$w_1^T \mathbf{A} v_i = \lambda_i w_1^T v_i = \lambda_1 w_1^T v_i, \quad \text{also} \quad (\lambda_i - \lambda_1) w_1^T v_i = 0.$$

Wegen $\lambda_i - \lambda_1 \neq 0$ folgt daraus $w_1^T v_2 = \cdots = w_1^T v_n = 0$ und damit

$$w_1^T z^0 = \alpha_1 w_1^T v_1 = \alpha_1.$$

□

Man beachte, dass der obige Satz für Prozesse mit einem Anfangszustand z^0, der keinen Beitrag des dominanten Eigenvektors v_1 enthält ($\alpha_1 = 0$), keine Aussage über das asymptotische Verhalten liefert! In allen anderen Fällen ist das asymptotische Verhalten durch den eindimensionalen Raum der skalaren Vielfachen des dominanten Eigenvektors v_1 vollständig charakterisiert.

Beispiel 5.7 (Leslie-Modell)
Wir betrachten das in Beispiel 4.14 vorgestellte Populationsmodell für die weibliche Population mit 3 Altersklassen. Bezeichne also $p^k = (p_1^k, p_2^k, p_3^k)$ die Anzahl der weiblichen Individuen zum Zeitpunkt t_k. Für den Iterationsprozess $p^{k+1} = \mathbf{L}p^k$ habe die Leslie-Matrix die Form

$$\mathbf{L} = \begin{pmatrix} 0 & 3/2 & 1/2 \\ 1/2 & 0 & 0 \\ 0 & 1/2 & 0 \end{pmatrix}.$$

Man mache sich noch einmal die Bedeutung der Einträge der Matrix **L** klar. Wir möchten wissen, ob, und gegebenenfalls wie schnell die Population für große Zeiten zu- oder abnimmt und ob sich asymptotisch ein bestimmtes Bevölkerungsprofil (also eine bestimmte prozentuale Aufteilung in die drei Altersklassen) herausbildet. Dazu bestimmen wir zunächst die Eigenwerte von **L**, z.B. mit dem MATLAB-Befehl `[D,V] = eig(L)`, und erhalten (auf zwei Dezimalstellen gerundet)

$$\lambda_1 = 0.94, \quad \lambda_2 = -0.76, \quad \lambda_3 = -0.17.$$

Die Matrix **L** hat einen strikt dominanten Eigenwert $\lambda_1 < 1$. Asymptotisch wird somit die Population aussterben, unabhängig von der Anfangspopulation p^0. Der (normierte) Eigenvektor v_1 zum Eigenwert λ_1 ist

$$v_1 = (0.55,\, 0.29,\, 0.16)^T.$$

Starten wir mit einer Anfangsverteilung $p^0 = \alpha_1 v_1 + \alpha_2 v_2 + \alpha_3 v_3$ sodass $\alpha_1 > 0$, so ergibt sich nach Lemma 5.6 asymptotisch eine prozentuale Verteilung auf die drei Altersklassen gemäß den Einträgen in v_1, und die Gesamtpopulation nimmt in jedem Zeitschritt 6 % ab. Dass die Matrix **L** einen positiven dominanten Eigenwert λ_1 besitzt und der zugehörige Eigenvektor nur nichtnegative Einträge hat – und somit überhaupt als ein Zustand interpretiert werden kann – ist kein Zufall, sondern liegt daran, dass **L** nur nichtnegative Einträge hat. Wir werden solche Matrizen in Abschnitt 5.5.3 genauer untersuchen.

■

5.5.2 Diskrete nichtlineare dynamische Systeme

Beschränken wir uns nicht mehr auf lineare Iterationsprozesse, so verallgemeinert sich die Iterationsvorschrift (5.52) zu

$$z^{k+1} = f(z^k) \tag{5.61}$$

mit einer nichtlinearen Funktion $f : \mathbb{R}^n \supseteq \mathcal{Z} \to \mathcal{Z}$. Die stationären Zustände sind wieder die Fixpunkte der Iterationsvorschrift, d.h. also Lösungen des nichtlinearen Gleichungssystems $f(z_*) = z_*$, die im Allgemeinen mit numerischen Methoden iterativ bestimmt werden müssen, siehe Abschnitt 5.1.1.

Zur Untersuchung der Stabilitätseigenschaften eines stationären Zustandes z_* wird die rechte Seite f um diesen Punkt linearisiert, siehe Abschnitt 5.3:

$$f(z) = f(z_*) + Df(z_*)(z - z_*) + r(z - z_*)$$

mit der Jakobi-Matrix $Df(z_*)$ und einem Restglied $r(x)$, mit $\lim_{x\to 0} r(x)/\|x\| = 0$. Wegen $f(z_*) = 0$ ergibt sich damit für die Abweichung $x^k := z^k - z_*$ vom stationären Zustand bei Vernachlässigung des Restgliedes r der linearisierte Iterationsprozess

$$x^{k+1} = \mathbf{A}x^k, \quad \mathbf{A} = Df(z_*). \tag{5.62}$$

Man kann zeigen, dass sich die Stabilitätseigenschaften des linearisierten Prozesses (5.62) im Wesentlichen auf den zugehörigen nichtlinearen Prozess (5.61) vererben. Ist $x_* = 0$ ein instabiler (asymptotisch stabiler) stationärer Zustand des linearen Iterationsprozesses (5.62), so ist z_* ein inststabiler (asymptotisch stabiler) stationärer Zustand des nichtlinearen Prozesses (5.61), siehe Lynch (2004). Damit gilt der folgende Satz:

Satz 5.7

i. *Ein stationärer Zustand z_* des nichtlinearen Iterationsprozesses* (5.61) *ist asymptotisch stabil, wenn alle Eigenwerte der Jakobi-Matrix $Df(z_*)$ betragsmäßig kleiner als eins sind, d.h. wenn $\rho\big(Df(z_*)\big) < 1$ ist.*

ii. *Besitzt die Jacobi-Matrix $Df(z_*)$ mindestens einen Eigenwert λ mit $|\lambda| > 1$, dann ist z_* instabil.*

Lediglich für den Fall $\rho(\mathbf{A}) = 1$ lassen sich aus der linearisierten Iterationsvorschrift keine unmittelbaren Schlussfolgerungen ziehen, da in diesem Fall die Eigenschaften des Restgliedes $r(x)$ entscheidend sind. Eine ausführliche Diskussion nichtlinearer diskreter dynamischer Systeme findet man z.B. in Lynch (2004).

Beispiel 5.8 (Stefansche Abkühlung)

Linearisierung des auf Seite 111 beschriebenen Iterationsprozesses (4.48)

$$u_{k+1} = u_k - \sigma(u_k^4 - u_L^4)\Delta t$$

um den Gleichgewichtspunkt $u_* = u_L$ ergibt den linearen Iterationsprozess

$$u^{k+1} = u_* + \big(1 - 4\sigma u_*^3 \Delta t\big)(u^k - u_*).$$

Für die Abweichung $x^k := u^k - u_*$ erhält man den homogenen linearen Prozess

$$x^{k+1} = \lambda x^k, \quad \lambda = 1 - 4\sigma u_*^3 \Delta t.$$

Für $|\lambda| < 1$ ist der stationäre Zustand u_L asymptotisch stabil. ■

Ausblick

Weiterführende Eigenschaften von nichtlinearen Iterationsprozessen, die sich qualitativ untersuchen lassen, sind z.B. die Existenz von periodischen Lösungen oder so genanntes chaotisches Verhalten, siehe Lynch (2004). Ein klassisches Beispiel für einen einfachen nichtlinearen Iterationsprozess, der eine Fülle interessanter Eigenschaften hat, ist die diskrete logistische Gleichung

$$u^{k+1} = ru^k(1 - u^k), \quad r > 0.$$

Je nach Wahl des Parameters r verändern sich die Stabilitätseigenschaften der stationären Punkte, es entstehen periodische Lösungen, bis hin zu einem Übergang zu chaotischem Verhalten, (s. z.B. Murray, 2002).

5.5.3 Markov-Ketten

Bei einem stochastischen zeitabhängigen Prozess haben wir es nicht mit der Zeitentwicklung von Zuständen, sondern von Zustandsverteilungen zu tun. Dementsprechend interessieren wir uns für stationäre Zustandsverteilungen und allgemeiner auch hier für das Langzeitverhalten. Wir betrachten im Folgenden eine homogene zeitdiskrete Markov-Kette mit einem endlichen Zustandsraum $\mathcal{Z} = \{1, 2, \ldots, n\}$ und Zeitparameterraum $\mathcal{T} = \mathbb{N}_0$. Wie in Abschnitt 4.2.2 eingeführt, bezeichne $\pi^k = \pi(t_k) \in \mathbb{R}^n$ die Zustandsverteilung zum Zeitpunkt t_k und $\mathbf{P} \in \mathbb{R}^{n \times n}$ die Übergangsmatrix, sodass für die Zustandsverteilungen π^k die folgende Iterationsvorschrift gilt:

$$\pi^{k+1} = \mathbf{P}^T \pi^k, \quad \text{d.h.} \quad \pi^{k+1} = (\mathbf{P}^{k+1})^T \pi^0. \tag{5.63}$$

Die Zeitentwicklung der Zustandsverteilung $\pi(t_k) = \pi^k$ ist also ein homogener linearer Iterationsprozess wie in Gleichung (5.58) beschrieben. Die transponierte Übergangsmatrix $\mathbf{P}^T$ spielt die Rolle der Matrix $\mathbf{A}$, und die Zustandsverteilungen π^k entsprechen den Zustandsvektoren z^k. Man beachte aber den Unterschied, dass die Vektoren π^k (und also insbesondere die Startverteilung z^0) Wahrscheinlichkeitsverteilungen sind, d.h. es gilt

$$\pi_i^k \geq 0, \sum_{i=1}^{n} \pi_i^k = 1.$$

Eine Zustandsverteilung heißt **stationär** oder auch **Gleichgewichtsverteilung**, falls gilt:

$$\mathbf{P}^T \pi = \pi. \tag{5.64}$$

Eine stationäre Verteilung ist also ein Fixpunkt der obigen Iterationsvorschrift (5.63), oder anders ausgedrückt, ein Eigenvektor der Matrix $\mathbf{P}^T$ zum Eigenwert 1 – man beachte, dass der Nullvektor zwar eine Lösung der Gleichung (5.64), aber natürlich keine zulässige Verteilung ist.

Auch bei Markov-Ketten interessiert man sich häufig für das asymptotische Verhalten und insbesondere dafür, ob bzw. wann der betrachtete Prozess gegen eine – eventuell von der Anfangsverteilung unabhängige – so genannte **stationäre Grenzverteilung** strebt, wie das zum Beispiel bei dem Zweizustandsmodell des Wetters der Fall war, siehe Beispiel 4.17, S. 119. Offensichtlich ist eine solche Grenzverteilung

$$\pi = \lim_{k \to \infty} \pi^k = \lim_{k \to \infty} (\mathbf{P}^{k+1})^T \pi^0 \tag{5.65}$$

auch eine stationäre Zustandsverteilung. Man beachte, dass Gleichung (5.65) im Falle der Konvergenz ein iteratives Verfahren zur Berechnung einer stationären Verteilung liefert, die in diesem Fall gerade mit der Vektoriteration übereinstimmt, die uns in der Fallstudie in Kapitel 7 wieder begegnen wird.

Zunächst sei daran erinnert, dass die Übergangsmatrix $\mathbf{P}$ eine stochastische Matrix ist, d.h. alle Einträge sind nichtnegativ, und jede Zeile summiert sich zu eins auf. Daraus folgt, dass $\lambda_1 = 1$ ein Eigenwert von $\mathbf{P}$ mit Eigenvektor $\mathbf{e} = (1, \ldots, 1)^T$ ist. Aber $\mathbf{P}^T$ hat dieselben Eigenwerte wie $\mathbf{P}$ und deshalb gibt es auch einen Eigenvektor v_1 von $\mathbf{P}^T$ zum Eigenwert $\lambda_1 = 1$. Außerdem überlegt man sich leicht, siehe Aufgabe 5.10, dass $\lambda_1 = 1$ auch ein (nicht unbedingt eindeutiger) dominanter Eigenwert ist, d.h., dass $\rho(\mathbf{P}) = 1$ ist. Falls wir v_1 so wählen können, dass v_1 eine Wahrscheinlichkeitsverteilung ist, dann haben wir damit einen stationären Zustand der Markov-Kette.

Vor etwa 100 Jahren untersuchten die beiden Mathematiker Perron und Frobenius die Frage nach der Existenz von positiven Eigenwerten mit zugehörigen nichtnegativen Eigenvektoren von nicht-negativen Matrizen. Die Ergebnisse dieser sehr schönen Perron-Frobenius-Theorie können unmittelbar auf den vorliegenden Fall angewendet werden. Eine Matrix $\mathbf{A}$ heißt **positiv** ($\mathbf{A} > 0$), falls alle Einträge von $\mathbf{A}$ echt positiv sind und **nichtnegativ** ($\mathbf{A} \geq 0$) falls alle Einträge nichtnegativ sind. Für positive Matrizen gilt nun der folgende Satz (siehe z.B. Meyer, 2000, ff. 667):

Satz 5.8 (Satz von Perron)
Es sei $\mathbf{A} \in \mathbb{R}^{n \times n}$ eine positive Matrix, dann gilt:

i. $\mathbf{A}$ *hat einen strikt dominanten positiven Eigenwert $\lambda_1 > 0$, den so genannten* **Perron-Eigenwert**.

ii. *Es gibt einen positiven Eigenvektor $v_1 > 0$ zu λ_1.*

iii. *Der Perron-Eigenwert λ_1 ist algebraisch einfach (der Eigenraum also eindimensional).*

iv. *Außer v_1 (und skalaren Vielfachen) gibt es keine weiteren nichtnegativen Eigenvektoren von* $\mathbf{A}$.

Aus diesem Satz folgt für eine Markov-Kette mit positiver Übergangsmatrix $\mathbf{P} > 0$ die Existenz einer eindeutigen stationären Verteilung π, da in diesem Fall der strikt dominante Eigenwert $\lambda_1 = 1$ ist. Außerdem ergibt sich zusammen mit Lemma 5.6 auch das asymptotische Verhalten: Im vorliegenden Fall können wir als Linkseigenvektor zu $\lambda_1 = 1$ den Vektor $\mathbf{e} = (1, \ldots, 1)^T$ wählen, denn es gilt offensichtlich $\mathbf{e}^T \pi = 1$. Damit erhalten wir für eine beliebige Anfangsverteilung π^0:

$$\lim_{k \to \infty} \pi^k = (\mathbf{e}^T \pi^0) \pi = \pi. \tag{5.66}$$

Also hat eine Markov-Kette mit positiver Übergangsmatrix eine eindeutige stationäre Grenzverteilung, unabhängig von der Anfangsverteilung π^0.

Der Satz von Perron (der dann unter dem Namen Perron-Frobenius zitiert wird) gilt unverändert auch für so genannte **quasi-positive** Matrizen, d.h. für Matrizen, für die es ein $k \in \mathbb{N}$ gibt, sodass $\mathbf{A}^k > 0$ ist. Auch die asymptotische Aussage 5.66 gilt in diesem Fall (Meyer, 2000).

Man kann auch anschaulich verstehen, dass Nichtnegativität alleine nicht ausreicht, um zu gewährleisten, dass eine eindeutige stationäre Grenzverteilung existiert. Wie wir in Abschnitt 4.2.2 gesehen haben, lässt sich ein Markov-Prozess als ein gerichteter Graph darstellen, wobei die Knoten die Zustände und die Kanten die möglichen Zustandsübergänge repräsentieren. Eine Markov-Kette heißt **irreduzibel**, falls jeder Zustand von jedem anderen aus in endlich vielen Schritten erreichbar ist, d.h. wenn es zu jedem Paar von Zuständen $z_i \neq z_j$ ein $k \in \mathbb{N}$ gibt mit

$$(\mathbf{P}^k)_{ij} > 0.$$

Ein Zustand z_i einer Markov-Kette heißt **periodisch** mit Periode $d > 1$, wenn er nach $d, 2d, 3d, \ldots$ Schritten wieder besucht wird (nicht notwendigerweise mit Wahrscheinlichkeit 1). Die präzise Definition für die Periode d lautet:

$$d = \mathbf{ggT}(\{n \in \mathbb{N} : (\mathbf{P}^n)_{ii} > 0\}),$$

wobei **ggT** den größten gemeinsamen Teiler bezeichnet. Eine Markov-Kette heißt **aperiodisch**, wenn sie keine periodischen Zustände besitzt. Einerseits ist es plausibel, dass eine stochastische Matrix **P** genau dann quasi-positiv ist, wenn sie irreduzibel und aperiodisch ist. Andererseits muss **P** auf jeden Fall irreduzibel und aperiodisch sein, damit es keine Teile des Graphen geben kann, in denen der Zufallsprozess „hängenbleibt", und der Zufallsprozess dann gar nicht mehr die stationäre Verteilung „finden" kann. Wir werden diesen Überlegungen in Kapitel 7 wieder begegnen. Wir fassen abschließend noch einmal die wichtigsten Ergebnisse in dem folgenden Satz zusammen:

Satz 5.9

i. *Eine homogene zeitdiskrete Markov-Kette ist genau dann irreduzibel und aperiodisch, wenn die Übergangsmatrix quasi-positiv ist.*

ii. *Eine homogene zeitdiskrete irreduzible aperiodische Markov-Kette hat eine eindeutige stationäre Verteilung π. Für jede Anfangsverteilung π^0 konvergiert die Markov-Kette π^k gegen π, d.h. π ist auch eindeutige stationäre Grenzverteilung.*

5.5.4 Kontinuierliche lineare dynamische Systeme

Wir betrachten jetzt kontinuierliche dynamische Systeme, d.h. Systeme von gewöhnlichen Differentialgleichungen erster Ordnung. Auch hier beginnen wir mit dem linearen Fall und betrachten ein autonomes lineares Differentialgleichungssystem

$$\dot{z} = \mathbf{A}z + b, \quad \mathbf{A} \in \mathbb{R}^{n \times n},\ b \in \mathbb{R}^n \tag{5.67}$$

mit Lösungen $x(t) \in \mathbb{R}^n$, $t \geq 0$. Zu jedem Anfangszustand (Anfangswert) $z^0 = z(0) \in \mathbb{R}^n$ gibt es eine eindeutige Lösung $z(t) = \Phi(t, z^0)$. Die stationären Zustände (Gleichgewichtspunkte) $z_* \in \mathcal{Z}$ (d.h. Zustände mit $\Phi(t, z_*) = z_*$) sind die Lösungen des linearen Gleichungssystems $Az_* + b = 0$.

Stabilität

Wir können uns wieder auf die Untersuchung des stationären Zustands $x_* = 0$ des homogenen Systems

$$\dot{x} = \mathbf{A}x \tag{5.68}$$

beschränken, wie man durch Übergang zu den neuen Variablen $x(t) := z(t) - z_*$ unmittelbar sieht. Genau wie bei der Untersuchung des asymptotischen Verhaltens von linearen Iterationsprozessen überlegen wir zunächst wieder, dass für einen Anfangswert $z^0 = v$, wobei $v \in \mathbb{C}^n$ ein Eigenvektor von $\mathbf{A}$ mit Eigenwert λ ist, die Lösung von (5.68) direkt angegeben werden kann:

$$x(t) = e^{\lambda t} v, \tag{5.69}$$

denn man rechnet nach, dass

$$\dot{x} = e^{\lambda t}\lambda v = e^{\lambda t}\mathbf{A}v = \mathbf{A}e^{\lambda t}v = \mathbf{A}x.$$

Man beachte, dass wir hier zunächst komplexe Lösungen $x(t)$ zulassen. Die Real- und Imaginärteile sind dann jeweils reelle Lösungen. Für den zeitabhängigen Faktor $e^{\lambda t} \in \mathbb{C}$ gilt

$$|e^{\lambda t}| = \left|e^{\Re(\lambda) + i\Im(\lambda)}\right| = e^{\Re(\lambda)}.$$

Wir sehen, dass im Falle $\Re(\lambda) < 0$ die Lösung (5.69) für $t \to \infty$ gegen Null und im Falle $\Re(\lambda) > 0$ gegen ∞ strebt. Bei verschwindendem Realteil $\Re(\lambda) = 0$ ist die Lösung periodisch.

Nehmen wir jetzt zunächst wieder an, dass die Matrix $\mathbf{A}$ diagonalisierbar ist, so können wir in völliger Analogie zur Diskussion auf Seite 182 argumentieren: Jeder Anfangszustand x^0 lässt sich als Linearkombination der Eigenvektoren v_i schreiben

$$x^0 = \alpha_1 v_1 + \cdots + \alpha_n v_n, \quad \alpha_i \in \mathbb{C},$$

und die Lösung $x(t)$ zu $\mathbf{A}x = 0$, $x(0) = x^0$ ergibt sich dann als die Linearkombination der Lösungen vom Typ (5.69):

$$x(t) = \alpha_1 e^{\lambda_1 t} v_1 + \cdots + \alpha_n e^{\lambda_n t} v_n. \tag{5.70}$$

Aus Gleichung (5.70) können wir direkt die Stabilitätseigenschaften ablesen: Sind die Realteile aller Eigenwerte negativ, so gehen alle Summanden auf der rechten Seite in (5.70) gegen Null und damit ist der stationäre Zustand $x_* = 0$ asymptotisch stabil. Hat dagegen mindestens einer der Eigenwerte einen positiven Realteil, so geht $x(t)$ gegen unendlich und damit ist dann der stationäre Zustand $x_* = 0$ instabil. Sind alle Realteile nicht negativ, so ist x_* zumindest stabil. Bis auf die letzte Aussage gelten alle diese Ergebnisse auch für nicht diagonalisierbare Matrizen, wobei man in diesem Fall für einen Beweis wieder auf die Jordansche Normalform zurückgreifen muss, (siehe z.B. Walter, 2000). Wir halten diese Ergebnisse in dem folgenden Satz fest:

Satz 5.10

i. *Ein stationärer Zustand* z_* *eines linearen Differentialgleichungssystems* (5.67) *ist genau dann asymptotisch stabil, wenn alle Eigenwerte der (nicht notwendigerweise diagonalisierbaren) Matrix* $\mathbf{A}$ *negativen Realteil haben.*

ii. *Besitzt die Matrix* $\mathbf{A}$ *mindestens einen Eigenwert mit positivem Realteil, so ist der stationäre Zustand* z_* *instabil.*

Man beachte die Analogie zu dem Satz 5.5 für diskrete lineare dynamische Systeme. Außerdem weisen wir darauf hin, dass wir für den Fall, dass alle Eigenwerte nichtpositiven Realteil haben, aber mindestens ein Eigenwert λ mit $\Re(\lambda) = 0$ existiert, im Allgemeinen keine Aussage über die Stabilität von stationären Zuständen machen können. In diesem Fall sind weitere Untersuchungen notwendig (Walter, 2000)

Beispiel 5.9 (Ortdiskrete Wärmeleitungsgleichung)
Wir betrachten die räumlich diskrete Wärmeleitungsgleichung für einen dünnen Stab aus Gleichung (4.37). Mit $n+1$ Gitterpunkten, Randbedingungen $u_0 = u_n = 0$ und einer konstanten Quelle ergibt sich ein inhomogenes lineares System

$$\dot{u} = \mathbf{A}u + b \tag{5.71}$$

mit einer symmetrischen negativ definiten Tridiagonalmatrix $\mathbf{A} \in \mathbb{R}^{(n-1)\times(n-1)}$ und $u = (u_1, \ldots, u_{n-1})^T$. Insbesondere ist $\mathbf{A}$ invertierbar und es gibt einen eindeutigen stationären Zustand $u_* = \mathbf{A}^{-1}b$. Dieser Zustand ist, da alle Eigenwerte reell und negativ sind, asymptotisch stabil. ∎

5.5.5 Kontinuierliche nichtlineare dynamische Systeme

Wir betrachten jetzt allgemein Systeme von Differentialgleichungen der Form

$$\dot{z} = f(z) \tag{5.72}$$

mit einer zweimal stetig differenzierbaren Funktion $\mathbb{R}^n \supseteq \mathcal{Z} \to \mathcal{Z}$. Lösungen von nichtlinearen Differentialgleichungen sind nur in den wenigsten Fällen analytisch berechenbar bzw. in geschlossener Form anzugeben, sondern müssen meist mit numerischen Methoden bestimmt werden. Methoden zur Untersuchung qualitativer Eigenschaften von Lösungen, bei denen man die Lösungen selbst nicht bestimmen muss, sind daher besonders wichtig und das Thema der so genannten qualitativen Theorie dynamischer Systeme. Ein wichtiger Teil der Theorie ist dabei die Untersuchung der Stabilitätseigenschaften stationärer Zustände, die wir im Folgenden diskutieren.

Die stationären Zustände z_* des dynamischen Systems (5.72) sind die Nullstellen der rechten Seite f, d.h. Lösungen des nichtlinearen Gleichungssystems

$$f(z_*) = 0.$$

Zur Untersuchung der Stabilitätseigenschaften versucht man wieder, die Eigenschaften des linearisierten Systems auf das nichtlineare System zu übertragen. Wir betrachten also die Abweichung $x(t) = z(t) - z_*$, und erhalten wegen $f(z_*) = 0$ in Analogie zu Gleichung (5.62)

$$\dot{x} = f(z_* + x) = Df(z_*)x + r(x) \approx Df(z_*)x$$

mit der Jacobi-Matrix $Df(z_*)$ und einem Restglied $r(x)$, welches schneller gegen Null geht als $\|x\|$, siehe Abschnitt 5.3. Ähnlich wie für diskrete dynamische Systeme kann man zeigen, dass sich die Stabilitätseigenschaften des linearisierten Systems

$$\dot{x} = \mathbf{A}x, \quad \mathbf{A} = Df(z_*) \tag{5.73}$$

wie folgt auf das nichtlineare System (5.72) vererben: Ist $x_* = 0$ instabiler (asymptotisch stabiler) Zustand des linearen Systems (5.73), dann ist auch z_* instabiler (asymptotisch stabiler) Zustand des nichtlinearen Systems (5.72). Wir erhalten damit den folgenden Satz (für einen Beweis siehe z.B. Walter (2000)).

Satz 5.11

i. *Ein stationärer Zustand z_* des dynamischen Systems* (5.72) *ist asymptotisch stabil, wenn alle Eigenwerte der Jakobi-Matrix $Df(z_*)$ negativen Realteil haben.*

ii. *Besitzt die Jacobi-Matrix $Df(z_*)$ mindestens einen Eigenwert mit positivem Realteil, so ist der stationäre Zustand z_* instabil.*

Das obige Vorgehen, aus Eigenschaften des linearisierten Systems auf entsprechende Eigenschaften des nichtlinearen Systems zu schließen nennt man auch **Linearisierungsprinzip**. Kurz gesagt, verhält sich das nichtlineare System in der Umgebung eines stationären Zustands qualitativ wie das linearisierte System. Auch hier weisen wir wieder darauf hin, dass wir für den Fall, dass alle Eigenwerte der Jakobi-Matrix nichtpositiven Realteil haben, aber mindestens ein Eigenwert mit $\Re(\lambda) = 0$ existiert, im Allgemeinen keine Aussage über die Stabilitätseigenschaften machen können.

Beispiel 5.10 (logistisches Wachstum)

Wir betrachten das folgende Modell für die zeitliche Entwicklung einer Population $n(t)$ mit beschränkten Ressourcen in entdimensionalisierter Form (siehe Abschnitt 8.1, S. 261)

$$\dot{n} = f(n) = n(1 - n).$$

Offensichtlich hat dieses System die beiden stationären Zustände $n_* = 0$ und $n_* = 1$. Mit

$$f'(n) = (1 - n) - n = 1 - 2n$$

sehen wir, dass $f'(0) = 1$ ist, also der Realteil des (einzigen) Eigenwertes positiv ist und damit der stationäre Punkt $n_* = 0$ instabil ist. Genauso folgt aus $f'(1) = -1$, dass der stationäre Zustand $n_* = 1$ asymptotisch stabil ist. ■

Beispiel 5.11 (Energiebilanzmodell in der Klimamodellierung)
Wir betrachten die in Beispiel 4.2 vorgestellte skalare Differentialgleichung für die zeitliche Entwicklung der globalen Erdtemperatur in der entdimensionalisierten Form, wobei wir auch die entdimensionalisierte Zeit wieder mit t bezeichnen und die entdimensionalisierte Temperatur mit u

$$\dot{u} = \big(1 - \alpha(u)\big)\big(1 + \epsilon(t)\big) - \tau(t, u)u^4.$$

Gehen wir von einer konstanten Sonneneinstrahlung aus, d.h. $\epsilon(t) = 0$ und nehmen des Weiteren an, dass die Transmissivität τ (also die Rückstrahlung in den Weltraum) nur von der Temperatur abhängt, so erhalten wir

$$\dot{u} = \big(1 - \alpha(u)\big) - \tau(u)u^4 =: f(u). \tag{5.74}$$

Hier ist $0 < \tau_{\min} \leq \tau(u) \leq 1$ eine monoton fallende Funktion und $0 \leq \alpha(u) \leq 1$ monoton steigend. Man überlegt sich leicht, dass es dann mindestens eine stationäre Temperatur u_* geben muss. Um die Stabilitätseigenschaften zu untersuchen, betrachten wir die linearisierte Gleichung für die Abweichung $v(t) := u(t) - u_*$:

$$\dot{v} = f'(u_*)v = \big(\alpha'(u_*) - 4\tau(u_*)u_*^3 - \tau'(u_*)u_*^4\big)v.$$

Wie man sieht, hängt in diesem Fall das Vorzeichen von $f'(u_*)$ von der genauen funktionalen Gestalt der Funktionen τ und α ab. Erst bei einer genaueren Spezifikation dieser Funktionen lässt sich also sagen, ob der stationäre Zustand u_* stabil oder instabil ist, siehe auch Aufgabe 5.12. ■

Zum Abschluss kommen wir noch einmal auf das einführende Beispiel des Pendels zurück (siehe S. 178):

Beispiel 5.12 (Mathematisches Pendel mit Reibung)
Wir betrachten die Differentialgleichung 2. Ordnung für die Auslenkung $\phi(t)$ eines Pendel

$$\ddot{\phi} = -a\sin(\phi) - b\dot{\phi},$$

mit $a > 0$, $b \geq 0$, siehe Beispiel 4.4 auf Seite 88. Wir nehmen dabei an, dass die Punktmasse an einer dünnen, aber starren Stange hängt, also auch größere Auslenkungen als 90° möglich sind. Außerdem haben wir noch einen Reibungsterm $-b\dot{\phi}$ hinzugefügt, der eine Kraft modelliert, die proportional zur Winkelgeschwindigkeit $\dot{\phi}$ ist und entgegen der Drehrichtung wirkt. Zunächst formen wir die Gleichung in ein System erster Ordnung um. Mit $\varphi_1(t) := \phi(t)$, $\varphi_2(t) := \dot{\phi}(t)$ ergibt sich das System

$$\dot{\varphi} = f(\varphi),$$

mit

$$\varphi(t) = \begin{pmatrix} \varphi_1(t) \\ \varphi_2(t) \end{pmatrix}, \quad f(\varphi_1, \varphi_2) = \begin{pmatrix} \varphi_2 \\ -a\sin(\varphi_1) - b\varphi_2 \end{pmatrix}.$$

Damit erhalten wir die beiden stationären Zustände (Nullstellen von f) $\varphi_* = (0,0)$ und $\varphi_* = (\pi, 0)$, also gerade die obere und untere Ruhelage des Pendels. Mit der Jakobi-Matrix

$$Df(\varphi_1, \varphi_2) = \begin{pmatrix} 0 & 1 \\ -a\cos(\varphi_1) & -b \end{pmatrix}$$

erhalten wir

$$\mathbf{A}_1 := Df(0,0) = \begin{pmatrix} 0 & 1 \\ -a & -b \end{pmatrix}, \quad \mathbf{A}_2 := Df(\pi,0) = \begin{pmatrix} 0 & 1 \\ a & -b \end{pmatrix}.$$

Die Eigenwerte von $\mathbf{A}_1$ sind die Nullstellen des charakteristischen Polynoms $p(\lambda) = \lambda^2 + \lambda b + a$:

$$\lambda_{1,2} = -b/2 \pm \sqrt{(b/2)^2 - a}.$$

Wegen $a, b \geq 0$ sind die Realteile beider Eigenwerte kleiner Null und der Zustand $(0,0)$ ist damit asymptotisch stabil. Im Grenzfall $b = 0$ (keine Reibung) erhalten wir ein Paar rein imaginärer, komplex konjugierter Eigenwerte. Kleine Störungen aus der Gleichgewichtslage führen in diesem Fall zu periodischen Lösungen, siehe auch die Bemerkungen im Ausblick. Also ist der Gleichgewichtszustand $(0,0)$ in diesem Fall stabil, aber nicht asymptotisch stabil.

Für die Matrix $\mathbf{A}_2$ erhält man dagegen zwei reelle Eigenwerte

$$\lambda_{1,2} = -b/2 \pm \sqrt{(b/2)^2 + a},$$

von denen einer positiv ist. Wie zu erwarten, ist also der obere Ruhepunkt $(\pi, 0)^T$ instabil. ■

Ausblick

Eine nähere Untersuchung stationärer Punkte, an denen die Jakobi-Matrix ein Paar komplex konjugierter, rein imaginärer Eigenwerte hat, führt zu weiteren qualitativen Eigenschaften, den so genannten Hopf-Bifurkationen. Unter gewissen Voraussetzungen lässt sich dann die Existenz von (stabilen) periodischen Lösungen in der Nähe dieser Gleichgewichtspunkte beweisen. Wir werden darauf in der Fallstudie in Kapitel 8 zurückkommen.

Die qualitative Theorie dynamischer Systeme beschränkt sich allgemeiner nicht nur auf die Untersuchung der Stabilität stationärer Zustände. Unter anderem wird auch die Existenz und Stabilität periodischer Lösungen untersucht, und es gibt neben Punkten und periodischen Bahnen auch kompliziertere Mengen, die attraktiv im Sinne der Definition 5.4 sind, so genannte **seltsame Attraktoren**. Darüber hinaus zeigen manche Systeme in gewissen Parameterbereichen chaotisches Verhalten und die Lösungen werden beliebig empfindlich gegenüber kleinen Änderungen in den Anfangsbedingungen oder in den Parametern, siehe Lynch (2004).

5.6 Aufgaben

Aufgabe 5.1 **a)** Führen Sie die Entdimensionalisierung des senkrechten Wurfes, siehe Gleichung (5.29), mit den beiden Skalierungen $\Pi_2 = Pi_3 = 1$ und $\Pi_1 = \Pi_2 = 1$ durch und diskutieren Sie das Ergebnis.

b) Die maximale Höhe h des Wurfes muss eine Funktion der in dem Modell (5.29) vorkommenden Parameter sein. Bestimmen sie h mithilfe einer Dimensionsanalyse bis auf einen konstanten Faktor.

Aufgabe 5.2 Führen Sie die Entdimensionalisierung der Energiebilanzgleichung (4.6) aus Beispiel 4.2 durch.

Aufgabe 5.3 Zeigen Sie, dass die Anfangswertaufgabe für die logistische Gleichung

$$\dot{N}(t) = \alpha\, N(t)\left(1 - \frac{N(t)}{K}\right),\ t > 0,\quad N(0) = N_0$$

mit den neuen Variablen

$$\tau = \alpha\, t,\quad n = \frac{N}{K}$$

die Form

$$\dot{n}(\tau) = n(\tau)(1 - n(\tau)),\ \tau > 0,\quad n(0) = \frac{N_0}{K} := n_0$$

annimmt.

Aufgabe 5.4 Führen Sie eine Entdimensionalisierung des Räuber-Beute-Modells aus Beispiel 4.23 durch, sodass möglichst wenige dimensionslose Parameter übrig bleiben.

Aufgabe 5.5 Zeigen Sie, dass die Steifigkeitsmatrix $\mathbf{S} = -\mathrm{D}F(z_*)$ eines Fachwerkmodells immer symmetrisch ist. Hinweis: Die Kraft $F(z)$ lässt sich als Gradient eines Potenzials schreiben:

$$F(z) = -\nabla_z U(z),\quad U(z) = \sum_{\text{Balken(i,j)}} (E/l_{ij}^0)\big(\|r_i - r_j\| - l_{ij}^0\big)^2.$$

Ist $\mathbf{S}$ positiv (semi-)definit? Können Sie ein einfaches Fachwerk angeben, bei dem $\mathbf{S}$ nicht positiv definit ist? (Hinweis: Wie hängt dies mit der Frage der Eindeutigkeit eines Gleichgewichtszustandes zusammen?)

Aufgabe 5.6 **a)** Berechnen Sie die Taylor-Entwicklung der Funktion

$$f(x) = \frac{1}{(1+x)^2}$$

um die Stelle $x = 0$.

b) Bestätigen Sie, dass die in Gleichung (5.50) angegebenen Funktionen die entsprechenden Anfangswertprobleme lösen.

c) Bestimmen Sie die Höhe des Wurfes bis zur ersten Ordnung in ε

$$h^\varepsilon = h_0 + \varepsilon h_1 + \mathcal{O}(\varepsilon^2).$$

Bestimmen Sie dazu zunächst den Zeitpunkt τ^ε, an dem die maximale Höhe h^ε erreicht wird, bis zur Ordnung ε über die Bedingung $\dot{y}^\varepsilon(\tau^\varepsilon) = 0$. Benutzen Sie dabei die Entwicklungen

$$\begin{aligned} \tau^\varepsilon &= \tau_0 + \varepsilon\tau_1 + \mathcal{O}(\varepsilon), \\ \dot{y}^\varepsilon(\tau^\varepsilon) &= \dot{y}_0(\tau^\varepsilon) + \varepsilon\dot{y}_1(\tau^\varepsilon) + \mathcal{O}(\varepsilon^2), \\ \dot{y}_j(\tau^\varepsilon) &= \dot{y}_j(\tau_0) + \ddot{y}_j(\tau_0)\varepsilon\tau_1 + \mathcal{O}(\varepsilon^2). \end{aligned}$$

Aufgabe 5.7 Beweisen Sie den Satz 5.4 für diagonalisierbare Matrizen $\mathbf{A}$ unter Verwendung der Gleichung (5.54).

Aufgabe 5.8 Bestimmen Sie die dominanten Eigenwerte und die Spektralradien der folgenden Matrizen

$$\begin{pmatrix} 0 & 1 \\ 0 & 0 \end{pmatrix}, \quad \begin{pmatrix} 0 & 1 \\ 1 & 0 \end{pmatrix}, \quad \begin{pmatrix} 1 & 0 \\ 1 & 1 \end{pmatrix}.$$

Aufgabe 5.9 Beweisen Sie den Satz 5.5 unter Benutzung von Satz 5.4. Führen Sie für den Fall diagonalisierbarer Matrizen auch einen direkten Beweis. Kann man in diesem Fall auch eine Aussage über die Stabilität machen, falls $\rho(\mathbf{A}) = 1$ ist?

Aufgabe 5.10 Zeigen Sie, dass eine stochastische Matrix $\mathbf{A}$ den Spektralradius $\rho(\mathbf{A}) = 1$ hat. (Hinweis: Benutzen Sie die $\|\cdot\|_\infty$-Norm (Maximum-Norm für Vektoren und Zeilensummennorm für Matrizen)).

Aufgabe 5.11 Man gebe explizit die Matrix $\mathbf{A}$ aus Beispiel 5.9 für $n = 3$ und für $n = 5$ an. Man berechne mit MATLAB das Spektrum der Matrix $\mathbf{A}$ (Setzen Sie alle Parameter auf den Wert eins) und die Lösung der Differentialgleichung für verschiedene Anfangsbedingungen, z.B. numerisch mit dem MATLAB-Löser `ode45`.

Aufgabe 5.12 Man mache plausible Ansätze für die Funktionen $\tau(u)$ und $\alpha(u)$ in Beispiel 5.11, S. 192, und diskutiere die Anzahl und die Stabilitätseigenschaften der stationären Zustände.

6 Berechnung, Simulation und Visualisierung

Übersicht

Jeder Modelltyp verlangt spezifische Berechnungsmethoden und Simulationstechniken und je nach Fragestellung sind unterschiedliche Visualisierungsarten notwendig. Wir werden in diesem Kapitel anhand einiger Beispiele eine Reihe typischer Techniken und Verfahren vorstellen.

In fast allen Modellen wird man an der einen oder anderen Stelle auch Gleichungssysteme lösen müssen. Wir gehen daher zunächst kurz auf die numerische Lösung von Gleichungssystemen ein.

Lineare und nichtlineare Gleichungssysteme

Numerische Verfahren zur Lösung linearer und nichtlinearer Gleichungssysteme sind in Numeriklehrbüchern (z.B. Dahmen und Reusken, 2006) ausführlich beschrieben. Wir begnügen uns hier mit einigen Anmerkungen, siehe auch Abschnitt 5.1.1.

Bei der Auswahl eines Lösungsverfahrens für lineare Gleichungssysteme sollte man die folgenden Dinge beachten:

Kondition einer Matrix. Das Lösen eines linearen Gleichungssystems kann *schlecht konditioniert* sein. Dann können kleine Fehler in den Eingabedaten – der Matrix und der rechten Seite – zu großen Abweichungen der Lösung führen. In diesem Fall verstärken sich auch Rundungsfehler entsprechend.

Matrix-Invertierung. Der Rechenaufwand zur Invertierung einer $n \times n$-Matrix $\mathbf{A}$ entspricht dem Aufwand zur Lösung von n Gleichungssystemen der Form $\mathbf{A}s_i = e_i$, wobei s_i die i-te Spalte der Inversen $\mathbf{A}^{-1}$ und e_i der i-te Einheitsvektor ist. Daher wird man in fast allen Fällen auf eine explizite Berechnung der Inversen verzichten. Darüber hinaus ist oft die Berechnung der Inversen viel schlechter konditioniert als die Lösung des vorliegenden Gleichungssystems.

Direkte versus iterative Lösungsverfahren. Für kleine Systeme sind die direkten Verfahren, die bei Vernachlässigung von Rundungsfehlern nach endlich vielen Schritten die exakte Lösung berechnen, im Allgemeinen effizienter. Bei großen Matrizen ($n \approx 1000$) werden iterative Lösungsverfahren ähnlich schnell. In den Anwendungen hat man es häufig mit noch viel größeren **dünnbesetzten** Matrizen zu tun. Darunter versteht man Matrizen, bei denen in jeder Zeile nur eine kleine Anzahl von Einträgen von Null verschieden ist. Für solche Matrizen verwendet man dann spezielle Datenstrukturen, bei denen die Nulleinträge keinen Speicherplatz benötigen. Direkte Verfahren wie zum Beispiel die Gauß-Elimination führen meist zu einem so genannten „fill in“: Immer mehr Matrixeinträge werden ungleich null. Da der benötigte Speicherplatz dann nicht mehr ausreichen würde, kommen ab einer gewissen Matrixgröße nur noch iterative Verfahren für dünnbesetzte Matrizen in Frage.

Struktureigenschaften. Es gibt Gleichungslöser, die im Prinzip für jede reguläre Matrix $\mathbf{A}$ ein Gleichungssystem $\mathbf{A}x = b$ lösen. Für Matrizen mit bestimmten Eigenschaften, wie z.B. Symmetrie oder positive Definitheit, gibt es aber unter Umständen viel effizientere Lösungsverfahren. Je mehr Informationen man also über spezielle Struktureigenschaften der Matrix $\mathbf{A}$ besitzt, desto gezielter kann man ein entsprechendes Verfahren wählen. Man konsultiere zum Beispiel die Hilfe zu `linsolve` in MATLAB. Dort wird beschrieben, wie man dem „Black Box“-Löser helfen kann, durch Angabe von eventuell bekannten Eigenschaften der vorliegenden Matrix, ein möglichst geeignetes optimiertes Lösungsverfahren auszuwählen.

Nichtlineare Gleichungssysteme $f(x) = b$ sind ungleich schwerer zu lösen. Das prominenteste Verfahren für eine differenzierbare Funktion f ist das Newton-Verfahren, ein iteratives Verfahren, bei dem in jedem Schritt ein lineares Gleichungssystem gelöst wird, welches aus der Linearisierung der Gleichung $f(x) = b$ entsteht. Die Konvergenz eines solchen Verfahrens ist im Allgemeinen nicht gesichert und hängt wesentlich von der Güte des Startwertes ab. In MATLAB steht die Funktion `fsolve` zur numerischen Lösung von nichtlinearen Gleichungssystemen zur Verfügung. Wir betrachten ein Beispiel in Listing 6.10 auf Seite 212.

In den nächsten Abschnitten betrachten wir exemplarisch drei wichtige Modelltypen.

6.1 Diskrete dynamische Systeme

Bei einfachen diskreten dynamischen Systemen kann man die Iterationsvorschrift direkt ausführen und sich die berechneten Lösungen – die Zeitreihen – grafisch visualisieren und auf gewisse Eigenschaften hin untersuchen.

Beispiel 6.1 (Leslie-Modell mit 3 Altersklassen)
Wir betrachten dazu als Beispiel den auf Seite 183 betrachteten Iterationsprozess $p^{k+1} = \mathbf{L}p^k$ mit der Leslie-Matrix

$$\mathbf{L} = \begin{pmatrix} 0 & 3/2 & 1/2 \\ 1/2 & 0 & 0 \\ 0 & 1/2 & 0 \end{pmatrix}.$$

Hier beschreibt $p_i^k = p_i(t_k)$ die Anzahl der weiblichen Individuen der Altersklasse i zum Zeitpunkt t_k. Schreiben wir den Lösungsvektor p^k in die $(k+1)$-Spalte einer Matrix p (die MATLAB-Indizierung beginnt mit eins), so können wir den Prozess bei Vorgabe einer beliebigen Leslie-Matrix $\mathbf{L}$ und einer Anfangspopulation $p(t_0) = p^0$ wie in Listing 6.1 implementieren.

Listing 6.1: Leslie-Modell, Iterationsprozesses

```
L = ...                % Leslie-Matrix
n = 20;                % Anzahl Zeitschritte
N = length(L(1,:));    % Anzahl Altersgruppen

% (N,n+1)-Matrix p; k-te Spalte: Populationen zum Zeitpunkt k
p = zeros(N,n+1);

% Startpopulation: gleichverteilt
p(:,1) = 100*ones(N,1);

% Zeit-Iteration
for k = 1:n
   p(:,k+1) = L*p(:,k);
end
```

Auswertung und Visualisierung. Um einen Überblick über das Verhalten dieses sehr übersichtlichen Modells zu erhalten, tragen wir die Zeitreihen für die drei Altersgruppen über der Zeit auf. Neben der Entwicklung der Individuenanzahl ist auch die zeitliche Entwicklung des relativen Anteils an der Gesamtbevölkerung von Interesse, die wir durch Normierung mit der Gesamtpopulation erhalten, siehe Listing 6.2 und Abbildung 6.1.

Listing 6.2: Leslie-Modell, Auswertung und Visualisierung

```
t = [0:n];          % diskrete Zeitpunkte
```

```
% Zeitentwicklung der Populationen
plot(t,p(1,:), t,p(2,:), t,p(3,:)); pause

%--- Relative Häufigkeiten der Altersgruppen --------
pG = sum(p);              % Gesamtpopulation
plot(t,p(1,:)./pG, t,p(2,:)./pG, t,p(3,:)./pG); pause

%--- Asymptotisches Verhalten der Gesamtpopulation ---
[V,D] = eig(L);           % Eigenwerte /-vektoren berechnen
for i=1:N                 % normieren in der 1-Norm
    V(:,i) = V(:,i)/norm( V(:,i),1 )
end;

[domEW, ind] = max(diag(D))  % dominanter Eigenwert
domEV        = V(:,ind)      % dominanter Eigenvektor

alpha = V\p(:,1);            % Zerlegung der Anfangspop.
                             % in Eigenvektoren

pAsymp     = zeros(n+1,1);
pAsymp(1)  = alpha(ind);     % Koeffizient des dominanten EV
for k=1:n
    pAsymp(k+1) = pAsymp(k)*domEW;
end

semilogy(t,pG, t,pAsymp);  % Halblogarithmischer Plot
axis([0,20,50,400]);
set(gca,'YTick',[50,100,200,400]);
```

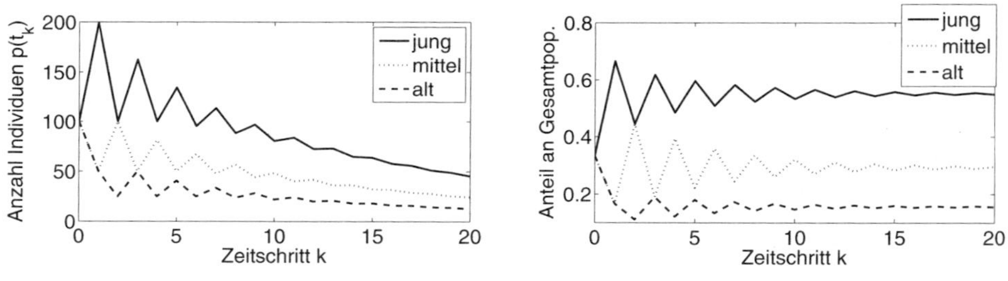

Abb. 6.1: Populationsentwicklung mit einem Leslie-Modell mit drei Altersgruppen. In der linken Graphik wird die Individuenanzahl in den drei Altersgruppen „jung" ($i = 1$), „mittel" ($i = 2$) und „alt" ($i = 3$) über die Zeitschritte k aufgetragen. Im rechten Schaubild ist die Entwicklung des relativen Anteils der drei Altersgruppen an der Gesamtbevölkerung zu sehen.

Bei einer größeren Anzahl von Altersgruppen empfiehlt sich eine horizontale Balkendarstellung mit dem Befehl `barh`. Man erhält dann (für einen Zeitpunkt t_k) eine als „Bevölkerungspyramide“ bekannte Darstellung.

Abschließend vergleichen wir noch das asymptotische Verhalten der Gesamtpopulation für große Zeiten. Bezeichnet $p_g(t_k)$ die Gesamtpopulation zum Zeitpunkt t_k, im vorliegenden Beispiel also

$$p_g(t_k) := p_1(t_k) + p_2(t_k) + p_3(t_k), \tag{6.1}$$

so erwarten wir für $p_g(t_k)$ gemäß Satz 5.6 ein asymptotisches Verhalten der Form

$$p_g(t_k) \approx \alpha_1 \lambda_1^k \|v_1\|_1, \quad k \gg 1$$

wobei λ_1 den dominanten Eigenwert von $\mathbf{L}$ mit dem nichtnegativen Eigenvektor v_1 bezeichnet, und α_1 den Anteil des Eigenvektors v_1 in der Anfangspopulation p^0, siehe auch Beispiel 5.7. Wählen wir einen normierten Eigenvektor $\|v_1\|_1 = 1$ und logarithmieren auf beiden Seiten, so ergibt sich

$$\log(p_g(t_k)) \approx \log \alpha_1 + k \log \lambda_1 .$$

Um zu visualisieren, ob und gegebenenfalls wie gut diese Approximation für endliche Zeiten ist, tragen wir die berechneten Werte $p_g(t_k)$ halblogarithmisch über k auf, siehe Abbildung 6.2 und vergleichen mit der Funktion $f(t_k) = \alpha_1 \lambda_1^k$.

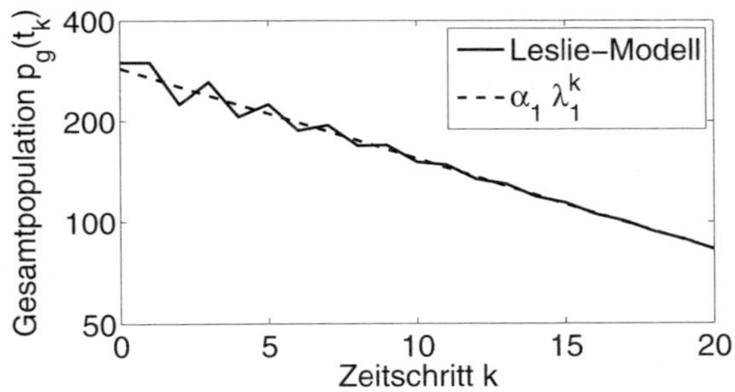

Abb. 6.2: Zeitliche Entwicklung der Gesamtpopulation. Vergleich der Berechnungsergebnisse des Leslie-Modells mit dem erwarteten asymptotischen Verhalten.

■

Kompliziertere Iterationsprozesse wie zum Beispiel die in Abschnitt 4.2.3 diskutierten zellulären Automaten sind in der Implementierung etwas aufwändiger, vom Prinzip her jedoch ähnlich. In jedem Zeitschritt wird entsprechend den vorliegenden Übergangsregeln ein Zustandsvektor aktualisiert. Wir verweisen auf das Beispiel 4.19, S. 124 (Conway’s Game of Life) und die Beispiel-Implementierung in Aufgabe 4.8, siehe auch Aufgabe 6.1.

6.2 Kontinuierliche dynamische Systeme

Als Nächstes betrachten wir dynamische Systeme, die in Form eines Systems gewöhnlicher Differentialgleichungen vorliegen. Mit Ausnahme von linearen Systemen ist eine analytische Lösung im Allgemeinen nicht möglich, sodass man auf numerische Lösungsverfahren zurückgreifen muss, die in der Literatur ausführlich beschrieben werden (siehe z.B. Dahmen und Reusken, 2006; Deuflhard und Bornemann, 2001). In vielen Fällen ist es völlig ausreichend, einen bereits implementierten Löser zu verwenden. Man sollte sich jedoch auch in diesem Fall vergewissern, welcher Typ von Löser für das vorliegende Problem geeignet ist. Grundsätzlich sollten vorzugsweise Verfahren mit einer auf einer Fehlerschätzung basierenden adaptiven Schrittweitensteuerung verwendet werden. Ein guter Löser wird sich dann in problematischen Situationen, wenn zum Beispiel eine Singularität auftritt, so verhalten, dass die Schrittweite gegen Null geht – er „frisst sich fest", und die Berechnung muss abgebrochen werden. Man unterscheidet zwischen Lösern für so genannte steife und für nichtsteife Probleme. Steife Probleme zeichnen sich, vereinfacht gesagt, dadurch aus, dass unterschiedliche Komponenten der Lösung auf ganz unterschiedlichen Zeitskalen abklingen. Dies führt bei einer Klasse von Lösern zu der Notwendigkeit, unangemessen kleine Zeitschritte zu verwenden, damit der Lösungsalgorithmus stabil bleibt. Diese Löser sind dann für steife Probleme nicht geeignet, für nichtsteife Probleme aber im Allgemeinen wesentlich effizienter.

MATLAB bietet verschiedene Löser für Anfangswertprobleme als Funktionen an. Die Namen dieser Funktionen beginnen alle mit `ode`, gefolgt von zwei Zahlen, die die Fehlerordnung des Verfahrens und des verwendeten Fehlerschätzers kennzeichnen und dem Buchstaben `s`, wenn es sich um einen Löser für steife Probleme handelt. Beispiele sind `ode45` oder `ode23s`. Alle Verfahren verfügen über eine adaptive Schrittweitensteuerung und die Toleranzen des Fehlerschätzers sowie weitere Parameter des Lösers können mit der Funktion `odeset` gesetzt werden, wie wir in den Beispielen später sehen werden. Grundsätzlich müssen die Differentialgleichungen immer als ein System erster Ordnung vorliegen, gegebenenfalls also in ein solches umgewandelt werden.

In dem folgenden Beispiel illustrieren wir das Vorgehen bei der numerischen Lösung eines Anfangswertproblems und zeigen auch Möglichkeiten zur grafischen Darstellungen der berechneten Lösungen.

Beispiel 6.2 (Van-der-Pol-Oszillator)
Das folgende skalare Anfangswertproblem zweiter Ordnung wurde 1920 von dem Elektro-Ingenieur van der Pol vorgeschlagen, um das Schwingungsverhaltens gewisser nichtlinearer elektrischer Schaltkreise zu modellieren.

$$\ddot{x} = \mu(1 - x^2)\dot{x} - x, \quad t \in [0, T], \quad x(0) = x^0, \quad \dot{x}(0) = v^0. \tag{6.2}$$

Die Größe $x(t)$ ist in diesem Fall die zeitabhängige elektrische Spannung. Gleichung (6.2) ist entdimensionalisiert und besitzt (neben den Anfangsbedingungen) einen dimensionslosen freien Parameter μ. Für $\mu = 0$ beschreibt Gleichung (6.2) einen linearen elektrischen Schwingkreis, oder, wenn man x als die Auslenkung eines mechanischen Systems, z.B. einer Feder oder eines Pendels auffasst, einen linearen Einmassenschwinger. Für $\mu > 0$ beschreibt der Term $\mu(1 - x^2)\dot{x}$ in diesem mechanischen Analogon eine nichtlineare Dämpfung – proportional zur Geschwindigkeit $\dot{x}$ – und man spricht deswegen auch von dem nichtlinearen Van-der-Pol-Oszillator. Das dynamische System (6.2) hat, wie wir sehen werden, sehr interessante Eigenschaften, und wird auch zur Modellierung von oszillierenden biologischen Systemen eingesetzt, siehe Murray (2002). Unser Ziel ist es jetzt, das Verhalten der Modelllösungen in Abhängigkeit von der Größe des Parameters μ zu untersuchen.

Lösungsstrategie: Wir entscheiden uns dafür, eine Parameterstudie durchzuführen: Das Anfangswertproblem (6.2) soll für verschiedene Werte von μ numerisch gelöst werden. Die Ergebnisse sollen dann geeignet visualisiert und miteinander verglichen werden. Einer der von MATLAB bereitgestellten Standard-Löser für Anfangswertprobleme soll zum Einsatz kommen. Daher formulieren wir zunächst ein zu (6.2) äquivalentes Anfangswertproblem erster Ordnung für die gesuchten Funktionen $y_1(t) = x(t)$, $y_2(t) = \dot{x}(t)$:

$$\dot{y} = f(t, y), \quad y = \begin{pmatrix} y_1 \\ y_2 \end{pmatrix}, \; f(t, y) = \begin{pmatrix} y_2 \\ \mu(1 - y_1^2)y_2 - y_1 \end{pmatrix}$$

mit den Anfangswerten

$$y(0) = \big(y_1(0), y_2(0)\big)^T = (x^0, v^0)^T.$$

Dieses Anfangswertproblem hat eine eindeutige Lösung, da die rechte Seite Lipschitz-stetig ist.

Implementierung in MATLAB. Zuerst implementieren wir die rechte Seite $f(t, y)$ als eine MATLAB-Funktion. Auch wenn im vorliegenden Fall $f(t, y)$ nicht explizit von der Zeit t abhängt, erwartet jeder MATLAB-Löser eine Funktion mit zwei Übergabeparametern.

Listing 6.3: Funktion vanDerPolRHS

```
function dy = vanDerPolRHS(t,y)
% rechte Seite f(t,y) des Anfangswertproblems
global mu; % dieser Parameter wird im Anwendungsskript gesetzt

% dy muss ein Spaltenvektor sein
dy(1,1) = y(2);
dy(2,1) = mu*( 1 - y(1)*y(1) )*y(2) - y(1);
```

Jetzt wird diese Funktion zusammen mit dem Zeitintervall, auf dem die Lösung berechnet werden soll, und den Anfangswerten einem Löser übergeben. In Ermangelung spezieller Gründe wählen wir den populärsten Löser `ode45`, der ein explizites eingebettetes Runge-Kutta-Verfahren mit Schrittweiten-Steuerung verwendet. Wir geben in dem folgenden Skript nicht nur den Aufruf des Lösers, sondern auch gleich die Anweisungen für eine mögliche Visualisierung der Ergebnisse an. Einem Löser können optional eine Reihe von Parametern übergeben werden, die z.B. die gewünschte Fehlertoleranz oder die Menge der Zeitpunkte, an denen die diskrete Lösung zurückgegeben wird, festlegen.

Listing 6.4: Numerische Lösung der Van-der-Pol-Gleichung

```
global mu;   % globale Variable, wird in der
             % Funktion vanDerPolRHS benoetigt

% Parameter fuer den Loeser setzen
options = odeset('AbsTol',1.e-8,'RelTol',1.e-4,'Refine',20);

% Parameter des zu loesenden Problems
y0         = [0.5;0];     % Anfangswerte
mu         = 0;           % Staerke der Daempfung
tIntervall = [0, 20*pi]; % Zeitintervall

[t,y] = ode45(@vanDerPolRHS,tIntervall,y0,options);

% Lösung x(t) über t
plot(t, y(:,1), 'k', 'linewidth', 2 );
xlabel('t'); ylabel('x');
pause

% Phasenraum-Trajektorie t --> (x(t), v(t))
plot(y(:,1), y(:,2));
```

In der numerischen Mathematik erfreut sich der Van-der-Pol-Oszillator einer großen Beliebtheit als Testfall für Lösungsverfahren von Anfangswertproblemen, da sich durch die Wahl des Parameters μ die Steifheit des Problems beinahe beliebig verändern lässt. Für moderate Größen $\mu \sim 1$ ist das Problem nicht steif, für große $\mu \gg 100$ wird das Problem extrem steif. Für sehr steife Probleme sind explizite Löser nicht mehr geeignet. Man teste das obige Skript mit Werten $\mu > 100$ und verwende vergleichsweise auch einen der MATLAB-Löser für steife Probleme, `ode23s` oder `ode15s`.

Visualisierung der Ergebnisse und Auswertung. Eine Parameterstudie, d.h. eine Durchführung von Simulationen zu verschiedenen Anfangswerten und zu verschiedenen Werten des Parameters μ führt zu einigen Erkenntnissen über das quantitative, aber vor allen Dingen auch qualitative Verhalten der Modelllösungen. Natürlich wird man auch versuchen, diese Eigenschaften mathematisch rigoros zu zeigen, zum Beispiel mit einer qualitativen Stabilitätsanalyse, was aber bei komplizierteren Modellen sehr schwierig sein kann. In den Abbildungen 6.3 und 6.4 sind exemplarisch Ergebnisse für vier Parameterwerte von μ grafisch dargestellt. Während in Abbildung 6.3 die Lösung $x(t)$ über der Zeit aufgetragen ist, sind in Abbildung 6.4 die so genannten Phasenraumtrajektorien, d.h. die parametrisierten Kurven $(x(t), \dot{x}(t))$ zu sehen. Solche Kurven im Phasenraum sind besonders geeignet, um das qualitative Verhalten von Lösungen zu verstehen. Im vorliegenden Fall erkennt man zum Beispiel, dass sich für $\mu > 0$ die Lösungen immer näher um eine geschlossene Kurve (einen so genannten Attraktor) zusammenziehen. Für $\mu = 0$ sieht man, dass die Phasenraumtrajektorie selbst eine geschlossene Kurve ist: Die Lösung ist also periodisch.

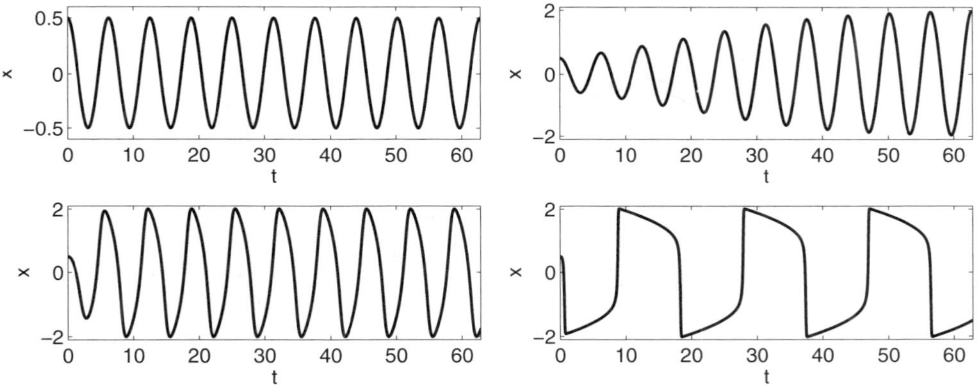

Abb. 6.3: Van-der-Pol-Oszillator: Numerische Lösung $x(t)$ des Anfangswertproblems (6.2) mit Anfangswerten $x(0) = 0.5$, $\dot{x}(0) = 0$ für verschiede Parameterwerte μ. Von links oben nach rechts unten: $\mu = 0$, $\mu = 0.1$, $\mu = 1$, $\mu = 10$.

Zusammenfassend beobachten wir drei Regime mit qualitativ unterschiedlichem Verhalten:

i. *Ungedämpfter Fall,* $\mu = 0$. Die Lösung $x(t)$ ist eine harmonische Schwingung $x(t) = x(0)\cos(t)$ mit der Periode $T_0 = 2\pi$. Die Phasenraumtrajektorie ist ein geschlossener Kreis.

ii. *Schwache Dämpfung,* $\mu \ll 1$. Die Phasenraumtrajektorie schmiegt sich asymptotisch einem Grenzzyklus an, der die Form eines leicht deformierten Kreises mit dem Radius $r = 2$ hat. Die Lösung $x(t)$ ist also für große t fast periodisch und die Amplitude der periodischen Schwingung geht *unabhängig* von der Anfangsamplitude gegen den Wert zwei.

iii. *Starke Dämpfung,* $\mu \gg 1$. Wie im Falle der schwachen Dämpfung strebt die Lösung für $t \to \infty$ gegen eine periodische Funktion mit einer vom Anfangswert unabhängigen Amplitude, die wieder den Wert zwei hat, und die Phasenraumtrajektorie

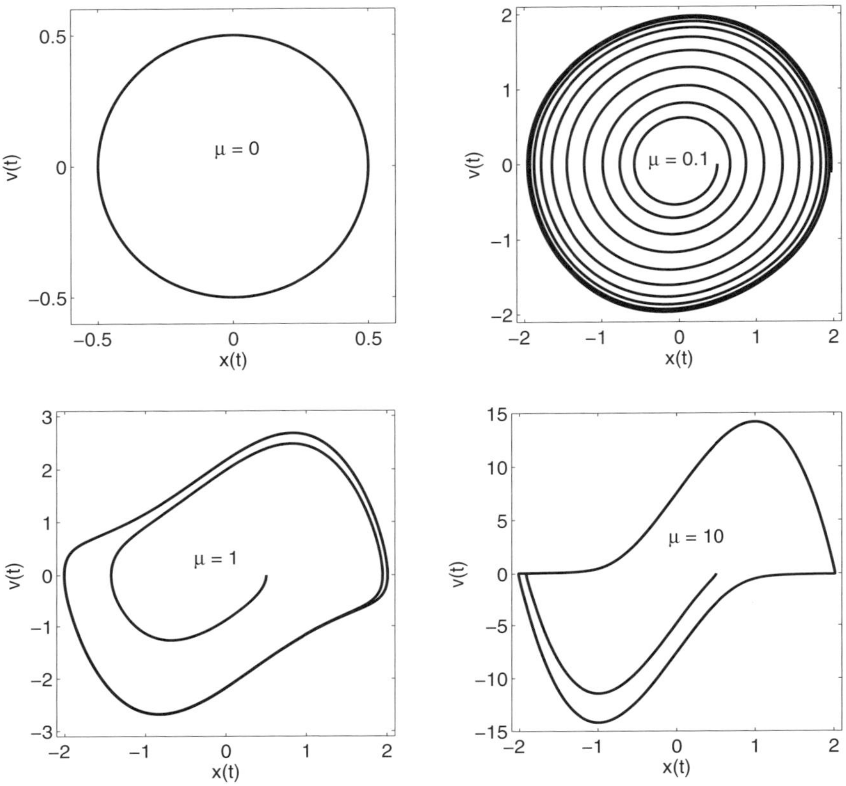

Abb. 6.4: Van-der-Pol-Oszillator: Phasenraumtrajektorien der numerischen Lösungen von (6.2) mit Anfangswerten $x(0) = 0.5$, $\dot{x}(0) = 0$ für verschiedene Parameterwerte μ. Man beachte die unterschiedliche Skalierung der y-Achse.

schmiegt sich an einen entsprechenden Grenzzyklus an. Allerdings zeigt jetzt die Lösung $x(t)$ sehr steile Flanken. Das heißt, es gibt Bereiche mit einer sehr großen Steigung. Anschaulich wechseln langsame Aufladevorgänge periodisch mit schnellen Entladevorgängen, wobei das System selbst die Schwellwerte (also die Amplituden) festlegt. Genau dieses qualitative Verhalten ist charakteristisch für viele oszillierende biologische Systeme.

An der Form der Lösung $x(t)$ für $\mu = 10$ sehen wir auch, dass eine adaptive Zeitschrittweitensteuerung für dieses Problem sehr von Vorteil ist. In den Zeitbereichen der steilen Flanken werden wesentlich kürzere Zeitschritte erforderlich sein als in Bereichen, in denen $x(t)$ relativ flach verläuft. Insbesondere weiß man im Allgemeinen vor der Simulation auch gar nicht, auf welchen Zeitskalen die Lösung sich schnell ändern wird und kann daher passende Schrittweiten nur sehr schwer a priori festlegen. ■

Als Beispiel für eine aufwändigere Implementierung und Visualisierung betrachten wir ein System mit einer größeren Anzahl von Freiheitsgraden, nämlich das Fachwerk aus Beispiel 5.5, S. 171.

Beispiel 6.3 (Schwingungen eines ebenen Fachwerks)
Es soll untersucht werden, welche Schwingungsformen für das in Beispiel 5.5 beschriebene ebene Fachwerk möglich sind und mit welchen Frequenzen das Fachwerk gegebenenfalls schwingt. Damit kennt man dann die Resonanzfrequenzen und Resonanzschwingungen des Fachwerkes.

Für einen linearen Einmassenschwinger, also eine Punktmasse m am Ort $x(t)$, der einer Gleichung der Form $m\ddot{x} = -d\,x$ genügt, kennen wir die Eigenfrequenz $f = \omega/(2\pi) = \sqrt{d/m}/(2\pi)$ und $x(t)$ ist eine Sinus- bzw. Kosinus-Schwingung. Wir werden nun in einem ersten Schritt die so genannten Eigenschwingungen und Eigenfrequenzen des linearisierten Fachwerkmodells bestimmen und dann durch Simulationen überprüfen, wie groß die Abweichungen zum nichtlinearen Modell sind.

Betrachten wir also die linearisierte Gleichung für den Verschiebungsvektor $u(t)$ des Fachwerkes ohne äußere Lasten, siehe (5.44)

$$\ddot{u} = -\mathbf{C}u = \mathbf{M}^{-1}\mathbf{S}u. \tag{6.3}$$

Da die Massenmatrix $\mathbf{M}$ eine positive Diagonalmatrix ist und die Steifigkeitsmatrix $\mathbf{S}$ symmetrisch und positiv semi-definit ist, ist auch die Matrix $\mathbf{C}$ wieder symmetrisch und positiv semi-definit (im vorliegenden Beispiel ist $\mathbf{S}$ positiv definit). Also ist $\mathbf{C}$ diagonalisierbar mit reellen nicht negativen Eigenwerten $\lambda_i \geq 0, i = 1, \ldots 8$ und zugehörigen reellen Eigenvektoren $v_i \in \mathbb{R}^8$, $i = 1, \ldots, 8$. Ein vollständiger Satz von Lösungen der Gleichung (6.3) ist damit gegeben durch die Funktionen

$$v_i \cos(\omega_i t), \quad v_i \sin(\omega_i t); \quad \omega_i = \sqrt{\lambda_i},\, i = 1, \ldots, 8\,. \tag{6.4}$$

Lösungen dieser Form heißen auch **Eigenschwingungen** des Fachwerkes mit den **Eigenfrequenzen** $f_i = \omega_i/(2\pi)$.

Wir werden zunächst die Eigenschwingungen und Eigenfrequenzen des Fachwerkes berechnen. Die Topologie eines Fachwerks lässt sich mithilfe eines ungerichteten Graphen beschreiben. Zusammen mit den Positionen der Knoten und den Materialeigenschaften der Balken (Masse und Elastizitätsmodul) ist das Fachwerk eindeutig festgelegt. Den Graphen beschreiben wir durch eine Adjazenzmatrix $\mathbf{A} \in \mathbb{R}^{6\times 6}$ wobei genau dann $\mathbf{A}(i,j) = 1$ ist, wenn Knoten i und j mit einem Balken verbunden sind, im anderen Fall ist $\mathbf{A}(i,j) = 0$. Die Positionen der Knoten fassen wir in einem Knotenvektor $p \in \mathbb{R}^{12}$ zusammen. Später werden wir auch noch eine gewichtete Adjazenzmatrix benötigen.

Listing 6.5: Adjazenzmatrix, Knotenvektor

```
% Positionen der Knoten in der Ruhelage
p = [ 1 0 2 0 1 1 2 1 0 0 3 0]';

%Adjazenzmatrix (eine Zeile pro Knoten)
A = [0 1 1 1 1 0;
     1 0 1 1 0 1;
     1 1 0 1 1 0;
     1 1 1 0 0 1;
     1 0 1 0 0 0;
     0 1 0 1 0 0];

%Gewichtete Adjazenzmatrix (mit Ruhelängen der Federn)
a  = 1;       % Horizontaler Balken hat Laenge 1
b = sqrt(2);
Ag = [0 a a b a 0;
      a 0 b a 0 a;
      a b 0 a b 0;
      b a a 0 0 b ];
```

Als Nächstes muss die Steifigkeitsmatrix **S** berechnet werden. Wir benutzen dabei die in dem Beispiel 5.5 hergeleiteten Formeln (5.45) und (5.46). Die Matrix **S** setzt sich also aus einer Summe von vielen „lokalen“ 2×2-Matrizen zusammen, die jeweils Beiträge der Kanten zur Gesamtkraft darstellen. Den Vorgang, die Matrix **S** aus lokal zu berechnenden Bestandteilen aufzubauen, nennt man auch das **Assemblieren** der Matrix. Es erweist sich als sinnvoll, einmal über alle Kanten des Fachwerkes zu laufen, und dann die entsprechenden Beiträge in die globale Matrix **S** einzutragen. Das Listing 6.6 zeigt ein mögliches Vorgehen. Wir gehen dabei von dimensionslosen Größen aus. Die Masse eines horizontalen Balkens sei $m = 1$, die eines diagonalen ist $m = \sqrt{2}$. Die Ruhelänge l_0 eines horizontalen Balkens sei $l_0 = 1$ und die Elastizitätskonstante $E = 1$. Man beachte, dass unsere Implementierungen von der konkreten Gestalt von **A** und p unabhängig sind und daher sofort für andere Fachwerke benutzt werden können.

Listing 6.6: Funktion: assembleSteifigkeitsMatrix

```
function S = assembleSteifigkeitsMatrix(A,p,nDirichlet)
% p:     Ruhelage der Knoten in der Ebene
% A:     Adjazenzmatrix (quadratisch, symmetrisch)
% nDirichlet: Anzahl Dirichletpunkte, am Ende von p

[n,n] = size(A);
m     = n - nDirichlet;
S     = zeros(2*m);

% Schleife ueber alle Kanten (Balken)
for i=1:m          % bewegliche Knoten
```

```
    for j=1:n        % alle Knoten
        if(A(i,j) > 0)    % Kante vorhanden
            xij = p(2*j-1:2*j) -  p(2*i-1:2*i);
            l   = norm(xij);
            e   = xij/l;
            SLokal = -e*e' / l;

            if(j <= m)
                S(2*i-1:2*i,2*j-1:2*j) ...
                    = S(2*i-1:2*i,2*j-1:2*j) + SLokal;
            end

            S(2*i-1:2*i,2*i-1:2*i) ...
                = S(2*i-1:2*i,2*i-1:2*i) -  SLokal;
        end      % if (A(i,j) > 0)
    end
end
```

Auf ähnliche Weise berechnet man die diagonale Massenmatrix: Jeder Knoten enthält die Hälfte der Masse jedes angrenzenden Balkens. Damit können wir die Eigenschwingungen und Eigenfrequenzen mit der MATLAB-Funktion `eig` bestimmen. Im folgenden Skript wird zudem die Amplitude der ersten Eigenschwingung visualisiert, indem der entsprechende Eigenvektor zu den Ruhelagen der Fachwerkknoten addiert wird, siehe Listing 6.8. In Abbildung 6.5 sind die ersten vier Eigenschwingungen auf diese Weise visualisiert.

Listing 6.7: Visualisierung der Eigenschwingungen

```
[V,L] = eig(MInv*S);
winkelFrequenzen = sqrt(diag(L));
eigenFrequenzen = winkelFrequenzen/2/pi;
mode = 1;
ev = V(:,mode)
plotVerschiebung(A,p,0.5*ev);
```

Listing 6.8: Funktion: plotVerschiebung

```
function plotVerschiebung(A,p,u)
% Adjazenzmatrix A, Knotenvektor p, Verschiebung u

xp = p(1:2:end);    % x-Koordinaten Ruhelage
yp = p(2:2:end);    % y-Koordinaten Ruhelage

M = length(xp);     % Anzahl der Knoten
N = length(u)/2;    % Anzahl der beweglichen Knoten

xp(1:N) = xp(1:N) + u(1:2:end);
```

```
yp(1:N) = yp(1:N) + u(2:2:end);

for i = 1:M
    for j = 1:(i-1)
        if A(i,j) ~= 0
            plot([xp(i) xp(j)], [yp(i) yp(j)]);
            hold on
        end
    end
end

axis('equal'); axis([-0.1 3.1 -0.5 1.5]); hold off
```

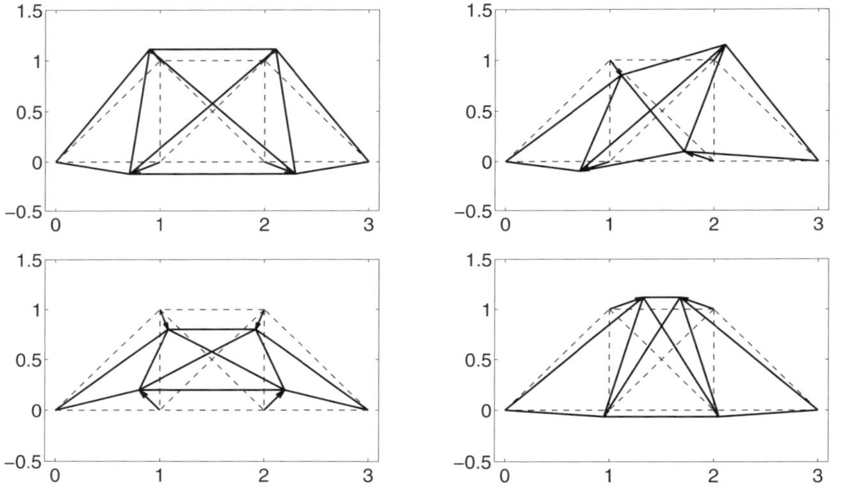

Abb. 6.5: Auslenkungen der ersten vier Eigenschwingungen des Fachwerks. Die gestrichelten Linien zeigen jeweils die Ruheposition des Fachwerkes. An jedem der vier beweglichen Knoten ist die Richtung des Eigenvektors mit einem Pfeil eingezeichnet.

Um zu überprüfen, wie sich das linearisierte Modell und das nichtlineare Modell unterscheiden, vergleichen wir die zeitabhängigen Lösungen der beiden Modelle. Dazu lösen wir das lineare und das nichtlineare Anfangswertproblem mit einer Anfangsbedingung $u(0) = c\,v_i$, $\dot{u}(0) = 0$ für einen Eigenvektor v_i aus Gleichung (6.4) und $0 < c < 1$. Obwohl wir die Lösung des linearen Modells wie in (6.4) sofort explizit angeben können, berechnen wir beide Lösungen numerisch. Wie in Beispiel 6.2 vorgeführt, muss dazu wieder das System zweiter Ordnung, siehe Gleichung (5.41), S. 172, in ein äquivalentes System erster Ordnung umgewandelt werden. Für die rechte Seite des nichtlinearen Anfangswertproblems geben wir eine MATLAB-Implementierung in Listing 6.9 an, wobei wir auch bereits eine äußere periodische Kraft vorsehen. Einige Parameter werden hier als globale Variable deklariert und müssen im Anwendungsskript gesetzt werden.

Listing 6.9: Funktion: fmm

```
function xdt = fmm(t,x)

global m;   % Massenvektor (Diagonale von M)
global Ag;  % gewichtete Massenmatrix
F  = zeros(8,1);
p  = [x(1:8);0;0;3;0]; % Dirichletknoten hinzufuegen

% loop ueber alle Kanten
for i=1:4
    for j=1:6
        l0 = Ag(i,j);
        if(Ag(i,j) > 0)
            xij = p(2*j-1:2*j) - p(2*i-1:2*i);
            l   = norm(xij);
            Fij = (l - l0)/l0  * xij / l;
            F(2*i-1:2*i) = F(2*i-1:2*i) + Fij;
        end
    end
end

xdt = [x(9:16);
       (F + aeussereKraft(t))./m];

% Aeussere Kraft, periodisch
function fa = aeussereKraft(t)
global w;  % Winkelfrequenz der angreifenden Kraft
global sv  % Richtung der angreifenden Kraft
fa = sv*sin(w*t);
```

Ein Vergleich der Lösungen ist in Abbildung 6.6 zu sehen. Wir überlassen es unseren Lesern, mit anderen Eigenschwingungen und größeren Auslenkungen zu experimentieren. Schließlich untersuchen wir noch, ob das nichtlineare Modell auch in Resonanz mit den für das lineare Modell berechneten Eigenschwingungen ist. Dazu lassen wir auf ein anfangs ruhendes Fachwerk eine äußere periodische Kraft mit der Kreisfrequenz $\omega_1 = \sqrt{\lambda_1}$ in Richtung des Eigenvektors v_1 wirken:

$$F^a(t) = cv_1 \sin(\omega_1 t).$$

In Abbildung 6.7 sieht man, dass auch das nichtlineare Modell deutlich von der periodischen Kraft angeregt wird.

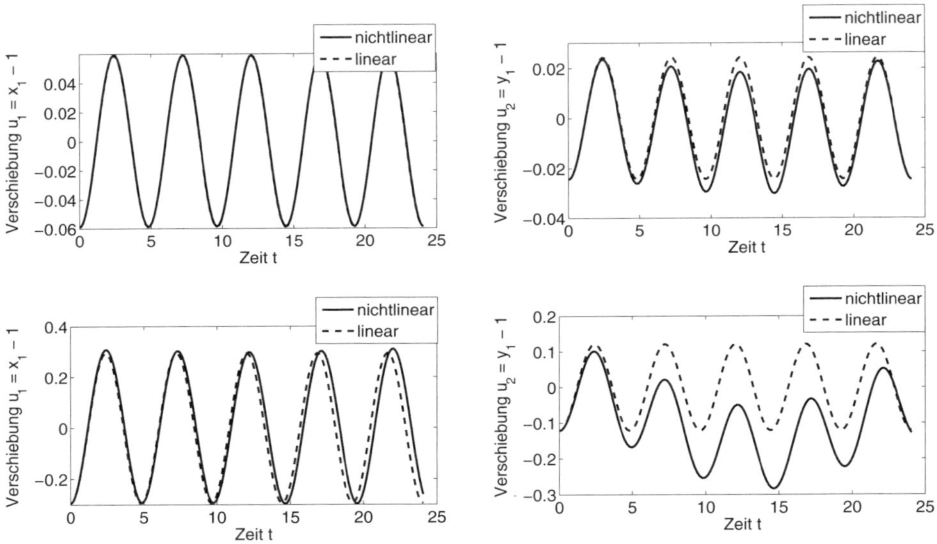

Abb. 6.6: Vergleich der numerischen Lösungen des linearisierten und des nichtlineares Modells. Abgebildet ist die Auslenkung des ersten Knotens über der Zeit für unterschiedliche Anfangsauslenkungen cv_1 mit $c = 0.1$ und $c = 0.5$. Der Eigenvektor v_1 hat die euklidische Norm eins. Man sieht, dass die Eigenfrequenz recht gut übereinstimmt, während bei der Schwingungsform insbesondere in horizontaler Richtung ein größerer Unterschied besteht.

Zum Abschluss vergleichen wir noch das Verhalten der beiden Modelle unter einer statischen Last F^a. Zur Lösung des nichtlinearen Gleichungssystems (vergleiche (5.42))

$$F(z) = F^a \tag{6.5}$$

verwenden wir die MATLAB-Funktion `fsolve`. In dem Listing 6.10 benutzen wir die Funktion aus Listing 6.9, also die rechte Seite des Anfangswertproblems erster Ordnung. Daher müssen wir entsprechend die Anzahl der Variablen bei der Lösung des nichtlinearen Systems verdoppeln und die Geschwindigkeiten mitberechnen (von denen wir natürlich vorher schon wissen, dass sie Null sind).

Listing 6.10: Statische Berechnung unter Last

```
S         = assembleSteifigkeitsMatrix(A,p,2);
fLast     = zeros(8,1);    % Lastvektor
fLast(2)  = -0.2;

% Lineares Modell
uLin      = S\fLast

% Nichtlineares Modell
```

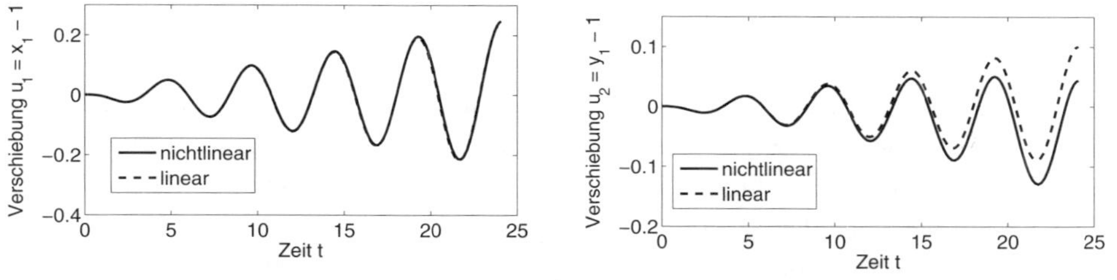

Abb. 6.7: Vergleich der numerischen Lösungen des linearisierten und des nichtlinearen Modells bei Anregung mit einer periodischen äußeren Kraft $F^a = 0.1 v_1 \sin(\omega_1 t)$ mit $\omega_1 = \sqrt{\lambda_1}$.

```
x0 = p(1:8);
v0 = zeros(8,1);
z0 = [x0;v0];
fLastNonLin = [v0;fLast./m];

fNonLin = @(z) ( fmm(0,z) + fLastNonLin );
z       = fsolve(fNonLin,z0);
uNonLin = z(1:8) - x0
```

In Abbildung 6.8 ist ein Vergleich der beiden Gleichgewichtslagen zu sehen, die sich doch merklich voneinander unterscheiden. ■

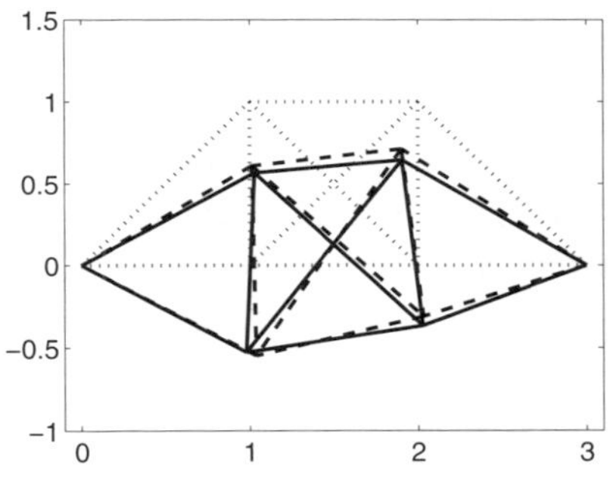

Abb. 6.8: Statische Berechnung: Gleichgewicht unter Last. Nur an Knoten 2 (mit Ruhelage $(1, 0)$) wirkt eine äußere Kraft nach unten. Die gepunkteten Linien zeigen die Ruhelage ohne Last, die gestrichelten Linien den belasteten Gleichgewichtszustand des linearen Modells und die durchgezogenen Linien denjenigen des nichtlinearen Modells.

6.3 Partielle Differentialgleichungen

Mathematische Modelle in Form von partiellen Differentialgleichungen sind insbesondere in technischen und naturwissenschaftlichen Anwendungen sehr verbreitet. In Abschnitt 4.1.3 hatten wir eine Klasse der lokalen Bilanzgleichungen vorgestellt, die auf partielle Differentialgleichungen führen. Für eine ausführlichere Darstellung vieler wichtiger Modelle, die auf partiellen Differentialgleichungen beruhen, verweisen wir auf Eck, Garcke und Knabner (2008), Samarskii und Mikhailov (2002) und White (2004). Die Analyse und numerische Behandlung der entsprechenden Anfangs- und Anfangs-Randwertprobleme ist der Gegenstand zahlreicher Lehrbücher, s. beispielsweise Burg u. a. (2009), Knabner und Angermann (2000), Samarskii und Mikhailov (2002), White (2004).

In diesem Abschnitt beschränken wir uns darauf, exemplarisch einige Anfangs-Randwertprobleme vom Typ einer linearer Reaktions-Konvektions-Diffusions-Gleichung auf rechtwinkligen Gebieten zu behandeln, die uns später in Kapitel 9 bei der Modellierung der Ausbreitung einer Schadsubstanz in einem Gewässer begegnen werden. Wir werden eine einfache Diskretisierungsmethode, basierend auf der Methode der finiten Differenzen, vorstellen. Obwohl uns bewusst ist, dass es wesentlich ausgereiftere numerische Verfahren zur Behandlung von Konvektions-Diffusions-Reaktions-Gleichungen gibt (siehe z.B. Knabner und Angermann, 2000), wollen wir hier unsere Leser in die Lage versetzen, für die vorgestellten Beispiele ohne übermäßigen Implementierungsaufwand erste Simulationen selbst durchführen zu können und damit das prinzipielle Vorgehen kennen zu lernen. Für eine professionelle numerische Behandlung von partiellen Differentialgleichungen wird man entweder auf ausgereifte Software-Pakete zurückgreifen oder aber einen wesentlich größeren Aufwand bei der Implementierung betreiben müssen.

Im Abschnitt 5.2.2 wurde eine Dimensionsanalyse der Transportgleichung durchgeführt. Dabei stellte sich heraus, dass man durch die Entdimensionalisierung die Anzahl der Parameter der Gleichung reduzieren kann. Bei der numerischen Lösung von Anfangs-Randwertproblemen ist es allerdings oft empfehlenswerter, bei der Entdimensionalisierung das betrachtete Zeitintervall und das räumliche Gebiet, auf dem die Gleichung gelöst wird, geeignet zu skalieren. Bei dieser Entdimensionalisierung bleiben alle Parameter in der Transportgleichung erhalten. Wir werden im Folgenden immer von einer solchen entdimensionalisierten Gleichung ausgehen.

Nach einer Diskussion der Diskretisierung einer eindimensionalen Konvektions-Reaktions-Gleichung betrachten wir ein dreidimensionales Beispiel und besprechen geeignete Möglichkeiten zur Visualisierung der Simulationsergebnisse.

6.3.1 Eindimensionale Konvektions-Reaktions-Gleichung

Wir beginnen mit einer einfachen eindimensionalen (1D) Konvektions-Reaktions-Gleichung

$$\frac{\partial u}{\partial t} = -v\,\frac{\partial u}{\partial x} - \alpha u \tag{6.6}$$

für eine unbekannte Dichtefunktion oder Konzentration $u(x,t)$ einer Substanz auf einem eindimensionalen Gebiet, $x \in [0,L]$. Hier bezeichnet $v > 0$ die konstante Geschwindigkeit des umgebenden Mediums, in unserem Fall die Strömungsgeschwindigkeit des Wassers, und $\alpha > 0$ die chemische Abbaurate, siehe Kapitel 9. Wie wir sehen werden, ist das Vorzeichen der Srömungsgeschwindigkeit bei der späteren Diskretisierung wichtig. Um eine eindeutige Lösung zu erhalten, muss noch eine Anfangsbedingung $u(x,0)$ für die Konzentration zum Zeitpunkt $t = 0$ und eine Randbedingung an einem der beiden Ränder, zum Beispiel die Randkonzentration $u(0,t)$ am linken Rand $x = 0$, festgelegt werden:

$$u(x,0) = f(x),\ \ 0 \le x \le L,\ \ u(0,t) = g(t),\ \ 0 \le t \le T. \tag{6.7}$$

Die Randbedingung $u(x,0) = g(t)$ spezifiziert die Quelle der Substanz. Die Idee der Methode der finiten Differenzen besteht darin, eine Approximation der Werte $u(x_i,t_k)$ der unbekannten Funktion u auf einer diskreten Menge von Gitterpunkten (x_i,t_k) auf die folgende Weise zu berechnen: Die Ableitungen in Gleichung (6.6) werden durch geeignete Differenzenquotienten an den Gitterpunkten ersetzt. Man erhält dann aus der kontinuierlichen partiellen Differentialgleichung eine Iterationsvorschrift (explizites Verfahren) oder ein Gleichungssystem (implizites Verfahren) zur Berechnung einer approximativen Lösung $u(x_i,t_{k+1})$ an den räumlichen Gitterpunkten x_i am nächsten Zeitpunkt t_{k+1} aus den bereits berechneten Werten zum Zeitpunkt t_k.

Für die Diskretisierung des Anfangs-Randproblems (6.6)–(6.7) wählen wir äquidistante räumliche Gitterpunkte $x_i = (i-1)\Delta x,\ i = 1,\dots,n+1, n\Delta x = L$ und zeitliche Gitterpunkte $t_k = (k-1)\Delta t,\ k = 1,\dots,K+1, K\Delta t = T$ und bezeichnen mit u_i^k die zu berechnenden Werte der gesuchten Funktion u im Gitterpunkt (x_i,t_k), von denen wir dann erwarten, dass $u_i^k \approx u(x_i,t_k)$. Dabei haben wir die etwas ungewöhnliche Indexwahl mit einer bei $i,k = 1$ beginnenden Indizierung mit Rücksicht auf eine direkte Umsetzung der Formeln in MATLAB gewählt.

Jetzt werden die partiellen Ableitungen an den Gitterpunkten mit den folgenden Differenzenquotienten approximiert:

$$\left.\frac{\partial u}{\partial t}\right|_{(x_i,t_k)} \approx \frac{u(x_i,t_{k+1}) - u(x_i,t_k)}{\Delta t},\ \ \left.\frac{\partial u}{\partial x}\right|_{(x_i,t_k)} \approx \frac{u(x_i,t_k) - u(x_{i-1},t_k)}{\Delta x}. \tag{6.8}$$

Man beachte, dass wir bei der Wahl des zweiten Differenzenquotienten zwei zunächst beliebig erscheinende Entscheidungen getroffen haben: Zum einen haben wir die Werte $u(x_j,t_k)$ am alten Zeitschritt t_k verwendet. Man spricht in diesem Fall von einer *expliziten* Diskretisierung in der Zeit. Zum anderen haben wir den linksseitigen Differenzenquotienten gewählt. Im vorliegenden Fall fließt die Strömung von links nach rechts und die

Randbedingung ist am linken Rand, weswegen wir diese Wahl getroffen haben. Einsetzen in Gleichung (6.6) und Auswertung der Anfangs- und Randbedingungen (6.7) in den Gitterpunkten liefert die folgende Iterationsvorschrift für eine Berechnung der Werte u_i^{k+1} zum Zeitpunkt t_{k+1} aus den Werten u_i^k zum Zeitpunkt t_k:

$$u_i^{k+1} = v\,\frac{\Delta t}{\Delta x}\,u_{i-1}^k + (1 - v\,\frac{\Delta t}{\Delta x} - \alpha\Delta t)u_i^k, \quad i = 2, \ldots, n+1, \tag{6.9}$$

mit den Anfangs- und Randwerten

$$u_i^1 = f(x_i),\ i = 1, \ldots, n+1, \qquad u_1^k = g(t_k),\ k = 1, \ldots, K+1. \tag{6.10}$$

Damit es keinen Widerspruch zwischen den Anfangs- und den Randbedingungen gibt, muss die Übergangsbedingung $f(x_1) = g(t_1)$ erfüllt sein. Das System (6.9)–(6.10) von skalaren Gleichungen lässt sich wie folgt in Matrixform schreiben:

$$U^{k+1} = AU^k + b^k, \quad U^k = (u_2^k, u_3^k, \ldots, u_{n+1}^k)^T, \tag{6.11}$$

$$U^1 = \begin{pmatrix} f(x_2) \\ f(x_3) \\ \vdots \\ f(x_n) \\ f(x_{n+1}) \end{pmatrix}, \quad b^k = \begin{pmatrix} d\,g(t_k) \\ 0 \\ \vdots \\ 0 \\ 0 \end{pmatrix}, \quad A = \begin{pmatrix} c & 0 & \cdots & \cdots & 0 \\ d & c & \ddots & & \vdots \\ 0 & d & \ddots & \ddots & 0 \\ \vdots & \ddots & \ddots & \ddots & 0 \\ 0 & \cdots & 0 & d & c \end{pmatrix}, \tag{6.12}$$

mit den Konstanten

$$d := v\,\frac{\Delta t}{\Delta x}, \quad c := 1 - v\,\frac{\Delta t}{\Delta x} - \alpha\,\Delta t. \tag{6.13}$$

Wir erhalten also ein diskretes lineares dynamisches System, vergleiche Abschnitt 5.5.1. Man bezeichnet die Iterationsvorschrift (6.11)–(6.13) als ein explizites Verfahren zur Lösung des Anfangs-Randwertproblems (6.6)–(6.7). Es ist sowohl im Ort als auch in der Zeit ein Verfahren erster Ordnung, denn der Diskretisierungsfehler ist von der Ordnung $\mathcal{O}(\Delta x\,\Delta t)$. Auf analoge Weise lassen sich auch Verfahren höherer Ordnung konstruieren, indem man die Ableitungen in Gleichung (6.8) durch finite Differenzen höherer Ordnung approximiert. Man nennt das Verfahren explizit, da der unbekannte Vektor U^{k+1} aus dem bekannten Vektor U^k explizit, d.h. direkt mit der Formel (6.11) berechnet werden kann. Explizite Verfahren lassen sich schnell und effizient implementieren. Sie haben allerdings den Nachteil, dass sie im Allgemeinen nicht für beliebige Diskreditierungsschrittweiten Δx und Δt stabil sind. Man nennt ein Diskretisierungsverfahren stabil, wenn die diskrete Zeitentwicklung dieselben Stabilitätseigenschaften wie die kontinuierliche Zeitentwicklung hat. Anschaulich bedeutet dies, dass – zumindest in der Nähe von stationären Zuständen – das qualitative Verhalten der diskreten Lösung mit der kontinuierlichen Lösung übereinstimmt.

Bevor wir das explizite Verfahren anwenden, werden wir uns die notwendigen Stabilitätsbedingungen an die Schrittweiten Δx und Δt überlegen. Falls es keine Schadstoffquelle gibt, also $u(0,t) = g(t) = 0$ ist, strebt jede Lösung der kontinuierlichen Gleichung (6.6) gegen den stationären Zustand $u(x,t) = 0$, da im Laufe der Zeit die gesamte Substanz abgebaut wird. Daher verlangen wir von der diskreten Lösung $U \equiv 0$, dass diese ein asymptotisch stabiler Zustand des Iterationsprozesses (6.11) mit $b = 0$ ist. Nach Satz 5.5 muss dazu der Betrag aller Eigenwerte von A kleiner als eins sein. Wir betrachten zunächst den Fall $n = 1$, bei dem Gleichung (6.11) in eine skalare Iterationsvorschrift mit dem Koeffizienten $A = c$ übergeht. Es muss also $|A| < 1$ gelten. Da man darüber hinaus weiß, dass die kontinuierliche Lösung monoton in der Zeit t gegen den stationären Zustand läuft, stellen wir die etwas schärfere Forderung $0 < A < 1$ und erhalten, da $\alpha, v > 0$ sind, die folgende Stabilitätsbedingung:

$$1 - v\,\frac{\Delta t}{\Delta x} - \alpha\,\Delta t > 0, \quad v > 0, \quad \alpha > 0. \tag{6.14}$$

Man kann zeigen, dass auch für den Fall $n > 1$ die Bedingung (6.14) hinreichend dafür ist, dass alle Eigenwerte von A betragsmäßig kleiner als eins sind und damit die Matrixfolge A^k gegen die Nullmatrix konvergiert. Die Stabilitätsbedingung hat im Fall, dass $\alpha = 0$ ist, eine sehr anschauliche physikalische Bedeutung: Die Forderung $1 - v\,\Delta t/\Delta x > 0$ bedeutet in diesem Fall, dass das Wasser, das ein Volumenelement der Länge Δx erreicht, dieses Volumen innerhalb der Zeit Δt nicht verlässt, dass also die Flussgeschwindigkeit v durch $\Delta x/\Delta t$ beschränkt ist. Diese Bedingung wird auch die Courantsche Bedingung genannt.

Das explizite Verfahren lässt sich in der Form (6.11)–(6.13) direkt in MATLAB implementieren, siehe Listing 6.11.

Listing 6.11: Explizites FD-Verfahren zur Lösung der 1D-Konvektions-Reaktions-Gleichung

```
% System- und Verfahrensparameter
L  = 1.0;    T = 20.0; K = 200; n = 50;
dt = T/K;   dx = L/n;
v  =.1; alpha = .1;
d  = v*dt/dx; c  = 1 - v*dt/dx - dt*alpha;
% Speicherallozierung und Gitterpunkte
x    = linspace(0,L,n+1);
time = linspace(0,T,K+1);
u    = zeros(n+1, K+1);
% Anfangsbedingung
u(1:n/2,1) = sin(pi*x(1:n/2)*2);
% Randbedingungen
u(1,:) = abs(sin((pi*time(:)/8));
% Iterationsmatrix A und rechte Seite b_k
A = gallery('tridiag',n,d,c,0);
b = zeros(n,1);
% Berechnungen der Zeitentwicklung nach der Iterationsformel
for k = 1:K
```

```
    b(1) = d*u(1, k);
    z    = A*u(2:n+1, k) + b;
    u(2:n+1, k+1) = z';
end
% Visualisierung der Ergebnisse
mesh(x(1:2:end),time(1:8:end),u(1:2:end,1:8:end)')
```

Abbildung 6.9 zeigt eine Visualisierung der numerischen Lösung. Im räumlich eindimensionalen Fall lässt sich die Zeitentwicklung der gesamten Lösung in einer Grafik darstellen.

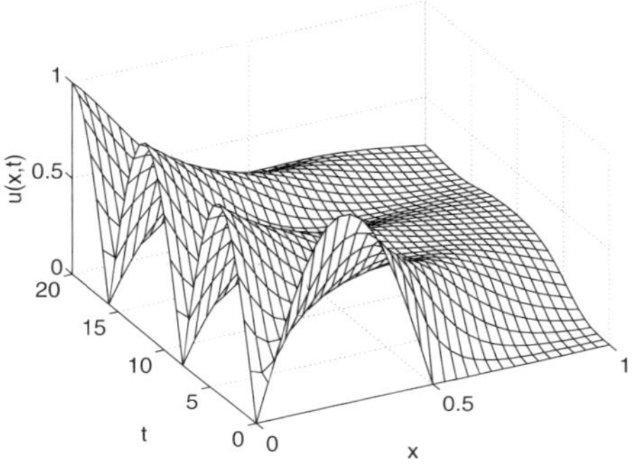

Abb. 6.9: Lösung der Konvektions-Reaktions-Gleichung mit einer sinusförmigen Randbedingung für die Parameter $v = 0.1$, $\alpha = 0.1$.

Testet man den obigen MATLAB-Code 6.11 mit $n = 110$ räumlichen Gitterpunkten, so erhält man unsinnige Ergebnisse: Die Funktion u nimmt in der Nähe des Punktes $L = 1$ sowohl positive als auch negative Werte von der Größenordung 10^7 an. Schreiben wir die Stabilitätsbedingung (6.14) in der Form

$$\Delta x > \frac{v\,\Delta t}{1 - \alpha\,\Delta t}$$

und setzen die verwendeten Parameter ein, so erhalten wir die Stabilitätsbedingung $\Delta x > \frac{1}{99}$. Für die Wahl $n = 110$ und $L = 1$ ist aber $\Delta x = \frac{L}{n} = \frac{1}{110} < \frac{1}{99}$. Möchte man mit einer hohen räumlichen Auflösung, also einer kleinen Gitterweite Δx, rechnen, so ist man daher oft zur Wahl einer unverhältnismäßig kleinen Schrittweite Δt gezwungen, was Simulationen insbesondere in drei Ortdimensionen sehr ineffizient und in manchen Fällen sogar unmöglich macht.

In solchen Fällen wird man ein implizites Verfahren einsetzen, und wir werden im Folgenden für das obige Beispiel ein solches herleiten. Wie bereits oben erwähnt, gibt es keinen zwingenden Grund, bei der Approximation der räumlichen partiellen Ableitung den Differenzenquotienten im alten Zeitschritt t_k zu wählen. Ebenso gut können wir die folgende Approximation wählen, die zu einem impliziten Verfahren führt:

$$\left.\frac{\partial u}{\partial t}\right|_{(x_i,t_k)} \approx \frac{u(x_i,t_{k+1}) - u(x_i,t_k)}{\Delta t}, \quad \left.\frac{\partial u}{\partial x}\right|_{(x_i,t_k)} \approx \frac{u(x_i,t_{k+1}) - u(x_{i-1},t_{k+1})}{\Delta x}. \tag{6.15}$$

Die beiden Approximationen (6.8) und (6.15) der räumlichen partiellen Ableitung, die für das explizite und das implizite Verfahren eingesetzt werden, sind zwei Sonderfälle der allgemeinen Formel

$$\left.\frac{\partial u}{\partial x}\right|_{(x_i,t_k)} \approx \sigma\,\frac{u(x_i,t_k)-u(x_{i-1},t_k)}{\Delta x} + (1-\sigma)\,\frac{u(x_i,t_{k+1})-u(x_{i-1},t_{k+1})}{\Delta x} \tag{6.16}$$

mit $0 \le \sigma \le 1$. Die Formel (6.16) führt beim Einsetzen in Gleichung (6.6) zu einem allgemeineren Verfahren, siehe Aufgabe 6.4.

Setzt man die Approximationen (6.15) in die Gleichung (6.6) ein und wertet die Anfangs- und Randbedingungen (6.7) an den Gitterpunkten aus, so ergibt sich für jeden Zeitschritt $k = 1, 2 \ldots, K$ ein System von n linearen Gleichungen

$$-v\,\frac{\Delta t}{\Delta x}\,u_{i-1}^{k+1} + \left(1 + v\,\frac{\Delta t}{\Delta x} + \alpha\Delta t\right)u_i^{k+1} = u_i^k, \quad i = 2, \ldots, n+1$$

mit den Anfangs- und Randbedingungen

$$u_i^1 = f(x_i),\ i = 1, \ldots, n+1, \quad u_1^k = g(t_k),\ k = 1, \ldots, K+1.$$

Diese Gleichungen lassen sich wieder in Matrixform schreiben:

$$B\,U^{k+1} = c^{k+1},\ U^k = (u_2^k, u_3^k, \ldots, u_{n+1}^k)^T,\ k = 1, \ldots, K, \tag{6.17}$$

$$c^2 = \begin{pmatrix} f(x_2) - e\,g(t_2) \\ f(x_3) \\ \vdots \\ f(x_{n+1}) \end{pmatrix}, \quad c^k = U^k - \begin{pmatrix} -e\,g(t_k) \\ 0 \\ \vdots \\ 0 \end{pmatrix}, \ k = 3, \ldots, K+1,$$

$$B = \begin{pmatrix} f & 0 & \cdots & \cdots & 0 \\ e & f & \ddots & & \vdots \\ 0 & e & \ddots & \ddots & 0 \\ \vdots & \ddots & \ddots & \ddots & 0 \\ 0 & \cdots & 0 & e & f \end{pmatrix}, \tag{6.18}$$

mit den Konstanten

$$e := -v\,\frac{\Delta t}{\Delta x}, \quad f := 1 + v\,\frac{\Delta t}{\Delta x} + \alpha\,\Delta t. \tag{6.19}$$

Ein Vergleich mit Gleichung (6.12) ergibt die Beziehung $B = 2 \cdot \mathbb{1} - A$. Die Gleichungen (6.17)–(6.19) bezeichnet man als ein implizites Verfahren, da in jedem Zeitschritt für die Berechnung des unbekannten Vektors U^{k+1} ein (lineares) Gleichungssystem gelöst werden muss und sich der Vektor U^{k+1} eben nicht mehr direkt aus dem bekannten Vektor U^k berechnen lässt. Die Dimension der Koeffizientenmatrix B ist gleich der Anzahl der räumlichen Gitterpunkte (ohne den Randpunkt) und deswegen in der Regel sehr groß. Im vorliegenden Fall ist die Matrix B allerdings bidiagonal und insbesondere in unterer Dreiecksgestalt. Daher lässt sich das Gleichungssystem durch Vorwärtseinsetzen von oben nach unten sehr schnell lösen.

Das folgende Listing 6.12 zeigt eine mögliche Implementierung des impliziten Verfahrens (6.17)–(6.19) mit MATLAB. Man beachte, dass der mit dem Backslash-Operator \ aufgerufene lineare Gleichungslöser erkennt, dass die Matrix von unterer Dreiecksgestalt ist.

Listing 6.12: Implementierung des impliziten Verfahrens

```
% System- und Verfahrensparameter
L  = 1.0;    T = 20.; K = 200;   n = 200;
dt = T/K;  dx = L/n;
v  =.1; alpha = .1;
% Gitterpunkte und Speicherallozierung
x     = linspace(0,L,n+1);
time = linspace(0,T,K+1);
u     = zeros(n+1, K+1);
% Anfangsbedingungen
u(1:n/2,1) = sin(pi*x(1:n/2)*2);
% Randbedingungen
u(1,:) = abs(sin(pi*time(:)/8));

% Konstruktion der Koeffizientenmatrix B:
e = -v*dt/dx;
f  = 1 + v*dt/dx + dt*alpha;
B = gallery('tridiag',n,e,f,0);

% Konstruktion der rechten Seite c_k
% und Lösung des Systems für alle Zeitschritte
for k = 1:K
   c(1) = -e*u(1, k+1) + u(2, k);
   c(2:n) = u(3:n+1, k);
   z = B\c';
   u(2:n+1, k+1) = z';
end
% Visualisierung der Ergebnisse
surf(x,time,u'); shading interp
```

Mit dem Code aus der Listing 6.12 kann man jetzt problemlos mit einer Anzahl von $n = 200$ räumlichen Gitterpunkten rechnen, was mit dem expliziten Verfahren für die gleichen Parameterwerte nicht möglich war. Es stellt sich heraus, dass das implizite Modell für beliebige Schrittweiten Δt und Δx stabil ist. Andererseits muss man dafür in jedem Zeitschritt ein lineares Gleichungssystem lösen.

6.3.2 Dreidimensionale Transportgleichung

Nachdem wir uns mit der eindimensionalen Konvektions-Reaktions-Gleichung (6.6) „aufgewärmt“ haben, betrachten wir jetzt noch ein etwas komplexeres Beispiel, nämlich eine dreidimensionale Transportgleichung

$$\frac{\partial u}{\partial t} = D\left(\frac{\partial^2 u}{\partial x^2} + \frac{\partial^2 u}{\partial y^2} + \frac{\partial^2 u}{\partial z^2}\right) - v_1\frac{\partial u}{\partial x} - v_2\frac{\partial u}{\partial y} - v_3\frac{\partial u}{\partial z} - \alpha u \tag{6.20}$$

für die unbekannte Funktion $u = u(x, y, z, t)$, die als zeitabhängige Konzentration einer Schadstoffsubstanz im Punkt $(x, y, z) \in \mathbb{R}^3$ eines fließenden Gewässers interpretiert wird (s. Abschnitt 9.3). Hier bezeichnet D den Diffusionskoeffizient, $v = (v_1, v_2, v_3)$ die konstante Fließgeschwindigkeit und α die Abbaurate. Für Gleichung (6.20) müssen noch geeignete Anfangs- und Randbedingungen

$$u(x, y, z, 0) = f(x, y, z), \quad (x, y, z) \in V, \tag{6.21}$$

$$u(x, y, z, t) = g(x, y, z, t), \quad (x, y, z) \in S,\ 0 \leq t \leq T \tag{6.22}$$

gestellt werden, wobei mit V das gesamte Gebiet, in dem die Ausbreitung der Schadstoffsubstanz betrachtet wird, und mit S ein geeignet zu wählender Teil des Randes von V bezeichnet werden. Für eine detaillierte Herleitung der Gleichung (6.20) siehe Kapitel 9. In diesem Abschnitt besprechen wir kurz ein implizites Verfahren zur numerischen Lösung des Anfangs-Randwertproblems (6.20)–(6.20) und anschließend Visualisierungstechniken für die Darstellung der Simulationsergebnisse.

Das implizite Verfahren für das Anfangs-Randwertproblem (6.20)–(6.20) wird prinzipiell nach dem gleichen Schema wie für das bereits betrachtete Anfangs-Randwertproblem (6.6)–(6.6) konstruiert. Wir nehmen an, dass das räumliche Gebiet ein Quader der Länge L, der Breite B und der Tiefe H ist und die Lösung auf dem Zeitintervall $[0, T]$ bestimmt werden soll. Dann wählen wir ein äquidistantes Gitter für alle vier Variablen. Wir betrachten also Gitterpunkte (x_i, y_j, z_l, t_k) mit

$$\begin{aligned}
x_i &= (i-1)\Delta x, \quad i = 1, \ldots, n_x + 1, \quad n_x \Delta x = L,\\
y_j &= (j-1)\Delta y, \quad j = 1, \ldots, n_y + 1, \quad n_y \Delta y = B,\\
z_l &= (l-1)\Delta z, \quad l = 1, \ldots, n_z + 1, \quad n_z \Delta z = H,\\
t_k &= (k-1)\Delta t, \quad k = 1, \ldots, K + 1, \quad K\Delta t = T.
\end{aligned}$$

Der zu bestimmende Wert der unbekannten Funktion u im Gitterpunkt (x_i, y_j, z_l, t_k) wird mit $u^k_{i,j,l}$ bezeichnet. Nun werden alle partiellen Ableitungen in Gleichung (6.20) an den inneren Gitterpunkten durch entsprechende Differenzenquotienten approximiert. Wie im letzten Abschnitt erläutert, werden dabei beim impliziten Verfahren im Gegensatz zum expliziten Verfahren die räumlichen Ableitungen im Zeitpunkt $t = t_{k+1}$ und nicht im Zeitpunkt $t = t_k$ gebildet:

$$\begin{aligned}
\frac{\partial u}{\partial t}\Big|_{(x_i,y_j,z_l,t_k)} &= \frac{u_{i,j,l}^{k+1} - u_{i,j,l}^{k}}{\Delta t} + \mathcal{O}(\Delta t),\\
\frac{\partial u}{\partial x}\Big|_{(x_i,y_j,z_l,t_k)} &= \frac{u_{i,j,l}^{k+1} - u_{i-1,j,l}^{k+1}}{\Delta x} + \mathcal{O}(\Delta x),\\
\frac{\partial^2 u}{\partial x^2}\Big|_{(x_i,y_j,z_l,t_k)} &= \frac{u_{i+1,j,l}^{k+1} - 2u_{i,j,l}^{k+1} + u_{i-1,j,l}^{k+1}}{(\Delta x)^2} + \mathcal{O}((\Delta x)^2).
\end{aligned}$$

Die entsprechenden Formeln werden für die partiellen Ableitungen nach den Variablen y und z benutzt. Man beachte wieder, dass wir hier annehmen, dass alle drei Geschwindigkeitskomponenten $v_1, v_2, v_3 \geq 0$ sind. Ansonsten müsste man für die Approximation der entsprechenden ersten Ableitung den rechtsseitigen statt des linksseitigen Differenzenquotienten wählen. Die Anfangs- und Randbedingungen (6.21)–(6.22) werden ebenfalls in den entsprechenden Gitterpunkten (x_i, y_j, z_l, t_k) ausgewertet:

$$\begin{aligned}
u_{i,j,l}^1 &= f(x_i, y_j, z_l, 0),\ \forall i,j,l\\
u_{1,j,l}^k &= g(0, y_j, z_l, t_k), \quad u_{n_x+1,j,l}^k = g(x_{n_x+1}, y_j, z_l, t_k),\ \forall j,l,k\\
u_{i,1,l}^k &= g(x_i, 0, z_l, t_k), \quad u_{i,n_y+1,l}^k = g(x_i, y_{n_y+1}, z_l, t_k),\ \forall i,l,k\\
u_{i,j,1}^k &= g(x_i, y_j, 0, t_k), \quad u_{i,j,n_z+1}^k = g(x_i, y_j, z_{n_z+1}, t_k),\ \forall i,j,k.
\end{aligned}$$

Setzt man die Approximationen der Ableitungen in den Gitterpunkten in die partielle Differentialgleichung (6.20) ein, und vernachlässigt alle Fehlerterme, so erhält man nach geeigneter Umformung für jeden inneren Gitterpunkt (x_i, y_j, z_l) eine lineare Gleichung für die unbekannten Größen $u_{i-1,j,l}^{k+1}$, $u_{i,j,l}^{k+1}$, $u_{i+1,j,l}^{k+1}$, $u_{i,j-1,l}^{k+1}$, $u_{i,j+1,l}^{k+1}$, $u_{i,j,l-1}^{k+1}$, $u_{i,j,l+1}^{k+1}$:

$$\begin{aligned}
c\,u_{i,j,l}^{k+1} + x_p\,u_{i-1,j,l}^{k+1} + x_n\,u_{i+1,j,l}^{k+1} + y_p\,u_{i,j-1,l}^{k+1} + y_n\,u_{i,j+1,l}^{k+1}&\\
+ z_p\,u_{i,j,l-1}^{k+1} + z_n\,u_{i,j,l+1}^{k+1} = u_{i,j,l}^k& \qquad (6.23)
\end{aligned}$$

mit den Koeffizienten

$$\begin{aligned}
c &= 1 + \frac{2D\,\Delta t}{(\Delta x)^2 + (\Delta y)^2 + (\Delta z)^2} + v_1\,\frac{\Delta t}{\Delta x} + v_2\,\frac{\Delta t}{\Delta y} + v_3\,\frac{\Delta t}{\Delta z} + \alpha\,\Delta t,\\
x_n &= -\Delta t\left(\frac{D}{(\Delta x)^2} + \frac{v_1}{\Delta x}\right), \quad x_p = -\frac{\Delta t\,D}{(\Delta x)^2},\\
y_n &= -\Delta t\left(\frac{D}{(\Delta y)^2} + \frac{v_2}{\Delta y}\right), \quad y_p = -\frac{\Delta t\,D}{(\Delta y)^2},\\
z_n &= -\Delta t\left(\frac{D}{(\Delta z)^2} + \frac{v_3}{\Delta z}\right), \quad z_p = -\frac{\Delta t\,D}{(\Delta z)^2}.
\end{aligned}$$

Für jedes $k = 1, \ldots K$ erhält man damit ein System von $(n_x - 1)(n_y - 1)(n_z - 1)$ Gleichungen für ebenso viele Unbekannte $u_{i,j,l}^{k+1}$. In jedem Zeitschritt muss also ein lineares Gleichungssystem mit derselben Koeffizientenmatrix, aber unterschiedlichen rechten Seiten gelöst werden. Um ein solches System zum Beispiel in MATLAB zu lösen, sollte man es zunächst wieder in eine Matrix-Vektor-Form überführen:

$$AU^{k+1} = b^k, \; k = 1, 2, \ldots, K \tag{6.24}$$

Dazu müssen zunächst alle Unbekannten $u_{i,k,l}^k, i = 2, \ldots, n_x, \; j = 2, \ldots, n_y, \; l = 2, \ldots, n_z$ in einem Vektor angeordnet werden. Dies wird standardmäßig wie folgt gemacht:

$$U^k = \left(u_{2,2,\cdot}^k, \; u_{2,3,\cdot}^k, \ldots, u_{2,n_y,\cdot}^k, \; u_{3,2,\cdot}^k, \; u_{3,3,\cdot}^k, \ldots, u_{3,n_y,\cdot}^k, \; \ldots u_{n_x,2,\cdot}^k, \; u_{n_x,3,\cdot}^k, \ldots, u_{n_x,n_y,\cdot}^k\right)^T$$

Hier steht der Punkt $(\cdot)$ jeweils für den Vektor mit Indizes $(2, \ldots, n_z)$. Für den so konstruierten Vektor U^k müssen jetzt die Koeffizientenmatrix A und die rechte Seite b^k entsprechend des Gleichungssystems (6.23) sorgfältig zusammengesetzt werden. Da sich in dem Vektor U^k die Indizes i, k, l der Variablen $u_{i,k,l}^k$ zyklisch wiederholen, hat die Matrix A eine Blockstruktur. Des Weiteren ist die Matrix A offensichtlich sehr dünnbesetzt, da fast alle Koeffizienten des Gleichungssystems (6.23) gleich Null sind (Es gibt maximal 7 Einträge pro Zeile, die ungleich Null sind). In Abbildung 6.10 ist die Struktur der 27×27 Koeffizientenmatrix A für das Gleichungssystem (6.24) mit $3 \cdot 3 \cdot 3 = 27$ Unbekannten ($n_x = 3$, $n_y = 3$, $n_z = 3$) dargestellt. Da die Koeffizientenmatrix A dünnbesetzt

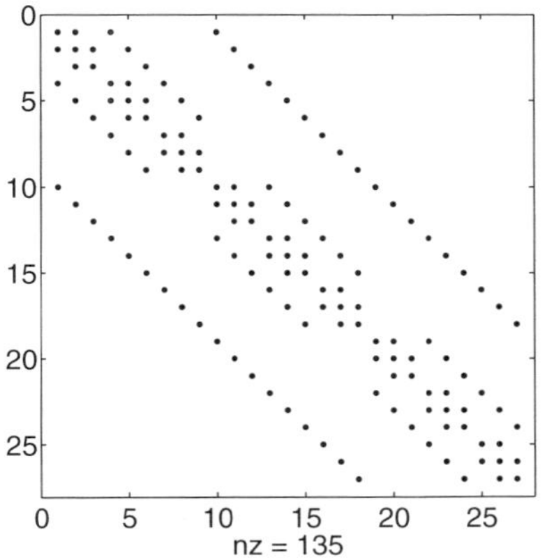

Abb. 6.10: Struktur der Koeffizientenmatrix A aus dem Gleichungssystem (6.24) mit $27 \times 27 = 729$ Einträgen. Nur die mit einem Punkt gekennzeichneten 135 Elemente sind von Null verschieden (nz steht für non zeros).

ist, empfiehlt es sich, diese in MATLAB als eine so genannte `sparse` Matrix anzulegen, um Speicherplatz zu sparen und Berechnungen mit der Matrix effizienter abzuwickeln. Eine solche `sparse`-Matrix wird durch drei Vektoren vollständig beschrieben: Der erste beinhaltet alle von Null verschiedenen Matrixelemente, die beiden anderen die Zeilen- bzw. Spaltenindizes dieser Elemente. Beispielsweise kann die Matrix

$$A = \begin{pmatrix} 1 & 2 & 0 & 0 & -1 \\ 2 & 1 & 2 & 0 & 0 \\ 0 & 2 & 1 & 2 & 0 \\ 0 & 0 & 2 & 1 & 2 \\ -1 & 0 & 0 & 2 & 1 \end{pmatrix}$$

auf diese Weise in den drei Vektoren

$$E = (1,\ 2,\ -1,\ 2,\ 1,\ 2,\ 2,\ 1,\ 2,\ 2,\ 1,\ 2,\ -1,\ 2,\ 1)^T,$$
$$Z = (1,\ 1,\ 1,\ 2,\ 2,\ 2,\ 3,\ 3,\ 3,\ 4,\ 4,\ 4,\ 5,\ 5,\ 5)^T,$$
$$S = (1,\ 2,\ 5,\ 1,\ 2,\ 3,\ 2,\ 3,\ 4,\ 3,\ 4,\ 5,\ 1,\ 4,\ 5)^T$$

kodiert werden, wobei in dem Vektor E alle von Null verschiedenen Elemente der Matrix, in Z ihre Zeilen- und in S ihre Spaltenpositionen abgelegt sind. Wir überlassen unseren Lesern die etwas mühevolle Implementierung der Matrix A aus dem Gleichungssystem (6.24). Die Ungeduldigen finden eine Implementierung auf der Webseite dieses Buches in der MATLAB-Funktion `sparseMatrixFD3D`. Diese Funktion benutzt den MATLAB-Befehl `sparse`, dem die drei zusammengesetzten Vektoren mit den von Null verschiedenen Matrixelementen sowie den zugehörigen Zeilen- und Spaltennummern dieser Elemente übergeben werden.

Nun müssen wir „nur" noch die rechte Seite b^k des Gleichungssystems (6.24) aus den Anfangsbedingungen für $k = 1$ und aus bereits berechneten Werten und den Randbedingungen für $k = 2, \ldots K$ als einen Vektor entsprechend der Struktur des Vektors U^k erzeugen, das Gleichungssystem in Matrixform lösen und die Ergebnisse visualisieren. Eine MATLAB-Implementierung findet man in dem Skript `Transport_FD_Im_3D` auf der Webseite dieses Buches. In einem ersten Schritt wird die Funktion `sparseMatrixFD3D` aufgerufen, um die Koeffizientenmatrix A des linearen Gleichungssystems (6.24) als eine `sparse`-Matrix zu erzeugen. Da das Gleichungssystems (6.24) in jedem Zeitschritt mit der gleichen Matrix und unterschiedlichen rechten Seiten gelöst wird, wird nur einmal außerhalb der zeitlichen Schleife eine unvollständige LU-Zerlegung der Matrix A bestimmt. Das lineare Gleichungssystem wird dann in jedem Zeitschritt mit einem iterativen Verfahren mit Vorkonditionierung gelöst, wobei hier die unvollständige LU-Zerlegung benutzt wird. Die Ergebnisse der Berechnungen – Konzentrationswerte $u^k_{i,j,l}$ in allen räumlichen und zeitlichen Gitterpunkten – werden in einer vierdimensionalen Matrix gespeichert.

Zum Abschluss besprechen wir noch zwei Möglichkeiten, die erhaltenen Ergebnisse zu visualisieren. Da wir nur dreidimensionale Bilder zeichnen und interpretieren können, müssen wir versuchen, zwei Dimensionen (beispielsweise die Zeit und die Konzentrationswerte) mit anderen Mitteln abzubilden.

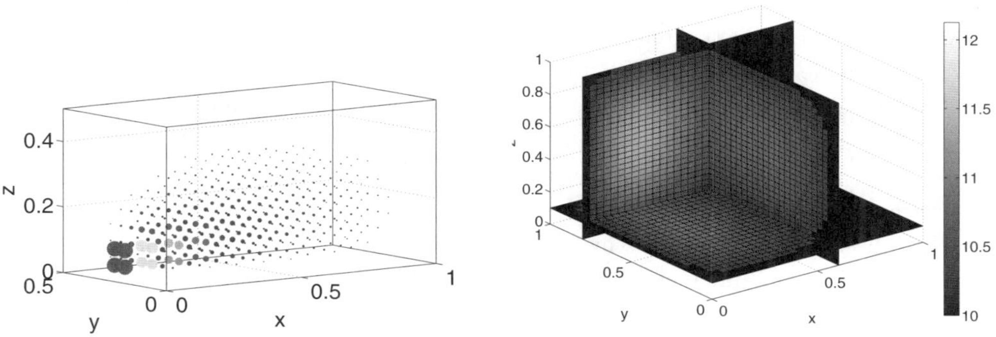

Abb. 6.11: Visualisierung der zeitlichen Entwicklung der Schadstoffkonzentration mit dem MATLAB-Befehl `scatter3` (links) und mit dem MATLAB-Befehl `slice` (rechts).

In der ersten Methode wird die zeitliche Entwicklung der Konzentration als eine Sequenz von dreidimensionalen Bildern, die mit dem MALAB-Befehl `scatter3` erzeugt werden, visualisiert. Der Konzentrationswert in einer räumlichen Region wird dabei mit Kugeln unterschiedlicher Größe und Farbe dargestellt: Je höher die Konzentration ist, desto größer und dunkler sind die entsprechenden Kugeln. So lassen sich Flächen im 5-dimensionalen Raum (drei räumliche Koordinaten + Zeit + Konzentrationswert) als eine Sequenz von dreidimensionalen Bildern visualisieren. Links in der Abbildung 6.11 wird ein Bild einer solchen Sequenz, wie sie mit dem MATLAB-Skript `Transport_FD_Im_3D` erzeugt wurde, präsentiert. Im Skript wurde die Ausbreitung einer Substanz, die am Boden des Gewässers 2.5 Zeiteinheiten lang austritt und durch eine Strömung in Richtung Oberfläche getrieben wird, simuliert. Dabei findet chemischer Abbau und Diffusion statt. Einen überzeugenden Eindruck dieser Visualisierungstechnik erhält man erst mit farbigen Animationen, wovon sich der Leser mithilfe des auf der Website zum Buch bereitgestellten MATLAB-Codes überzeugen sollte.

Eine zweite klassische Visualisierungsmöglichkeit besteht darin, den zeitlichen Verlauf der Konzentration in einigen ausgewählten Schnittebenen durch das Volumen zu betrachten. Ein Bild aus der mit dem auf der Webseite des Buches bereitgestellten MATLAB-Skript `Transport_FD_Ex_3D` produzierten Sequenz ist in der Abbildung 6.11 rechts zu sehen. In diesem Skript ist zum Vergleich das explizite Verfahren zur numerischen Lösung der Anfangs- und Randwertaufgabe (6.20)–(6.22) für die dreidimensionale Transportgleichung implementiert, für das wieder eine Stabilitätsbedingung für die Wahl der Schrittweiten zu beachten ist. Die Visualisierung des zeitlichen Verlaufs der 3D-Konzentration auf unterschiedlichen Schnittebenen erfolgte mit dem MATLAB-Befehl `slice`.

Den in diesem Abschnitt vorgestellten Verfahren, ihrer Implementierungen mit MATLAB sowie den demonstrierten Visualisierungstechniken werden wir in Kapitel 9 bei der Modellierung der Schadstoffausbreitung in einem Gewässer wieder begegnen.

Zum Abschluss merken wir noch an, dass die vorgestellten numerischen Verfahren in mehrerlei Hinsicht unbefriedigend sind. Zum einen ist es schwierig, mit denselben Methoden eine Diskretisierung auf krummlinigen Gebieten durchzuführen. Ein weiterer Schwachpunkt ist die niedrige Fehlerordnung der vorgestellten Verfahren und ein dritter Nachteil besteht darin, dass es schwierig ist, für Verfahren diesen Typs geeignete Fehlerschätzer und darauf aufbauend eine adaptive Schrittweitensteuerung zu implementieren. Alle drei genannten Probleme werden (mit Einschränkungen) von modernen Diskretisierungsverfahren, die auf der Methode der finiten Elemente oder der finiten Volumen beruhen, gelöst.

6.4 Aufgaben

Aufgabe 6.1 Man überlege sich eine Implementierung zur Simulation des NaSch-Modells aus Beispiel 4.20, S. 126. Betrachten Sie dabei den Fall eines geschlossenen Systems mit periodischen Randbedingungen, d.h. n Zellen auf einem Kreis. Sie müssen zunächst entscheiden, ob Sie die Simulation zellenbasiert oder individuenbasiert durchführen wollen.

Aufgabe 6.2 Ergänzen Sie bei der Simulation des Fachwerkes in Beispiel 6.3 die fehlenden Code-Teile und untersuchen Sie weitere Fragestellungen:

a) Wie verändern sich die Eigenfrequenzen des Fachwerks, wenn man einzelne Balken entfernt (Modifikationen der Adjazenzmatrix $\mathbf{A}$)?

b) Ergänzen Sie das Modell um eine geschwindigkeitsabhängige Dämpfung. Im einfachsten Fall wählt man eine Dämpfungskraft, deren Stärke proportional zur Geschwindigkeit eines Knotens ist, und die in entgegengesetzter Richtung zur Geschwindigkeit wirkt.

Aufgabe 6.3 Führen Sie Berechnungen der Schadstoffausbreitung einer Substanz in einem eindimensionalen Fluss für unterschiedliche System- und Modellparameterwerte mit dem MATLAB-Code 6.11 durch und verifizieren Sie numerisch die Stabilitätsbedingung (6.14). Was passiert wenn diese verletzt wird?

Aufgabe 6.4 Leiten Sie ein Finite-Differenzen-Verfahren zur numerischen Lösung der Transportgleichung (6.6) mithilfe der Approximation (6.16) her. Geben Sie auch die Matrixform des linearen Gleichungssystems an. Programmieren Sie dieses Verfahren mit MATLAB. Prüfen Sie, ob bei den Berechnungen bestimmte Stabilitätsbedingungen für die Modellparameter σ, Δt, Δx zu beachten sind. Versuchen Sie, die Stabilitätsbedingung analytisch aufzustellen, für den Fall eines inneren Gitterpunktes.

Aufgabe 6.5 Leiten Sie ein explizites und ein implizites Verfahren für die numerische Lösung einer allgemeinen linearen zweidimensionalen Transportgleichung mit konstanten Koeffizienten her. Wie sieht die Koeffizientenmatrix des linearen Gleichungssystems beim impliziten Verfahren aus? Implementieren Sie beide Verfahren mit MATLAB und vergleichen Sie die berechneten Ergebnisse für unterschiedliche Parameterwerte.

Teil III

Fallstudien

7 Informationssuche im Web: Google's PageRank

Übersicht

Viele von uns benutzen heute Suchmaschinen, um unterschiedlichste Informationen im Internet zu finden. Der Durchbruch von Google zur marktbeherrschenden Suchmaschine lag zu einem großen Teil an der Verwendung eines mathematischen Verfahrens – dem von den beiden Firmengründern Sergey Brin und Larry Page 1998 entwickelten PageRank-Algorithmus (Brin und Page, 1998) – zur Bestimmung einer Rangfolge (eines so genannten „Rankings") aller (!) Webseiten. Diese (suchanfragenunabhängige) Rangfolge wird benutzt, um den Benutzern die Suchergebnisse in einer geeigneten Reihenfolge zu präsentieren.

Suchmaschinen und insbesondere die zugrundeliegenden mathematischen Verfahren werden ständig weiterentwickelt und sind sogar Gegenstand aktueller Forschungsarbeiten. Wie wir sehen werden, spielt hier die mathematische Modellierung eine sehr große Rolle. Anders als bei den meisten der bisher betrachteten Beispielen wird hier ein nichtvorhandenes (oder zu entwickelndes) System oder ein physikalischer Prozess in einem mathematischen Modell abstrahiert, um Berechnungen und Simulationen zu ermöglichen. Das mathematische Modell selbst bildet gewissermaßen die Lösung der Aufgabenstellung. Die Güte eines solchen Modells lässt sich dann nicht direkt daran messen, dass es wesentliche Aspekte eines realen Systems richtig beschreibt, sondern daran, ob es eine akzeptable Lösung der Problemstellung mit den gewünschten Eigenschaften liefert.

Die marktbeherrschende Suchmaschine Google bildet mittlerweile geradezu ein „Tor zum Internet“. So haben die verwendeten Verfahren zur Bestimmung der Suchergebnisse und der Rangfolge, in der diese angezeigt werden, auch eine Rückwirkung auf die Struktur und Weiterentwicklung insbesondere des kommerziell orientierten Teils des Internets. Diese Verfahren „entscheiden“ mit darüber, auf welche Informationen und Dienstleistungen im Internet am häufigsten zugegriffen wird. Suchmaschinen wie Google legen die verwendeten Algorithmen nur teilweise offen, und die so genannte Suchmaschinenoptimierung beschäftigt sich damit, diese Algorithmen möglichst gut aus erhaltenen Suchergebnissen zu rekonstruieren, um dann Webseiten so zu optimieren, dass diese bei Suchanfragen möglichst weit oben in der Trefferliste angezeigt werden. Eine allgemeine Einführung in die Funktionsweise von Suchmaschinen findet man in (Lewandowski, 2005), eine genauere Beschreibung der wichtigsten mathematischen Algorithmen insbesondere für die Aufstellung einer Rangfolge der Suchergebnisse geben (Langville und Meyer, 2006).

Information Retrieval (IR)

Ganz allgemein formuliert besteht die Aufgabe eines Systems zur Informationssuche (engl. Information Retrieval) in einem großen Datenbestand darin, dem Nutzer die für die Befriedigung seines Informationsbedürfnisses besten Ergebnisse zu liefern. Beim klassischen Information Retrieval liegt der Datenbestand in Form einer Sammlung von Textdokumenten in einer Datenbank vor. Der Nutzer gibt eine Suchanfrage in Form einer Liste von Suchbegriffen ein und erhält als Antwort eine Liste von Dokumenten, die für diesen Suchbegriff relevant sind. Im einfachsten Fall werden alle Dokumente, die einen der gesuchten Begriffe enthalten, zurückgeliefert. Intelligente IR-Systeme sind in der Lage, auch Dokumente mit synonymen Begriffen zu finden, mehrdeutige Begriffe zu unterscheiden und eine Sortierung gefundener Dokumente bezüglich ihrer Relevanz vorzunehmen. Einen ersten Einblick in die dabei eingesetzten mathematischen Methoden geben Berry, Drmac und Jessup (1999).

Web Information Retrieval (Web IR)

Die Beschaffung von Informationen im Internet (engl. Web Information Retrieval) unterscheidet sich in mehrfacher Hinsicht von der klassischen Recherche in einer meist auf einen bestimmten Themenkomplex spezialisierten Datenbank: Das Internet ist eine unglaublich große Ansammlung eines in weiten Teilen ungepflegten Bestandes von Dokumenten (= Webseiten) sehr unterschiedlicher Qualität. Eine Suchmaschine wird darüber hinaus nicht von geschulten Spezialisten verwendet, die bereits die Quellenwahl geeignet einschränken bzw. die Suche schrittweise verfeinern. Und zu guter Letzt erwartet ein durchschnittlicher Benutzer einer Suchmaschine auch noch, die für ihn relevanten Suchergebnisse auf den ersten 10–20 Plätzen der Trefferliste zu finden. Aus diesen Unterschieden wird offensichtlich, dass eine Qualitäts- und Relevanzbewertung der Treffer, d.h. ein geeignetes Ranking-Verfahren, für eine Internetsuchmaschine unabdingbar ist. Eine weitere Besonderheit gegenüber einer normalen Dokumentensammlung ist die Hyperlink-Struktur des Internets. Genau diese wird als weitere Informationsquelle für ein Ranking von Suchergebnissen herangezogen werden.

Grobes Modell einer Internet-Suchmaschine

Die Bearbeitung einer Anfrage in einer Suchmaschine wie Google besteht im Prinzip aus zwei Schritten:

Suche im Index. In einem ersten Schritt wird eine (unsortierte) Trefferliste aller für die Suchanfrage relevanten Webseiten zusammengestellt. Im einfachsten Fall sind dies alle Webseiten, auf denen der eingegebene Suchbegriff auftaucht. Zur effizienten Durchführung dieses Schrittes verfügt eine Suchmaschine über einen Index, einer Datenbank, in der (nach Möglichkeit) alle öffentlich zugänglichen Webseiten nach möglichen Suchbegriffen indiziert sind.

Ranking. Im zweiten Schritt wird die Trefferliste anhand einer Reihe so genannter Ranking-Faktoren sortiert. Die Treffer werden dann in dieser Sortierung ausgegeben.

Um einen Index zu erstellen, verfügt eine Suchmaschine über einen Web-Crawler, d.h. einen automatisierten Websurfer (auch „robot“ genannt), der ständig alle öffentlich zugänglichen Webseiten im Internet lokalisiert, und über ein Index-Modul, in welchem alle Begriffe auf den gefundenen Seiten für eine effiziente Suche indiziert werden, ähnlich wie in dem Index dieses Buches.

Aber nach welchen Kriterien sollte ein Ranking erfolgen? Hier öffnet sich natürlich eine Spielwiese der Modellierung. Ein wichtiges Kriterium ist sicherlich die **Relevanz** einer Webseite für die gestellte Suchanfrage, d.h. etwa die passende thematische Ausrichtung der Seite. Ein anderes wichtiges Kriterium ist die inhaltliche **Qualität**. Sowohl die Beurteilung der Relevanz als auch die der Qualität einer Webseite ist – abgesehen von einer effizienten Umsetzung in einer Suchmaschine – im Allgemeinen nicht objektiv möglich. Um ein Ranking durchzuführen, sucht man berechenbare Ranking-Faktoren, die einzelne Aspekte/Kriterien widerspiegeln sollen. Diese Faktoren werden dann zu einem Gesamt-Ranking zusammengesetzt. Man unterscheidet zwei Typen von Ranking-Faktoren:

Anfrageabhängige Faktoren. Diese Faktoren lassen sich erst bei Vorliegen der Suchanfrage berechnen, man spricht daher auch von inhaltsbasierten Faktoren. Beispiele für solche Faktoren sind z.B. die Häufigkeit des Suchbegriffes auf einer Webseite oder die Position des Suchbegriffes auf einer Seite (z.B im Titel oder aber im Text).

Anfrageunabhängige Faktoren. Beispiele sind die Popularität einer Webseite (Klickhäufigkeit, Verlinkung mit anderen Seiten), die Verzeichnisebene der Seite etc.

Wir werden uns im Folgenden mit der Bestimmung eines anfrageunabhängigen Rankings beschäftigen. Der große Vorteil eines solchen Rankings ist die Möglichkeit einer Vorberechnung. Damit wird ein schneller Zugriff auf den Ranking-Faktor während einer Suchanfrage möglich. Natürlich werden in einer Suchmaschine immer mehrere, auch anfrageabhängige Ranking-Faktoren kombiniert, um eine endgültige Sortierung der Treffer durchzuführen

Problemstellung

Man definiere einen sinnvollen anfragenunabhängigen Ranking-Faktor für alle Webseiten und eine effiziente Berechnungsvorschrift, die ein Ranking aller Webseiten ergibt.

Insbesondere die Forderung nach einer effizienten Berechnung ist hier entscheidend. Die Anzahl öffentlich zugänglicher Webseiten ist riesig. Für einen ersten Eindruck der erforderlichen Leistungsfähigkeit heutiger Suchmaschinen gebe man z.B. den Suchbegriff „the" ein. Man erhält dann in Sekundenschnelle eine Trefferanzahl von über 10^9 mitgeteilt, zusammen mit den ersten 10 Treffern der Rangfolge! Für den Suchbegriff „Modellierung" findet Google immerhin noch über 10^6 Einträge.

In den nächsten Abschnitten wird das bereits in Abschnitt 1.3.1 skizzierte PageRank-Verfahren von Google aus der Sichtweise der mathematischen Modellierung genauer behandelt. Gut verständliche Einführungen in Googles PageRank-Algorithmus findet man in Brin und Page (1998); Bryan und Leise (2006); Langville und Meyer (2005); Langville und Meyer (2006). Unsere Darstellung, insbesondere die verwendete Notation, ist angelehnt an Langville und Meyer (2006).

7.1 Von der Link-Struktur zum PageRank

Wie kann man für die „Bedeutung", „Wichtigkeit" oder „Qualität" einer Internetseite ein quantitatives Maß festlegen, ohne eine (menschliche) Bewertungsinstanz einzuführen? Der von den Google-Gründern verfolgte Ansatz kommt ursprünglich aus der Bibliographie. Hier wird die Bedeutung/Wichtigkeit eines wissenschaftlichen Artikels oft daran gemessen, wie viele andere Artikel diesen Artikel zitieren. Wir werden im Folgenden immer den Begriff „Wichtigkeit" stellvertretend für einen der obigen, nicht präzise definierten Begriffe verwenden.

Im Internet verweisen Seiten auf andere Seiten. Ein solcher Verweis (Link) wird als eine Empfehlung der entsprechenden Seite angesehen. Da – im Gegensatz zu wissenschaftlichen Artikeln – keinerlei Gewähr besteht, dass die verweisende Seite irgendeine inhaltliche Autorität hat, wäre eine Bewertung der Wichtigkeit einer Seite nur aufgrund der Anzahl ihrer eingehenden Links, also der Links, die auf diese Seite verweisen, sicherlich nicht sinnvoll. Daher soll ein Verweis einer wichtigen Seite stärker in der Bewertung berücksichtigt werden. Kurz gesagt: „Eine Seite ist wichtig, wenn viele wichtige Seiten auf sie verweisen".

Zur Veranschaulichung betrachten wir das Beispiel eines Mini-Internets mit vier Webseiten aus Bryan und Leise (2006), siehe Abbildung 7.1. Betrachtet man nur die Anzahl der eingehenden Links, so ergibt sich die Rangfolge 3, 1 und 4, 2. Zöge man aber bei der Bewertung die (noch nicht bekannte) Wichtigkeit der verweisenden Seiten mit in Betracht, so würde sicherlich Seite 1 vor Seite 4 liegen, da die auf Seite 1 verweisende Seite 3 bedeutender als die auf Seite 4 verweisende Seite 2 ist. Außerdem wäre dann nicht unbedingt klar, ob Seite 3 in der Rangfolge vor Seite 1 liegen sollte.

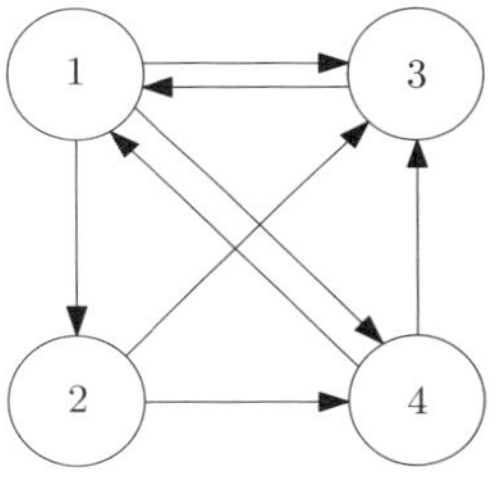

Abb. 7.1: Mini-Internet mit 4 Seiten: Betrachtet man nur die Anzahl der eingehenden Links, so wäre Seite 3 am bedeutendsten, dann kommen die Seiten 1 und 4 und zum Schluß Seite 2. Googles PageRank ergibt die Reihenfolge 1, 3, 4, 2, siehe Text.

Die einfachste Idee, aus dem selbstreferentiellen Ansatz „Eine Webseite ist wichtig, wenn viele wichtige Seiten auf sie verweisen" eine Berechnungsformel für eine Rangfolge aller Webseiten zu gewinnen, bestünde darin, nicht einfach die Verweise, sondern die Wichtigkeiten der verweisenden Seiten aufzusummieren. Dann hätte allerdings eine Seite mit vielen ausgehenden Links einen sehr großen Einfluss. Daher wird bei der Summation noch jeweils durch die Anzahl der ausgehenden Links der entsprechenden Seite geteilt. Anschaulich verteilt jede Webseite eine Empfehlung (Stimme) mit dem Gesamtgewicht ihrer eigenen Wichtigkeit zu gleichen Teilen an alle Seiten, auf die sie verweist. Außerdem legen wir noch fest, dass eine Seite sich selbst nicht empfehlen kann. Es werden also keine Selbstverweise in die Berechnung mit einbezogen.

Damit gelangen wir zu dem folgenden mathematischen Modell: Wir betrachten das Internet als einen einfachen, gerichteten Graphen, wobei die n Seiten S_j, $j = 1, \ldots, n$ den Knoten und die Verweise den gerichteten Kanten entsprechen. Dieser Graph, d.h. die Link-Struktur des Internets, bildet den vollständigen Satz von Systemparametern für unser Modell. Die gesuchten Größen sind n Wichtigkeitswerte (PageRanks) $r_j, j = 1, \ldots, n$ für die n Webseiten S_j (falls $r_i > r_j$, dann ist Seite S_i wichtiger als Seite S_j). Bezeichnen wir außerdem mit $|S_j|$ die Anzahl der ausgehenden Links auf Seite S_j und mit B_j die Menge derjenigen Seiten, die auf die Seite S_j verweisen (so genannte „Back-

Links", also eingehende Links), so erhalten wir das folgende lineare Modell für die n Unbekannten r_j:

$$r_i = \sum_{S_j \in B_i} \frac{r_j}{|S_j|}, \quad i = 1, 2, \ldots, n. \tag{7.1}$$

Die Bezeichnung PageRanks für die durch dieses Gleichungssystem bestimmten Zahlen r_i wurde in Brin und Page (1998) eingeführt.

Der PageRank aller Seiten im Internet kann zusammengefasst werden in dem PageRank-Vektor:

$$r = (r_1 \cdots r_n)^T .$$

Unter Verwendung der so genannten **Hyperlink-Matrix** Matrix $\mathbf{H} \in \mathbb{R}^{n \times n}$ mit Einträgen

$$h_{ij} = \begin{cases} 1/|S_i| & : S_i \text{ besitzt einen Link auf } S_j \\ 0 & : \text{sonst} \end{cases} \tag{7.2}$$

und dem Vektor $r \in \mathbb{R}^n$ kann das Gleichungssystem (7.1) ausgedrückt werden als

$$r^T = r^T \mathbf{H} \quad \textbf{oder} \quad \mathbf{H}^T r = r. \tag{7.3}$$

Die Berechnung des PageRank-Vektors r entspricht also der Berechnung eines Eigenvektors der Matrix $\mathbf{H}^T$ zum Eigenwert 1. Wie man sieht, geht in das aufgestellte mathematische Modell als Parameter nur die Link-Struktur des Internets in Form der Hyperlink-Matrix $\mathbf{H}$ ein.

Für das Mini-Internet in Abbildung 7.1 erhalten wir die Hyperlink-Matrix:

$$\mathbf{H} = \begin{pmatrix} 0 & 1/3 & 1/3 & 1/3 \\ 0 & 0 & 1/2 & 1/2 \\ 1 & 0 & 0 & 0 \\ 1/2 & 0 & 1/2 & 0 \end{pmatrix}$$

und die (bis auf skalare Vielfache) eindeutige Lösung der Gleichung (7.3) ist

$$r^T = \begin{pmatrix} 0.3871 & 0.1290 & 0.2903 & 0.1935 \end{pmatrix} .$$

Man beachte, dass offensichtlich alle Einträge des Eigenvektors das gleiche Vorzeichen haben und daher nicht negativ gewählt werden konnten. Dies ist nicht von vorne herein klar, aber eine notwendige Bedingung dafür, die erhaltenen Zahlenwerte als Wichtigkeiten zu interpretieren. Hier hat S_1 den höchsten PageRank, gefolgt von S_3, S_4 und S_2. Warum aber hat S_1 einen höheren PageRank als S_3? Die Seiten S_3 und S_1 empfehlen sich gegenseitig. Da aber S_3 im Gegensatz zu S_1 nur einen ausgehenden Link besitzt, gibt S_3 ihren gesamten PageRank an S_1 weiter, während S_1 insgesamt drei andere Seiten empfiehlt und daher nur ein Drittel des eigenen PageRanks an S_3 weitergibt.

Analyse des Modells

Das Beispiel in Abbildung 7.1 zeigt, dass das aufgestellte Modell zu einem vernünftigen Ergebnis führen kann. Erhält man aber immer (das heißt für jede Hyperlink-Matrix H) eine eindeutige Lösung? D.h. also, ist der Eigenraum zum Eigenwert $\lambda = 1$ der Matrix $\mathbf{H}$ immer eindimensional? Wir werden an zwei einfachen Beispielen sehen, dass dies leider nicht der Fall ist.

Wir betrachten zunächst ein Beispiel, bei dem keine Lösung existiert: Für den Graphen

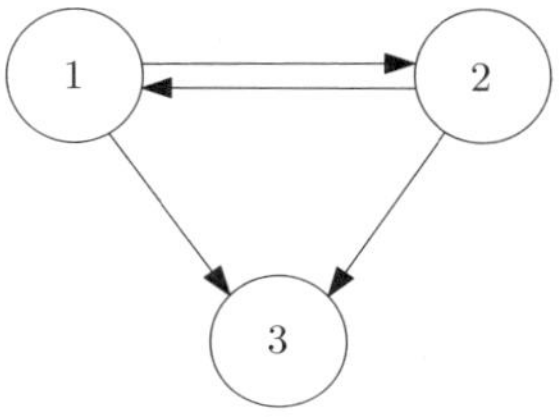

Abb. 7.2: Mini-Internet mit 3 Seiten. Die Seite S_3 hat keinen ausgehenden Link und wird als „hängender Knoten" bezeichnet.

in Abbildung (7.2) ergibt sich die Hyperlink-Matrix

$$\mathbf{H} = \begin{pmatrix} 0 & 1/2 & 1/2 \\ 1/2 & 0 & 1/2 \\ 0 & 0 & 0 \end{pmatrix}.$$

Da die Seite S_3 keine ausgehenden Links hat, besitzt die Matrix $\mathbf{H}$ eine Nullzeile. Die Eigenwerte von $\mathbf{H}$ sind $1/2$, $-1/2$ und 0. Damit existiert also keine Lösung der Gleichung (7.3). Eine Möglichkeit wäre, stattdessen den Eigenvektor zum größten positiven Eigenwert als PageRank-Vektor zu nehmen. Man bestimme den Eigenvektor zu $\lambda = 1/2$. Lässt dieser sich als PageRank-Vektor interpretieren?

Aber auch die Eindeutigkeit einer Lösung ist leider nicht gesichert. Sobald ein Graph aus zwei nicht zusammenhängenden Teilgraphen besteht, unser Mini-Internet also aus zwei Teilnetzen, die nicht miteinander verbunden sind, so lassen sich die PageRank-Vektoren der beiden Teilnetze beliebig zu einem PageRank-Vektor des Gesamtnetzes kombinieren, siehe Aufgabe 7.1. Anschaulich bedeutet dies, dass sich die Wichtigkeit zweier Webseiten aus unterschiedlichen, nicht miteinander verbundenen Teilnetzen des Internets mit dem bisherigen Modell nicht vergleichen lässt.

7.2 Zufalls-Surfer und Markov-Ketten

Wie wir gesehen haben, liefert das bisherige Modell zumindest nicht in allen Fällen eine eindeutige Lösung und muss daher modifiziert werden. Die Link-Struktur des Internets ist sehr dynamisch. Neue Seiten kommen hinzu, und auf existierenden werden neue Links eingefügt und vorhandene Links entfernt. Wir fordern daher von einem Modell, dass es für jedes Internet mit n Seiten bei Vorgabe der Link-Struktur einen bis auf Skalierung eindeutigen PageRank-Vektor $r \in \mathbb{R}^n$ mit nichtnegativen Einträgen liefert.

Um zu einem solchen verfeinerten Modell zu gelangen, führten die Google-Gründer in Analogie zum Zufallswanderer (Random Walker) den Begriff des **Zufalls-Surfers** ein und modellierten das Benutzerverhalten im Internet als einen zeitdiskreten Markov-Prozess. Der PageRank einer Seite soll dann die durchschnittliche Verweildauer eines Internetnutzers auf dieser Seite beschreiben. Normiert man die Gesamtdauer auf 1, so gibt der PageRank π_j einer Seite S_j die Wahrscheinlichkeit an, mit der sich ein Benutzer auf der Seite S_j befindet (wir werden ab jetzt für den als eine Wahrscheinlichkeit berechneten PageRank die in der Theorie der Markov-Ketten übliche Bezeichnung π_i verwenden). Im Folgenden werden wir sehen, wie sich allein durch diesen neuen Modellansatz viele plausible Möglichkeiten zur Modellverfeinerung ergeben.

Zunächst versuchen wir, mit möglichst wenigen Annahmen ein Modell in der Sprache der Markov-Ketten, siehe Abschnitt 4.2.2, zu formulieren: Der Zustandsraum E besteht aus der Menge aller von einem Web-Crawler indizierten Webseiten und der Zustand des Zufalls-Surfers zum Zeitpunkt k wird durch die Zufallsvariable X_k mit Werten in E beschrieben. Die Variable X_k beschreibt, auf welcher Seite sich der Zufalls-Surfer befindet, nachdem er sich durch $k \in \mathbb{N}$ Internetseiten bewegt hat. Wie modellieren wir das „Surf-Verhalten", d.h. wie wählen wir geeignete Übergangswahrscheinlichkeiten? Die vielleicht einfachste Annahme ist die folgende:

Annahme 1. Der Zufalls-Surfer ist gedächtnislos. Sein Verhalten hängt nur ab von der Seite, auf der er sich gerade befindet. Er bewegt sich in jedem Zeitschritt auf eine neue Seite, indem er

- **(a)** zufällig (gleichverteilt) einen der ausgehenden Links auf der momentanen Seite benutzt, falls überhaupt Links vorhanden sind.
- **(b)** zufällig (gleichverteilt) auf eine beliebige Seite im Internet springt, falls keine Links auf der momentanen Seite vorhanden sind.

Es bezeichne $P(X_{k+1} = S_j | X_k = S_i)$ die Wahrscheinlichkeit im k-ten Schritt von einer Seite $S_i \in E$ auf die Seite $S_j \in E$ zu wechseln. Aus den Modellannahmen folgt, dass die Übergangswahrscheinlichkeit nicht vom Zeitpunkt k abhängt und gegeben ist als

$$P(X_1 = S_j | X_0 = S_i) = \begin{cases} 1/|S_i| & : S_i \text{ besitzt einen Link zu } S_j \\ 1/n & : S_i \text{ besitzt überhaupt keine Links} \\ 0 & : \text{sonst} \end{cases} \tag{7.4}$$

Wir bezeichnen wie in Abschnitt 4.2.2 mit

$$\pi_j^{(k)} = P(X_k = S_j)$$

die Wahrscheinlichkeit, dass der Zufalls-Surfer im k-ten Schritt (also zum Zeitpunkt k) auf der Seite S_j ist und fassen diese Wahrscheinlichkeiten in einem Vektor $\pi^{(k)} \in \mathbb{R}^n$ zusammen. Die durch die Übergangswahrscheinlichkeiten (7.4) definierte Übergangsmatrix der Markov-Kette bezeichnen wir mit

$$\mathbf{S} \in \mathbb{R}^{n \times n}, \quad s_{ij} = P\left(X_1 = S_j | X_0 = S_i\right).$$

Man bestätigt direkt, dass die Matrix $\mathbf{S}$ eine stochastische Matrix ist, siehe (4.53), d.h. alle Einträge sind nicht negativ und die Werte einer Zeile addieren sich jeweils zu 1 auf.

Dann erhalten wir bei einer vorgegebenen Anfangsverteilung $\pi^{(0)}$ für die Verteilung $\pi^{(k)}$ nach k Schritten

$$(\pi^{(k)})^T = (\pi^{(k-1)})^T \mathbf{S} = (\pi^{(k-2)})^T \mathbf{S}^2 = \cdots = (\pi^{(0)})^T \mathbf{S}^k.$$

Die Matrix $\mathbf{S}$ besitzt große Ähnlichkeit mit der Hyperlink-Matrix $\mathbf{H}$ aus dem vorhergehenden Abschnitt mit dem einzigen Unterschied, dass die von hängenden Knoten bewirkten Nullzeilen durch Zeilen mit Einträgen $1/n$ ersetzt wurden. Mit der Notation

$$e := (1 \cdots 1)^T \in \mathbb{R}^n$$

erhält man aus (7.2)

$$\mathbf{S} = \mathbf{H} + \frac{1}{n} a e^T, \tag{7.5}$$

$$a \in \mathbb{R}^n \text{ mit } a_i = \begin{cases} 1 & : S_i \text{ besitzt keinen Link,} \\ 0 & : S_i \text{ besitzt mindestens einen Link.} \end{cases}$$

Aber wie erhalten wir aus der Markov-Kette einen PageRank-Vektor $\pi \in \mathbb{R}^n$, d.h. eine Wahrscheinlichkeitsverteilung, die angibt, mit welcher Wahrscheinlichkeit ein Websurfer sich auf welcher Webseite befindet? Eine solche Verteilung sollte nach Möglichkeit eine oder am besten alle der folgenden drei Eigenschaften besitzen, deren anschauliche Bedeutung man sich klar mache:

i. Die Zahl π_i sollte die mittlere relative Aufenthaltszeit eines Surfers auf der Seite S_i beschreiben. Mitteln wir also die Aufenthaltswahrscheinlichkeiten $\pi_i^{(k)}$ über immer längere Zeiten l, dann soll gelten:

$$\pi_i = \lim_{l \to \infty} \left[\frac{1}{l} \sum_{k=0}^{l-1} \pi_i^{(k)} \right]. \tag{7.6}$$

Man beachte, dass dies unabhängig von der Anfangsverteilung $\pi^{(0)}$ gelten sollte!

ii. Starten wir unseren Zufalls-Surf-Prozess mit der Anfangsverteilung $\pi^{(0)} = \pi$, dann sollte sich diese Verteilung nicht ändern:

$$\pi = \pi^{(0)} = \pi^{(1)} = \cdots = \pi^{(k)}, \quad \text{also} \quad \mathbf{S}^T \pi = \pi.$$

iii. Starten wir mit einer beliebigen Anfangsverteilung $\pi^{(0)}$, so sollte die Verteilung $\pi^{(k)}$ für immer größeres k gegen die Verteilung π streben

$$\pi^T = \lim_{k\to\infty} (\pi^{(k)})^T = \lim_{k\to\infty} (\pi^{(0)})^T \mathbf{S}^k = (\pi^{(0)})^T \lim_{k\to\infty} \mathbf{S}^k.$$

Entsprechend der in Abschnitt 5.5.3 eingeführten Terminologie soll also der PageRank-Vektor π eine stationäre Verteilung der Markov-Kette sein (Eigenschaft (ii)), die darüber hinaus die eindeutige stationäre Grenzverteilung der Markov-Kette ist (Eigenschaft (iii)). Daraus folgt insbesondere auch Eigenschaft (i). Wie im vorigen Abschnitt ergibt sich damit der PageRank-Vektor als der Eigenvektor einer Matrix $\mathbf{S}^T$ zum Eigenwert $\lambda = 1$, der darüber hinaus auch noch die obigen Eigenschaften (i) und (iii) erfüllen soll.

Wir haben also ein gegenüber dem letzten Abschnitt verfeinertes Modell hergeleitet, bei dem das Problem der hängenden Knoten nicht mehr auftritt. Man beachte, dass wir hier zunächst gar nicht über eine Wichtigkeit von Webseiten aufgrund der Link-Struktur des Internets nachgedacht haben. Auf eine natürliche Weise ergab sich ein Maß für die Wichtigkeit aus der Analyse eines postulierten stochastischen Prozesses, welches im Fall einer Link-Struktur ohne hängende Knoten mit dem in den letzten Abschnitten hergeleiteten Maß übereinstimmt.

Es stellt sich damit wieder die Frage nach der Existenz und Eindeutigkeit einer Lösung. Dazu erinnern wir an die Diskussion von stationären Verteilungen und stationären Grenzverteilungen einer Markov-Kette in Abschnitt 5.5.3 und insbesondere an den Satz von Perron-Frobenius: Jede stochastische Matrix $\mathbf{S}$ hat eine stationäre Verteilung π ($\mathbf{S}^T\pi = \pi$) mit nichtnegativen Einträgen, und $\lambda = 1$ ist der dominante (betragsmäßig größte) Eigenwert von $\mathbf{S}^T$. Allerdings ist weder gewährleistet, dass der Eigenvektor (bis auf Normierung) eindeutig ist, noch dass es sich um eine eindeutige stationäre Grenzverteilung handelt. Wir hatten bereits im letzten Abschnitt gesehen, dass im Falle eines nicht zusammenhängenden Link-Graphen keine Eindeutigkeit zu erwarten ist. An einem weiteren Beispiel wird deutlich, dass im Allgemeinen auch keine Grenzverteilung existiert, denn es kann auch komplexe Eigenwerte auf dem Spektralradius geben, welche eine Konvergenz $\lim_{k\to\infty} \mathbf{S}^k$ verhindern. Wir betrachten dazu die Link-Struktur in Abbildung 7.3 mit der zugehörigen Übergangsmatrix

$$\mathbf{S} = \begin{pmatrix} 0 & 0 & 1 & 0 & 0 & 0 \\ 1 & 0 & 0 & 0 & 0 & 0 \\ 0 & 1 & 0 & 0 & 0 & 0 \\ 0 & 0 & 0 & 0 & 1/2 & 1/2 \\ 0 & 0 & 1/3 & 1/3 & 0 & 1/3 \\ 0 & 0 & 0 & 1 & 0 & 0 \end{pmatrix}. \tag{7.7}$$

Die Matrix $\mathbf{S}$ hat die Eigenwerte (man benutze in MATLAB `eig(S)`)

$$\sigma(\mathbf{S}) = \left\{1 \quad e^{i\frac{2\pi}{3}} \quad e^{i\frac{4\pi}{3}} \quad 0.9207 \quad -0.6361 \quad -0.2846\right\},$$

d.h. die Markov-Kette mit Übergangsmatrix **S** besitzt keine eindeutige stationäre Grenz-

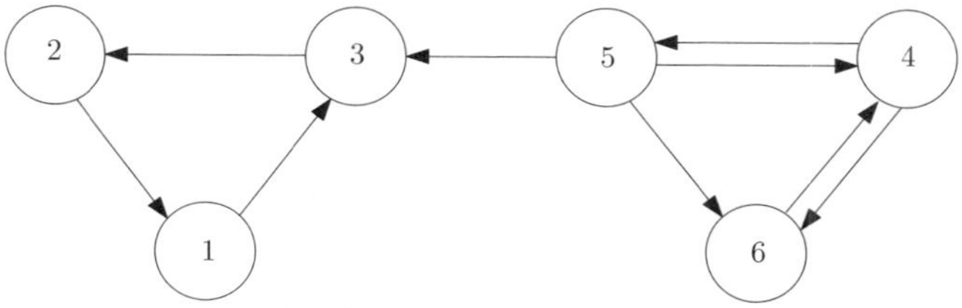

Abb. 7.3: Beispiel für ein Internet bestehend aus 6 Seiten.

verteilung. Dies lässt sich anschaulich leicht verstehen: Befindet sich ein Zufalls-Surfer einmal auf der Seite 3, so ist er in einem abgeschotteten Zyklus und kann nie wieder auf eine der Seiten 4, 5 oder 6 kommen. Zur Erklärung der Eigenwerte der Übergangsmatrix **S** betrachten wir noch einmal genauer den Zyklus, der aus den Internetseiten 1, 2 und 3 besteht, siehe Abbildung 7.4. Die Übergangsmatrix $\mathbf{S}_z$ hat jetzt die einfache Gestalt

$$S_z = \begin{pmatrix} 0 & 0 & 1 \\ 1 & 0 & 0 \\ 0 & 1 & 0 \end{pmatrix}$$

mit den drei Eigenwerten

$$\lambda_1 = 1, \quad \lambda_2 = e^{i\frac{2\pi}{3}}, \quad \lambda_3 = e^{i\frac{4\pi}{3}}.$$

Offensichtlich gilt für alle drei Eigenwerte $\lambda_i^3 = 1$, d.h. $\lambda_i^4 = \lambda_i$, und damit für die Übergangsmatrix $\mathbf{S}_z$:

$$\mathbf{S}_z = \mathbf{S}_z^4 = \mathbf{S}_z^7 = ... = \mathbf{S}_z^{3m+1}, \quad m \in \mathbb{N}.$$

In dieser Markov-Kette sind alle Zustände periodisch mit Periode $d = 3$ (es gilt sogar $\pi^{(k+3)} = \pi^{(k)}$ für eine beliebige Verteilung π). Somit kann es keine eindeutige stationäre Grenzverteilung geben.

In Abschnitt 5.5.3 wurde der Begriff eines periodischen Zustands einer Markov-Kette präzise definiert. Anschaulich ist eine Webseite periodisch, wenn es ein $d > 1$ gibt, sodass man (im einfachsten Fall) nur in genau $d, 2d, 3d, \ldots$ Schritten wieder zu dieser Seite zurückkehren kann (allerdings nicht notwendigerweise mit Wahrscheinlichkeit 1). Eine Markov-Kette ohne periodische Zustände heißt dann aperiodisch.

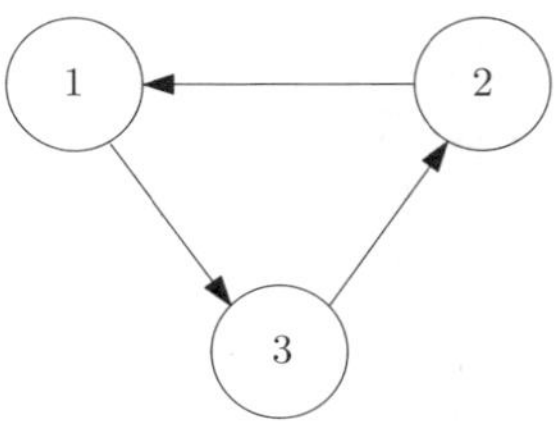

Abb. 7.4: Der geschlossene Zykel aus dem Mini-Internet in Abbildung 7.3. Der Zufalls-Surfer kehrt immer nach drei Schritten auf die ursprüngliche Seite zurück. Für die Übergangsmatrix $\mathbf{S}_z$ gilt daher $\mathbf{S}_z^3 = \mathbb{1}$, d.h. $\mathbf{S}_z^4 = \mathbf{S}_z$. Der stochastische Prozess ist periodisch. Alle Zustände haben die Periode 3.

Betrachten wir noch einmal das Beispiel aus Abbildung 7.3 mit 6 Webseiten. Offensichtlich hat dieses Internet nicht nur periodische Zustände (die Seiten S_1, S_2 und S_3), sondern der abgeschottete Zykel führt dazu, dass nicht jede Seite S_i von jeder anderen Seite S_j aus erreichbar ist. Dies trifft natürlich insbesondere auch zu im Fall eines Internets mit zwei getrennten Unternetzen. Allgemein bezeichnet man eine Markov-Kette (bzw. die dazugehörige Übergangsmatrix) als irreduzibel, wenn jeder Zustand i von jedem Zustand j aus erreichbar ist und andernfalls als reduzibel. Die Matrix $\mathbf{S}$ aus (7.7) ist also reduzibel. Offensichtlich ist Irreduzibilität eine notwendige Voraussetzung dafür, dass eine eindeutige Grenzverteilung existiert.

Die einfachste Möglichkeit, die Übergangsmatrix zu einer irreduziblen aperiodischen Matrix zu machen, besteht darin, dem Zufalls-Surfer nicht nur zu erlauben, den ausgehenden Links zu folgen, sondern auch mit einer kleinen Wahrscheinlichkeit $0 < \alpha < 1$ auf irgendeine beliebige andere Seite zu springen, eine so genannte Teleportation:

Annahme $1'$. Der Zufalls-Surfer ist gedächtnislos. Sein Verhalten hängt nur ab von der Seite, auf der er sich gerade befindet. Er bewegt sich in jedem Zeitschritt auf eine neue Seite, indem er mit Wahrscheinlichkeit α

(a) zufällig (gleichverteilt) einen der Links auf der momentanen Seite benutzt (falls Links vorhanden),

(b) zufällig (gleichverteilt) auf eine beliebige Seite im Internet springt (falls keine Links vorhanden),

und mit Wahrscheinlichkeit $1 - \alpha$

(c) zufällig (gleichverteilt) auf eine beliebige Seite im Internet springt.

Offensichtlich kann es jetzt keine periodischen Zustände, keine Zyklen etc. mehr geben, und der Zufalls-Surfer kann in endlich vielen Schritten auf jede beliebige Seite gelangen. Mit dieser Modellannahme erhalten wir eine neue Übergangsmatrix $\mathbf{G}$ für unsere Markov-Kette, die so genannte Google-Matrix, wie sie von Brin und Page vorgeschlagen wurde:

$$\mathbf{G} := \alpha \mathbf{S} + (1 - \alpha) \frac{1}{n} e e^T. \tag{7.8}$$

Die Matrix $\mathbf{G}$ ist die konvexe Kombination zweier stochastischer Matrizen und daher selbst wieder stochastisch. Sie besitzt nur positive Einträge $g_{ij} > 0$, da zu αS eine vollbesetzte positive Matrix $(1 - \alpha)\frac{1}{n} e e^T$ addiert wird. Offensichtlich ist die Matrix $\mathbf{G}$ irreduzibel, da ja alle Übergangswahrscheinlichkeiten echt positiv sind und somit der Zufalls-Surfer von jeder Internetseite aus auf eine beliebige andere wechseln kann. Die Matrix $\mathbf{G}$ ist auch aperiodisch und erfüllt die Vorraussetzungen des Satzes 5.8 von Perron, siehe Seite 187. Das bedeutet, dass es eine eindeutige stationäre Grenzverteilung π gibt, gegen die jede beliebige Anfangsverteilung strebt. π ist der eindeutige Perron-Eigenvektor der Matrix $\mathbf{G}^T$ zum (strikt) dominanten Eigenwert $\lambda = 1$, d.h. $\pi \in \mathbb{R}^n$ ist die eindeutige Lösung der Gleichung

$$\mathbf{G}^T \pi = \pi \text{ mit } \pi^T e = 1. \tag{7.9}$$

Darüber hinaus beschreibt π auch die durchschnittlichen Aufenthaltszeiten im Sinne von Gleichung (7.6) Damit können wir jetzt ein mathematisches Modell zur Bestimmung einer anfragenunabhängigen Rangfolge der Webseiten wie folgt formulieren:

Mathematisches Modell (PageRank)

Gegeben sei die Link-Struktur des Internets (bzw. aller von einem Web-Crawler gefundenen und von der Suchmaschine indizierten n Webseiten), die die beiden Systemparameter, die Hyperlink-Matrix $\mathbf{H}$ und den Vektor a der hängenden Knoten festlegt. Man wähle einen Modellparameter $0 < \alpha < 1$.

Der PageRank-Vektor π ist die eindeutige stationäre Verteilung π der Markov-Kette mit der Übergangsmatrix $\mathbf{G}$ aus Gleichung (7.8), d.h. die Lösung der Gleichung (7.9). Der $i-$te Eintrag π_i des PageRank-Vektors π beschreibt dann die (relative) Wichtigkeit der Seite S_i.

Man beachte, dass wir bisher kein Kriterium für eine geeignete Wahl des Parameters α in der Hand haben. Wie wir sehen werden, hängt jedoch der PageRank-Vektor und damit auch die Rangfolge der Webseiten durchaus von der Wahl von α ab. In der Tat ist die Matrix $\mathbf{G}$ in gewisser Weise „künstlich“: Die Hyperlink-Matrix $\mathbf{H}$ wurde zweimal modifiziert, um die gewünschten (Konvergenz)-Eigenschaften zu erlangen: einmal beim Übergang von $\mathbf{H}$ zu $\mathbf{S}$ durch die Einführung der zusätzlichen Übergänge für hängende Knoten und ein zweites Mal bei der Einführung des Parameters α und dem Übergang von $\mathbf{S}$ zu $\mathbf{G}$.

Abschließend betrachten wir noch einmal das Beispiel mit 6 Webseiten aus Abbildung 7.3. Wählen wir für α zum Beispiel den Wert $\alpha = 4/5 = 0.8$, so erhalten wir die positive Google-Matrix

$$\mathbf{G} = \tfrac{4}{5}(\mathbf{H} + \tfrac{1}{6}ae^T) + \tfrac{1}{5}\tfrac{1}{6}ee^T$$
$$= \begin{pmatrix} 1/30 & 1/30 & 5/6 & 1/30 & 1/30 \\ 5/6 & 1/30 & 1/30 & 1/30 & 1/30 \\ 1/30 & 5/6 & 1/30 & 1/30 & 1/30 \\ 1/30 & 1/30 & 1/30 & 1/30 & 13/30 \\ 3/10 & 1/30 & 1/30 & 3/10 & 1/30 \\ 1/30 & 1/30 & 1/30 & 5/6 & 1/30 \end{pmatrix}$$

mit dem PageRank-Vektor

$$\pi^T = \begin{pmatrix} 0.2189 & 0.2001 & 0.2085 & 0.1557 & 0.0956 & 0.1211 \end{pmatrix}.$$

Dies ergibt für die 6 Webseiten die Rangfolge

$$\begin{pmatrix} 1 & 3 & 2 & 4 & 6 & 5 \end{pmatrix}.$$

Man beachte, dass für $\alpha = 1$ (also wenn $\mathbf{S} = \mathbf{G}$) der PageRank-Vektor die Form

$$\pi^T = \begin{pmatrix} 1/3 & 1/3 & 1/3 & 0 & 0 & 0 \end{pmatrix}$$

hätte. In diesem Fall haben also nicht alle Webseiten einen von Null verschiedenen PageRank. Außerdem ergibt sich – wie oben diskutiert – der PageRank-Vektor dann nicht als eindeutige stationäre Grenzverteilung unabhängig vom Startpunkt des Zufalls-Surfers.

7.3 Lösungsstrategie und Sensitivitätsanalyse

Nachdem wir uns sicher über die Existenz und Eindeutigkeit der Lösung sind, benötigen wir ein geeignetes Verfahren zur Berechnung von π. Prinzipiell bieten sich zwei unterschiedliche Strategien an. Wir wissen, dass π die eindeutige Lösung des Eigenwertproblems

$$\mathbf{G}^T\pi = \pi, \quad \text{mit } \pi^T e = 1 \tag{7.10}$$

ist. Es bietet sich daher an, erprobte Lösungsverfahren für Eigenwertprobleme anzuwenden. Andererseits können wir π auch als die Lösung des folgenden linearen homogenen Gleichungssystems erhalten:

$$(\mathbf{G}^T - \mathbb{1})\pi = 0 \text{ mit } \pi^T e = 1. \tag{7.11}$$

Die Matrix $\mathbf{G}^T - \mathbb{1}$ ist singulär und hat den Rang $n-1$. Somit erhält man mit der zusätzlichen linearen Bedingung $\pi^T e = 1$ auch hier einen eindeutigen Lösungsvektor π. Gleichung (7.11) lässt sich leicht in ein gewöhnliches, eindeutig lösbares lineares Gleichungssystem umformen: Setzt man für $\mathbf{G}$ die Formel (7.8) ein und benutzt die Bedingung $\pi^T e = 1$, so erhält man

$$(\mathbb{1} - \alpha\mathbf{S}^T)\pi = (1-\alpha)e. \tag{7.12}$$

Zunächst sei daran erinnert, dass die Anzahl n der Unbekannten in den obigen Gleichungen riesig ist. Gehen wir von einer Zahl von 8 Milliarden indizierten Webseiten aus (Stand 2006), so wird sofort klar, das nur „matrixfreie" Berechnungsverfahren, also solche, bei denen die Matrizen $\mathbf{G}$ oder $\mathbf{S}$ nur in Form von Matrix-Vektor-Produkten benötigt werden, infrage kommen. Eine vollbesetzte Matrix dieser Größe bräuchte ca. $4.7 \cdot 10^{11}$ GB Speicher! Direkte Lösungsverfahren für lineare Gleichungssysteme sind also zum Beispiel nicht geeignet. Bei der Größe des Problems könnte man annehmen, dass nur die ausgefeiltesten und besten Lösungsverfahren zum Ziel führen. Wie wir sehen werden, ist dies erstaunlicherweise nicht der Fall.

7.3.1 Berechnung des PageRanks mit der Vektoriteration

Brin und Page benutzten 1998 zur Berechnung von π einfach die Markov-Kette selbst: Ausgehend von einer Anfangsverteilung $\pi^{(0)}$ werden mithilfe der Übergangsmatrix $\mathbf{G}$ die Verteilungen $\pi^{(k)}$ berechnet, und wir wissen bereits, dass diese Folge gegen den PageRank-Vektor π konvergiert, unabhängig von der Anfangsverteilung, für die Brin und Page eine Gleichverteilung $\pi_i^{(0)} = 1/n$ wählten:

$$\pi^{(k+1)} = \mathbf{G}^T \pi^{(k)}, \quad k = 0, 1, 2, \ldots \tag{7.13}$$

In der numerischen Mathematik ist dieses Verfahren unter dem Namen **Potenzmethode** oder auch **Vektoriteration** bekannt, ein klassisches und einfaches Verfahren zur Berechnung des dominanten Eigenwertes und zugehörigen Eigenvektors einer Matrix (Dahmen und Reusken, 2006; Quarteroni, Sacco und Saleri, 2000). Im Allgemeinen wird nach jedem Iterationsschritt der Vektor $\pi^{(k+1)}$ noch normiert, sodass sich am Ende nur der Anteil in $\pi^{(0)}$, der zu dem Eigenvektor mit dem dominanten (also betragsmäßig größten) Eigenvektor gehört, durchsetzt. In unserem Fall ist der Eigenwert bereits bekannt, und da $\mathbf{G}$ eine stochastische Matrix ist, ist keine Normierung notwendig.

Ein Matrix-Vektor-Produkt mit einer so großen vollbesetzten Matrix wäre allerdings viel zu aufwändig. Glücklicherweise unterscheidet sich aber die Google-Matrix $\mathbf{G}$ von der dünnbesetzten Matrix $\mathbf{S}$ bzw. $\mathbf{H}$ nur durch Addition einer Matrix vom Rang 1, und daher lässt sich eine Matrix-Vektor-Multiplikation wie folgt berechnen:

$$\begin{aligned}\pi^{(k+1)} = \mathbf{G}^T \pi^{(k)} &= \left(\alpha \mathbf{S}^T + \frac{1-\alpha}{n} e e^T\right) \pi^{(k)} \\ &= \alpha \mathbf{S}^T \pi^{(k)} + \frac{1-\alpha}{n} e \\ &= \alpha \mathbf{H}^T \pi^{(k)} + e\big(\alpha a^T \pi^{(k)} + (1-\alpha)\big)/n,\end{aligned} \tag{7.14}$$

wobei in der zweiten Zeile die Identität $e^T \pi^{(k)} = 1$ benutzt wurde. Aus der obigen Formel wird ersichtlich, dass bei der Vektoriteration nur die dünnbesetzte Hyperlink-Matrix $\mathbf{H}$ und der Vektor a sowie der Vektor $\pi^{(k)}$ gespeichert werden müssen. Pro Iterationsschritt ist eine Multiplikation mit der dünnbesetzten Matrix $\mathbf{H}$ und die Berechnung eines Skalarproduktes notwendig (eine Matrix heißt dünnbesetzt, wenn nur eine kleine Anzahl von Einträgen pro Zeile von Null verschieden ist).

In Wills und Ipsen (2009) wurde angemerkt, dass sich die obige Vektoriteration auch direkt als eine Splittingmethode zur Lösung des linearen Gleichungssystem (7.12) auffassen lässt:

$$\mathbf{M}\pi^{(k+1)} = \mathbf{N}\pi^{(k)} + b \tag{7.15}$$

mit $\mathbf{M} = \mathbb{1}$, $\mathbf{N} = \alpha \mathbf{S}^T$, $b = e(1-\alpha)/n$.

Natürlich gibt es bezüglich der Konvergenzgeschwindigkeit wesentlich schnellere Verfahren, insbesondere zur Lösung von linearen Gleichungssystem, wie z.B. GMRES oder BICGSTAB (siehe Saad, 2003). Warum wurde (und wird wohl auch heute noch) die im Vergleich viel langsamer konvergierende Vektoriteration verwendet? Ein Grund dafür war sicherlich, dass bei komplizierteren iterativen Verfahren wie BICGSTAB oder GMRES weitere vollbesetzte Vektoren gespeichert werden. Bei $n = 8 \times 10^9$ führt dies zu einem zusätzlichen Speicherbedarf von ca. 60 GB pro Vektor. Im Jahre 1998 hatte Speicherplatz eine sehr große Bedeutung. Ein weiterer Grund dafür ist, dass laut Angabe von Brin und Page bereits nach 50 bis 100 Iterationen eine ausreichende Approximation des PageRank-Vektors vorliegt. Damit kommen die Vorteile aufwändigerer Verfahren, die erst bei höheren Genauigkeitsanforderungen wesentlich effizienter werden, nicht zum Tragen. Wir werden daher im Folgenden die Konvergenzgeschwindigkeit der Vektoriteration genauer untersuchen, um zu verstehen, warum eine so geringe Anzahl von Iterationen ausreicht. Die Wahl des Modellparameters α spielt hier eine entscheidende Rolle.

7.3.2 Konvergenzgeschwindigkeit und Wahl des Parameters α

Es ist bekannt, dass die Konvergenzgeschwindigkeit der Vektoriteration mit einer Matrix direkt vom Verhältnis der beiden betragsmäßig größten Eigenwerte λ_1 und λ_2 dieser Matrix abhängt. Genauer gilt für den absoluten Fehler des PageRank-Vektors im k-ten Iterationsschritt die folgende Abschätzung

$$\|\pi^{(k)} - \pi\|_1 \leq c\,|\lambda_2|^k \,/\, |\lambda_1|^k\,, \tag{7.16}$$

mit einer von k unabhängigen Konstanten $c > 0$ (siehe Dahmen und Reusken, 2006). Die stochastische Google-Matrix $\mathbf{G}$ hat den dominanten Eigenwert $\lambda_1 = 1$. Somit hängt die Konvergenzgeschwindigkeit allein vom subdominanten Eigenwert λ_2 ab. Wir wissen bereits, dass $|\lambda_2| < |\lambda_1|$, aber wie viel kleiner ist λ_2? In Langville und Meyer (2006, S. 46) wird der folgende Satz bewiesen:

Satz 7.1
Sei $\sigma(\mathbf{S}) = \{1, \mu_2, \cdots, \mu_n\}$ das Spektrum der stochastischen Matrix $\mathbf{S}$ und $\sigma(\mathbf{G}) = [1, \lambda_2, \cdots, \lambda_n]$ das Spektrum der Google-Matrix $\mathbf{G}$ aus (7.8). *Dann gilt*

$$\lambda_j = \alpha\mu_j, \quad j = 2, 3, \ldots.$$

Für die reduzible stochastische Matrix $\mathbf{S}$ gilt $|\mu_2(\mathbf{S})| \leq 1$ und damit folgt für den subdominanten Eigenwert λ_2 der Google-Matrix $\mathbf{G}$:

$$|\lambda_2| \leq \alpha.$$

Die Fehlerabschätzung (7.16) ergibt damit

$$\|\pi^{(k)} - \pi\|_1 \leq c\alpha^k. \tag{7.17}$$

Wir sehen also, dass sich durch die Wahl des Parameters α die Konvergenzgeschwindigkeit der Vektoriteration steuern lässt. Bevor wir diesen Umstand genauer diskutieren, zeigen wir noch, wie in Wills und Ipsen (2009) auf direktem Wege die Abschätzung (7.17) mit $c = 2$ hergeleitet wird (für all diejenigen, die die lineare Algebra mögen):

Satz 7.2
Für den Fehler der Vektoriteration $\pi^{(k+1)} = \mathbf{G}^T\pi^k$ im k-ten Schritt gilt

$$\|\pi^{(k)} - \pi\|_1 \leq \alpha^k \|\pi^{(0)} - \pi\|_1 \leq 2\alpha^k, \quad k = 1, 2, \ldots . \tag{7.18}$$

Beweis: Zunächst folgt aus der Itetationsvorschrift (7.15) und der Tatsache, dass π ein Fixpunkt dieser Iteration ist, die Rekursion

$$\begin{aligned} \pi^{(k+1)} - \pi &= \alpha\mathbf{S}^T\pi^{(k)} + b - \left(\alpha\mathbf{S}^T\pi + b\right) \\ &= \alpha\mathbf{S}^T\left[\pi^{(k)} - \pi\right], \quad k = 1, 2, \ldots . \end{aligned}$$

Wiederholtes Anwenden der Rekursion liefert $\pi^{(k)} - \pi = \alpha^k(\mathbf{S}^T)^k\left[\pi^{(0)} - \pi\right]$ und damit

$$\begin{aligned} \|\pi^{(k)} - \pi\|_1 &= \alpha^k\|(\mathbf{S}^k)^T[\pi^{(0)} - \pi]\|_1 \leq \alpha^k\|(\mathbf{S}^k)^T\|_1\|\pi^{(0)} - \pi\|_1 \\ &= \alpha^k\|\pi^{(0)} - \pi\|_1 \leq 2\alpha^k. \end{aligned}$$

Dabei haben wir in der dritten Gleichung ausgenutzt, dass für die stochastische Matrix $\|\mathbf{S}^T\|_1 = \|\mathbf{S}\|_1 = 1$ ist, und die letzte Ungleichung folgt aus der Dreiecksungleichung für die Norm $\|\cdot\|_1$ und der Tatsache, dass $\|\pi^{(0)}\|_1 = \|\pi\|_1 = 1$ ist. □

Aus der Abschätzung (7.18) können wir jetzt die für eine Genauigkeit des PageRanks-Vektors bis zur d-ten Dezimalstelle notwendige Anzahl von Iterationen bei vorgegebenem Parameter α abschätzen. Wir suchen also ein k, sodass gilt:

$$|\pi_i^{(k)} - \pi_i| \leq 10^{-d}, \quad i = 1, 2, \ldots, n.$$

Mit Gleichung (7.18) erhalten wir

$$|\pi_i^{(k)} - \pi_i| \leq \|\pi^{(k)} - \pi\|_1 \leq 2\alpha^k \leq 10^{-d}.$$

Logarithmieren der rechten Ungleichung (der Logarithmus ist eine monoton wachsende Funktion) und Auflösen nach der Iterationsanzahl k ergibt dann

$$k \geq -\frac{d + \log_{10}(2)}{\log_{10}(\alpha)}. \tag{7.19}$$

Tab. 7.1: Auswirkung von α auf die nach Gleichung (7.19) notwendige Anzahl von Iterationen, damit die Einträge des PageRank-Vektors garantiert bis auf die 10-te Dezimalstelle genau berechnet werden.

α	**Anzahl Iterationen**
0.5	35
0.75	83
0.8	107
0.85	146
0.9	226
0.95	463
0.99	2361
0.999	23708

In der Tabelle 7.1 ist für einige Beispielwerte von α die erwartete Iterationsanzahl für eine Genauigkeit von $d = 10$ Dezimalstellen angegeben. Man sieht daran sehr deutlich, wie empfindlich die Konvergenzgeschwindigkeit von der Wahl des Parameters α abhängt. Um eine schnelle Konvergenz zu erreichen, sollte α möglichst klein gewählt werden. Andererseits spiegelt die Google-Matrix $\mathbf{G}$ nur für $\alpha \to 1$ die eigentliche Link-Struktur des Webs wieder.

Wahl des Modellparameters α

Große Werte von α geben der echten Link-Struktur des Internets mehr Gewicht, während für kleinere Werte der Einfluss des künstlich eingeführten Anteils der zufälligen „Teleportation“ steigt. Für Werte von $\alpha \approx 1$ ist allerdings eine effiziente Berechnung des PageRank-Vektors nicht mehr möglich. Ein Wert von $\alpha = 0.85$ hat sich in der Praxis als ein brauchbarer (aber theoretisch in keinster Weise fundierter) Kompromiss bewährt.

Der Parameter α muss also einerseits groß genug gewählt werden, sodass der PageRank-Vektor eine vernünftige Rangfolge der Webseiten entsprechend ihrer Wichtigkeit liefert, und andererseits klein genug, sodass die Vektoriteration schnell genug konvergiert.

Brin und Page verwendeten im Jahre 1998 den Wert $\alpha = 0.85$ mit einer Iterationsanzahl $k = 50$, was eine Fehlerschranke von $2\alpha^{50} = 2 \cdot 0.85^{50} \approx 0.000592$ impliziert. Somit kann man nach der 50sten Iteration eine Genauigkeit der Einträge des PageRank-Vektors bis zur 3ten Stelle erwarten. Selbst diese Berechnung dauerte bereits einige Tage. Eigentlich bräuchte man ca. 10 Stellen Genauigkeit, um zwischen 10^{10} Elementen des PageRank-Vektors unterscheiden zu können. Bei Google und anderen Suchmaschinen werden aber außer des PageRanks noch andere inhaltsbasierte Faktoren hinzugezogen und miteinander kombiniert, sodass dann eine Genauigkeit bis zur 3ten Stelle ausreichend ist.

Wir werden im nächsten Kapitel sehen, dass die Wahl des Parameters α auch große Auswirkungen auf die Empfindlichkeit des PageRank-Vektors gegenüber Änderungen der Link-Struktur hat.

Es sei noch erwähnt, dass der in einer Norm gemessene „geometrische" Fehler des PageRank-Vektors nicht unbedingt das richtige Fehlermaß ist. Entscheidend ist eigentlich, wie stark sich die aus der Approximation $\pi^{(k)}$ ergebende Rangfolge von der „echten" Rangfolge des PageRank-Vektors π unterscheidet. In Wills und Ipsen (2009) wird ein solcher „Ranking-Abstand" untersucht.

7.3.3 Sensitivitätsanalyse

Zum Abschluss der mathematischen Analyse des PageRank-Modells wollen wir noch untersuchen, wie empfindlich der PageRank-Vektor auf Änderungen des Modell-Parameters α und der Systemparameter – also der Hyperlink-Matrix $\mathbf{H}$ – reagiert. In der praktischen Anwendung erwartet man von einem Modell, dass sich die resultierende Rangfolge bei kleinen Modifikationen der Parameter nicht allzu sehr ändert. Im nächsten Abschnitt 7.4 werden wir experimentelle Tests für den Einfluss des Wertes von α auf den PageRank durchführen. Zunächst werden wir die Sensitivität mit analytischen Methoden abschätzen.

Sensitivität bezüglich α

Wir betrachten jetzt den PageRank-Vektor $\pi = \pi(\alpha)$ der Google-Matrix $\mathbf{G} = \mathbf{G}(\alpha)$ als eine (vektorwertige) Funktion des Parameters α, wobei die Link-Struktur sich nicht ändert. Die Ableitung von $\pi(\alpha)$ nach α ist dann ein Maß dafür, wie empfindlich der PageRank-Vektor auf kleine Änderungen in α reagiert. In Langville und Meyer (2006) wird gezeigt, dass $\pi(\alpha)$ eine differenzierbare Funktion von α ist, und es wird folgende Abschätzung bewiesen:

$$\left\| \frac{d\pi^T(\alpha)}{d\alpha} \right\|_1 \leq \frac{2}{1-\alpha}. \tag{7.20}$$

Falls α nicht zu nahe bei 1 liegt, liefert diese Abschätzung, dass der PageRank-Vektor $\pi = \pi(\alpha)$ nicht allzu sensitiv auf Änderungen in α reagiert. Für Werte $\alpha \to 1$ wird allerdings die Abschätzung (7.20) zunehmend wertlos, da die rechte Seite gegen ∞ geht, und es nicht klar ist, ob diese obere Schranke auch wirklich angenommen wird. Eine sorgfältigere Analyse zeigt jedoch, dass in der Tat $\pi(\alpha)$ für $\alpha \to 1$ immer empfindlicher auf kleine Störungen in α reagiert (siehe Langville und Meyer, 2006, S. 58 ff.).

Sensitivität bezüglich der Link-Struktur $\mathbf{H}$

Eine Untersuchung der Sensitivität bezüglich der Link-Struktur (bei festgehaltenem Parameterwert α) ist viel komplizierter. Allerdings ist eine Beantwortung dieser Frage sehr wichtig, da sich die Linkstrukur des Internets ständig ändert und ein brauchbares Modell nicht ständig eine völlig neue Rangfolge produzieren sollte. Wir betrachten im Folgenden den einfachen Fall von Änderungen, bei denen keine Seiten hinzugefügt oder entfernt werden, sondern lediglich Links zwischen den vorhandenen Seiten. Für die Untersuchung von so genannten „Knoten-Updates", also dem Hinzufügen bzw. Entfernen von Webseiten, verweisen wir auf Langville und Meyer (2006).

Es sei $\pi = \pi(\mathbf{H})$ der PageRank-Vektor der Google-Matrix $\mathbf{G} = \mathbf{G}(\mathbf{H})$, bei fest gewähltem Parameter α. Wir berechnen zunächst die Ableitung von $\pi(\mathbf{H})$ nach den Komponenten h_{ij} der Matrix $\mathbf{H}$.

Satz 7.3
Es gilt (e_j bezeichnet den j-ten Einheitsvektor):

$$\frac{\partial \pi}{\partial h_{ij}} = \alpha \pi_i \big(\mathbb{1} - \alpha \mathbf{S}^T\big)^{-1} e_j. \tag{7.21}$$

Beweis: Ausgangspunkt ist das lineare Gleichungssystem (7.12) für die Bestimmung von π, aus dem wir die folgende Formel erhalten

$$\pi = (1-\alpha)(\mathbb{1} - \alpha \mathbf{S}^T)^{-1} e.$$

Für die Ableitung einer inversen Matrix $A^{-1}(t) = (A(t))^{-1}$ gilt, wie man leicht bestätigt:

$$\frac{\mathrm{d}}{\mathrm{dt}} A^{-1}(t) = -A^{-1}(t)\Big(\frac{\mathrm{d}}{\mathrm{dt}} A(t)\Big) A^{-1}(t).$$

Mit $A(h_{ij}) := (\mathbb{1} - \alpha \mathbf{S}^T) = (\mathbb{1} - \alpha \mathbf{H} - (\alpha/n) e a^T)$ ergibt sich dann

$$\begin{aligned}\frac{\partial \pi}{\partial h_{ij}} &= (1-\alpha)(\mathbb{1} - \alpha \mathbf{S}^T)^{-1} \big(\alpha e_j e_i^T\big) (\mathbb{1} - \alpha \mathbf{S}^T)^{-1} e \\ &= (\mathbb{1} - \alpha \mathbf{S}^T)^{-1} \big(\alpha e_j e_i^T\big) \pi \\ &= \alpha (\mathbb{1} - \alpha \mathbf{S}^T)^{-1} e_j \pi_i.\end{aligned}$$

□

Aus der Formel (7.21) können wir die Sensitivität von π gegenüber Link-Änderungen ablesen: Zum einen ist für festes α der PageRank sensibler gegenüber Hinzufügen eines (Back) Links von einer wichtigen Seite (also wenn π_i groß ist), was wir natürlich auch intuitiv erwarten. Zum anderen wird der Einfluss von α deutlich: Da $\lambda = 1$ der dominante Eigenwert von $\mathbf{S}^T$ ist, gehen für $\alpha \to 1$ einige Matrix-Einträge der Matrix $\alpha(\mathbb{1} - \alpha \mathbf{S}^T)^{-1}$ gegen ∞, und damit wird der PageRank-Vektor sehr empfindlich gegen Link-Änderungen auch von Webseiten mit kleiner Wichtigkeit. Für kleinere Werte von α ist dies nicht der Fall. Man kann zeigen, dass $\|(\mathbb{1} - \alpha S^T)\|_\infty = 1/(1-\alpha)$ ist.

Sensitivität des PageRank-Vektors

Für $\alpha \to 1$ wird der PageRank-Vektor π sehr empfindlich gegenüber kleinen Änderungen der Link-Struktur und des Wertes von α. Für kleinere Werte von α ist π nur empfindlich gegenüber Änderungen von Links von Webseiten mit großem PageRank.

7.4 Berechnung des PageRank-Vektors

Bei gegebener Hyperlink-Matrix **H** lässt sich die Vektoriteration leicht in MATLAB implementieren, siehe Listing 7.1. Um auch die Verarbeitung großer Matrizen zu ermöglichen, sollte die in MATLAB bereitgestellte Möglichkeit, dünnbesetzte Matrizen in einer `sparse`-Struktur anzulegen, genutzt werden. Dies bewirkt zum einen, dass nur für Elemente, die ungleich Null sind, Speicherplatz angelegt wird, und zum anderen, dass bei einer Matrix-Vektor-Multiplikation nur über die besetzten Elemente der Matrix gelaufen wird, was die Multiplikationen und Additionen von Null-Beiträgen vermeidet. Die eigentliche Berechnung wurde direkt aus der Formel (7.14) in den Code übernommen. Da MATLAB `sparse`-Matrizen spaltenweise ablegt, wäre es noch performanter, die Vektoritertation in transponierter Form zu implementieren (`p = p*H + ...` mit einem Zeilenvektor `p`).

Listing 7.1: Berechnung des PageRank-Vektors mit der Vektoriteration

```
function [p] = pageRank(H, alpha, maxiter)
% Uebergabe der Hyperlink-Matrix H als sparse-Matrix

[n, n] = size(H);
e      = ones(n,1);

% Bestimmung der Indizes der Nullzeilen (haengende Knoten)
zeilenSummenH = H*e;
zeilenIndizes = find(zeilenSummenH==0);

% Aufbau des Spaltenvektors a als sparse-Matrix
l = length(zeilenIndizes);
spaltenIndizes = ones(l,1);
a = sparse(zeilenIndizes, spaltenIndizes, ones(l,1), n, 1);

% Anfangsverteilung pi0
p = (1/n) * e;

% Transponieren
HT = H'; aT = a';
```

```
%Vektoriteration
for i=1:maxiter
    p = alpha*HT*p + (1/n)*e * ( alpha*(aT*p) + 1 - alpha );
end
```

Gewöhnlich wird die Link-Struktur, d.h. also der gerichtete Graph, in Form einer Adjazenzmatrix A vorliegen, d.h. einer $n \times n$-Matrix mit Einträgen $A(i,j) = 1$, falls Seite i auf Seite j verweist und $A(i,j) = 0$ sonst. Die Hyperlink-Matrix $\mathbf{H}$ erhält man dann aus A durch Division jeder Zeile mit ihrer Zeilensumme. Wir benutzen für die folgenden Tests einen einfachen Web-Crawler aus (Moler, 2008), der als MATLAB-Funktion vorliegt und unter `www.mathworks.com/moler/ncm/surfer.m` frei verfügbar ist. Dieser Web-Crawler ist sehr einfach gebaut: Er findet Links, indem der HTML-Code nach Zeichenketten, die mit „http:“ beginnen, durchsucht wird, und es kann passieren, dass der Crawler auf Seiten ohne ausgehende Links beziehungsweise auf einem abgeschotteten Teilnetz hängen bleibt, was sich bei größeren Testrechnungen bestätigt hat. Der Web-Crawler wird mit einer Start-URL und der Anzahl n der gewünschten Webseiten aufgerufen. Startend von der angegebenen Seite wird dann eine $n \times n$-Adjazenzmatrix aufgebaut und als Sparse-Matrix zusammen mit den Namen der gefundenen Webseiten zurückgeliefert, siehe Listing 7.2.

Listing 7.2: Erzeugung einer Hyperlink-Matrix

```
root    = 'http://www.mathworks.com/';   % Start URL
n       = 1000;                          % Anzahl Webseiten

[U,L] = surfer(root,n);
% L: transponierte Adjazenzmatrix
% U: Cell-array mit Namen der Webseiten

H = L';
for i=1:n
    rowSum = sum(H(i,:));
    if(rowSum ~= 0)
        H(i,:) = H(i,:) / rowSum;
    end
end
```

In Abbildung 7.5 ist ein Ausschnitt dieser Adjazenzmatrix dargestellt, wobei die schwarzen Punkte Nichtnulleinträge darstellen. Man sieht, dass die Adjazenzmatrix extrem dünnbesetzt ist. Sie besitzt 10018 Nichtnulleinträge, und hat somit 10018/1000≈10 Nichtnulleinträge pro Zeile, d.h. jede Webseite hat im Schnitt 10 ausgehende Links. Im Folgenden werden wir anhand dieser Link-Struktur den Einfluss des Parameters α auf den PageRank-Vektor untersuchen. In der Tabelle 7.2 sind die PageRanks von 6 ausgewählten

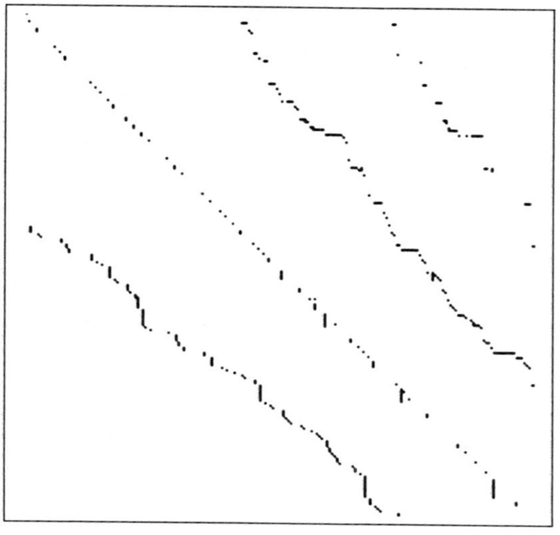

Abb. 7.5: Ausschnitt der transponierten 1000×1000 Adjazenzmatrix L (die i-te Spalte repräsentiert die ausgehenden Links der i-ten Seite), die von dem Skript in Listing 7.2 erzeugt wurde (mit dem Aufruf spy(L) wird die Matrix angezeigt).

Seiten des untersuchten Webs für verschiede Werte von α aufgeführt. Dabei wurde die Vektoriteration mit einer Toleranz von 10^{-15} (Abweichung von zwei Iterationsschritten bezüglich der $\|\cdot\|_1$ - Norm) durchgeführt. Der Tabelle kann man entnehmen, dass sich

Tab. 7.2: Abhängigkeit der PageRanks von dem Wert des Parameters α für das Beispiel-Web mit 1000 Seiten. Die ausgewählten Seiten haben (von oben nach unten) für den Wert $\alpha = 0.99$ den Ordnungsrang 1, 100, 300, 500, 800 und 1000.

Seitenindex	α=0.5	α=0.75	α=0.85	α=0.99
46	0.04839899896	0.070988993	0.079958025	0.092705131
33	0.0009769645367	0.00093405852	0.00089589799	0.00076991012
489	0.0009788979749	0.00075152435	0.0006071394	0.00034299994
584	0.0006473951865	0.0004354206	0.00033924344	0.00019008163
836	0.0005658888334	0.00034836508	0.00025877104	0.00012911806
868	0.000550086129	0.00033013739	0.00024217916	0.00011837063

wie erwartet für kleinere Werte von α die PageRank-Werte annähern – für $\alpha \to 0$ sollten diese gegen die Gleichverteilung $\pi_i = 1/1000$ streben. Bei der Seite mit dem größten PageRank halbiert sich der PageRank in etwa, während sich für andere Seiten der Wert mehr als verdoppelt. Entscheidend ist aber letztendlich, wie groß der Einfluss auf die resultierende Rangfolge ist, die aus Tabelle 7.3 ersichtlich wird. Offensichtlich ändert sich der Platz in der Rangfolge bei fast allen Seiten. Bemerkenswert ist allerdings, dass die Seite auf Rang 1 sich nicht ändert. Insgesamt konnten wir beobachten, dass die obersten Ränge erstaunlich stabil gegenüber Änderungen des Parameters α sind.

Tab. 7.3: Einfluss des Parameters α auf die Rangfolge der Seiten. In den Spalten 2, 3, und 4 steht der Ordnungsrang der jeweiligen Seite bei einer Anordnung entsprechend der PageRank-Werte.

Seitenindex	α=0.5	α=0.75	α=0.85	α=0.99
46	1	1	1	1
33	74	67	66	100
489	73	123	229	300
584	419	465	468	500
836	781	768	778	800
868	1000	1000	1000	1000

Zum Schluss untersuchen wir noch, wie stark sich die Genauigkeit der Berechnung des PageRank-Vektors, also die Anzahl der Iterationen bei der Vektoriteration, auf die Rangfolge auswirkt. In Tabelle 7.4 werden die Ordnungsränge der ausgewählten Seiten, wie sie sich aus der Berechnung des PageRank-Vektors mit unterschiedlicher Genauigkeit ergeben, miteinander verglichen. Die Berechnung wurde für den Parameterwert $\alpha = 0.99$ durchgeführt. Man sieht, dass sich die Ergebnisse schon nach sehr wenigen Iterationen

Tab. 7.4: Vergleich der Rangfolge bei unterschiedlicher Genauigkeit der PageRank-Berechnung für den Parameterwert $\alpha = 0.99$. Hier bezeichnet k die Anzahl der Vektoriterationen.

Seitenindex	k=2	k=5	k=10	k=50
46	1	1	1	1
33	64	67	98	100
489	221	290	300	300
584	296	496	500	500
836	554	801	800	800
868	904	998	1000	1000

kaum noch verändern.

Für weitere und realistischere Untersuchungen müssen natürlich wesentlich größere Link-Strukturen untersucht werden. Referenzen auf öffentlich verfügbare Web-Crawler findet man z.B. in Langville und Meyer (2006).

7.5 Diskussion und Ausblick

Validierung

Am Ende stellt sich die Frage, wie sich die Güte des präsentierten Modells – des PageRank-Verfahrens – eigentlich bewerten lässt? Ist die aufbauend auf einem solchen

Verfahren gewonnene Reihenfolge von Suchergebnissen „richtig“? Wir werden diese Frage hier nicht ausführlich diskutieren. Immerhin liefert das PageRank-Verfahren für viele Suchanfragen erstaunlich gute Ergebnisse. Um die Güte des Verfahrens quantitativ zu untersuchen, wäre eine ausreichend große und ausreichend repräsentative Sammlung von verlinkten Internetseiten von Hand bezüglich der Wichtigkeit der Seiten zu bewerten – nach einem noch zu definierenden Maß – und dann mit den Ergebnissen des PageRank-Verfahrens zu vergleichen. Ein solches Unterfangen ist aus verständlichen kaum durchführbar.

Modellverfeinerungen

Eine bereits von Brin und Page vorgeschlagene Verfeinerung des Modells besteht darin, die so genannte Teleportationsmatrix $E = \frac{1}{n}ee^T$ zu „personalisieren“. Websurfer aus Deutschland werden z.B. mit größerer Wahrscheinlichkeit auf deutsche Seiten springen. Für die Gruppe der Studierenden wird im Allgemeinen ein anderer Teil des Internets eine große Wichtigkeit haben als für Schülerinnen und Schüler etc. Solche Präferenzen lassen sich mit einem Wahrscheinlichkeitsverteilungsvektor v (d.h. $v_i \geq 0$ und $e^T v = 1$) beschreiben. In der Google-Matrix $\mathbf{G} = \alpha\mathbf{S} + (1-\alpha)E$ wird dann die personalisierte Teleportationsmatrix $E = ev^T$ gewählt (bisher hatten wir immer die Gleichverteilung $v = e/n$ gewählt). Derzeit ist es nicht möglich, auf diese Weise für jeden einzelnen Websurfer einen eigenen personalisierten PageRank-Vektor zu berechnen.

Aber man kann eine solche Personalisierung auch einsetzen, um themenspezifische PageRank-Vektoren für eine kleine Anzahl von l Hauptthemen zu berechnen und alle Such-Schlüsselwörter nach diesen wenigen Haupt-Themen zu klassifizieren. Somit kann jedes Schlüsselwort bei einer Suche einem bestimmten Thema oder auch mehreren Themen zugeordnet sein. Der für die Suchanfrage benötigte PageRank-Vektor wird dann gemäß der Themenzuordnung als konvexe Kombination der entsprechenden themenspezifischen PageRank-Vektoren berechnet:

$$\pi = \beta_1 p_1 + \beta_2 p_2 + \cdots \beta_l p_l, \text{ mit } \sum_{i=1}^{l} \beta_i = 1, \ \beta_i \geq 0,$$

wobei $p_1, p_2, \cdots, p_l$ die PageRank-Vektoren zu den unterschiedlichen Themen $1, 2, \cdots, l$ sind. Ein themenspezifischer PageRank-Vektor wird dann im einfachsten Fall so berechnet, dass in der Teleportationsmatrix $E = ev^T$ der Vektor v mit

$$v_i = \begin{cases} 1/m & : \text{die Seite i gehört zum Thema} \\ 0 & : \text{sonst,} \end{cases}$$

gewählt wird, wobei m die Anzahl der zum Thema gehörenden Seiten ist.

Es gibt auch Ansätze, die Hyperlink-Matrix **H** zu modifizieren. So erscheint es zum Beispiel wenig plausibel, dass ein Zufalls-Surfer alle ausgehenden Links einer Seite mit gleicher Wahrscheinlichkeit wählt. Hier können Klick-Statistiken oder aber Kriterien wie der Link-Typ (Bild, Unterverzeichnis, Textseite etc.) herangezogen werden, um andere Gewichtungen zu wählen.

Eine weiteres Verhalten eines typischen Websurfers wird von dem bisherigen Modell nicht erfasst: Üblicherweise wird man den Rücksprung zur vorigen Seite benutzen, wenn man auf eine Seite ohne weiterführende Links geraten ist. In diesem Sinne ist ein Websurfer entgegen der bisherigen Annahmen eben gerade nicht gedächtnislos. Es gibt Ansätze, solche Rücksprünge in ein Markov-Modell mit einzubauen, indem man zusätzliche Links einführt (siehe Langville und Meyer, 2006).

Kritik und alternative Modelle

Wir wollen hier nur kurz erwähnen, dass es auch andere Modelle und Verfahren zur Bestimmung eines Rankings gibt. Ein Hauptkritikpunkt an dem PageRank-Verfahren ist die dahinterliegende Hypothese, dass die Wichtigkeit/Popularität einer Seite in einem direkten Zusammenhang zu der Relevanz der Seite für eine spezielle Suchanfrage steht. Nehmen wir zum Beispiel an, dass sich auf einer Seite eine sehr gute Sammlung von Links auf viele qualitativ hochwertige Webseiten befindet. Dann wird es viele Verweise auf diese Seite geben, sie hat also einen großen PageRank. Aber die eigentlichen qualitativ hochwertigen Inhaltsseiten werden nur einen relativ kleinen PageRank besitzen und daher bei Suchanfragen nicht an vorderer Stelle auftauchen. Es gibt andere Verfahren, wie z.B. das im Jahr 1997 entwickelte HITS-Modell (Hypertext Induced Topic Search), (Kleinberg, 1999), die versuchen, diesen Nachteil zu vermeiden.

7.6 Aufgaben

Aufgabe 7.1 Konstruieren Sie ein Beispiel eines Mini-Internets mit 5 Seiten, für das der Eigenraum der Hyperlink-Matrix $\mathbf{H}^T$ zum Eigenwert $\lambda = 1$ zweidimensional ist (der nichtgerichtete Graph sollte also aus zwei nicht verbundenen Teilgraphen bestehen). Geben Sie eine Basis des Eigenraumes an.

Aufgabe 7.2 Zeichnen Sie einen gerichteten Graphen für ein "Fantasie“-Internet mit 6 Seiten mit mindestens einem hängenden Knoten. Stellen Sie die Matrizen $\mathbf{H}$, $\mathbf{S}(\alpha)$, $\mathbf{G}(\alpha)$ auf. Berechnen Sie mit MATLAB das Spektrum der Matrizen. Berechnen Sie den PageRank-Vektor für verschiedene Werte von α. Stellen Sie auch die Adjazenzmatrix auf.

8 Fischbestände und optimale Fangquoten

Übersicht

Obwohl sich der Fischbestand in den europäischen Gewässern in den letzten Jahren etwas erholt hat, waren dort auch im Jahr 2009 noch 30 von 35 untersuchten Fischarten überfischt. Um die zahlreichen bedrohten Arten, beispielsweise den Schellfisch oder den Seeteufel, vor dem Aussterben zu retten, reguliert die EU-Fischereikommission die zulässigen Gesamtfangmengen, die so genannten Fischfangquoten, die für jede Fischart festlegen, wie viel Tonnen pro Jahr in einem bestimmten Gewässer abgefischt werden dürfen. So sind die Fischfangquoten für Seezunge und Hering für das Jahr 2010 höher als die für 2009. Für den Kabeljau, dessen Bestand sich im Laufe der letzten Jahre verschlechtert hat, wurde dagegen eine sehr niedrige Fangquote festgelegt. Die Berechnungen der zulässigen Fischfangquoten stützen sich auf Beobachtungen, auf Modellrechnungen und auf daraus abgeleitete Prognosen. Es gibt sogar eine speziell für diesen Zweck ins Leben gerufene internationale Organisation, die International Council for the Exploration of the Sea (ICES). Aufgabe dieser Organisation ist neben der Aufstellung von Prognosen für die Entwicklung der Fischbestände und der Berechnung optimaler Fangquoten auch eine Aufzeichnung der tatsächlichen Entwicklung der Fischbestände und ein Vergleich mit den Vorhersagen. Neben der Berücksichtigung ökologischer Gesichtspunkte geht es bei der Festlegung von Fischfangquoten auch schlicht und einfach darum, eine maximal mögliche Fischmenge aus einem Gewässer abzufischen, also den Ertrag langfristig zu maximieren. Man spricht in diesem Zusammenhang auch vom *maximalen nachhaltigen Ertrag*.

In der vorliegenden Fallstudie diskutieren wir, wie man vonseiten der mathematischen Modellierung aus die Aufgabe angehen kann, eine zeitliche Entwicklung von Fischbeständen zu prognostizieren und optimale Fischfangquoten zu bestimmen. Wir beginnen mit einigen einfachen Modellen, die wir schrittweise verfeinern. Am Ende der Fallstudie geben wir einen Ausblick, wie diese Modelle weiter ausgebaut werden können, um die realen Prozesse noch besser abbilden zu können. Eine sehr ausführliche Darstellung unterschiedlicher Modelle zur Beschreibung der zeitlichen Entwicklung von Populationen – so genannten Populationsmodellen, – findet man in Boccara (2004) oder Haberman (1998).

Populationsmodelle gehören zu der Gruppe der heuristischen Modelle, siehe Abschnitt 3.7.4. Die Modellgleichungen können nicht aus gesicherten quantitativen Zusammenhängen vollständig hergeleitet werden. Dagegen führen plausible Annahmen über die Wirkungszusammenhänge in dem betrachteten System und insbesondere über zulässige Vereinfachungen zu verschiedenen Modellen, die sich hinsichtlich ihres Komplexitätsgrades stark unterscheiden. Erst eine Interpretation und Validierung des aufgestellten Modells entscheidet dann über seine Sinnhaftigkeit.

Die in ein heuristisches Populationsmodell eingehenden System- und Modellparameter müssen aus Beobachtungen und Messungen an realen Systemen gewonnen werden und sind meist nicht sehr genau bekannt. Daher sind Modellgleichungen, deren Lösungen nicht stabil gegen kleine Änderungen dieser Parameter sind, für zukünftige Prognosen im Allgemeinen nicht geeignet. Die mathematischen Stabilitätseigenschaften eines Modells führen also eventuell schon zu einer ersten Bewertung eines Modells. Erst wenn das qualitative Verhalten eines Modells vernünftig ist, versucht man in einem zweiten Schritt durch geeignete Wahl der Parameter auch das quantitative Verhalten genauer abzubilden. Bei der Auswahl eines passenden heuristischen Modells geht also nicht nur die Kenntnis der anwendungspezifischen Wirkungszusammenhänge, sondern auch ein Verständnis der mathematischen Eigenschaften der Modelle mit ein.

Wir werden uns in dieser Fallstudie auf kontinuierliche Modelle beschränken. Zu allen der im Folgenden diskutierten Modelltypen gibt es auch ein entsprechendes diskretes Modell, dessen Formulierung wir unseren Lesern überlassen. Eine Bestimmung geeigneter Werte der in den Modellen verwendeten Parameter ist nur mittels einer statistischen Analyse vorhandener Beobachtungsdaten möglich. Eine Behandlung dieser Problematik würde den Rahmen dieses Buches sprengen.

8.1 Einfache Modelle der Entwicklung von Fischbeständen

Bevor wir uns im nächsten Abschnitt mit optimalen Fischfangquoten beschäftigen, betrachten wir zunächst einige einfache Modelle zur Beschreibung der zeitlichen Entwicklung *einer* Fischpopulation und untersuchen deren qualitative Eigenschaften.

In Beispiel 4.1, S. 83, wurde bereits eine Bilanzgleichung und daraus folgend ein allgemeines Modell für eine Karpfenpopulation in einem See aufgestellt. Im weiteren Verlauf beziehen wir uns auf diese Situation und nutzen auch die entsprechenden Begriffe und Notationen. Zunächst spielt es bei einer allgemeinen Diskussion möglicher Modelle keine Rolle, ob wir Karpfenbestände in einem Teich oder aber Kabeljaubestände in der Nordsee betrachten.

Wir beginnen mit der Modellierung eines stark vereinfachten Problems: Die Fischpopulation soll sich ohne natürliche Feinde und mit unbegrenzten Ressourcen, also ohne Einschränkungen, entwickeln. Wir bezeichnen wieder mit $N(t)$ die Anzahl der Karpfen in dem See zum Zeitpunkt t. Hängen die relative Vermehrungsrate λ und die relative Sterberate τ nicht von der Zeit t ab und gibt es im See keinen Zuzugs- bzw. Abwanderungsstrom, keine Abfischung und keine Zusetzung von Jungkarpfen, so können wir die Bilanzgleichung (4.3) in der folgenden Form schreiben

$$\dot{N}(t) = \big(\lambda - \tau\big)N(t), \; t > 0. \tag{8.1}$$

Zusammen mit der Anfangsbedingung

$$N(0) = N_0 \tag{8.2}$$

bildet die Gleichung (8.1) das einfachste Populationsmodell, das so genannte Maltus-Modell. Die Anfangswertaufgabe (8.1)-(8.2) für die lineare Differentialgleichung erster Ordnung mit konstanten Koeffizienten kann leicht in expliziter Form gelöst werden:

$$N(t) = N_0\, e^{\alpha\, t}, \quad \alpha = \lambda - \tau. \tag{8.3}$$

Die qualitativen Eigenschaften der Lösung (8.3) sind einfach zu analysieren: Für $\alpha = 0$ bleibt die Anzahl der Karpfen konstant, $N(t) = N_0$. Ist die Vermehrungsrate λ größer als die Sterberate τ, so wächst der Karpfenbestand exponentiell. Ist dagegen umgekehrt die Sterberate τ größer als die Vermehrungsrate λ, so geht die Anzahl der Karpfen exponentiell gegen Null.

In Abbildung 8.1 ist das exponentielle Wachstum und das exponentielle Absterben einer Karpfenpopulation, die anfangs aus 1000 Karpfen bestand, dargestellt. Messen wir die Zeit t in Jahren, so ist in dem Beispiel der Parameter $\alpha = \pm 1/5$, die Population wächst bzw. schrumpft also gemäß Gleichung (8.1) pro Jahr um ca. 20%. Der exakte Wachstumsfaktor pro Jahr ergibt sich nach Gleichung (8.3) zu $e^{1/5} \approx 1.22$. Bereits nach

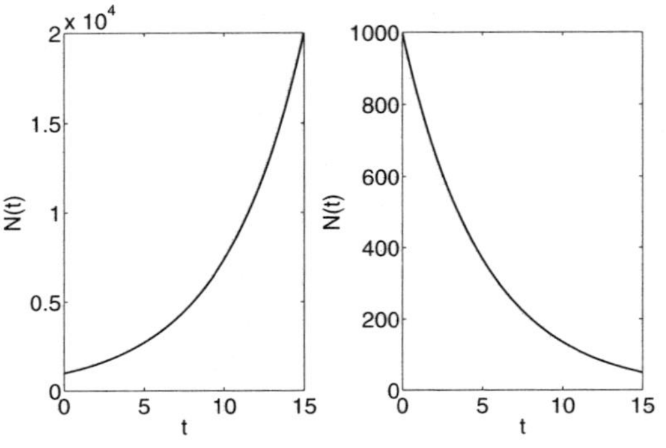

Abb. 8.1: Exponentielles Wachstum (links) und exponentielles Absterben (rechts). Abgebildet sind die Lösungen (8.3) mit der Anfangspopulation $N_0 = 1000$ und $\alpha = 1/5$ (links) bzw. $\alpha = -1/5$ (rechts).

15 Jahren wird in diesem Fall die Population um den Faktor $e^3 \approx 20$ größer. Bei exponentiellem Absterben mit $\alpha = -1/5$ sind nach 15 Jahren nur noch weniger als 5% der ursprünglichen Population vorhanden.

Offensichtlich kann das Maltussche Modell nur für relativ kurze Zeitintervalle realistische Ergebnisse liefern. Langfristig kann eine Population nicht uneingeschränkt wachsen. Um die Tatsache, dass einer Population nicht uneingeschränkte Ressourcen, z.B. Nahrung oder Platz, zur Verfügung stehen, in das Modell mit aufzunehmen, nimmt man an, dass die Ressourcen maximal für eine Population der Größe K ausreichen und bezeichnet dies als die Kapazität K des betrachteten Systems. Für $N(t) \ll K$ soll die Population keine Einschränkungen spüren, also exponentiell wachsen, aber für $N(t) \to K$ soll die Wachstumsrate gegen Null gehen. Die Wachstumsrate wird also abhängig von der Individuenanzahl. Ein einfacher Modellansatz mit diesen Eigenschaften ist das folgende so genannte Verhulst-Modell (s. auch Beispiel 5.10)

$$\dot{N}(t) = \alpha\, N(t) \left(1 - \frac{N(t)}{K}\right), \quad N(0) = N_0. \tag{8.4}$$

Die Gleichung (8.4) ist auch als logistische Gleichung bekannt (im alten Englisch bedeutete das Wort „logistique“ in etwa „the art of calculations“, daher der Name der Gleichung). In der Tat werden mit dem Parameter K die Ressourceneinschränkungen modelliert. Ist $N(t)$ klein, so reichen der Population die vorhandenen Ressourcen praktisch vollkommen aus. Der Faktor $\left(1 - \frac{N(t)}{K}\right)$ ist in etwa gleich 1 und das Verhulst-Modell (8.4) geht in das Maltus-Modell über. Hat $N(t)$ die Kapazität K fast erreicht, so ist der Faktor $\left(1 - \frac{N(t)}{K}\right)$ in etwa gleich 0 und die Population $N(t)$ wächst mit der Zeit immer langsamer, da $\dot{N}(t)$ gegen Null geht.

Obwohl das Verhulst-Modell eine *nichtlineare* Differentialgleichung ist, kann man sie analytisch durch Trennung der Variablen und direkte Integration lösen. Damit die Be-

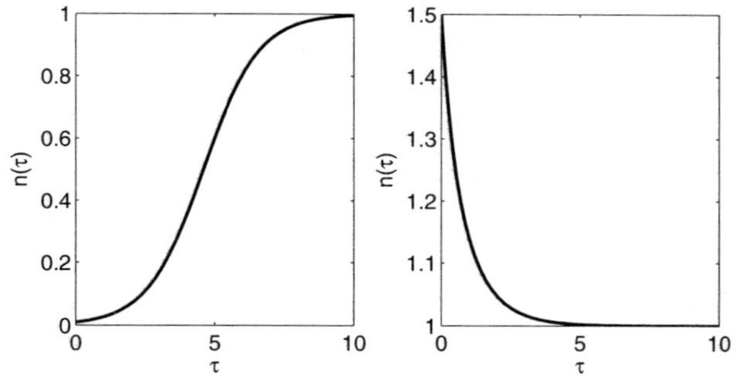

Abb. 8.2: Lösung der logistischen Gleichung für $0 < n_0 < 1$ (links) und für $n_0 > 1$ (rechts).

rechnungen und Visualisierung der Ergebnisse einfacher sind, schreiben wir die Gleichung (8.4) zunächst in entdimensionalisierter Form. Mit den dimensionslosen Variablen

$$\tau = \alpha\, t, \quad n = \frac{N}{K}$$

hat das Modell (8.4) die Form

$$\dot{n}(\tau) = n(\tau)(1 - n(\tau)), \quad n(0) = \frac{N_0}{K} =: n_0. \tag{8.5}$$

Die analytische Lösung des Anfangswertproblems (8.5) lautet für $n_0 \neq 1$

$$n(\tau) = \frac{C\, e^{\tau}}{1 + C\, e^{\tau}}, \quad C = \frac{n_0}{1 - n_0}. \tag{8.6}$$

Für den Anfangswert $n_0 = 1$ erhält man die konstante Lösung $n(\tau) = n_0$. Man kann übrigens mit MATLAB mit dem Befehl `dsolve` auch die analytische Lösung bestimmen. Im Gegensatz zum numerischen Lösen spricht man dann vom symbolischen Lösen des Anfangswertproblems. Wie erwartet, geht die Lösung $n(t)$ für $n_0 > 0$ für große Zeiten gegen eins (d.h. die Anzahl $N(t)$ der Karpfen in dem Teich geht gegen K). Die Population schöpft mit der Zeit alle vorhandenen Ressourcen aus.

In Abbildung 8.2 ist die Lösung der Gleichung (8.5) mit zwei unterschiedlichen Anfangsbedingungen graphisch dargestellt. Auf dem linken Bild ist die Anfangsbedingung kleiner als eins ($n_0 = 0.01$), sodass die Population zuerst schnell (exponentiell) wächst. Dann wird die Wachstumsrate immer kleiner und nähert sich dem Wert Null. Die Lösung $n(\tau)$ geht asymptotisch gegen den Wert eins – den Wert der Kapazität in den gewählten Einheiten. Im rechten Bild ist das Verhalten der Lösung für eine Anfangsbedingung größer als eins ($n_0 = 1.5$) dargestellt. Die Populationsgröße übersteigt also am Anfang den Bestand, der sich von den vorhandenen Ressourcen ernähren kann. Daher schrumpft die Population und geht mit wachsender Zeit ebenfalls gegen den Wert eins.

Die qualitativen Eigenschaften der Lösung der nichtlinearen Differentialgleichung (8.5) folgen direkt aus (8.6), können aber auch mit einer formalen Stabilitätsanalyse des Modells, wie sie in Beispiel 5.10 durchgeführt wurde, untersucht werden. Es gibt zwei Gleichgewichtspunkte $n_* = 0$ und $n_* = 1$, von denen der erste instabil, der zweite dagegen asymptotisch stabil ist. Einen anschaulichen Eindruck der qualitativen Eigenschaften eines skalaren dynamischen Systems kann man sich auch durch die Visualisierung des Richtungsfeldes machen, siehe Abbildung A.3 auf Seite 323.

Nun gibt es in einem Teich meist nicht nur Friedfische wie die Karpfen, sondern auch Raubfische wie zum Beispiel Hechte. Falls die vorhandenen Raubfische die Friedfische fressen, können wir diesen Umstand in Form eines weiteren Senken-Terms $f = f(N)$ in die Bilanzgleichung mit aufnehmen:

$$\dot{N}(t) = \alpha\, N(t) \left(1 - \frac{N(t)}{K}\right) - f\left(N(t)\right), \quad N(0) = N_0. \tag{8.7}$$

Die Funktion $f(N) \geq 0$ modelliert also eine durch Raubfische verursachte Änderungsrate, die im Allgemeinen von der Anzahl der Friedfische $N(t)$ abhängt. Man beachte, dass wir hier die Dynamik der Raubfischpopulation nicht als Teil unseres zu modellierenden Systems betrachten, sondern als eine von außen vorgegebene Größe, die nur durch die spezielle Wahl der Funktion f eingeht. Hier sind wir wieder auf heuristische Überlegungen angewiesen. Zunächst überlegen wir, dass eine gegebene Räuberpopulation nicht beliebig viele Friedfische fressen kann und daher die Funktion $f(N)$ für $N \to \infty$ gegen eine Sättigungsrate $a > 0$ gehen sollte. Des Weiteren muss die Rate $f(N)$ für $N \to 0$ gegen Null gehen, da die Raubfische immer seltener einen Karpfen finden und sich nach anderer Beute umschauen werden. Die einfachste Funktion $f(x)$, die diese beiden Eigenschaften erfüllt, lautet

$$f(x) = \frac{ax^2}{b^2 + x^2}, \quad a > 0.$$

Damit erhalten wir das folgende Modell, welches den Einfluss einer Raubfischpopulation auf die Entwicklung der Friedfischbestände berücksichtigt:

$$\dot{N}(t) = \alpha\, N(t) \left(1 - \frac{N(t)}{K}\right) - \frac{aN^2(t)}{b^2 + N^2(t)}, \quad N(0) = N_0. \tag{8.8}$$

Das Modell (8.8) enthält insgesamt 5 Parameter, vier davon in der Differentialgleichung und einen in der Anfangsbedingung. Mit einer geeigneten Entdimensionalisierung können wir wieder die Anzahl der Parameter um zwei verringern, was eine mathematische Analyse und numerische Berechnungen erleichtert. Mit der Wahl der dimensionslosen Variablen

$$\tau = \alpha\, t, \quad n = \frac{N}{K}$$

kann die Gleichung (8.8) in der Form

$$\frac{d\,n(\tau)}{d\,\tau} = n(\tau)\,(1 - n(\tau)) - \frac{\beta\, n^2(\tau)}{\gamma^2 + n^2(\tau)}, \quad n(0) = n_0 = \frac{N_0}{K} \tag{8.9}$$

mit nur noch drei unabhängigen Parametern umgeschrieben werden. Die Bestimmung der stationären Lösungen und die Stabilitätsanalyse nach der allgemeinen Theorie aus Abschnitt 5.5.5 überlassen wir dem Leser, siehe Aufgabe 8.4.

8.2 Optimale Fischfangquoten

Die zeitliche Entwicklung der Fischbestände in Europäischen Gewässern ist meist weniger von der Anzahl der Raubfische als vom Fischfang bestimmt. In diesem Abschnitt werden wir uns mit dem Einfluss des Fischfanges auf die Fischbestände und darauf aufbauend mit der Bestimmung von optimalen Fischfangquoten beschäftigen. Da es für die Fischbestände gleichgültig ist, ob sie durch Raubfische oder durch Fischfang dezimiert werden, können wir auch in dieser Situation das allgemeine Modell (8.7) verwenden, wobei jetzt der Senken-Term $f(N)$ die Abfischung modelliert. Zunächst untersuchen wir den Fall einer konstanten Fangmenge pro Zeiteinheit, was in einer fangquotengeregelten Fischerei tatsächlich vorkommt. Das entdimensionalisierte Modell (8.7) hat dann die Form

$$\dot{n}(t) = n(t)\,(1 - n(t)) - c, \quad n(0) = n_0, \tag{8.10}$$

wobei c die Fangmenge pro Zeiteinheit, die so genannte Fangquote, bezeichnet. Da die Fangquote c ein von außen regulierbarer Parameter ist, drängen sich die folgenden Fragen auf: Wie hängt die Populationsentwicklung $n(t)$ von der Fangquote c ab? Bei welchen Fangquoten vermehren sich die Fischbestände, bei welchen sterben sie aus? Welche Fangquoten c führen zu einem stabilen Gleichgewicht? Mit welcher Fangquote erhält man den *maximalen nachhaltigen Ertrag*? Hier ist mit nachhaltig gemeint, dass die Fischbestände nicht aussterben, der Ertrag also auch langfristig erbracht wird. Für die Beantwortung dieser Fragen werden wir wieder die stationären Zustände (die Gleichgewichtslösungen) und ihre Stabilitätseigenschaften untersuchen. Insbesondere werden wir zur Beantwortung der Frage nach einer nachhaltigen Maximierung des Fischertrages eine maximale Fischfangquote c suchen, für die es noch eine stabile Gleichgewichtslösung von Gleichung (8.10) gibt.

Die stationären Zustände erhalten wir als Lösungen $n_{1,2}$ einer quadratischen Gleichung

$$v(n) := n(1-n) - c = 0, \quad n_1 = \frac{1-\sqrt{1-4c}}{2}; \quad n_2 = \frac{1+\sqrt{1-4c}}{2}.$$

Man beachte, dass nur reelle positive Lösungen in Betracht kommen. Für den Fall $c > 1/4$ gibt es demnach keine reellen Lösungen, für $c < 1/4$ sind beide Lösungen $n_{1,2}$ reell und positiv, und im Grenzfall $c = 1/4$ ist $n_1 = n_2$ positiv und reell. Bestimmen wir noch das Vorzeichen der Ableitung $v'(n) = 1 - 2n$ in den Punkten n_1 und n_2, so stellen wir fest, dass für $c < 1/4$ der stationäre Zustand n_1 instabil, der stationäre Zustand n_2 dagegen asymptotisch stabil ist. Für $c = 1/4$ erhalten wir $v(n_1) = 0$ und können zunächst keine

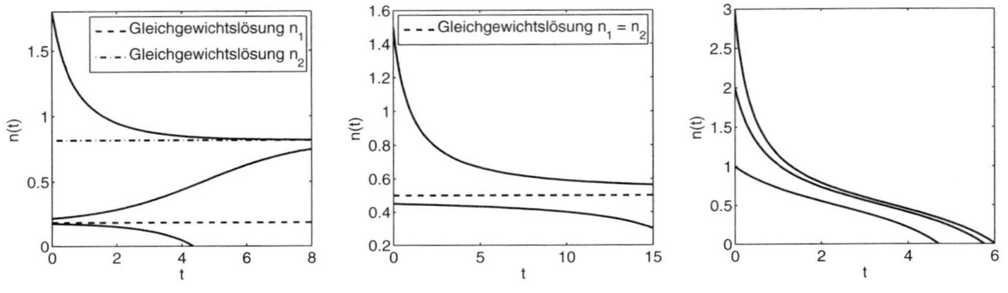

Abb. 8.3: Zeitliche Entwicklung der Fischbestände mit einer Fangquote $c = 0.15$ (links), $c = 0.25$ (mitte) und $c = 0.4$ (rechts).

Stabilitätsaussagen über den einzigen stationären Zustand $n_1 = 1/2$ machen. Zusammenfassend erhalten wir also die folgenden drei Möglichkeiten:

$c > 1/4$: Es gibt keine Gleichgewichtslösung.

$c = 1/4$: Es gibt genau eine Gleichgewichtslösung $n_1 = 1/2$ mit noch nicht geklärtem Stabilitätsverhalten.

$c < 1/4$: Es gibt zwei Gleichgewichtslösungen $n_{1,2}$, wobei $n_1 < 1/2$ instabil und $n_2 > 1/2$ asymptotisch stabil ist.

Wir bestätigen diese qualitativen Ergebnisse durch Vergleich mit numerischen Lösungen der Gleichung (8.10) für unterschiedliche Anfangs- und Parameterwerte. Dazu benutzen wir einen der von MATLAB bereitgestellten Löser für Anfangswertprobleme, siehe Abschnitt 6.2. Gleichung (8.10) lässt sich auch analytisch bzw. symbolisch mit dem MATLAB-Befehl `dsolve` lösen, aber wir wählen an dieser Stelle bereits ein numerisches Lösungsverfahren, da in verfeinerten Modellgleichungen eine analytische Lösung ohnehin nicht mehr möglich sein wird.

In Abbildung 8.2 werden einige Simulationsergebnisse präsentiert. Das linke Bild zeigt Simulationen für eine Fangquote $c < 1/4$. Ist der Anfangsbestand größer als n_1, so strebt der Fischbestand mit der Zeit gegen die Gleichgewichtslösung n_2. Ist der Anfangsbestand dagegen kleiner als n_1, stirbt die Population innerhalb einer endlichen Zeit vollständig aus.

Im rechten Bild in Abbildung 8.2 sieht man, dass bei einer Fangquote $c > 1/4$ der Fischbestand einer beliebigen Anfangsgröße innerhalb einer endlichen Zeit ausgefischt ist.

Im Grenzfall $c = 1/4$ hängt das Langzeitverhalten der Population vom Anfangszustand ab: Ist der Anfangsfischbestand n_0 kleiner als der Gleichgewichtszustand n_1, also $n_0 < 1/2$, so stirbt die Population nach endlicher Zeit aus. Gilt dagegen $n_0 > 1/2$, so strebt der Fischbestand $n(t)$ von oben gegen den Gleichgewichtszustand $n_1 = 1/2$, d.h. $n(t) >$

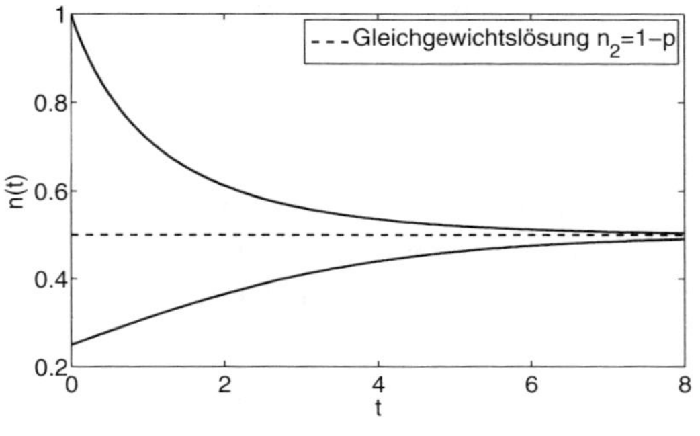

Abb. 8.4: Zeitliche Entwicklung der Fischbestände mit Anfangswerten $n_0 = 0.25$ und $n_0 = 1$ nach dem Modell (8.11). Die relative Fangquote ist $p = 0.5$.

$1/2$, $\forall t \geq 0$. Diese Situation ist auf der mittleren Grafik in Abbildung 8.2 zu sehen. Da aber der Abstand zwischen $n(t)$ und der Gleichgewichtslösung n_1 beliebig klein wird, wird ein Fischfang mit dieser Fangquote auf Dauer nicht gut gehen: Kleinste Störungen können den Fischbestand unter die Gleichgewichtslösung $n_1 = 1/2$ bringen, und dann wird der Fischbestand innerhalb einer endlichen Zeit vollständig verschwinden. Dies bedeutet, dass die optimale Fischfangquote auf jeden Fall unter dem Wert $c = 1/4$ liegen sollte.

Im Punkt $c = 1/4$ liegt eine Bifurkation vor: Eine stetige Änderung des Parameters c in einer beliebig kleinen Umgebung des Punktes $c = 1/4$ führt zu einer qualitativen Änderung des Verhaltens der Lösung der Gleichung (8.10). Zuerst verschwindet beim Übergang von $c < 1/4$ zu $c = 1/4$ der stabile Gleichgewichtspunkt n_2 und dann auch der instabile Gleichgewichtspunkt n_1, wenn $c > 1/4$ wird.

Nun fragen wir uns, ob es nicht doch möglich ist, mit einer geeigneten Fangstrategie die „optimale" Fangquote 0.25 zu erreichen. Es liegt nahe, die Fangquote c in geeigneter Weise an den aktuellen Fischbestand anzupassen. Der einfachste Ansatz ist dabei, die Fangquote proportional zum Fischbestand zu wählen. In unserem Modell bedeutet dies, statt einer konstanten Fangquote c eine relative Fangquote $0 < p < 1$ einzuführen:

$$\dot{n}(t) = n(t)\,(1 - n(t)) - p\,n(t), \; t > 0, \quad n(0) = n_0, \tag{8.11}$$

Man bestätigt leicht, dass die Gleichung

$$v(n) := n\big(1 - n\big) - p\,n = 0$$

immer zwei positive reelle Lösungen, $n_1 = 0$ und $n_2 = 1 - p$, hat, sodass die Differentialgleichung (8.11) zwei Gleichgewichtslösungen besitzt. Die Lösung $n(t) \equiv 0$ ist weniger interessant, da in diesem Fall die Fischbestände verschwinden. Die Gleichgewichtslösung $n(t) \equiv n_2 = 1 - p$ ist unter der natürlichen Bedingung $0 < p < 1$ nach Satz 5.11 immer asymptotisch stabil, da $v'(1 - p) = p - 1 < 0$ ist. Diese Tatsache wird in Abbildung 8.4 illustriert. Im Unterschied zum Fischfang mit einer konstanten Fangquote gehen beim Fang mit einer relativen Fangquote die Fischbestände immer gegen die Gleichgewichtslösung $n(t) \equiv 1 - p$, unabhängig vom Anfangszustand $n_0 > 0$. Die Fischmenge, die pro

Zeiteinheit im Gleichgewichtzustand ausgefischt wird, also die absolute Fangquote im Gleichgewichtzustand, berechnet sich zu

$$c = pn(t) = p(1-p).$$

Die quadratische Funktion $p(1-p)$ erreicht ihr Maximum im Punkt $p = 1/2$ und hat dort den maximalen Wert $c = 1/4$. Nun sehen wir, dass nach einer gewissen Zeit unabhängig vom Anfangsbestand einer Fischpopulation der Fischfang mit der optimalen Fangquote $c = 1/4$ doch möglich ist. Eine plausible Idee aus der Praxis, nämlich die Intensität des Fischfangs an die momentan vorhandenen Fischbestände anzupassen, um den Fischbestand zu „stabilisieren", führt also in dem entsprechenden mathematischen Modell zu einer stabilen Gleichgewichtslösung. In diesem Sinne bestätigt das mathematische Modell die gewählte Strategie.

Was bedeutet dieses Ergebnis für unseren Karpfenteich? Gehen wir wieder zurück zu den dimensionsbehafteten physikalischen Größen und nehmen an, dass die Karpfenpopulation in unsem Teich eine Vermehrungsrate α hat, so ergibt sich die relative Fangquote P in den physikalischen Einheiten zu

$$P = \alpha\, p.$$

Nehmen wir an, dass sich die Karpfenpopulation **bei unbeschränktem Wachstum** in einem Jahr verdoppeln würde, so ergibt sich die Vermehrungsrate $\alpha = \ln(2)/\text{Jahr}$ und eine maximale relative Fangquote von $P = 0.5\,\alpha \approx 0.35K/\text{Jahr}$. Pro Jahr darf also in diesem Fall maximal 35% des aktuellen Fischbestandes gefischt werden.

8.3 Räuber-Beute-Modelle

Am Ende des Abschnittes 8.1 hatten wir den Einfluss von Raubfischen auf die zeitliche Entwicklung einer Friedfischpopulation durch die Einführung einer zusätzlichen äußeren Senke in der Bilanzgleichung berücksichtigt, siehe Gleichung (8.7). Umgekehrt beeinflussen aber die Friedfischbestände ihrerseits auch die Entwicklung der Raubfischpopulation. Diese Rückkopplung ist in dem Modell (8.7) nicht enthalten. In diesem Abschnitt werden wir ein gekoppeltes Modell für die zeitliche Entwicklung der Fried- und der Raubfischpopulationen betrachten. Die Raubfischpopulation ist jetzt also Teil des zu modellierenden Systems und ebenso wie die Friedfischpopulation eine gesuchte Größe.

Ein klassisches Modell, welches aus zwei Bilanzgleichungen für die beiden Populationen besteht, ist das Lotka-Volterra-Model in der Form

$$\begin{cases} \dot{x}(t) = g\,x(t) - w\,x(t)\,y(t), & t > 0, \\ \dot{y}(t) = -s\,y(t) + e\,w\,x(t)\,y(t), & t > 0, \\ x(0) = x_0,\ y(0) = y_0, \end{cases} \tag{8.12}$$

das wir im Beispiel 4.23 bereits kurz angesprochen haben. In (8.12) werden mit $x(t)$ die Fried- und mit $y(t)$ die Raubfischbestände zum Zeitpunkt t bezeichnet. Der Parameter g beschreibt die Vermehrungsrate der Friedfische (genauer ist das die Differenz der Geburten- und der Sterberate) und s steht für die Sterberate der Raubfische. Des Weiteren geht man in dem Modell davon aus, dass die Häufigkeit eines Aufeinandertreffens eines Friedfisches und eines Raubfisches sowohl proportional zur Anzahl $x(t)$ der Friedfische als auch zur Anzahl $y(t)$ der Raubfische ist, also proportional zu dem Produkt $x(t)y(t)$. Der Parameter w beschreibt dann die Wahrscheinlichkeit, dass bei einem solchen Aufeinandertreffen der Friedfisch gefressen wird, und der dimensionslose Parameter e quantifiziert den Einfluss dieser Fressvorgänge auf die Vermehrung der Raubfische. Das Modell (8.12) beinhaltet einige Modelle aus Abschnitt 8.1: Gibt es beispielsweise keine Räuber ($y(t) \equiv 0$), so wächst die Beutepopulation exponentiell. Ist keine Beute vorhanden ($x(t) \equiv 0$), reduziert sich (8.12) auf das Modell des exponentiellen Absterbens der Räuberpopulation.

Um die Anzahl der Parameter in dem Modell (8.12) zu reduzieren, führen wir wieder eine geeignete Entdimensionalisierung durch. Mit den neuen dimensionslosen Größen

$$x_1 = \frac{e\,w\,x}{s}, \quad x_2 = \frac{w\,y}{g}, \quad \tau = \sqrt{g\,s}\,t, \quad \rho = \sqrt{\frac{g}{s}}$$

reduziert sich das Modell (8.12) auf die Form

$$\begin{cases} \frac{dx_1}{d\tau} = \rho\,x_1(1-x_2), & \tau > 0, \\ \frac{dx_2}{d\tau} = -\frac{1}{\rho}\,x_2(1-x_1), & \tau > 0, \\ x_1(0) = x_1^0, \; x_2(0) = x_2^0, \end{cases} \tag{8.13}$$

mit den drei Parametern ρ, x_1^0 und x_2^0.

Da wir insbesondere an der langfristigen Entwicklung der Fischbestände interessiert sind, führen wir jetzt eine Stabilitätsanalyse der Gleichgewichtslösungen des Gleichungssystems (8.13) durch. Die stationären Zustände (Gleichgewichtslösungen) von (8.13) werden aus dem Gleichungssystem

$$f(x_1, x_2) = \begin{pmatrix} \rho\,x_1(1-x_2) \\ -\frac{1}{\rho}\,x_2(1-x_1) \end{pmatrix} = \begin{pmatrix} 0 \\ 0 \end{pmatrix}$$

bestimmt. Die beiden Lösungen lauten

$$(x_1^*, x_2^*) = (0, 0) \quad \text{und} \quad (x_1^*, x_2^*) = (1, 1).$$

Um ihr Stabilitätsverhalten nach Satz 5.11 zu beurteilen, wird die Jakobi-Matrix $Df(x_1, x_2)$ der Funktion f benötigt:

$$Df(x_1, x_2) = \begin{pmatrix} \rho\,(1-x_2) & -\rho\,x_1 \\ \frac{1}{\rho}x_2 & -\frac{1}{\rho}(1-x_1) \end{pmatrix}.$$

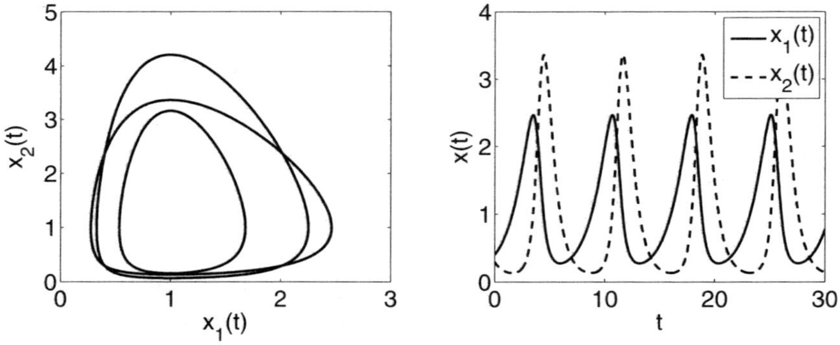

Abb. 8.5: Periodische Lösungen des Lotka-Volterra-Modells: Geschlossene Kurven im Phasenraum für drei unterschiedliche Parametersätze $\rho = 0.4,\ 0.5,\ 0.7$ (links) und periodische Entwicklung der Räuber und der Beutepopulation über der Zeit für $\rho = 0.7$ (rechts).

Für die Gleichgewichtslösungen (x_1^*, x_2^*) erhalten wir

$$Df(0,0) = \begin{pmatrix} \rho & 0 \\ 0 & -\frac{1}{\rho} \end{pmatrix}, \quad Df(1,1) = \begin{pmatrix} 0 & -\rho \\ \frac{1}{\rho} & 0 \end{pmatrix}.$$

Die Eigenwerte der Matrix $Df(0,0)$ sind $\lambda_1 = \rho$ und $\lambda_2 = -\frac{1}{\rho}$. Da für beliebige Werte von ρ einer der beiden Eigenwerte negativ ist, ist die Gleichgewichtslösung $(0,0)$ immer instabil. Die Matrix $Df(1,1)$ hat dagegen zwei konjugiert-komplexe Eigenwerte $\lambda_{1,2} = \pm i$. In diesem Fall erweist sich die Gleichgewichtslösung $(1,1)$ als stabil, aber nicht asymptotisch stabil. Man kann sogar zeigen Haberman (s. beispielsweise 1998, für den Beweis), dass das Lotka-Volterra-Modell (8.13) periodische Lösungen besitzt, die im Phasenraum geschlossene Bahnen um die Gleichgewichtslösung $(1,1)$ bilden. Numerische Simulationen bestätigen dies. Einige typische Lösungen sind in Abbildung 8.3 dargestellt. Die Simulationen und die Visualisierung der numerischen Ergebnisse wurden mit den in Abschnitt 6.2 beschriebenen Techniken mit MATLAB durchgeführt.

Nun versuchen wir die mit dem Lotka-Volterra-Modell erzielten Ergebnisse zu interpretieren und zu validieren.

Zunächst erlauben die geschlossenen Bahnen im Phasenraum eine sinnvolle biologische Interpretation: Verfolgt man einen Punkt auf einer geschlossenen Bahn, so entspricht der Punkt mit dem größten x_2-Wert einer Situation, in der es viele Räuber gibt, die viele Friedfische fressen, sodass deren Bestände zurückgehen. Da es bald nicht mehr ausreichend Beute gibt, beginnt die Raubfischpopulation abzunehmen, was aber nicht unmittelbar das weitere Abnehmen der Friedfischpopulation stoppt. Erst nach einer gewissen Zeit ist die Raubfischpopulation klein genug geworden und die Friedfische vermehren sich wieder. Dies ist ab dem Punkt mit dem kleinsten x_1-Wert auf der Phasenraumtrajektorie der Fall. Hat sich die Friedfischpopulation wieder ausreichend erholt, so steigt auch die

Raubfischpopulation wieder und eine Zeit lang vermehren sich beide Populationen, bis es so viele Räuber gibt, dass sie das Wachstum der Friedfischpopulation gefährden. Ab dem Punkt mit dem größten x_1-Wert beginnt die Friedfischpopulation zu schrumpfen; die Raubfischpopulation wächst dagegen weiter, da sie immer noch ausreichend Beute findet. So geht es bis zum Punkt mit dem maximalen x_2-Wert und hier beginnt nun die gleiche Geschichte von vorne. Im rechten Schaubild in Abbildung 8.3 sieht man deutlich das periodische Verhalten der beiden Populationen mit den phasenverschobenden Maxima und Minima.

Gibt es in einem Räuber-Beute-System keine Störungen, so ist das oben vorgestellte Szenario mit einer periodischen Schwankung der Bestände der beiden Populationen plausibel. In der Realität können sich aber die äußeren Bedingungen in einem Gewässer vorübergehend ändern. Beispielsweise könnte es aufgrund eines kalten Winters eine Zeit lang weniger Futter für die Friedfische geben und ihre Bestände gehen dann zurück. Mit dem Lotka-Volterra-Modell könnte man diese Situation im Phasenraum mit Sprüngen von einer geschlossenen Bahn auf eine andere abbilden. Nach einem harten Winter muss eben mit einer geringeren Population als Anfangsbedingung weitergerechnet werden. Allgemein würde man für ein bestimmtes Ökosystem aber eher annehmen, dass es einen, für dieses Ökosystem charakteristischen, mehr oder weniger stabilen periodischen Verlauf der Räuber- und Beutepopulationen gibt, dem sich die Populationen im Laufe der Zeit immer mehr annähern, unabhängig von gegebenen Anfangspopulationen. Auch nach einer äußeren Störung würden dann die Populationen allmählich wieder zu diesem periodischen Verlauf zurückkehren. In einem mathematischen Modell entspricht dieses Szenario einer anziehenden geschlossenen Bahn im Phasenraum, der sich alle Lösungen mit der Zeit annähern. Darüber hinaus führt das Lotka-Volterra-Modell, wie wir bereits oben diskutiert haben, in Abwesenheit von Räubern zu exponentiellem Wachstum der Friedfischbestände, was sicherlich nicht realistisch ist. Auch der Sättigungseffekt, dass sich die Raubfischpopulation bei einem Überangebot an Beutefischen unabhängig von den Beständen der Friedfischpopulation entwickelt, wird nicht berücksichtigt.

Interpretation und Validierung des Verhaltens der Lösungen des Lotka-Volterra-Modells im Vergleich zu realistischen Szenarien der Entwicklung eines Räuber-Beute-Systems zeigen die Notwendigkeit, dieses Modell zu verfeinern. Nach den obigen Überlegungen bietet sich zum Beispiel eine Modifikation wie die folgende an:

$$\left\{\begin{aligned} &\dot{x}(t) = b\,x(t)\left(1 - \tfrac{x(t)}{K}\right) - a_1 \tfrac{x(t)\,y(t)}{b+x(t)}, && t > 0,\\ &\dot{y}(t) = -d\,y(t) + a_2 \tfrac{x(t)\,y(t)}{b+x(t)}, && t > 0,\\ &x(0) = x_0,\ y(0) = y_0. \end{aligned}\right. \tag{8.14}$$

Mit dem Faktor $\left(1 - \frac{x(t)}{K}\right)$ in der ersten Gleichung werden beschränkte Ressourcen für die Friedfischpopulation „eingebaut", wie wir das schon in der logistischen Gleichung (8.4) gesehen haben. Die Funktion $\frac{x(x)\,y(t)}{b+x(t)}$ berücksichtigt die Sättigung der Räuber: Ist $x(t)$ groß, verhält sich diese Funktion in etwa wie $y(t)$, ist also unabhängig von den Beständen der Friedfische. Für kleine Werte von $x(t)$ ist $\frac{x(t)\,y(t)}{b+x(t)}$ in etwa so groß wie die Funktion $\frac{x(t)\,y(t)}{b}$ aus dem Lotka-Volterra-Modell (8.12) und berücksichtigt auch die Wechselwirkungen zwischen Räuber und Beute.

Um die Gleichgewichtslösungen des neuen Modells zu bestimmen, lösen wir das Gleichungssystem

$$\begin{cases} b\,x\left(1-\frac{x}{K}\right) - \frac{a_1\,x\,y}{b+x} = 0, & x \geq 0, \\ -d\,y + \frac{a_2\,x\,y}{b+x} = 0, & y \geq 0. \end{cases} \tag{8.15}$$

Es stellt sich heraus, dass es genau eine nichttriviale Lösung gibt, die wir mit $(x^*,\ y^*)$ bezeichnen, siehe Aufgabe 8.5. Die trivialen Lösungen $(0,0)$ und $(K,0)$ sind für die Praxis nicht relevant und werden im Weiteren nicht betrachtet.

Für die weitere Untersuchung führen wir eine Entdimensionalisierung der Gleichungen (8.14) durch. Dabei wählen wir als charakteristische Größen für die Populationen $x(t)$ und $y(t)$ die Werte $(x^*,\ y^*)$ des nichttrivialen Gleichgewichtszustands. Dadurch erhalten wir in dem entdimensionalisierten Modell den Punkt $(1,1)$ als Gleichgewichtspunkt unabhängig von der Wahl der Modellparameter und haben gewissermaßen diesen Punkt „fixiert“. Mit den entdimensionalisierten Größen

$$x_1 = \frac{x}{x^*},\quad x_2 = \frac{y}{y^*},\quad \tau = b\,t,\quad k = \frac{K}{x^*},\quad \beta = \frac{b}{x^*},\quad \gamma = \frac{\alpha}{b}$$

lässt sich das Modell (8.14) auf die Form

$$\begin{cases} \frac{dx_1}{d\tau} = x_1(\tau)\left(1 - \frac{x_1(\tau)}{k}\right) - \alpha_1\frac{x_1(\tau)\,x_2(\tau)}{\beta+x_1(\tau)}, & \tau > 0, \\ \frac{dx_2}{d\tau} = -\gamma\,x_2(\tau) + \alpha_2\frac{x_1(\tau)\,x_2(\tau)}{\beta+x_1(\tau)}, & \tau > 0, \\ x_1(0) = x_1^0 := \frac{x_0}{x^*},\ x_2(0) = x_2^0 := \frac{y_0}{y^*} \end{cases} \tag{8.16}$$

bringen, wobei die Parameter α_1, α_2 wie folgt definiert sind:

$$\alpha_1 = \left(1 - \frac{1}{k}\right)(\beta+1),\quad \alpha_2 = \gamma(\beta+1).$$

Das Modell (8.16) hat jetzt nur noch 5 unabhängige Parameter: k, β, γ und die beiden Anfangsbedingungen x_1^0, x_2^0. Die Berechnung der Jakobi-Matrix der rechten Seite $f(x_1, x_2)$ in der Differentialgleichung am Gleichgewichtspunkt $(1,1)$ überlassen wir dem Leser als Übung, siehe Aufgabe 8.6. Man erhält

$$Df(1,1) = \begin{pmatrix} \frac{k-2-\beta}{k(1+\beta)} & -1+\frac{1}{k} \\ \frac{\beta\gamma}{1+\beta} & 0 \end{pmatrix}. \tag{8.17}$$

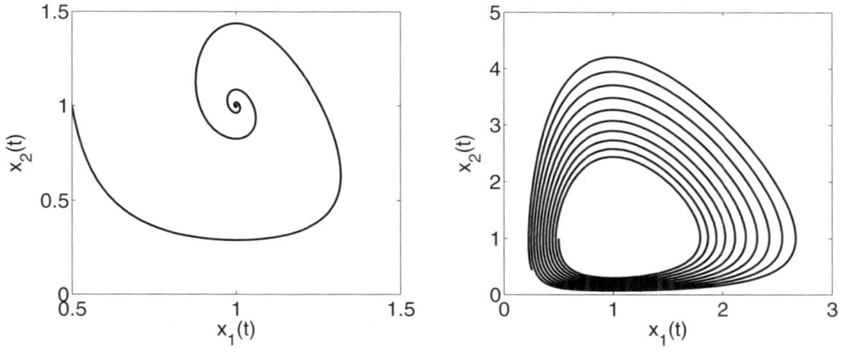

Abb. 8.6: Phasenraumtrajektorie einer Lösung des Gleichungssystems (8.16) mit $k < k_0 = 2+\beta$ (links) und einer Lösung mit $k > k_0 = 2 + \beta$ (rechts).

Damit der Gleichgewichtspunkt $(1, 1)$ asymptotisch stabil ist, müssen beide Eigenwerte der Jakobi-Matrix $Df(1, 1)$ negativen Realteil haben. Dies ist genau dann der Fall, wenn die Determinante der Jakobi-Matrix (also das Produkt der Eigenwerte) positiv ist und ihre Spur (d.h. die Summe der Eigenwerte) negativ ist. Da der Parameter k immer größer als Eins ist (die Kapazität K für die Beutepopulation ohne Anwesenheit von Räubern ist immer größer als die Gleichgewichtspopulation x^*), ist die Determinante immer positiv. Die Spur der Matrix $Df(1, 1)$ ist aber dann und nur dann negativ, wenn die Bedingung

$$k < k_0 = 2 + \beta$$

erfüllt ist. In diesem Fall strebt jede Lösung des Systems (8.16) gegen den Gleichgewichtspunkt $(1, 1)$ im Phasenraum, siehe Abbildung 8.6, links. Im Falle $k > k_0$ beobachten wir bei numerischen Simulationen, siehe Abbildung 8.6 (rechts), dass sich die Phasenraumkurven der Lösungen offensichtlich qualitativ anders verhalten: Sie streben nicht mehr gegen einen anziehenden Gleichgewichtspunkt, sondern gegen eine anziehende geschlossene Bahn, die man in der Theorie der dynamischen Systeme als einen Grenzzyklus bezeichnet. Man kann dieses qualitative Verhalten im Rahmen der Theorie von so genannten Hopf-Bifurkationen mathematisch rigoros zeigen. Der Parameterwert $k_0 = 2 + \beta$, an dem sich das Verhalten der Lösungen des Systems (8.16) qualitativ ändert, wird als Bifurkationspunkt bezeichnet. Unter einer Bifurkation versteht man, wie oben schon angedeutet, eine abrupte Änderung des qualitativen Verhaltens der Lösungen eines dynamischen Systems bei einer stetigen Änderung eines Parameters. In unserem Fall wird aus einem anziehenden stationären Punkt im Phasenraum ein anziehender geschlossener Grenzzyklus, wenn der Parameter k stetig von der linken in die rechte Umgebung des Bifurkationspunktes k_0 übergeht. Diese Bifurkation gehört zu der Klasse der Hopf-Bifurkationen. Für eine detaillierte Darstellung der Analysis des Modells (8.16) und der entsprechenden Theorie der Hopfschen Bifurkationen verweisen wir auf Boccara (2004).

8.4 Ausblick auf weitere Modelle

Die in den Abschnitten 8.1–8.3 vorgestellten Modelle werden für die Beschreibung des qualitativen Verhaltens untereinander wechselwirkender Populationen eingesetzt und dienen hauptsächlich einem mehr konzeptionellen Verständnis des Verhaltens von Ökosystemen insbesondere bei Eingriffen von außen (siehe zum Beispiel Murray, 2002). Für eine genauere quantitative Beschreibung sind diese Modelle im Allgemeinen nicht geeignet, da sie immer noch eine Reihe von wichtigen Eigenschaften und Merkmalen der zu beschreibenden Prozesse vernachlässigen. In diesem Abschnitt skizzieren wir kurz einige komplexere Modelle und Ansätze, mit denen man zu genaueren Prognosen von Populationsentwicklungen kommen kann. Bei den meisten dieser Modelle bleibt aber nach wie vor das Problem, die Werte der Systemparameter geeignet zu wählen.

Zeitverzögerte Modelle

Alle bisher betrachteten Populationsmodelle sind Modelle mit „sofortiger Wirkung" und ohne Gedächtnis: Das Änderungsverhalten $\dot{N}(t)$ einer Population $N(t)$ hängt nur vom aktuellen Zustand dieser und anderer Populationen zum Zeitpunkt t ab. Oft treten aber Auswirkungen erst mit einer gewissen Zeitverzögerung auf. So hängt zum Beispiel die Anzahl der Geburten zu einem gewissen Zeitpunkt nicht so sehr von den aktuellen Beständen und Bedingungen ab, sondern viel mehr von denen, die eine gewisse Zeit zurückliegen. Diese Überlegung führt zu Modellgleichungen, in denen die Änderungsrate $\dot{N}(t)$ eine Funktion nicht nur des aktuellen, sondern auch des schon eine Zeitspanne zurückliegenden Zustandes ist. Man spricht dann von den so genannten *Differentialgleichungen mit Zeitverzögerung*. So sieht beispielsweise die zeitverzögerte logistische Gleichung wie folgt aus:

$$\dot{N}(t) = \alpha\, N(t) \left(1 - \frac{N(t-T)}{K}\right), \quad t > 0, \quad N(0) = N_0, \tag{8.18}$$

wobei mit $T > 0$ eine bestimmte Zeitverzögerung bezeichnet wird. Das Modell (8.18) wird auch als *Hutchinson-Modell* bezeichnet. Eine mathematische Analyse dieses Modells ist ungleich schwieriger als die der logistischen Gleichung (8.4) (siehe z.B. Boccara, 2004).

Gleichung (8.18) besitzt auf eine natürliche Weise zwei charakteristische Zeitenskalen: zum einen die Zeitdauer $1/\alpha$, die beschreibt, in welcher Zeit sich eine kleine Population um einen Faktor $e \approx 2.71$ vergrößert, und die Verzögerungszeit T. Das asymptotische Verhalten der Lösung für lange Zeit hängt von dem Quotienten dieser beiden Zeitskalen, d.h. von $\alpha\, T$, ab. Wenn $\alpha\, T$ klein ist, $\alpha\, T \ll 1$, so verhalten sich die Lösungen von (8.18) ähnlich wie die Lösungen der logistischen Gleichung: Sie streben gegen den Gleichgewichtszustand $N(t) = K$, der asymptotisch stabil ist. Wenn aber $\alpha\, T$ groß ist, ändert sich das qualitative Verhalten: Der Gleichgewichtszustand ist nicht mehr stabil und die Lösungen von (8.18) beginnen zu oszillieren. Dies bedeutet insbesondere, dass Gleichung (8.18) bezüglich des dimensionslosen Parameters $\alpha\, T$ einen Bifurkationspunkt besitzt.

Diesen Bifurkationspunkt zu bestimmen, erweist sich allerdings als eine sehr schwierige Aufgabe (Boccara, 2004).

Auch andere Modelle aus den vorigen Abschnitten lassen sich durch die Einführung einer oder auch mehrerer unterschiedlicher Zeitverzögerungen verallgemeinern. Eine Stabilitätsanalyse dieser Gleichungen wird dann wesentlich schwieriger, sodass man im Allgemeinen auf numerische Simulationen angewiesen ist, um Aussagen über das qualitative Verhalten der Lösungen auf beschränkten Zeitintervallen machen zu können.

Altersbasierte Modelle

Eine weitere Klasse von Populationsmodellen ergibt sich, wenn man eine Population nicht mehr als eine homogene Gruppe betrachtet, sondern nach unterschiedlichen Merkmalen, wie beispielsweise dem Geschlecht, dem Entwicklungsstadium oder dem Alter, in eine Anzahl unterschiedlicher Gruppen aufteilt und jede dieser Gruppen mit einer eigenen Zustandsvariablen beschreibt. Bezeichnen wir zum Beispiel mit $N_k(t),\ k = 1, 2, \ldots, K$ die Anzahl der Individuen einer Population, die zum Zeitpunkt t jünger als k, aber älter als $(k-1)$ Jahre (oder Monate oder Tage) sind, so kann man das Maltus-Modell (8.1) zu dem Leslie-Modell verallgemeinern:

$$\begin{cases} \dot{N}_1(t) = g_1 N_1(t) + \cdots + g_K N_K(t), \\ \dot{N}_2(t) = (1 - s_1) N_1(t), \\ \dot{N}_3(t) = (1 - s_2) N_2(t), \\ \vdots \\ \dot{N}_K(t) = (1 - s_{K-1}) N_{K-1}(t), \\ N_1(0) = N_1^0, \ldots, N_K(0) = N_K^0. \end{cases} \tag{8.19}$$

Hier bezeichnet $g_k,\ k = 1, \ldots, K$ die Geburtsrate und $s_k,\ k = 1, \ldots, K$ die Sterberate der k-ten Altersgruppe. Ein entsprechendes diskretes Leslie-Modell wurde in Beispiel 4.14 diskutiert. Eine Stabilitätsanalyse des diskreten Leslie-Modells wurde in Beispiel 5.7 durchgeführt und seine numerische Behandlung sowie Visualisierung von Ergebnissen in Beispiel 6.1. Die Analyse und numerische Behandlung des kontinuierlichen Leslie-Modells (8.19), eines Systems von linearen Differentialgleichungen, erfolgt in etwa nach dem gleichen Muster.

Offensichtlich sind solche Verallgemeinerungen auch für die anderen oben betrachteten Modelle sinnvoll. So werden beispielsweise nur Fische einer bestimmten Größe (und entsprechend eines bestimmten Alters) gefangen. Erst ab einem gewissen Alter sind Fische in der Lage, sich zu vermehren, und auch die Sterberaten sind für unterschiedliche Altersgruppen sehr unterschiedlich. Natürlich können die nach dem Leslie-Prinzip aufgebauten Modelle genauere Ergebnisse im Vergleich zu den herkömmlichen Modellen liefern. Oft liegt aber beim Einsatz von solchen Modellen das Problem darin, die zahlreichen Parameter für diese Modelle zu bestimmen. So wird man altersabhängige Sterberaten einer bestimmten Fischart auch nach sorgfältigen Beobachtungen und gezielten Untersuchungen nur ungefähr abschätzen können. Neben der Forderung nach einer gewissen Stabilität der Lösungen bei kleinen Änderungen der Anfangspopulationen wird es bei diesen komplexen Modellen auch immer wichtiger, zu untersuchen, ob die Lösungen sensitiv auf kleine Änderungen der Parameter reagieren. Ist dies der Fall, so ist das Modell von vorne herein für Prognosen unbrauchbar. Man wird dann, nicht zuletzt mithilfe von realen Daten zu entscheiden haben, ob diese Sensitivität eine Eigenschaft des Systems oder lediglich des aufgestellten Modells ist.

Ortsaufgelöste Modelle

Eine weitere Klasse von Populationsmodellen bilden Modelle, die auch eine räumliche Verteilung der Beute und der Räuber berücksichtigen. Bislang haben wir in allen Modellen nur die zeitliche Entwicklung der gesamten Population in einem festgelegten Gebiet betrachtet. Es ist aber offensichtlich, dass in großen Gewässern auch die räumliche Verteilung und die Bewegung der Individuen eine wichtige Rolle spielt und entsprechend in den Modellen mitberücksichtigt werden sollte. In den einfachsten Modellen dieser Sorte geht man davon aus, dass sich die Individuen mehr oder weniger zufällig im Raum bewegen, sodass die Dynamik der Ausbreitung einer Population genau wie beim Random-Walk-Modell der Diffusion (s. Abschnitt 4.3.3) durch eine Diffusionsgleichung für eine ortsabhängige Populationsdichte beschrieben werden kann. So können wir beispielsweise das Maltus-Modell mit einer räumlich zweidimensionalen Verteilung $N = N(t, x, y)$ einer Fischpopulation in einem flachen See wie folgt aufstellen:

$$\frac{\partial N}{\partial t} = D \left(\frac{\partial^2 N}{\partial x^2} + \frac{\partial^2 N}{\partial y^2} \right) + \alpha N, \quad N(0, x, y) = N_0(x, y). \tag{8.20}$$

Hier bezeichnet $N = N(t, x, y)$ die Anzahl der Fische pro Flächeneinheit am Ort (x, y) zum Zeitpunkt t.

Mit einem solchen Modell kann man zum Beispiel die Ausbreitung eines zu einem Zeitpunkt $t = 0$ an dem Punkt $(0, 0)$ ausgesetzten Fischschwarmes beschreiben. Dazu gehen wir davon aus, das die Verteilung der Fischbestände radialsymmetrisch ist, also zu späteren Zeitpunkten $t \geq 0$ nur vom Abstand $r = \sqrt{x^2 + y^2}$ zum Ursprung abhängt, $N = N(t, r)$. Nach Übergang zu Polarkoordinaten vereinfacht sich Gleichung (8.20) zu

$$\frac{\partial N}{\partial t} = \frac{D}{r} \frac{\partial}{\partial r} \left(r \frac{\partial N}{\partial r} \right) + \alpha N, \; N(0, r) = N_0(r). \tag{8.21}$$

Mit den neuen Variablen

$$\tau = \alpha t, \quad \rho = r \sqrt{\frac{\alpha}{D}}$$

erhalten wir die entdimensionalisierte Gleichung

$$\frac{\partial N}{\partial \tau} = \frac{1}{\rho}\frac{\partial}{\partial \rho}\left(\rho \frac{\partial N}{\partial \rho}\right) + N. \tag{8.22}$$

Für die oben skizzierte Anfangsbedingung, bei der zum Zeitpunkt $\tau = 0$ ein Fischschwarm mit N_0 Individuen am Punkt $\rho = 0$ konzentriert ist – für eine präzise mathematische Beschreibung dieser Anfangsbedingung benötigt man die Diracsche Delta-Funktion, siehe Gleichung (4.83) – kann man eine explizite Lösung angeben (siehe z.B. Boccara, 2004):

$$N(\tau,\rho) = \frac{N_0}{4\pi\tau}\exp\left(\tau - \frac{\rho^2}{4\tau}\right).$$

Unter der Annahme, dass die Fischkonzentration für $\rho \to \infty$ gegen Null geht, ist diese Lösung auch eindeutig. Jetzt können wir zum Beispiel die Anzahl $N_R(t)$ der Fische, die sich zum Zeitpunkt t außerhalb eines Kreises mit dem Radius R befinden, bestimmen:

$$N_R(t) = \int_R^\infty N(r/\sqrt{\alpha/D},\, \alpha\, t)\, 2\pi r\, dr = N_0 \exp\left(\alpha\, t - \frac{R^2}{4Dt}\right).$$

Für den Radius $R = 2t\sqrt{\alpha\, D}$ befinden sich also zum Zeitpunkt t nur N_0 Populationsmitglieder außerhalb des Kreises mit diesem Radius. Wie wir aber aus dem Maltus-Modell wissen, ist die Gesamtanzahl der Population zum Zeitpunkt t gleich $N_0 e^{\alpha\, t}$. Mit wachsender Zeit t sind also fast alle Fischbestände innerhalb eines Kreises mit dem Radius $R = 2t\sqrt{\alpha\, D}$ zu finden. Der Radius R der Verbreitung einer sich frei bewegenden und exponentiell wachsenden Population wächst also linear mit der Zeit t, was Beobachtungen und Experimente bestätigen.

Offensichtlich gelangen wir zu beliebig komplexen Modellen, wenn wir einige der bisher diskutierten Verallgemeinerungen kombinieren. So haben beispielsweise allgemeine Räuber-Beute-Modelle (ohne Zeitverschiebung), die eine räumlich uneingeschränkte Ausbreitung von K untereinander wechselwirkender Spezies beschreiben, die Form

$$\begin{cases} \frac{\partial N_1}{\partial t} = D_1\, \Delta N_1 + f_1(N_1, \ldots, N_K), \\ \vdots \\ \frac{\partial N_K}{\partial t} = D_K\, \Delta N_K + f_K(N_1, \ldots, N_K), \\ N_1(0,x,y,z) = N_1^0(x,y,z), \ldots, N_K(0,x,y,z) = N_K^0(x,y,z). \end{cases} \tag{8.23}$$

Die unbekannten Funktionen $N_k = N_k(t,x,y,z),\ k = 1,\ldots,K$ bezeichnen die Dichten der K verschiedenen Populationen zum Zeitpunkt t an einem Ort (x,y,z). Die geeignet zu wählenden Funktionen $f_k,\ k = 1,\ldots,K$ beschreiben die Wechselwirkungen zwischen den unterschiedlichen Spezies und mit der Umwelt. Sollten sich die Spezies nur in einem bestimmten Gebiet aufhalten (was in der Realität fast immer der Fall ist), werden zu der Anfangswertaufgabe (8.23) noch entsprechende Randbedingungen hinzugefügt. Man erhält dann ein hochkomplexes mehrdimensionales Anfangs-Randwertproblem vom Typ einer Reaktion-Diffusionsgleichung. Wie der Name schon andeutet, werden mit ähnlichen Modellen auch chemische Prozesse modelliert, wobei in diesem Fall die gesuchten Größen N_k $k = 1, \dots, K$ die Konzentrationen der an einer Reaktion beteiligten chemischen Substanzen sind.

Wir brechen an dieser Stelle die Diskussion weiterer Verfeinerungen und Verallgemeinerungen ab. Es ist offenkundig, dass es unerlässlich ist, beim Modellieren das Wissen von Anwendern und Fachleuten einfließen zu lassen, um zu entscheiden, welche der diskutierten Modellbausteine in einem vorliegenden Anwendungsfall relevant sind und daher berücksichtigt werden müssen. Hier wird in interdisziplinären Teams zusammengearbeitet und geforscht.

8.5 Aufgaben

Aufgabe 8.1 Lösen Sie die Differentialgleichung (8.5) aus dem Verhulst-Modell sowohl mit der Symbolic Math Toolbox von MATLAB, siehe `help dsolve`, als auch von Hand nach der Methode der Trennung der Variablen. Führen Sie eine Standardkurvendiskussion der Lösung durch. Untersuchen Sie insbesondere das Monotonieverhalten und stellen Sie für unterschiedliche Anfangsbedingungen ($n_0 < 1$, $n_0 > 1$) fest, ob und gegebenenfalls welche Wendepunkte die Lösung besitzt.

Aufgabe 8.2 Zeigen Sie, dass Gleichung (8.8) bei Wahl der dimensionslosen Variablen

$$\tau = \frac{a\,t}{b}, \quad n = \frac{N}{b}$$

die folgende Form hat:

$$\frac{d\,n(\tau)}{d\,\tau} = \beta\, n(\tau)\left(1 - \frac{n(\tau)}{\gamma}\right) - \frac{n^2(\tau)}{1 + n^2(\tau)}, \quad n(0) = \frac{N_0}{b}. \tag{8.24}$$

Vergleichen Sie (8.24) mit der entdimensionalisierten Gleichung (8.9). In welchen Fällen ist diese Form geeigneter (siehe auch Abschnitt 5.4)?

Aufgabe 8.3 Schreiben Sie ein MATLAB-Programm für die numerische Berechnung der Lösung des Anfangswertproblems (8.24) aus der Aufgabe 8.2. Berechnen und visualisieren Sie die zeitliche Entwicklung der Karpfenpopulation auf dem dimensionslosen Zeitintervall $[0, 15]$ für die folgenden Parameterwerte:

a) $\beta = 0.1, \quad \gamma = 2.5, \; n(0) = 1.5,$

b) $\beta = 0.1, \quad \gamma = 1.5, \; n(0) = 2.5.$

Versuchen Sie, mit MATLAB eine symbolische (analytische) Lösung der Gleichung (8.24) zu bestimmen.

Aufgabe 8.4 Bestimmen Sie alle stationären Zustände (Gleichgewichtspunkte) der Differentialgleichung (8.24) und führen Sie ihre Stabilitätsanalyse durch.

Aufgabe 8.5 Bestimmen Sie alle Lösungen des nichtlinearen Gleichungssystems (8.15).

Aufgabe 8.6 Berechnen Sie die Jakobi-Matrix Df der folgenden Funktion:

$$f(x_1, x_2) = \begin{pmatrix} f_1(x_1, x_2) \\ f_2(x_1, x_2) \end{pmatrix} = \begin{pmatrix} x_1 \left(1 - \frac{x_1}{k}\right) - \frac{\alpha_1 x_1 x_2}{\beta + x_1} \\ -\gamma x_2 + \frac{\alpha_2 x_1 x_2}{\beta + x_1} \end{pmatrix},$$

wobei $\alpha_1 = \left(1 - \frac{1}{k}\right)(\beta + 1)$, $\alpha_2 = \gamma(\beta + 1)$ sind. Welche Form hat sie im Gleichgewichtspunkt $(1, 1)$ (siehe (8.17))?

Aufgabe 8.7 Schreiben Sie ein MATLAB-Programm für die numerische Berechnung der Lösung des Anfangswertproblems (8.16). Berechnen Sie die Lösungen auf dem Zeitintervall $[0, 50]$ für die folgenden Parameterwerte:

a) $k = 1.8,\ \beta = 5.2,\ \gamma = 2.7,\ x_1(0) = 0.5,\ x_2(0) = 1.0,$

b) $k = 9.2,\ \beta = 5.2,\ \gamma = 2.7,\ x_1(0) = 0.5,\ x_2(0) = 1.0.$

Visualisieren Sie jeweils die Lösungen $x_1(t)$ und $x_2(t)$ und die entsprechende Kurve im Phasenraum. Vergleichen Sie Ihre Lösungen mit denen aus der Abbildung 8.6.

9 Schadstoffausbreitung in einem Gewässer

Übersicht

Transportprozesse, bei denen sich extensive Größen – eine chemische Substanz, Bakterien oder auch Energie in Form von Wärme – in einem umgebenden Medium ausbreiten, spielen in vielen Anwendungen eine wichtige Rolle. In diesem Kapitel wollen wir die folgende konkrete Fragestellung genauer untersuchen: Wie lässt sich die Ausbreitung einer Schadstoffsubstanz in einem Gewässer modellieren? Wie kann man eine solche Ausbreitung berechnen, wenn die Anfangskonzentration sowie die Quelle des Schadstoffes bekannt sind? In Abschnitt 4.1.3 hatten wir bei der Diskussion der allgemeinen lokalen Bilanzgleichung verschiedene Teilprozesse eines solchen Transportprozesses identifiziert: so genannte Diffusions-, Konvektions-, und Reaktionsprozesse. Wir werden an dem konkreten Beispiel der Schadstoffausbreitung diskutieren, wie man anhand der relevanten Prozessparameter – den Diffusionskoeffizienten, Konvektionsgeschwindigkeiten und Abbauraten – den Einfluss der entsprechenden Teilprozesse abschätzen kann. Mithilfe von numerischen Simulationen werden wir den Gesamtprozess berechnen und visualisieren. Darüber hinaus werden wir auch die Geschwindigkeit der Ausbreitungsfront und die charakteristische Zeit, in der die Schadstoffsubstanz ein bestimmtes Gebiet erreicht, untersuchen.

Das in der Fallstudie vorgestellte Vorgehen lässt sich auf zahlreiche Anwendungsprobleme übertragen. Man möchte beispielsweise wissen, wie die Einleitung giftiger oder schädlicher industrieller Abfälle in ein fließendes Gewässer die Wasserqualität an anderen Orten beeinflusst. Auch die Ausbreitung von Schadstoffen, zum Beispiel von radioaktiven Abfällen, die in Unterbodenlagern gelagert sind, erfolgt nach ähnlichen Gesetzmäßigkeiten. Nicht zuletzt denke man an die Ausbreitung einer Rauch- oder Aschewolke nach einem Vulkanausbruch oder an die Verbreitung von Erdöl im Meer nach einer Havarie.

Eine Prognose der Folgen solcher Ereignisse auf der Basis von geeigneten mathematischen Modellen kann sehr wichtig werden: Denken wir beispielsweise an den Ausbruch des isländischen Vulkans Eyjafjallajökull in April 2010, dessen Aschewolke die Flughäfen in ganz Europa tagelang lahm legte. Eine zuverlässige Vorhersage der Ausbreitungsrichtung, Geschwindigkeit und Konzentration des Schadstoffes in der Aschewolke war nicht nur wirtschaftlich von großer Bedeutung. Von ihr hing auch das Leben von Piloten und Fluggästen ab. Eine zuverlässige Messung der Konzentration des Schadstoffes in der Aschewolke war in diesem Fall so gut wie unmöglich, und alle Prognosen der Ausbreitung der Aschewolke beruhten auf einer Abschätzung der physikalischen Parameter wie Windgeschwindigkeiten oder Intensität der Schadstoffquelle und Simulationen, die auf mathematischen Modellen des Transportprozesses basierten. Für eine Beschreibung einer Vielzahl weiterer Transportvorgänge und der entsprechenden mathematischen Modelle verweisen wir auf White (2004).

Im Folgenden werden wir davon ausgehen, dass für die Ausbreitung eines Schadstoffes in einem fließenden Gewässer die folgenden drei Prozesse eine Rolle spielen:

Konvektion. Der Schadstoff ist im Wasser sehr fein verteilt oder sogar gelöst. Daher wird er mit der Fließgeschwindigkeit v des Wassers mittransportiert.

Diffusion. Aufgrund der zufälligen Wärmebewegung der Schadstoffteilchen findet ein Konzentrationsausgleich statt. Der entsprechende Diffusionsstrom ist proportional zum Gradienten der Konzentration und läuft in entgegengesetzter Richtung.

Abbau. Die Substanz wird mit einer bestimmten Rate durch chemische oder biologische Vorgänge abgebaut.

Insbesondere machen wir damit bereits die vereinfachende Annahme, dass weitere Prozesse wie zum Beispiel das Absetzen der Substanz am Boden des Gewässers oder eine Verdampfung an der Wasseroberfläche vernachlässigt werden können. Wir werden uns schrittweise der Modellierung des vollständigen Transportprozesses annähern. Zur Reduktion der Komplexität können wir einerseits statt einer Ausbreitung in einem Volumen (3D) unter gewissen Annahmen zunächst die Ausbreitung in einer Ebene (2D) oder aber auf einer Linie (1D) betrachten. Andererseits können wir auch vereinfachend Situationen betrachten, in denen nur einer oder zwei der oben genannten Prozesse relevant sind. Wir werden eine Mischung aus beiden Wegen einschlagen und in drei Stufen von einem sehr einfachen eindimensionalen Modell zu einem relativ komplexen dreidimensionalen Modell gelangen. In diesem Sinne durchlaufen wir dreimal den Modellierungszyklus, wobei wir nicht alle Schritte der Berechnung, Interpretation und Validierung vollständig durchführen werden. Wie sich zeigen wird, können wir größtenteils auf bereits im zweiten Teil des Buches eingeführte Modellkomponenten sowie Berechnungs- und Simulationstechniken zurückgreifen. Das führt dazu, dass wir uns – wie das bei einem realen Modellierungsprozess tatsächlich oft der Fall ist – eher mit der Suche nach nützlichen Modellkomponenten und Methoden zu ihrer analytischen, numerischen und programmierungstechnischen Bearbeitung beschäftigen als mit der Ausarbeitung eines vollständig neuen Modells.

9.1 Konvektion und Abbau in einem Fluss

Entsprechend den Empfehlungen aus Kapitel 3 werden wir in einem ersten Schritt für den zu modellierenden Prozess geeignete restriktive Annahmen formulieren, die zu einer stark vereinfachten (aber immer noch sinnvollen) Problemstellung führen, für die wir dann ein relativ einfaches Modell aufstellen und analysieren können. Wir betrachten daher in diesem Abschnitt die Ausbreitung eines Schadstoffes in einem Gewässer unter den folgenden vereinfachenden Annahmen:

A1) Das betrachtete Gewässer ist ein gerades Teilstück eines Flusses mit konstantem Flussquerschnitt.

A2) Das Wasser strömt mit konstanter Geschwindigkeit v in Längsrichtung des Flusses. Die Strömungsgeschwindigkeit ist so groß, dass die Diffusion vernachlässigt werden kann.

A3) Die Schadstoffsubstanz wird an einer bestimmten Stelle des Flusses eingeleitet.

A4) Die Ränder des Flusses sind „dicht“, d.h. der Schadstoff kann nicht vom Wasser in die angrenzenden Schichten (Luft, Boden) übergehen.

A5) Im Wasser findet ein Abbau der Substanz mit einer konstanten Abbaurate α statt.

Formulierung des mathematischen Modells

Die Schadstoffkonzentration hängt unter den Annahmen A1) und A2) nur von der Zeit t und einer räumlichen Koordinate x, der Entfernung von der Injektionsstelle in Stromrichtung, ab. Da der Prozess nur auf einem Teil des Flusses einer Länge L innerhalb einer bestimmten Zeit T beschrieben werden soll, suchen wir also eine Bestimmungsgleichung für die Schadstoffkonzentration $u = u(x,t)$ mit $0 \leq x \leq L$, $0 \leq t \leq T$. Die Funktion $u(x,t)$ ist unter den obigen Annahmen die einzige Zustandsgröße des betrachteten Systems. Als Systemparameter müssen die Fließgeschwindigkeit v und die Abbaurate α in das Modell eingehen. Annahme A3) legt die Randbedingung für die gesuchte Funktion $u(x,t)$ an der Stelle $x = 0$ fest: Die Konzentration $u(0,t)$ hängt direkt davon ab, welche Menge an Schadstoff pro Zeiteinheit an dieser Stelle eingeleitet wird. Daraus können wir zusammen mit der Fließgeschwindigkeit v und dem Querschnitt A des Flusses direkt die Randkonzentration $u(0,t) = g(t)$ bestimmen.

Gemäß den Annahmen A2) und A5) haben wir es mit einem eindimensionalen Transportprozess zu tun, bei dem zwei Teilprozesse, die Konvektion und der chemische Abbau, eine Rolle spielen. Die Modellgleichung kann jetzt direkt in Form einer lokalen Bilanzgleichung aufgestellt werden, siehe Abschnitt 4.1.3. Wir nehmen an, dass der chemische oder biologische Abbau des Schadstoffes in etwa nach den gleichen Gesetzen wie der radioaktive Zerfall, den wir bereits in Beispiel 4.22 betrachtet haben, verläuft: Die abgebaute Menge pro Zeit ist direkt proportional zur vorhandenen Menge der Substanz, wobei wir die Proportionalitätskonstante α als Abbaurate bezeichnen. Der Abbau führt zu einer Senke q in der Bilanzgleichung für die Schadstoffkonzentration:

$$q(x,t) = -\alpha u(x,t).$$

Die Konvektion geht in die Bilanzgleichung durch einen entsprechenden konvektiven Strom j ein, siehe Beispiel 4.12

$$j(x,t) = v\, u(x,t).$$

Damit ergibt sich die lokale Bilanzgleichung

$$\frac{\partial u}{\partial t} = -\frac{\partial j}{\partial x} + q = -v\frac{\partial u}{\partial x} - \alpha u, \quad x \in [0,L],\, t \in [0,T]. \tag{9.1}$$

Zusammen mit der Vorgabe einer Anfangskonzentration $u(x,0)$ und einer Intensität der Schadstoffquelle bzw. einer Randkonzentration $u(0,t)$

$$u(x,0) = f(x),\ x \in [0,L], \quad u(0,t) = g(t),\ t \in [0,T] \tag{9.2}$$

ist damit das mathematische Modell für die zeitliche Entwicklung der Schadstoffkonzentration in Form eines Anfangs-Randwertproblems für eine partielle Differentialgleichung erster Ordnung festgelegt.

Erneute Herleitung aus einem diskreten Modell

Alternativ leiten wir noch einmal das kontinuierliche Modell direkt aus einem diskreten Modell her: Dazu werden sowohl das räumliche als auch das zeitliche Intervall diskretisiert, die Gitterpunkte mit $x_i = (i-1)\Delta x,\ i = 1,\ldots,n+1, n\Delta x = L$ und $t_k = (k-1)\Delta t,\ k = 1,\ldots,K+1, K\Delta t = T$ und die Schadstoffkonzentration im Gitterpunkt (x_i, t_k) mit u_i^k bezeichnet. Eine lokale Bilanzierung der Schadstoffmenge in einem Volumenelement des Flusses innerhalb eines Zeitintervalls kann in der vorliegenden Situation wörtlich wie folgt beschrieben werden: „Die Änderung der Menge der Substanz innerhalb eines Zeitintervalls in einem Volumenelement ist gleich der Differenz aus der Menge der Substanz, die innerhalb dieses Zeitintervalls flussaufwärts dazukommt und der Menge, die flussabwärts abfließt oder chemisch abgebaut wird“. Bezeichnen wir die Querschnittsfläche des Flusses mit A (Annahme A1 besagt, dass A überall gleich ist) und betrachten die Bilanz der Schadstoffmenge in einem Volumenelement V_i der Länge Δx um einen räumlichen Gitterpunkt x_i (s. Abbildung 4.6), so können wir die lokale Bilanzgleichung in der Form

$$A\Delta x u_i^{k+1} - A\Delta x u_i^k = A(\Delta t\, v)u_{i-1}^k - A(\Delta t\, v)u_i^k - A\alpha\Delta t\Delta x u_i^k, \tag{9.3}$$

mit $i = 2, \ldots, n+1$, $k = 1, \ldots, K$ aufstellen. Man beachte dazu, dass das Wasservolumen, welches innerhalb eines Zeitintervalls Δt einen Querschnitt des Flusses passiert, gleich $A(\Delta t\, v)$ ist. Da wir außerdem aufgrund der kleinen Schrittweiten Δt und Δx die Konzentration in V_i zu einem Zeitpunkt t_k näherungsweise als konstant betrachten können, erhalten wir zum Beispiel für die Substanzmenge, die innerhalb eines Zeitintervalls Δt von flussaufwärts in das Volumen V_i hineinfließt, den Ausdruck $A(\Delta t\, v)u_{i-1}^k$. Die innerhalb des Zeitintervalls Δt in einem Volumenelement um den Punkt x_i chemisch abgebaute Substanz ergibt sich als das Produkt aus der Abbaurate α, der Länge $\Delta\, t$ des Zeitintervalls, der Konzentration u_i^k und dem betrachteten Volumen zu $A\alpha\Delta t\Delta x u_i^k$.

Um aus dem diskreten Modell (9.3) das kontinuierliche Modell (9.1) zu erhalten, formen wir wie in den Beispielen 4.10, 4.11 zuerst Gleichung (9.3) um

$$\frac{u_i^{k+1} - u_i^k}{\Delta t} = -v\,\frac{u_i^k - u_{i-1}^k}{\Delta x} - \alpha u_i^k \tag{9.4}$$

und erhalten dann im Grenzübergang $\Delta x \to 0$ und $\Delta t \to 0$ wieder die bereits oben direkt hergeleitete kontinuierliche partielle Differentialgleichung (9.1) erster Ordnung für die Substanzkonzentration $u(x, t)$.

Skalenanalyse

Um zu untersuchen, ob und gegebenenfalls welcher der beiden Prozesse – die Konvektion oder der Abbau – bei vorgegebenen Parametern α, v, und L das qualitative Verhalten des Transportprozesses dominiert, führen wir zunächst eine geeignete Entdimensionalisierung durch. Ähnlich wie in Abschnitt 5.2.2 können wir die Gleichung (9.1) für die dimensionslosen Größen

$$\hat{t} = \alpha t, \quad \hat{x} = x/L, \quad \hat{u}(\hat{x}, \hat{t}) = u(L\,\hat{x}, \hat{t}/\alpha)/\overline{u} \tag{9.5}$$

umschreiben (mit einer typischen Konzentration $\overline{u}$) und erhalten

$$\frac{\partial \hat{u}}{\partial \hat{t}} = -\hat{v}\,\frac{\partial \hat{u}}{\partial \hat{x}} - \hat{u}, \quad \hat{v} = \frac{v}{L\,\alpha}; \qquad \hat{x} \in [0, 1],\ \hat{t} \in [0, \alpha T]. \tag{9.6}$$

In den neuen Variablen ist die dimensionslose Länge $\hat{L} = 1$ und die dimensionslose Abbaurate $\hat{\alpha} = 1$. Der einzige verbleibende Parameter, die dimensionslose Größe $\hat{v}$, charakterisiert den vorliegenden Prozess. Ist $\hat{v} \gg 1$, so dominiert die Konvektion und man kann den Abbauprozess vernachlässigen. Umgekehrt spielt im Fall $\hat{v} \ll 1$ die Konvektionsströmung im Vergleich zum chemischen Abbau keine Rolle.

Wir wollen dieses wichtige Vorgehen, in einem komplexen Prozess den Einfluss verschiedener Komponenten miteinander zu vergleichen und insgesamt ihre Bedeutung für das Gesamtproblem abzuschätzen, an diesem einfachen Beispiel noch einmal etwas genauer beschreiben. Im vorliegenden Modell gibt es drei natürliche *Zeitskalen*:

i. Die Zeitskala der Konvektion ist bestimmt durch die Zeitdauer

$$t_1 = L/v,$$

die eine bei $x = 0$ eingeleitete Substanz benötigt, um durch Konvektion bis zur Stelle $x = L$ transportiert zu werden.

ii. Die Zeitskala des Abbaus ist bestimmt durch die Zeitdauer

$$t_2 = 1/\alpha,$$

die benötigt wird, damit eine eingeleitete Menge durch Abbau um den Faktor $1/e$ verringert wird.

iii. Die Zeitskala des Anwendungsproblems ist bestimmt durch die Zeitdauer

$$t_3 = T,$$

innerhalb derer man sich für das Verhalten des zu modellierenden Systems interessiert.

Der dimensionslose Parameter $\hat{v}$ ist gerade das Verhältnis der beiden ersten Zeitskalen, also

$$\hat{v} = t_2/t_1.$$

Im Falle $\hat{v} \gg 1$ ist also der chemische Abbau sehr langsam im Vergleich zur Konvektion, während im umgekehrten Fall, $\hat{v} \ll 1$, der chemische Abbau im Verhältnis zur Konvektion sehr schnell ist. Man beachte, dass bei diesem Vergleich die Länge L des Flussabschnittes, für den wir uns interessieren, mit eingeht. Des Weiteren spielt der Prozess der Konvektion für unser Anwendungsproblem keine Rolle, wenn $t_1 \gg t_3$ ist, da er dann im Verlauf der betrachteten Prozesszeit T keinen nennenswerten Einfluss auf die Konzentration $u(x, t)$ an den Punkten x hat, die nicht in der Nähe der ohnehin bekannten Quelle sind. Ebenso spielt der Abbauprozess keine Rolle, wenn $t_2 \gg t_3$ ist, da dann innerhalb des Zeitintervalls T keine nennenswerte Substanzmenge abgebaut wird. Allgemein kann man also sagen, dass die Konvektion auf Zeitskalen $t \ll t_1$ und der chemische Abbau auf Zeitskalen $t \ll t_2$ vernachlässigt werden können. Die obige Analyse wird aus nahe liegenden Gründen auch als **Skalenanalyse** bezeichnet. Sie lässt sich in analoger Weise auch für andere Größen als die Zeit, zum Beispiel für die Länge, durchführen.

Wir betrachten abschließend noch ein dimensionsbehaftetes Zahlenbeispiel. In einen Fluss mit einer Fließgeschwindigkeit von $v = 0.5\,\text{km/h}$ werde ein Schadstoff eingeleitet, der mit einer Rate $\alpha = 0.001/\text{h}$ biologisch abgebaut wird. Wir interessieren uns für die zeitliche Entwicklung der Schadstoffkonzentration $u(x,t)$ an einer Stelle $x = L$, die 50 km flussabwärts liegt, innerhalb eines Zeitraumes von $T = 120\,\text{h}$ (also 5 Tagen). Mit $t_1 = L/v = 100\,\text{h}$, $t_2 = 1/\alpha = 1000\,\text{h}$, $t_3 = T = 120\,\text{h}$ gilt in diesem Fall

$$t_3 \approx t_1 \ll t_2, \qquad \hat{v} = t_2/t_1 \gg 1.$$

Also spielt der chemische Abbau in diesem Fall im Vergleich zur Konvektion eine untergeordnete Rolle. Die Konvektion kann allerdings nicht vernachlässigt werden. In den Fluss eingeleitete Substanzen können im Rahmen dieser ersten Analyse innerhalb von 5 Tagen die 50 km entfernte Messstelle erreichen. In diesem einfachen Beispiel einer linearen eindimensionalen Reaktions-Konvektions-Gleichung ließe sich dies natürlich auch direkt verifizieren.

Simulation, Visualisierung und Interpretation

Ein Verfahren zur numerischen Berechnung der Lösung der eindimensionalen Konvektions-Reaktions-Gleichung (9.1) mit der Methode der finiten Differenzen haben wir in Abschnitt 6.3 detailliert besprochen. Nun benutzen wir das MATLAB-Skript in Listing 6.12, S. 220, um die Konzentrationen eines Schadstoffes in einem Fluss der Länge $L = 1$ innerhalb einer Zeit $T = 20$ mit der Strömungsgeschwindigkeit $v = 0.1$, der Abbaurate $\alpha = 0.1$, einer Anfangskonzentration $f(x) = \sin(2\pi x),\ 0 \le x \le 1/2, \quad f(x) = 0,\ 1/2 < x \le 1$ und einer periodischen Quellen- oder Randkonzentration $g(t) = |\sin(\pi t/8)|$ zu berechen. Wir gehen dabei davon aus, dass alle Größen bezüglich derselben Längen- und Zeiteinheiten angegeben sind (z.B. Kilometer und Stunden) und betrachten daher alle Größen als dimensionslos. Für die charakteristische Geschwindigkeit $\hat{v}$ erhalten wir für diesen Parametersatz den Wert $\hat{v} = 1$, sodass sowohl die Konvektion als auch der chemische Abbau beim Transportprozess eine Rolle spielen.

Die Ergebnisse der Berechnung sind in Abbildung 9.1 dargestellt. Man erkennt deutlich, dass der Einfluss der Anfangskonzentration und der Intensität der Quelle flussabwärts im Laufe der Zeit relativ schnell abklingen.

In der Tat strebt die Schadstoffkonzentration im Falle einer konstanten Quelle, also einer Randbedingung $u(0,t) = u_0$, für große Zeiten gegen einen stabilen stationären Zustand, der sich auch wie folgt analytisch bestimmen lässt. Für eine zeitunabhängige Konzentration der Substanz muss die zeitliche Ableitung $\frac{\partial u}{\partial t}$ verschwinden und die zeitabhängige Gleichung (9.1) geht in die so genannte stationäre Gleichung für stationäre Zustände $u = u(x)$ über:

$$v\,u'(x) = -\alpha u(x). \tag{9.7}$$

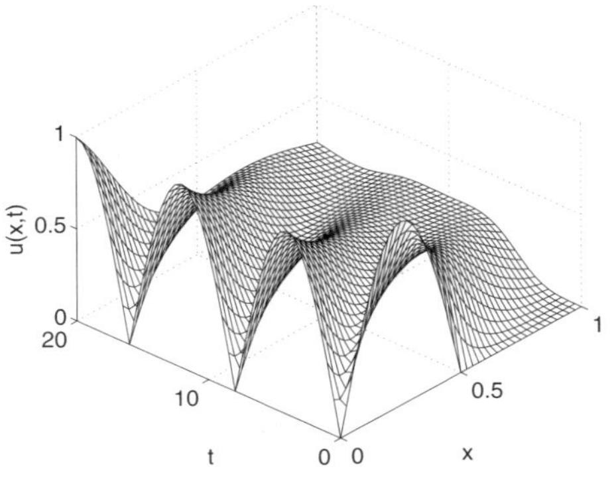

Abb. 9.1: Lösung der 1D-Konvektions-Reaktions-Gleichung mit den sinusförmigen Anfangs- und Randbedingungen für die Parameter $v = 0.1$, $\alpha = 0.1$

Zusammen mit der Anfangsbedingung $u(0) = u_0$ ergibt die Gleichung (9.7) die Lösung

$$u(x) = u_0 \exp\left(-\frac{\alpha}{v}x\right), \quad 0 \leq x \leq L.$$

Die Konzentration des Schadstoffes nimmt also entlang des Flusses exponentiell ab. Wir sehen hier wieder eine wichtige Skala, diesmal eine Längenskala $l_1 = v/\alpha$. Auf dieser Länge nimmt die Konzentration durch Abbau (bei gegebener Konvektion) um den Faktor $1/e$ ab. Falls also $l_1 \gg L$ ist, so spielt der chemische Abbau praktisch keine Rolle und die Konzentration ist nahezu konstant. Ist hingegen $l_1 \ll L$, dann ist am Ende der betrachteten Flussstrecke fast der gesamte Schadstoff abgebaut. Berechnen wir nun numerisch die

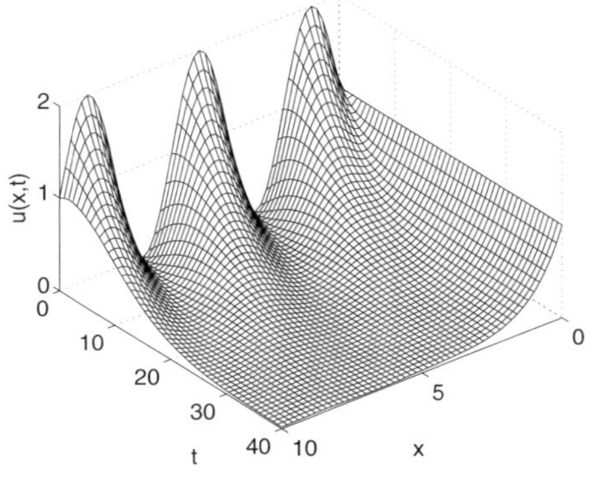

Abb. 9.2: Schadstoffausbreitung mit einer sinusförmigen Anfangsbedingung und mit starkem Abbau ($v/\alpha = 1 \ll 10 = L$).

zeitliche Entwicklung der Konzentration des Schadstoffes mit der konstanten Randbedingung $u(0,t) = 1.0$ und der sinusförmigen Anfangsbedingung $u(x,0) = \sin(\pi x/2) + 1.0$ auf einem etwas längeren räumlichen Intervall $L = 10.0$, dann ist $l_1 = v/\alpha = 1 \ll L$, und wir sehen in Abbildung 9.2, dass die Konzentration mit der Zeit gegen einen stationären Zustand strebt, was aus physikalischen Überlegungen auch plausibel ist.

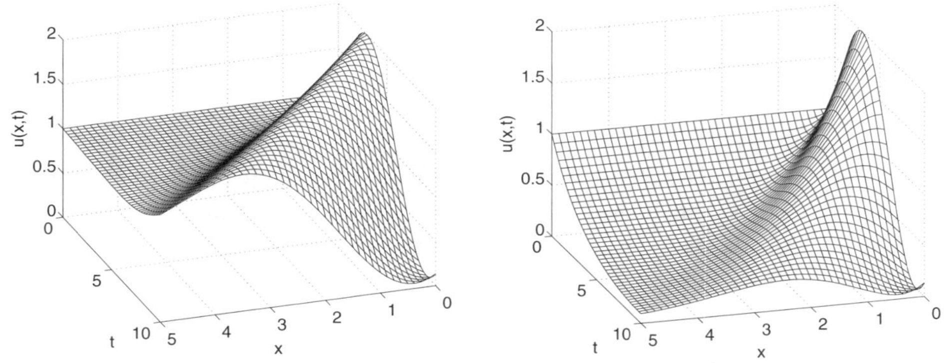

Abb. 9.3: 1D-Schadstoffausbreitung mit dominanter Konvektion (links) für $v = 0.5$, $\alpha = 0.01$, $L = 5.0$, $T = 10.0$, $\hat{v} = v/(L\alpha) = 10.0 \gg 1$ und mit dominantem Abbau (rechts) für $v = 0.5$, $\alpha = 0.5$, $L = 5.0$, $T = 10.0$, $\hat{v} = v/(L\alpha) = 0.2 \ll 1$.

Zum Abschluss des Abschnittes präsentieren wir noch Simulationsergebnisse eines Transportprozesses mit dominanter Konvektion (s. Abbildung 9.1 (links)) und eines mit dominantem Abbau (s. Abbildung 9.1 (rechts)).

9.2 Konvektion, Diffusion und Abbau in einem flachen See

Will man aber den Transport einer Schadstoffsubstanz in einem nach allen Seiten ausgedehnten Gewässer mit einer relativ schwachen Strömung modellieren, so muss man einige der im letzten Abschnitt getroffenen Annahmen fallenlassen bzw. umformulieren. Damit die Problemstellung trotzdem noch relativ einfach und überschaubar ist, betrachten wir die vereinfachte Situation eines flachen Sees und beschränkten uns auf die Modellierung des Transportprozesses in einem rechtwinkligen Teilgebiet, auf dem darüber hinaus die Wasserströmung als konstant angenommen wird. Konkret ersetzen wir die obigen Annahmen A1)–A5) durch die folgenden:

B1) Das betrachtete Gewässer ist ein rechtwinkliges Teilgebiet der Länge L und Breite B eines flachen Sees. Die Tiefe des Sees ist im Vergleich zu dieser Länge und Breite sehr klein und innerhalb des betrachteten Gebietes in guter Näherung konstant.

B2) Die Seeströmung ist in dem betrachteten Teilgebiet zeitlich und räumlich konstant und parallel zur Wasseroberfläche. Wir bezeichnen diese Geschwindigkeit mit $v = (v_1, v_2)^T$.

B3) Der Schadstoff gelangt nur von den beiden Rändern des Gewässers aus, an denen die Fließgeschwindigkeit ins Innere des rechteckigen Gebietes zeigt, in das Gebiet.

B4) Am Seeboden und an der Wasseroberfläche kann keine Substanz eindringen oder entweichen.

B5) Die Substanz breitet sich in Wasser auch durch Diffusion aus und wird außerdem im Laufe der Zeit durch chemische und biologische Prozesse abgebaut. Wir gehen wieder davon aus, dass sich das Gewässer bezüglich dieser beiden Prozesse an allen Stellen gleich verhält und sich dieses Verhalten auch zeitlich nicht ändert.

Formulierung des mathematischen Modells

Wir gehen in völliger Analogie zum letzten Abschnitt vor. Unter den Annahmen B1) und B2) kann die Schadstoffkonzentration als eine Funktion $u = u(x, y, t)$ der Zeit t und der zwei kartesischen Koordinaten (x, y) eines Punktes in der Ebene beschrieben werden. Dabei legen wir eine Ecke des Gewässers in den Koordinatensystemursprung und suchen demnach eine Bestimmungsgleichung für die Funktion

$$u(x, y, t), \quad x \in [0, L], y \in [0, B], t \in [0, T].$$

O.b.d.A. nehmen wir an, dass die Fließgeschwindigkeit $v = (v_1, v_2)^T$ vom Ursprung aus in das betrachtete Gebiet zeigt, dass also beide Komponenten $v_1, v_2 \geq 0$ sind. Daher wird die Substanz von den beiden Seiten mit den Koordinaten $x = 0$ und $y = 0$ aus in das Gebiet getrieben. An diesen Grenzen werden wir die Konzentration u als Randbedingung vorgeben.

Beim Aufstellen der lokalen Bilanzgleichung für den Schadstoff haben wir jetzt nach den Annahmen B2) und B5) drei Prozesse zu beachten. Der Abbau führt zu einer Senke

$$q(x, y, t) = -\alpha u(x, y, t),$$

die Wasserströmung zu einem Konvektionsstrom

$$j_k(x, y, t) = u(x, y, t)\, v = u(x, y, t) \begin{pmatrix} v_2 \\ v_2 \end{pmatrix}$$

und die ungeordnete Bewegung der Schadstoffteilchen zu einem Diffusionsstrom

$$j_d(x, y, t) = -D \nabla u(x, y, t) = -D \left(\frac{\partial}{\partial x} u(x, y, t), \frac{\partial}{\partial y} u(x, y, t) \right)^T. \tag{9.8}$$

Gleichung (9.8), die auch als Ficksches Gesetz bezeichnet wird, entspricht dem Fourierschen Gesetz für die Wärmeleitung, siehe Gleichung (4.42) in Abschnitt 4.1.3. Der Teilchenstrom ist proportional zum Konzentrationsgradienten und fließt in entgegengesetzter Richtung. Der Proportionalitätsfaktor D wird als Diffusionskoeffizient oder auch als Diffusionskonstante bezeichnet. Da nach Annahme B5) der Diffusionskoeffizient D und die Abbaurate α zeitlich und räumlich konstant sind, erhalten wir nach Gleichung (4.46) die folgende lokale Bilanzgleichung

$$\begin{aligned} \frac{\partial u}{\partial t} &= -\nabla \cdot (j_d + j_k) + q = D\Delta u - v \cdot \nabla u - \alpha u \\ &= D\left(\frac{\partial^2 u}{\partial x^2} + \frac{\partial^2 u}{\partial y^2}\right) - v_1 \frac{\partial u}{\partial x} - v_2 \frac{\partial u}{\partial y} - \alpha u. \end{aligned} \tag{9.9}$$

Wir bemerken an dieser Stelle, dass sich der Diffusionsterm auch ohne Rückgriff auf das Ficksche Gesetz direkt aus den stochastischen Überlegungen in Abschnitt 4.3.3 ergibt, siehe Gleichung (4.82).

Um das Modell des zweidimensionalen Transportprozesses unter den Annahmen B1)–B5) vollständig festzulegen, muss noch eine Anfangskonzentration zum Zeitpunkt $t = 0$ und die Zufuhr des Schadstoffes über die Ränder oder die Konzentration an den Rändern, die mit der Strömungsrichtung einen spitzen Winkel bilden (d.h. der Schadstoff wird von dort in das Gewässer getrieben), im vorliegenden Fall wie oben festgelegt die Ränder mit den Koordinaten $x = 0$ und $y = 0$, spezifiziert werden:

$$u(x, y, 0) = f(x, y), \quad x \in [0, L],\ y \in [0, B], \tag{9.10}$$

$$u(0, y, t) = g_1(y, t), \quad y \in [0, B],\ t \in [0, T], \tag{9.11}$$

$$u(x, 0, t) = g_2(x, t), \quad x \in [0, L],\ t \in [0, T]. \tag{9.12}$$

Als mathematisches Modell für die Schadstoffausbreitung in einem flachen See unter den getroffenen Annahmen erhalten wir damit ein Anfangs-Randwertproblem in Form einer linearen partiellen Differentialgleichung zweiter Ordnung (9.9) mit Anfangs- und Randbedingungen (9.10)–(9.12).

Skalenanalyse

Wie für das eindimensionale Modell in Abschnitt 9.1 beginnen wir wieder mit einer geeigneten Entdimensionalisierung der Modellgleichung (9.9) nach dem Muster in Abschnitt 5.2.2, um bei gegebenen Parametern gegebenenfalls den dominierenden Transportprozess identifizieren zu können und die typischen Zeit- bzw. Längenskalen, auf denen die drei Prozesse Konvektion, Abbau und Diffusion eine Rolle spielen, zu bestimmen. Um die Analyse zu vereinfachen, nehmen wir an, dass das betrachtete Gewässer ein Quadrat mit der Seitenlänge L, also $L = B$ ist, und die Fließgeschwindigkeit $v = (v_1, v_2)$ in beide Richtungen gleich groß ist, also $v_1 = v_2$ gilt. Damit können wir das vorliegende

Problem in Bezug auf die Skalenanalyse wie ein räumlich eindimensionales Problem behandeln. Wir wählen $\overline{x} = L$ als charakteristische Länge, also als unsere Längeneinheit. Außerdem wählen wir die charakteristische Zeiteinheit $\bar{t}$ so, dass die Diffusionskonstante in den neuen Einheiten den Wert $\hat{D} = 1$ hat: $\bar{t} = L^2/D$, siehe Gleichung (5.36). Mit den dimensionslosen Größen

$$\hat{t} = t/\bar{t} = \frac{D}{L^2}t, \quad \hat{x} = \frac{x}{\overline{x}} = \frac{x}{L}, \quad \hat{y} = \frac{y}{\overline{y}} = \frac{y}{L}, \tag{9.13}$$
$$\hat{u}(\hat{x}, \hat{y}, \hat{t}) = u(L\hat{x},\, L\hat{y},\, \frac{L^2}{D}\hat{t})/\overline{u}$$

mit einer beliebigen charakteristischen Konzentration (z.B. $\overline{u} = 1/L^2$) erhalten wir aus (9.9) die dimensionslose Gleichung

$$\frac{\partial \hat{u}}{\partial \hat{t}} = \left(\frac{\partial^2 \hat{u}}{\partial \hat{x}^2} + \frac{\partial^2 \hat{u}}{\partial \hat{y}^2} \right) - \hat{v} \left(\frac{\partial \hat{u}}{\partial \hat{x}} + \frac{\partial \hat{u}}{\partial \hat{y}} \right) - \hat{\alpha}\, \hat{u}, \tag{9.14}$$

mit den dimensionslosen Parametern

$$\hat{v} = \frac{v\,L}{D}, \quad \hat{\alpha} = \frac{\alpha\, L^2}{D}, \quad \hat{D} = 1. \tag{9.15}$$

Anhand der Größe dieser Parameter lässt sich wieder qualitativ der Einfluss der einzelnen Teilprozesse auf den Gesamttransportprozess auf der charakteristischen Länge L abschätzen. Ist beispielsweise $\hat{v} \ll 1$, so kann man davon ausgehen, dass der Transport kaum von der Konvektion, sondern vielmehr von der Diffusion beeinflusst wird. Im Fall $\hat{\alpha} \gg 1$ wird der chemische Abbau im Vergleich zur Diffusion eine dominante Rolle spielen usw. Abschließend betrachten wir wieder die Zeitskalen, auf denen die Prozesse stattfinden. Neben den drei im letzten Abschnitt erwähnten Zeitskalen kommt jetzt noch eine vierte hinzu:

iv. Die Zeitskala der Diffusion ist bestimmt durch die Zeitdauer

$$t_4 = L^2/(2D),$$

innerhalb der sich eine in einem Punkt konzentrierte Substanz im quadratischen Mittel in einer Entfernung L befindet, siehe Gleichung (4.84) und die daran anschließenden Erläuterungen.

Dieser Wert sollte uns nicht überraschen: Bis auf einen Faktor zwei ist dies gerade die oben gewählte Zeiteinheit, bei der die Diffusionskonstante bezüglich der Längeneinheit L den Wert Eins hat.

Die Diffusion spielt in den allermeisten Fällen auf größeren Längenskalen keine entscheidende Rolle beim Stofftransport in Wasser. Die Diffusionskoeffizienten sind hier von der Größenordnung $D < 10^{-8}\,\mathrm{m}^2/\mathrm{s}$. Bei Transportprozessen in Gasen sind die Diffusionskoeffizienten allerdings wesentlich größer und können in der Größenordnung $D \approx 10^{-4} - 10^{-5}\,\mathrm{m}^2/\mathrm{s}$ liegen. Hier werden also im Zeitraum von einigen Stunden einige Meter zurückgelegt.

Simulation, Visualisierung und Interpretation

Um die qualitativen Überlegungen und Ergebnisse zu überprüfen und einen Eindruck von typischen Lösungen des aufgestellten Modells zu erhalten, führen wir wieder einige numerische Simulationen durch. Zunächst beachte man, dass wir durch die Entdimensionalisierung in Gleichung (9.14) die Orts- und Zeitvariablen in der 2D-Transportgleichung umskaliert haben und daher die entdimensionalisierte Gleichung auf entsprechend umskalierten Ortsgebieten bzw. Zeitintervallen zu lösen haben: Für die neuen Variablen $\hat{x}$, $\hat{y}$, $\hat{t}$ gilt dann

$$0 \leq \hat{x} \leq 1, \quad 0 \leq \hat{y} \leq 1, \quad 0 \leq \hat{t} \leq TD/L^2$$

mit fixierten Intervalllängen für die räumlichen Variablen $\hat{x}$ und $\hat{y}$.

Der qualitative Unterschied im Verhalten des konvektionsdominierten Transportprozesses im Gegensatz zu einem Prozess der diffusionsdominiert ist, wird beim Vergleich der Abbildungen 9.4 und 9.5 offensichtlich. Die numerischen Simulationen und die graphische Darstellung erfolgten mit dem MATLAB-Skript `Transport_FD_Im_2D`, das auf der Website des Buches zu finden ist. Hier wird das in Abschnitt 6.3 ausführlich diskutierte implizite Finite-Differenzen-Verfahren erster Ordnung in Raum und Zeit verwendet.

Abbildung 9.4 zeigt Simulationsergebnisse mit den folgenden Parametern (in dimensionslosen Größen): Der Betrag der Strömungsgeschwindigkeit v ist gleich 0.1 und sie ist in y-Richtung viermal so groß wie in x-Richtung. Der chemische Abbau der Schadstoffsubstanz findet mit der Rate $\alpha = 0.1$ statt. Der Diffusionskoeffizient D hat den Wert $D = 0.0001$. Berechnet man für diese Parameter die dimensionslose Konvektionsgeschwindigkeit $\hat{v} = 100$ und die Abbaurate $\hat{\alpha} = 50$ aus (9.15), so wird offensichtlich, dass die Diffusion der Substanz im Vergleich zur Konvektion und zum chemischen Abbau eine sehr untergeordnete Rolle spielt, während die Konvektion und der chemische Abbau in etwa gleichbedeutend sind. Betrachten wir die Konzentration des Schadstoffes im See zu unterschiedlichen Zeitpunkten, siehe Abbildungen 9.4, so können wir beobachten, dass sich der Schadstoff in Richtung der y-Achse wesentlich schneller ausbreitet als in Richtung der x-Achse. Dabei nimmt die Konzentration der Schadsubstanz aufgrund des chemischen Abbaus mit der Zeit ab. Die Schadsubstanz bleibt lokalisiert zusammen, breitet sich also nicht weiter aus, sondern wandert lediglich mit der Strömung mit.

Als Nächstes betrachten wir einen diffusionsdominierten Prozess. Wir nehmen also an, dass die Strömung sehr schwach ist und der Abbau sehr langsam. Als Parameter für eine Simulation wählen wir $v = 0.001$, $\alpha = 0.001$ und $D = 0.1$. In diesem Fall erhalten wir nach (9.15) $\hat{v} = 0.01$ und $\hat{\alpha}$ gleich 0.005. Mit diesen Werten erwarten wir, dass der Diffusionsprozess die Konvektion und den Abbau deutlich dominiert. Mithilfe des MATLAB-Codes `Transport_FD_Im_2D` kann man die Konzentration des Schadstoffes unter den gleichen Anfangs- und Randbedingungen wie für das Gewässer mit einer starken Strömung berechnen und visualisieren: Die Abbildung 9.5 macht deutlich, dass der Schadstoff jetzt nicht wie in Abbildung 9.4 lediglich mit der Strömung mitgenommen und dabei abgebaut wird, sondern er diffundiert und verbreitet sich dadurch mit der Zeit

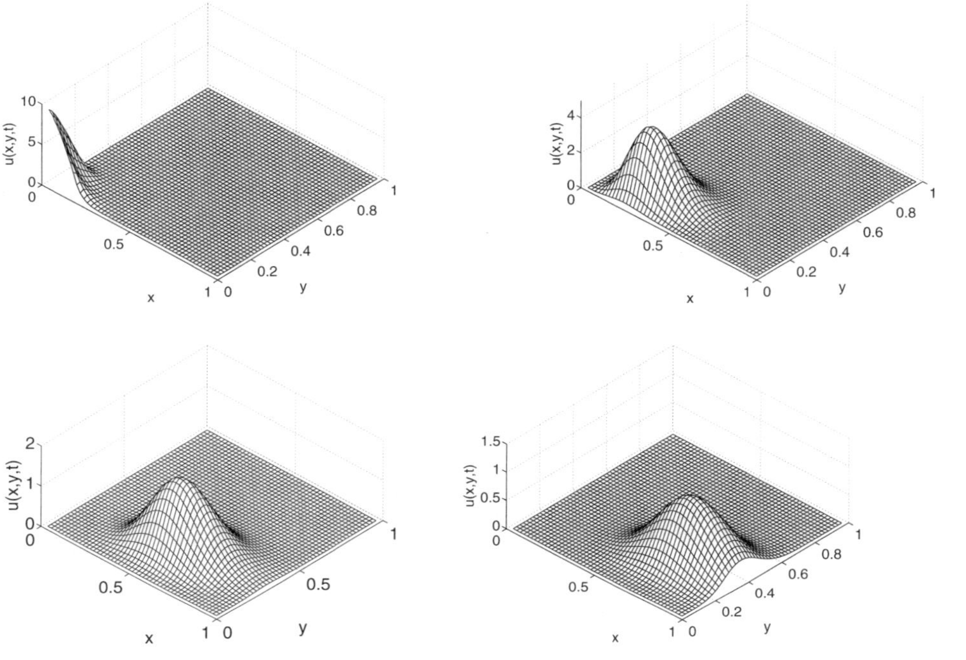

Abb. 9.4: Konvektionsdominierter Transportprozess: Zeitliche Entwicklung der Schadstoffkonzentration $\hat{u}(\hat{x}, \hat{y}, \hat{t})$ (in der Abbildung mit $u(x, y, t)$ bezeichnet) für die Parameterwerte $\hat{T} = 10,\ \hat{v} = 100,\ \hat{\alpha} = 50$. Der zeitliche Verlauf geht von links oben nach rechts unten.

über ein größeres Gebiet.

Abschließend diskutieren wir noch kurz eine weitere Fragestellung, die sich insbesondere bei der Ausbreitung von Schadstoffen nach einer Havarie oder ähnlichem stellt. Man möchte im Allgemeinen wissen, wie viel Zeit einem bleibt, um an einem bestimmten Ort x Gegen- oder Schutzmaßnahmen zu ergreifen. Dazu möchte man berechnen, wie groß die Ausbreitungsgeschwindigkeit der Schadstoffe ist, wie schnell sich also die Ausbreitungsfront bewegt. Die Bestimmung oder Abschätzung einer solchen Ausbreitungsgeschwindigkeit ist nicht selten das eigentliche Modellierungsziel. Für den einfachen Fall eines rein konvektiven Transportes ist dies gerade die Fließgeschwindigkeit des Wassers. In komplizierteren Fällen ist dies nicht mehr ganz so einfach. Zunächst muss man klären, was man unter der Ausbreitungsfrontgeschwindigkeit eigentlich verstehen möchte. Handelt es sich um die Geschwindigkeit der „schnellsten“ Partikel der Substanz oder aber um die mittlere Geschwindigkeit? Wann kann man sagen, dass die Schadsubstanz schon eine bestimmte Stelle erreicht hat? Im Allgemeinen gibt es keine festen Antworten auf diese Fragen. Für was man sich interessiert, hängt von der konkreten Problemstellung

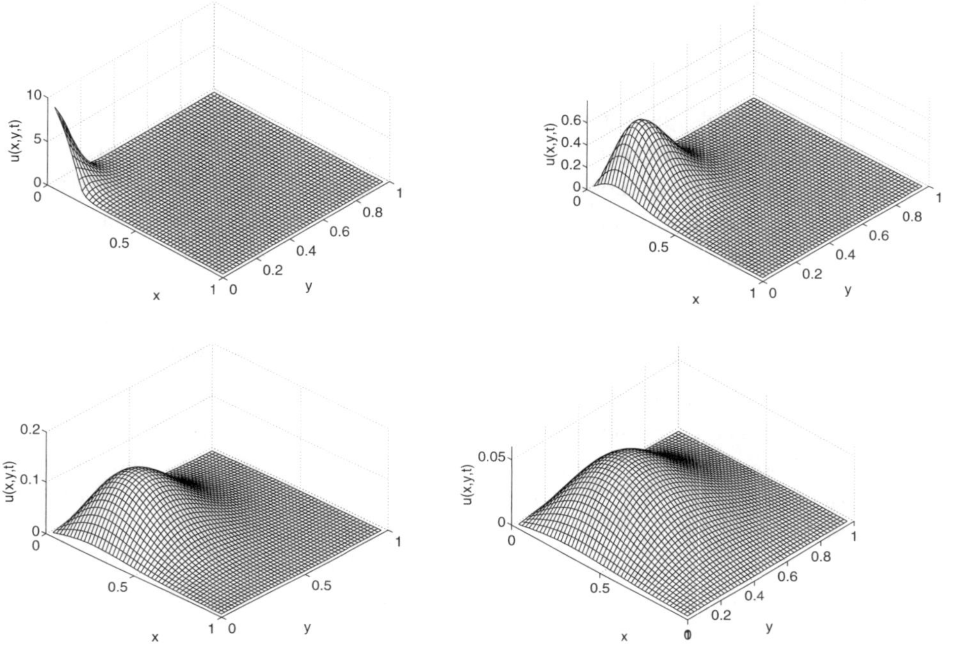

Abb. 9.5: Diffusionsdominierter Transportprozess: Zeitliche Entwicklung der Schadstoffkonzentration $\hat{u}(\hat{x}, \hat{y}, \hat{t})$ (in der Abbildung mit $u(x, y, t)$ bezeichnet) für die Parameterwerte $\hat{T} = 10$, $\hat{v} = 0.01$, $\hat{\alpha} = 0.005$. Der zeitliche Verlauf geht von links oben nach rechts unten.

ab, z.B. davon, wie giftig die Substanz, wie sensibel das Ökosystem an dem Ort, für die eine Vorhersage getroffen werden soll, ist, usw.

Im Abschnitt 8.4 hatten wir das Maltus-Modell für die räumliche 2D-Verteilung einer Fischpopulation eingeführt, die ohne weiteres auch als ein Modell der Ausbreitung eines Schadstoffes durch Diffusion und mit Abbau in einem 2D-Gewässer ohne Strömungen interpretiert werden kann. Unter der Voraussetzung einer räumlichen radial-homogenen Verteilung der Fischbestände wurde im Abschnitt 8.4 gezeigt, dass der Radius R der Ausbreitung dieser Fischpopulation linear mit der Zeit t wächst. Dabei wurde festgelegt, dass der Radius der Ausbreitung dadurch definiert wird, dass sich zum Zeitpunkt t nur N_0 Populationsmitglieder außerhalb des Kreises mit diesem Radius befinden, wobei N_0 die Anfangspopulation zum Zeitpunkt $t = 0$ bezeichnet, und die Gesamtanzahl der Population zum Zeitpunkt t gleich $N_0 e^{\alpha t}$ ist. Hätten wir den Radius R der Ausbreitung anders definiert, beispielsweise als den Radius des Kreises, in dem sich mindestens ein Fisch befindet, oder des Kreises, in dem mindestens die Hälfte aller Fische zu finden sind, hätten wir andere Ergebnisse bekommen. Der Leser bekommt in Aufgabe 9.2 die Möglichkeit, sich mit einem Problem dieser Art zu beschäftigen.

9.3 Drei Dimensionen und andere Verallgemeinerungen

Im allgemeinen Fall muss man ein reales Gewässer als ein dreidimensionales, nicht rechtwinkliges Gebiet beschreiben. Ein Schadstofftransport ist prinzipiell in alle drei Raumrichtungen möglich und die Schadstoffkonzentration $u = u(x, y, z, t)$ ist eine Funktion der Zeit t und der drei Ortkoordinaten. In der Regel spielen bei der Ausbreitung der Substanz in einem Gewässer alle drei der oben beschriebenen Teilprozesse, Transport durch eine Strömung, der chemische Abbau und die Diffusion und eventuell noch weitere Prozesse wie zum Beispiel Sedimentation aufgrund der Schwerkraft, eine Rolle und sollten in einem mathematischen Modell berücksichtigt werden. Die entsprechenden Substanzparameter werden dabei nicht an jedem Ort und zu jeder Zeit gleich sein. So fließt das Wasser an unterschiedlichen Stellen unterschiedlich schnell und in unterschiedliche Richtungen, die Abbaurate wird von der Wassertemperatur oder den Lichtverhältnissen und somit von der Wassertiefe, aber auch von der Konzentration des Schadstoffes oder anderer Stoffe abhängen. Selbst der Diffusionskoeffizient ist nicht unbedingt konstant, sondern kann zum Beispiel von der Wassertemperatur abhängen und damit auch vom Ort. Darüber hinaus sind Wassertemperatur und Lichteinfall von der Tageszeit abhängig, und auch die Fließgeschwindigkeiten werden nicht zeitlich konstant sein.

Gehen wir wieder von einer lokalen Bilanzgleichung aus und beschränken uns auf die drei im vorigen Abschnitt betrachteten Transportprozesse, so erhalten wir in Analogie zum zweidimensionalen Fall die folgende Gleichung für die Schadstoffkonzentration $u = u(x, y, z, t)$ in einem dreidimensionalen Gewässer:

$$\begin{aligned}\frac{\partial u}{\partial t} &= -\nabla \cdot (j_d + j_k) + q = \nabla \cdot (D\nabla u) - v \cdot \nabla u - \alpha u \qquad (9.16)\\ &= \frac{\partial}{\partial x}\left(D\frac{\partial u}{\partial x}\right) + \frac{\partial}{\partial y}\left(D\frac{\partial u}{\partial y}\right) + \frac{\partial}{\partial z}\left(D\frac{\partial u}{\partial z}\right) - v_1\frac{\partial u}{\partial x} - v_2\frac{\partial u}{\partial y} - v_3\frac{\partial u}{\partial z} - \alpha u.\end{aligned}$$

Der Diffusionskoeffizient D und die Abbaurate α sind jetzt im Allgemeinen Funktionen der drei räumlichen Koordinaten (x, y, z), der Zeit t und der unbekannten Konzentration u: $D = D(x, y, z, t, u)$, $\alpha = \alpha(x, y, z, t, u)$. Auch die Konvektionsgeschwindigkeiten v_i, $i = 1, 2, 3$ können von der Zeit und den drei räumlichen Koordinaten abhängen: $v_i = v_i(x, y, z, t)$. Gleichung (9.16) ist daher eine *nichtlineare* partielle parabolische Differentialgleichung zweiter Ordnung.

Ein allgemeines kontinuierliches Modell der Schadstoffausbreitung in einem 3D-Gewässer besteht dann aus Gleichung (9.16), einer Anfangsbedingung

$$u(x, y, z, 0) = f(x, y, z), \quad (x, y, z) \in V, \qquad (9.17)$$

und einer Randbedingung

$$u(x, y, z, t) = g(x, y, z, t), \ (x, y, z) \in S, \ 0 \le t \le T, \qquad (9.18)$$

wobei mit V das gesamte Gebiet, in dem die Ausbreitung der Schadstoffsubstanz betrachtet wird, und mit S ein geeignet zu wählender Teil des Randes von V bezeichnet werden.

Für ein geometrisch einfaches Gebiet V (beispielsweise eine endliche Vereinigung von Quadern) kann man Gleichung (9.16) mit der Methode der finiten Differenzen numerisch lösen. In Abschnitt 6.3 haben wir eine solche Diskretisierung für den Fall einer linearen Transportgleichung mit konstanten Koeffizienten diskutiert.

Im Falle eines unregelmäßigen Gebietes wird eine Diskretisierung schwieriger. Um die Gleichung (9.16) numerisch zu lösen, kann man entweder eine Modifizierung der Methode der finiten Differenzen auf einem nichtregulären Gitter anwenden oder aber andere Ansätze wie die Methode der Finiten Elemente (FEM) oder die Methode der Finiten Volumen (FVM) verfolgen. In modernen Software-Paketen werden heute überwiegend FEM und FVM eingesetzt, siehe Dahmen und Reusken (2006) für eine erste Einführung.

Wir betrachten im Folgenden nur den Fall der linearen Transportgleichung mit konstanten Parametern D, α, v auf einem quaderförmigen Teilgebiet. Die Entdimensionalisierung inklusive der Bestimmung charakteristischer Zeitskalen der einzelnen Teilprozesse verläuft genau wie im zweidimensionalen Fall.

Die numerische Behandlung der Gleichung (9.16) mit der Methode der finiten Differenzen wurde in Abschnitt 6.3 diskutiert. Die einzige neue Schwierigkeit gegenüber dem ein- bzw. zweidimensionalen Fall besteht hier in der komplizierteren „Buchhaltung“ der vielen Indizes beim Aufbau der Systemmatrix. Eine Implementierung des expliziten bzw. des impliziten Verfahrens findet man in den MATLAB-Skripten `Transport_FD_Ex_3D` bzw. `Transport_FD_Im_3D` auf der Buch-Webseite. Möglichkeiten, die berechneten Lösungen zu visualisieren, wurden in Abschnitt 6.3 vorgestellt.

Wir beschränken uns an dieser Stelle darauf, die bereits in Abschnitt 6.3 kurz vorgestellte Beispielsimulation zu diskutieren und hoffen, dass unsere Leser die bereitgestellten oder aber eigene Implementierungen benutzen, um weitere Untersuchungen durchzuführen.

Die Randbedingungen der Simulation sind so gewählt, dass der Schadstoff eine Zeit lang am Boden des Gewässers eingeleitet wird. Die Konvektionsströmung geht in Richtung Oberfläche. Die Parameter D, α und v sind so gewählt, dass die charakteristischen Zeitskalen aller drei Transportprozesse in etwa gleich groß sind, d.h. die entdimensionalisierte Konvektionsgeschwindigkeit $\hat{v}$ und die Abbaurate $\hat{\alpha}$ sind von der Größenordnung der entdimensionalisierten Diffusionskonstante $\hat{D} = 1$, sodass beim Transportprozess alle drei Teilprozesse eine wesentliche Rolle spielen sollten. In Abbildung 6.11 wird der zeitliche Verlauf deutlich. Die Schadstoffwolke bewegt sich durch Konvektion zur Oberfläche hin, verbreitert sich durch Diffusion und nimmt deswegen und aufgrund des Abbaus schnell ab. Das Modell liefert qualitativ plausible Ergebnisse und kann verwendet werden, um erste Vorhersagen für einen realen 3D-Transportprozess zu treffen.

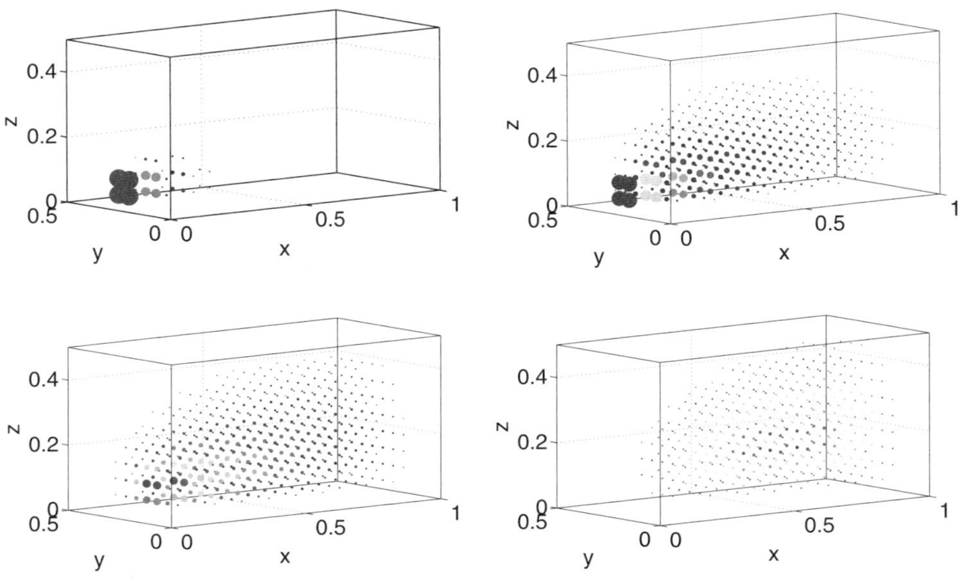

Abb. 9.6: Visualisierung der zeitlichen Entwicklung der Schadstoffkonzentration. Der zeitliche Verlauf geht von links oben nach rechts unten.

An dieser Stelle brechen wir unsere Untersuchungen zur Schadstoffausbreitung in einem Gewässer ab. Wie wir gesehen haben, können wir mit den entwickelten Modellansätzen durchaus erste qualitative Eigenschaften und auch quantitative Abschätzungen über das Verhalten eines realen Prozesses gewinnen. Dennoch bleibt für eine genauere Untersuchung noch einiges zu tun. Neben der Verwendung besserer numerischer Verfahren wird man vor allen Dingen weitere Zustandsgrößen betrachten und auch modellieren müssen, die in unserem bisherigen Modell als von außen vorgegebene Parameter eingingen. So wird oft das Geschwindigkeitsfeld $v = v(x, y, z, t)$ als Lösung einer geeigneten partiellen Differentialgleichung zu berechnen sein. Hier geht entscheidend die Temperaturverteilung in dem Gewässer als treibende Kraft für die Strömung ein und somit ist auch die Wärmeleitung im Wasser von Bedeutung. Je komplexer das Modell wird, desto wichtiger wird die mathematische Analyse, um einerseits die Größenordnung einzelner Prozesse im Vorfeld abschätzen zu können und dadurch eventuell das Modell verschlanken zu können und andererseits, um zuverlässige und stabile numerische Methoden auszuwählen oder zu entwickeln, die nicht nur in kontrollierten Sonderfällen richtige Ergebnisse liefern.

9.4 Aufgaben

Aufgabe 9.1 Führen Sie Berechnungen der Schadstoffausbreitung einer Substanz in einem 1D-Fluss für unterschiedliche System- und Modellparameterwerte mit dem MATLAB-Skript aus Listing 6.12 durch und verifizieren Sie numerisch die Behauptung, dass die Ausbreitung durch die Konvektion dominiert wird, wenn die Geschwindigkeit $\hat{v}$ aus Gleichung (9.6) groß ist ($\hat{v} \gg 1$).

Aufgabe 9.2 Wählen Sie eine geeignete Definition für die Geschwindigkeit der Ausbreitungsfront einer Schadsubstanz im Falle der 1D-Transportgleichung (9.1). Berechnen Sie diese Geschwindigkeit numerisch für unterschiedliche Parameter mithilfe des MATLAB-Skripts in Listing 6.12. Versuchen Sie, die Geschwindigkeit analytisch zu bestimmen oder abzuschätzen.

Aufgabe 9.3 Lösen Sie die Aufgaben 9.1 und 9.2 für die allgemeine lineare 3D-Transportgleichung (9.16) mit konstanten Koeffizienten.

Anhang A
MATLAB®-Tutorial

Übersicht

A.1 Grundlagen

Die Software MATLAB (**MAT**rix **LAB**oratory) wurde Ende der 70er-Jahre mit dem Ziel entwickelt, wichtige Algorithmen der numerischen linearen Algebra, wie das Lösen von linearen Gleichungssystemen, Eigenwertberechnungen usw. in einer interaktiven Umgebung durch einfache und intuitiv zu benutzende Funktionsaufrufe bereitzustellen. Die heutige MATLAB-Software wird von der Firma *The MathWorks* hergestellt und vertrieben[1] und ist mittlerweile zu einem sehr vielseitigen und mächtigen Werkzeug zur Lösung rechenintensiver Probleme gewachsen. Laut Eigendarstellung ist MATLAB „eine hoch entwickelte Sprache für technische Berechnungen und eine interaktive Umgebung für die Algorithmenentwicklung, die Visualisierung und Analyse von Daten sowie für numerische Berechnungen". Obwohl MATLAB auch symbolische Berechungen erlaubt, liegt der Schwerpunkt im Gegensatz zu Computeralgebrasystemen primär auf der numerischen Behandlung mathematischer Probleme, d.h. der Berechnung mit endlicher Genauigkeit.

Im Folgenden geben wir eine kurze Einführung in die Benutzung von MATLAB. Dabei gehen wir davon aus, dass unsere Leser bereits Grundkenntnisse in einer höheren Programmiersprache besitzen. MATLAB lernt man, indem man es benutzt! Wir empfehlen daher dringend, parallel zum Lesen dieses Tutorials die vielen Beispiele direkt auszuprobieren und mit weiteren Beispielen zu experimentieren. Alle Beispiele sind mit

[1] Auf der Seite http://www.mathworks.de/ findet man weitere Informationen und viele Tutorials

MATLAB 7.8 (R2009a) erstellt. Eine ausführliche und sehr empfehlenswerte Einführung in MATLAB inklusive einer Sammlung von Beispiel-Codes findet sich in dem Buch von Higham und Higham (2005) sowie in den online verfügbaren Büchern Moler (2008); Moler (2009).

A.1.1 Die Benutzeroberfläche

Die MATLAB-Benutzeroberfläche enthält nach dem Start drei Teilfenster:

- Im **Command Window** (**Befehlsfenster**) werden Anweisungen (rechts vom Doppelpfeil `>>`) eingegeben und zur Ausführung mit einem `<ENTER>` abgeschlossen. Die Ergebnisse werden nach der Berechnung hier angezeigt. Mit der Anweisung `clc` kann das Command Window geleert werden.
- In einem weiteren Fenster (meist links oben) werden wahlweise das **Current directory** – das aktuelle Arbeitsverzeichnis – und der **Workspace** – die aktuell gespeicherten Variablen – angezeigt. Die aktuellen Variablen können auch mit der Anweisung `whos` im Command Window abgefragt werden. Bei Eingabe von `clear` werden alle gespeicherten Variablen gelöscht.
- Alle eingegebenen Anweisungen werden gespeichert und in der **Command History** angezeigt. Durch einen Doppelklick auf einen Befehl in diesem Teilfenster wird dieser Befehl in das Command Window kopiert und erneut ausgeführt.

MATLAB verfügt über ein ausführliches Hilfe-System, auf das über den Help-Browser in der Menüzeile oder durch Eingabe der Anweisung `help <Befehlsname>` im Command Window zugegriffen werden kann. Hier ist `<Befehlsname>` ein MATLAB-Befehl oder eine MATLAB-Funktion. Bei Eingabe von

```
>> help clc
```

wird z.B. eine Erklärung zur Benutzung des Befehls `clc` im Command Window angezeigt.

A.1.2 Matrizen als grundlegende Datenstruktur

Daten werden in MATLAB überwiegend als (mehrdimensionale) Matrizen gespeichert und verarbeitet. Auch eine skalare Größe wird in MATLAB als eine 1×1-Matrix aufgefasst. Spalten- und Zeilenvektoren sind dementsprechend $n \times 1$ bzw. $1 \times n$-Matrizen.

Eine Variable (also eine Matrix) muss in MATLAB nicht deklariert werden. Der Datentyp der Matrixeinträge und die Größe der Matrix wird automatisch aus dem Kontext bestimmt und der benötigte Speicher automatisch bereitgestellt. Falls keine explizite Angabe erfolgt, arbeitet MATLAB bei arithmetischen Daten mit dem Fließkomma-Datentyp *double*, also mit Fließkommazahlen mit 15 Nachkommastellen.

Für die Bezeichnung von Variablen gelten dieselben Regeln wie in der Programmiersprache C: Namen von Variablen müssen mit einem Buchstaben beginnen und für die nachfolgenden Zeichen sind nur Buchstaben, Zahlen oder Unterstriche _ erlaubt. So ist z.B. 1a kein zugelassener Name, im Gegensatz zu a1.

Eine Matrix kann durch die explizite Angabe der Matrixelemente definiert und einer Variablen zugewiesen werden:

```
>> a = 1;
>> A = [3 2 4; 5 8 7; 3 5 8];
```

Ein Blick in den Workspace oder die Eingabe von whos zeigt, dass wir eine 1×1-Matrix a und eine 3×3-Matrix A mit Einträgen vom Typ double erzeugt haben. Wie in dem obigen Beispiel werden allgemein bei der Definition einer Matrix die Zeileneinträge mit Leerzeichen oder Kommata und Spalten durch ein Semikolon getrennt und die Liste aller Eingaben wird in eckige Klammern [] eingeschlossen. Das abschließende Semikolon nach den Anweisungen verhindert ein „Echo" im Befehlsfenster. Wird es weggelassen, so erfolgt eine Ausgabe des Ergebnisses (hier der Matrix A).

Der Zugriff auf einzelne Matrixelemente erfolgt durch Angabe der Indizes in runden Klammern:

```
>> x = A(1,2);
>> A(2,2) = 5;
```

Man beachte, dass in MATLAB die Indizierung der Matrixeinträge mit 1 beginnt. Eine Eingabe von A(5,5)=2 veranlasst MATLAB dazu, die Matrix A zu einer 5×5-Matrix zu vergrößern und die nicht festgelegten Matrixeinträge mit 0 zu belegen. Überprüfen Sie dies! Man überprüfe außerdem das Ergebnis der Anweisungen B=[A;A] bzw. C=[A A]. An den letzten beiden Beispielen wird deutlich, dass wenn immer es möglich ist, Matrizen und skalare Größen syntaktisch gleich behandelt werden.

In MATLAB gibt es eine Reihe von eingebauten Funktionen, die bestimmte vordefinierte Matrizen zurückliefern. So wird z.B. mit der Anweisung

```
>> A = eye(5);
```

der Variablen A eine 5×5 Einheitsmatrix zugewiesen. Allgemein liefert der Aufruf eye(m,n) eine $(m \times n)$-Matrix mit Einsen auf der Diagonalen und sonst Nullen zurück. Wird nur ein Übergabeparameter angegeben, so wird eine quadratische Matrix zurückgegeben. Einige gebräuchliche Funktionen zur Erzeugung von Matrizen sind in Tabelle A.1 aufgeführt. Verschaffen Sie sich genauere Informationen über diese Funktionen durch Eingabe von help <Funktionsname>.

Tab. A.1: Funktionen zur Erstellung von Matrizen

Funktionsname	**Rückgabe**
`eye`	Einheitsmatrix
`zeros`	Nullmatrix
`ones`	Einser-Matrix
`rand`	Matrix mit Zufallszahlen in $[0,1]$ (gleichverteilt)

Auch Zeichenketten (Strings) sind in MATLAB Matrizen (genauer `char`-Felder):

```
>> s1 = 'Hallo';
>> s2 = 'Frank';
>> s3 = [s1,' ',s2]
s3 =
Hallo Frank
```

Geben Sie `whos` ein, um den Datentyp zu überprüfen. Man beachte, dass in MATLAB Strings in einzelne Hochkommata eingeschlossen werden, nicht in doppelte.

Mit dem Befehl `disp` wird der Wert einer Variablen im Befehlsfenster ausgegeben, z.B. `disp(s1);` oder `disp(A)`.

Der Doppelpunktoperator :

Mithilfe des :-Operators lassen sich bequem Vektoren von äquidistanten Werten erzeugen

```
>> v=1:0.5:3
v =
    1.0000    1.5000    2.0000    2.5000    3.0000
>> v=1:3
v =
     1     2     3
```

Der erste Wert gibt den Startpunkt, der zweite die Schrittweite und der dritte den Endpunkt an. Bei fehlender Angabe einer Schrittweite wird diese auf 1 gesetzt. Die Verwendung von Indexvektoren statt einzelner Indizes erlaubt einen direkten Zugriff auf Teilmatrizen einer Matrix mit einer Anweisung:

```
>> A=[1 2 3 4; 5 6 7 8; 9 10 11 12];
>> B = A(1:2,1:3)
B =
```

```
     1     2     3
     5     6     7
>> b = A(2,:)
b =
     5     6     7     8
```

Wird bei der Angabe des Indexvektors Anfang bzw. Ende nicht spezifiziert, so laufen die Indizes von 1 ab bzw. bis zum letzten vorhandenen Index. Erstellen Sie mit einer Anweisung diejenige Teilmatrix, die jede zweite Zeile und jede dritte Spalte der ursprünglichen Matrix enthält.

A.1.3 Rechnen mit Matrizen

Für Matrizen stehen die folgenden arithmetischen Operationen zur Verfügung, wobei zwischen den üblichen Matrixoperationen und elementweisen Operationen unterschieden wird.

Tab. A.2: Arithmetische Operationen

Operation	Matrixoperation	elementweise Operation
Addition	+	+
Subtraktion	-	-
Multiplikation	*	.*
Division	/	./
Potenz	^	.^

Matrixoperationen

Bei den Matrixoperationen muss auf konsistente Matrixgrößen geachtet werden. Potenz und Division sind nur für quadratische Matrizen möglich und bei den anderen Operationen müssen die beiden Operanden zusammenpassen. Man betrachte dazu das folgende Beispiel (der Operator ' erzeugt die transponierte Matrix):

```
>> v=[1 2 3];
>> w=[1 1 1]';
>> a=v*w
a =
     6
```

```
>> B=w*v
B =
     1     2     3
     1     2     3
     1     2     3
```

Als weiteres Beispiel betrachten wir die orthogonalen Drehmatrizen `D_45` und `D_90` zu den Drehwinkeln 45° und 90° (`pi` ist die Kreiszahl π):

```
>> D_45=[cos(pi/4) -sin(pi/4); sin(pi/4) cos(pi/4)];
>> D_45*(D_45)'
ans =
     1     0
     0     1
>> D_90=[cos(pi/2) -sin(pi/2); sin(pi/2) cos(pi/2)];
>> (D_90)'*(D_45)^2
ans =
    1.0000    0.0000
   -0.0000    1.0000
```

Wie in dem obigen Beispiel ersichtlich, wird ein Ergebnis, falls keine Variable für die Zuweisung angegeben wurde, der vordefinierten Variablen `ans` zugewiesen. Gibt man das Ergebnis der obigen Rechnung mit maximaler Genauigkeit (Fließkommadarstellung mit 15 Nachkommastellen) aus:

```
>> format long e
>> (D_90)'*(D_45)^2
ans =
    1.000000000000000e+000    1.608122649676636e-016
   -1.608122649676636e-016    1.000000000000000e+000
```

so wird offensichtlich, dass die Berechnung nicht symbolisch, sondern numerisch erfolgte. Informieren Sie sich mit `help format` über weitere Ausgabeformate.

Elementweise Operationen

Bei elementweisen Operationen zwischen Matrizen bezieht sich der Operator auf die einzelnen Einträge der Matrizen. Wie in Tabelle A.2 ersichtlich, werden diese Operationen mit einem Punkt vor dem Operator angegeben (außer `+` und `-`, bei denen sich elementweise Operation und Matrix-Operation nicht unterscheiden). So ergibt die elementweise Multiplikation zweier 3×3-Matrizen `A` und `B`:

```
>> A=[1 2 3;4 5 6;7 8 9];
>> B=ones(3,3);
>> A.*B
ans =
     1     2     3
     4     5     6
     7     8     9
```

Ist einer der Operanden skalar (also eine 1×1-Matrix), so wird die entsprechende Operation auf nahe liegende Weise elementweise durchgeführt:

```
v = 2*ones(1,3)
v =
     2     2     2
>> w = v + 1
w =
     3     3     3
```

A.1.4 Aufruf von eingebauten MATLAB-Funktionen

MATLAB stellt eine Fülle von Funktionalitäten in Form von vordefinierten (eingebauten) Funktionen bereit. Beim Aufruf einer MATLAB-Funktion wird eine kommaseparierte Liste von Eingabeparametern (meist Matrizen) übergeben und die Funktion liefert einen oder mehrere Rückgabewerte (meist Matrizen) zurück. So erhält man z.B. durch Aufruf der Funktion `size` mit dem Argument `A` die Anzahl der Zeilen und Spalten der Matrix `A`:

```
[m, n]=size(A);
```

Um mehrere Rückgabewerte in Variablen abzulegen, müssen diese wie in dem obigen Beispiel als kommaseparierte Liste, eingeschlossen in eckige Klammern, angegeben werden. Die als Eingabeparameter übergebenen Variablen werden von einer MATLAB-Funktion nicht geändert.

In MATLAB wird zwischen so genannten Skalar-, Vektor- und Matrixfunktionen unterschieden. Eine Skalarfunktion, z.B. die Sinusfunktion `sin` oder die Wurzelfunktion `sqrt`, operiert auf einer skalaren Größe. Eine Auflistung aller elementaren mathematischen Skalarfunktionen erhält man mit dem Befehl `help elfun`. Wird einer Skalarfunktion ein

Vektor oder eine Matrix übergeben, dann wird die Funktion elementweise ausgeführt und der Rückgabewert ist wieder ein Vektor bzw. eine Matrix, deren Elemente die entsprechenden Funktionswerte enthalten.

```
>> v = [4 9 16 25];
>> w = sqrt(v)
w =
     2     3     4     5
```

Eine Vektorfunktion kann auf Zeilen- und auf Spaltenvektoren angewendet werden und benutzt typischerweise alle Einträge des Vektors zur Berechnung eines Funktionswertes. Wird eine Matrix übergeben, so operiert die Funktion spaltenweise und es wird dann ein Zeilenvektor von Ergebnissen zurückgegeben. Beispiele sind die Funktionen `min`, `max` oder `sum`. Das größte Element eines Vektors `v` erhält man z.B. mit `vMax = max(v)`, dasjenige einer Matrix `A` mit `aMax = max(max(A))`.

Matrixfunktionen operieren auf der gesamten übergebenen Matrix. Es gibt viele sehr effizient implementierte Matrixfunktionen. Insbesondere die klassischen Lösungsalgorithmen der numerischen linearen Algebra sind als Matrixfunktionen vorhanden. Eine kleine Auswahl der zur Verfügung stehenden Funktionen ist in Tabelle A.3 angegeben.

Tab. A.3: Funktionen

Einteilung	Funktionen	Beschreibung
Analyse der Matrix	`rank`	Rang
	`det`	Determinante
	`cond`	Kondition
Lineare Gleichungssysteme	`\`	Lineares Gleichungssystem Lösen
	`inv`	Inverse
	`lu`	LU-Faktorisierung
Eigenwerte	`eig`	Eigenwerte und Eigenvektoren
	`poly`	Charakteristisches Polynom

Zur Lösung eines Gleichungssystems `A*x=b` verwendet man in MATLAB häufig den Backslash-Operator \:

```
>> A=[1 0 0;1 1 0;1 2 3];
>> b=[1;1;1];
>> x=A\b;
>> A*x-b
ans =
     0
```

```
0
0
```

Der Operator \ kann auf vielfältige Weise eingesetzt werden, z.B. auch zur Lösung von Ausgleichsproblemen, falls die Matrix A nicht quadratisch ist. Über die Vielfalt der Lösungsalgorithmen, die hinter dem harmlos scheinenden \-Operator stecken, informiere man sich im Helpbrowser unter dem Stichwort `mldivide` (matrix left devide). Eine Anwendung der LU-Zerlegung `lu` ist in dem Listing A.1 auf Seite 308 zu sehen. Informieren Sie sich auch über die Verwendungsmöglichkeiten von `eig` zur Berechnung der Eigenwerte und Eigenvektoren einer Matrix und testen Sie beide Funktionen an der obigen Matrix `A`.

A.2 Programmieren in MATLAB

Bei der Lösung komplexerer Probleme wird man im Allgemeinen auch Anweisungen zur Ablaufsteuerung (Verzweigungen und Schleifen) benötigen. Darüber hinaus ist es nicht mehr praktikabel, alle Anweisungen und Funktionsaufrufe interaktiv einzugeben, man möchte Variablen zu Datenstrukturen zusammenfassen, Teilprobleme in eine eigene Prozedur/Funktion auslagern etc. MATLAB stellt eine intuitiv zu benutzende Hochsprache mit allen diesen Möglichkeiten und auch eine Entwicklungsumgebung mit Editor und Debugger bereit. MATLAB ist eine Skriptsprache, d.h. die einzelnen Anweisungen werden von einem Interpreter direkt ausgeführt und es wird kein kompilierter Maschinen-Code erzeugt. Viele der vordefinierten MATLAB-Funktionen rufen kompilierte Maschinenprogramme auf und sind daher wesentlich schneller, als wenn man dieselbe Funktionalität in der Skriptsprache programmiert.

A.2.1 Skripte und Funktionen

Anweisungsfolgen werden als ASCII-Textdateien in so genannten **M-Files** – Dateien mit der Endung `.m` – zusammengefasst. Zur Erstellung von M-Files benutzt man am besten den MATLAB-Editor (Menüpunkt Desktop -> Editor oder `edit <Dateiname>`). Man unterscheidet zwei Arten von M-Files: Skripte und Funktionen.

MATLAB-Skripte

Ein MATLAB-Skript dient der automatischen Ausführung einer Folge von MATLAB-Befehlen. Der Skript-Dateiname – ohne die Endung `.m` – dient als neuer Befehlsname, bei dessen Aufruf (im Befehlsfenster oder in einem anderen Skript) die Anweisungen im Skript nacheinander ausgeführt werden. Ein Skript hat weder Übergabe- noch Rückgabeparameter und benutzt denselben so genannten Basis-Workspace wie das interaktive Befehlsfenster. D.h., dass die im Skript verwendeten Variablen – falls sie nicht explizit mit `clear` gelöscht werden – auch nach Ablauf des Skriptes noch im Basis-Workspace vorhanden sind und umgekehrt auch auf alle im Basis-Workspace vorhandenen Variablen im Skript zugegriffen werden kann. Die Skriptdatei muss entweder im aktuellen Arbeitsverzeichnis oder aber im MATLAB-Suchpfad liegen (siehe `help addpath` oder aber `setpath` im Hauptmenü `Datei`). Man betrachte das Beispiel in Listing A.1, in dem mithilfe der LU-Zerlegung ein lineares Gleichungssystem gelöst wird. Dabei wird in MATLAB rechts von einem %-Zeichen stehender Text als Kommentar angesehen. Das Skript wird mit `testSkript` aufgerufen.

Listing A.1: M-File `testSkript.m`

```
n = 5;               % Anzahl Unbekannte
A = hilb(n);         % Erzeugung einer n x n Hilbertmatrix
disp(cond(A));       % Kondition der Matrix A (bez. der 2-Norm)
b = rand(n,1);       % Erzeugung eines zufaelligen Spaltenvektors
[L,U,P] = lu(A);     % L*U = P*A
y = L\P*b;           % Vorwaertsubstitution
x = U\y              % Rueckwaertssubstitution
b - A*x              % Residuum
```

Die Hilbert-Matrix mit Einträgen $A_{ij} = 1/(i + j - 1)$ ist invertierbar, aber das Gleichungssystem $Ax = b$ ist schon für relativ kleine n sehr schlecht konditioniert. Man teste das Skript für $n = 5, 10, 15, 20$ und staune über die schlechten Ergebnisse, die freilich nicht an Unzulänglichkeiten von MATLAB liegen!

MATLAB-Funktionen

Im Gegensatz zu einem Skript kann eine MATLAB-Funktion Eingabeparameter (Übergabeparameter) und Ausgabeparameter (Rückgabeparameter) haben. Außerdem besitzt jede Funktion einen eigenen lokalen Workspace, d.h., die in der Funktion definierten Variablen sind nur lokal in dieser Funktion sichtbar und existieren nach Ende der Funktion nicht mehr. In der Funktion kann außerdem nicht direkt auf die Variablen im Basis-Workspace des Befehlsfensters zugegriffen werden.

Eine Funktion wird durch das Schlüsselwort `function` in der ersten Zeile des M-Files gekennzeichnet. Danach folgt in eckigen Klammern die kommaseparierte Liste der Ausgabeparameter, der Funktionsname und in runden Klammern die Liste der Übergabeparameter, siehe Listing A.2. Gibt die Funktion nur einen Ausgabeparameter zurück, so können die eckigen Klammern weggelassen werden. Ein leeres Klammerpaar `[]` wird benutzt, wenn die Funktion keine Ausgabeparameter besitzt. Ein direkt nach dieser Zeile folgender Kommentarblock wird bei der Eingabe von `help` gefolgt von dem Funktionsnamen ausgegeben und sollte eine Spezifikation der Ein- und Ausgabeparameter und eine Beschreibung der Funktion enthalten.

Listing A.2: M-File `testFunction.m`

```
function [u,v] = testFunction(x,y)
% [u,v] = testFunction(x,y); u = x+y, v = x-y
   u = x + y;
   v = x - y;
end
```

Aufgerufen wird diese Funktion unter dem Namen des M-Files (wieder ohne `.m`). Daher wählt man üblicherweise als Dateinamen den Funktionsnamen, im obigen Beispiel also `testFunction.m`:

```
>> [p,m] = testFunction(3,4)
p =
     7
m =
    -1
```

Genau genommen wird immer die erste Funktion im M-File ausgeführt, denn im Anschluss an diese so genannte Hauptfunktion können noch weitere Funktionen definiert werden, die dann aber nur in diesem M-File bekannt sind und nur hier mit ihrem Funktionsnamen aufgerufen werden können, also zum Beispiel nicht direkt vom Command Window aus. Man teste dies mit einem Beispiel, siehe Listing A.3.

Listing A.3: M-File `euklidischeLaenge.m`

```
function [y,n] = euklidischeLaenge(x)
    n = length(x);
    z = quadrat(x);
    y = sqrt( sum(z) );
end

function x2 = quadrat(x)
    x2 = x.*x;
end
```

Oft ist es sinnvoll, solche lokalen Hilfsfunktionen zu benutzen, um Code-Verdopplung in der Hauptfunktion zu vermeiden oder um die Implementierung übersichtlicher zu gestalten.

Möchte man auf eine Variable des Basis-Workspace auch in einer Funktion zugreifen oder von mehreren Funktionen aus auf dieselbe Variable zugreifen, so muss diese Variable überall dort, wo sie sichtbar sein soll, vor ihrer ersten Benutzung mit dem Schlüsselwort `global` deklariert werden. Genaueres findet man unter `help global`.

Strukturierte Datentypen

Ähnlich wie in den Programmiersprachen C/C++ oder Java lassen sich in MATLAB Variablen unterschiedlichen Typs in einer Struktur (`struct`) zusammenfassen. Diese können z.B. dazu benutzt werden, zusammengehörige Parameter als eine Variable an eine Funktion zu übergeben. Ein Kreis ist z.B. bestimmt durch seinen Radius und Mittelpunkt:

```
>> kreis.radius=4;
>> kreis.mittelpunkt=[1 3.4 2];
>> kreis
kreis =
          radius: 4
     mittelpunkt: [1 3.4000 2]
```

Eine weitere Möglichkeit, Variablen unterschiedlichen Typs in ein Feld oder in einer Matrix abzulegen, sind die `cell`-arrays, man konsultiere die Hilfe für eine Beschreibung. MATLAB erlaubt darüber hinaus die Definition von Klassen und eine objektorientierte Programmierung. Wir werden auch darauf nicht näher eingehen.

A.2.2 Kontrollstrukturen

In MATLAB stehen die üblichen Kontrollstrukturen der strukturierten Programmierung, wie sie aus C und Java bekannt sind, zur Verfügung. Wir betrachten im Folgenden die bedingten Verzweigungen mit `if`, `if-else`-Anweisungen und die bedingten Wiederholungen mit `while`- und `for`-Schleifen.

Die `if-else`-Anweisung

Zur Erläuterung der Syntax betrachten wir das folgende Code-Beispiel

```
if (x > y)        % if logischer Ausdruck
   test = 1;      %    Anweisungen
elseif (x == y)   % elseif logischer Ausdruck
   test = 0;      %    Anweisungen
else              % else
   test = -1;     %    Anweisungen
end               % end
```

Der `elseif`-Zweig und der `else`-Zweig sind fakultativ ebenso wie die runden Klammern um die logischen Ausdrücke. Die Vergleichsoperatoren sind in MATLAB wie folgt definiert:

`<` `>` `<=` `>=` `==` (Gleichheit) `~=` (Ungleichheit).

Ein arithmetischer Wert wird als falsch interpretiert, wenn er gleich Null ist, ansonsten als wahr. Außerdem gibt es die logischen Operatoren

`&` (AND) `|` (OR) `~` (NOT)

die elementweise operieren. Man gebe die folgende Befehlsfolge ein (ohne abschließende Semikolons) und analysiere die Ergebnisse.

```
>> A = 3*ones(2);
>> B = eye(2);
>> C = A & B;
>> D = ~C;
```

Ein Blick in den Workspace zeigt, dass es in MATLAB auch einen logischen Datentyp `logical` gibt.

Informieren Sie sich in der MATLAB-Hilfe auch über die `switch-case`-Anweisung, die zum Einsatz kommen sollte, wenn man eine größere Anzahl von Fällen unterscheiden möchte.

Die `for`-Schleife:

Eine `for`-Schleife hat in MATLAB die Form

```
for i=1:10    % for Laufvariable = Zeilenvektor
  x(i) = 0;   %    Anweisungen
end           % Ende der for-Schleife
```

Hierbei durchläuft die Laufvariable der Reihe nach alle Werte des Zeilenvektors, im obigen Fall also die Werte von 1 bis 10. Auch eine Matrix kann als Zeilenvektor benutzt werden. Die Laufvariable ist dann ein Spaltenvektor und durchläuft nacheinander die Spalten dieser Matrix. Man beachte bei der Benutzung von `for`-Schleifen die Bemerkungen zu effizientem Programmieren im Abschnitt A.2.5

Die while-Schleife:

Auch die Syntax der `while`-Schleife erschließt sich am schnellsten anhand eines Beispiels:

```
epsilon = 1, zaehler = 0;
while (1+epsilon) > 1
    epsilon = epsilon/2;
    zaehler = zaehler + 1;
end
j = j - 1
format long
epsilon = epsilon*2
```

Nach dem Schlüsselwort `while` folgt ein logischer Ausdruck und die nachfolgenden Anweisungen bis zum Schlüsselwort `end` werden solange wiederholt ausgeführt, wie der logische Ausdruck wahr ist. Die Ausführung des obigen Code-Ausschnittes berechnet die nächstgrößere Maschinenzahl nach der Zahl 1. Vergleichen Sie mit der MATLAB-Konstanten `eps!`.

A.2.3 Function Handle

In vielen Fällen ist ein Eingabeparameter einer Funktion eine weitere Funktion (in MATLAB spricht man von Funktions-Funktionen. Als Beispiel betrachte man die MATLAB-Funktion `fzero`, die eine numerische Approximation der Nullstelle einer übergebenen Funktion berechnet. Die benötigte Funktion wird als ein **Function Handle**, ein MATLAB-Datentyp, der einem Funktionszeiger in C entspricht, übergeben:

```
h      = @sin;
xStart = 3;
x0     = fzero(h, xStart); % oder x0 = fzero(@sin,3);
```

Ein Function Handle wird mit dem Symbol `@` gekennzeichnet. Auch viele andere eingebaute MATLAB-Funktionen zur Optimierung, numerischen Integration, numerischen Lösung von Differentialgleichungen etc. erwarten als Eingabeparameter eine Funktion, die mithilfe eines Function Handle übergeben wird. Die übergebene Funktion kann direkt mit dem Namen des Function Handle aufgerufen werden.

Man kann auch einen Function Handle definieren, ohne auf eine bereits existierende Funktion zu verweisen. Man spricht dann von einer **anonymen Funktion**. Die Syntax ist dabei `handle = @(arglist) expression;`.

```
>> hPol = @(x,y) x.*x + 2*y.*y - 1;
>> z = hPol(1,1)
z =
     2
>> fzero(@(x) x.^3-2, 0)
ans =
    1.2599
```

Oft werden anonyme Funktionen benutzt, wenn bei einer übergebenen Funktion eine oder mehrere Variablen vorgegeben werden sollen. Zum Beispiel bestimme man das Minimum der folgenden Funktion `quadrat2` bezüglich der ersten Variablen, wenn die zweite den Wert 0.5 hat:

```
function z = quadrat2(x,y)
    z = 2*x.*(x - 1) + y.*y - 1;
end
```

Dazu übergeben wir der eingebauten MATLAB-Funktion **`fminsearch`** einen Function Handle für die entsprechende Funktion mit nur einer freien Variablen wie folgt:

```
>> f = @(x) quadrat2(x,0.5);
>> [x,fx] = fminsearch(f, 0)
x =
    0.5000
fx =
   -1.2500
```

A.2.4 Programmierstil

Im Folgenden stellen wir einige Empfehlungen zusammen, die in dieser oder einer ähnlichen Form befolgt werden sollten, um einen verständlichen und „wartungsfreundlichen" MATLAB-Code zu erhalten, der im Idealfall auch von anderen Personen weiterverwendet und ausgebaut werden kann.

Konventionen für Bezeichner

Aus dem Variablennamen sollte idealerweise die Bedeutung und der Typ der Variablen hervorgehen. Üblicherweise bestehen längere Variablennamen aus Kleinbuchstaben. Im Fall von zusammengesetzten Wörtern beginnen die dem ersten Wort folgenden Wörter mit einem Großbuchstaben: `qualityOfLife`, `abstandHorizontal`, `radiusBall`. Für ganzzahlige Hilfsgrößen wie Indizes in Schleifen oder Dimensionen von Matrizen sind kurze Bezeichner `i, j, k` und `m, n` üblich. Fließkommazahlen werden dagegen oft mit `x, y, z` bezeichnet. Für Matrizen, die keine übergeordnete Bedeutung haben, verwendet man meist einzelne Großbuchstaben `A, B, C`. Für Funktionen gelten entsprechende Konventionen: `getPosition(), setPosition(), computeTotalWidth()` Wir empfehlen außerdem, sich möglichst bald anzugewöhnen, bei Bezeichnern und auch bei Kommentaren konsequent die englische Sprache zu benutzen. MATLAB wird überall auf der Welt verwendet und man findet an vielen Stellen im Internet sehr guten MATLAB-Code zur weiteren Verwendung und ist dann dankbar, wenn sich die jeweiligen Autoren/Autorinnen an diese Empfehlung gehalten haben. (Mit Rücksicht auf eventuell fehlende Sprachkenntnisse unserer Leser und Leserinnen folgen wir in diesem Buch nicht dieser Empfehlung).

Code-Layout und Kommentare

Innere Anweisungen in Kontrollstrukturen sollten eingerückt werden:

```
for i=1:n
    if a < b
        a = b;
    end
end
```

Der Code wird auch übersichtlicher, wenn die Gleichheitszeichen zusammengehörender Zuweisungen untereinander stehen:

```
parameter.radiusBall         = 0.1219;
parameter.erdbeschleunigung = 0.2286;
```

Kommentare dienen dazu, den Code verständlicher zu machen und insbesondere Informationen hinzuzufügen, die nicht unmittelbar aus dem Code hervorgehen. Die Erfahrung zeigt, dass es besser ist, Kommentare gleichzeitig mit dem eigentlichen Code zu schreiben (da man es später sowieso nicht mehr macht). Lange und unnötige Kommentare sollten vermieden werden. Wie bereits oben erwähnt, sollte bei der Implementierung einer MATLAB-Funktion direkt nach der `function`-Anweisung ein Kommentar folgen, in dem die Eingabe- und Ausgabeparameter und die Bedeutung der Funktion beschrieben werden:

```
function c = add(a, b)
% c = add(a,b);
```

```
% a,b:  Matrizen derselben Dimension
% c  :  c ist die Summe der beiden Matrizen a und b
     c = a + b;
end
```

Bei Aufruf von `help add` wird dieser Kommentar im Befehlsfenster angezeigt.

Modularisierung

Einzelne gut abgegrenzte Teilaufgaben werden in MATLAB-Funktionen implementiert. Dies gilt insbesondere für wiederholt auszuführende Berechnungen mit unterschiedlichen Parametern etc. Funktionen sollten dabei nicht zu lang sein, um die Komplexität klein zu halten. Dabei ist es oft sinnvoll, Funktionalitäten, die nur innerhalb der Funktion benötigt werden, durch Verwendung von Hilfsfunktionen im selben M-File zur Verfügung zu stellen, siehe oben, Listing A.3. Eine Funktionsdefinition, die länger ist als zwei Bildschirmseiten, ist schon ein Kandidat für eine mögliche Umstrukturierung.

Skripte dienen zumeist der Bearbeitung eines speziellen Anwendungsfalls oder der Auswertung von Daten und ihrer grafischen Darstellung unter Zuhilfenahme der implementierten und eingebauten MATLAB-Funktionen. Für eine Zerlegung einer Berechnung in Teilaufgaben sollten im Zweifelsfall immer Funktionen implementiert werden, da sich diese wegen ihres eigenen lokalen Workspaces besser für eine sichere Modularisierung eignen.

Benutzt eine Anwendung über mehrere Funktionen und Skripte hinweg einen festen Satz von Parameterwerten (z.B. die Modellparameter eines zu implementierenden Modells), so ist es sinnvoll, diese global entweder in einer einzulesenden Parameter-Datei oder aber als Rückgabewerte einer Funktion bereitzustellen, die dann an den Stellen, an denen die Parameter benötigt werden, aufgerufen wird.

```
function parameter = getParameter()
   parameter.abstandHorizontal = 4.115;
   parameter.hoeheKorb         = 3.048;
   %...
end
```

Ein solches Vorgehen sichert, dass in der gesamten Anwendung überall dieselben Parameterwerte benutzt werden.

A.2.5 Effiziente Berechnungen

Die Ausführung von Anweisungen in einer Skriptsprache ist wesentlich weniger performant als die Ausführung eines entsprechenden kompilierten Maschinen-Codes. Trotzdem können in MATLAB bei Beachtung einiger einfacher Regeln sehr effiziente Berechnungs- und Simulationsprogramme erstellt werden, denn die meisten rechenintensiven Anweisungen lassen sich so implementieren, dass „unter der Haube" kompilierter Maschinen-Code zum Einsatz kommt.

Präallokation von Speicher

Obwohl man sich im Prinzip nicht um die Bereitstellung (Allokation) von Speicherplatz für Vektoren bzw. Matrizen kümmern muss und insbesondere auch die Größe von Vektoren bzw. Matrizen bei Bedarf von der MATLAB-Umgebung automatisch angepasst werden, ist dringend zu empfehlen, große Vektoren bzw. Matrizen mit einem der zur Verfügung stehenden MATLAB-Befehle in der benötigten Größe anzulegen und nicht durch eine Zuweisung einzelner Einträge wachsen zu lassen. Führen Sie dazu den folgenden Test durch (mit den Befehlen `tic toc` wird die Zeit zwischen dem Aufruf dieser beiden Befehle gemessen und angezeigt und mit `clear` wird die Variable `c` aus dem Workspace gelöscht, um sicherzustellen, dass in beiden Fällen wirklich neuer Speicher alloziert werden muss).

```
>> clear c;
>> tic; for i=1:1.e4, c(i) = i; end; toc
Elapsed time is 0.198082 seconds.
>> clear c;
>> tic; c = ones(1.e4, 1); for i=1:1.e4, c(i) = i;  end; toc
Elapsed time is 0.000463 seconds.
```

In dem obigen Beispiel wird ein Vektor mit 10^4 Elementen angelegt und mit Daten gefüllt. Man beachte, dass offensichtlich im ersten Fall fast die gesamte Rechenzeit für die schrittweise Vergrößerung des Vektors `c` benötigt wird, da immer wieder vom Betriebssystem neuer Speicher angefordert werden muss und bereits vorhandene Einträge umkopiert werden müssen.

Vektorisierte Operationen

Die arithmetischen, logischen oder vergleichenden elementweisen Operationen bzw. Matrixoperationen führen in MATLAB zum Aufruf von kompiliertem Maschinen-Code (built-in-Funktionen, siehe nächster Abschnitt). Daher sollte man, wann immer möglich, diese so genannten **vektorisierten** Operationen aufrufen, anstelle der Benutzung von `for`-Schleifen. Wir demonstrieren dies an einem Beispiel:

```
n = 1.e6;
a = rand(n,1); b = rand(n,1); c = zeros(n,1);
for i=1:n; c(i) = a(i) * b(i); end; % Version 1
c = a .* b;                         % Version 2
```

Die Version 2 kommt völlig ohne eine `for`-Schleife aus, um dieselbe Aufgabe zu erledigen. Ähnlich geht man bei der Berechnung von Skalarprodukten (`a'*b`), Matrixsummen und Produkten etc. vor. Hat man sich einmal an diese vektorisierte Programmierung gewöhnt, wird der MATLAB-Code außerdem sehr viel übersichtlicher und eleganter.

Beim Aufruf von Skalarfunktionen ist es im Allgemeinen wesentlich performanter, der Funktion einen Vektor bzw. eine Matrix mit allen Werten zu übergeben, an denen eine Auswertung benötigt wird, anstatt eine for-Schleife zu benutzen, da die Funktion intern vektorisierte Operationen benutzt:

```
x = 0:0.01:1;
y = sin(x); % statt: for i=1:length(x), y(i) = sin(x(i)); end
```

Selbstprogrammierte Skalarfunktionen sollten daher so implementiert werden, dass der Aufruf mit einem Vektor oder einer Matrix als Übergabeparameter möglich ist. In der Funktion sollten dann die elementweisen Operationen benutzt werden, siehe das Beispiel der Funktion `quadrat` in Listing A.3 auf Seite 309.

Built-in-Funktionen

In MATLAB werden vordefinierte Funktionen, die als kompilierter (C- oder Fortran)-Code vorliegen, als **built-in** bezeichnet. Solche Funktionen sind sehr performant und sollten wann immer möglich an Stelle von eigenen Implementierungen verwendet werden. Mit dem Befehl `which <Funktionsname>` erfährt man, ob eine Funktion built-in ist:

```
>> which svd
built-in ...
>> which *
built-in ...
>>
```

Die Singulärwertzerlegung mit `svd` und die Matrix-Multiplikation sind also `built-in`, die Funktion `rank` zum Beispiel nicht. Mit `type rank` kann man sich das M-File anzeigen lassen.

Ausblick

Es gibt noch weitere fortgeschrittenere Möglichkeiten, Berechnungen und Simulationen in MATLAB zu optimieren. Für große dünnbesetzte Matrizen (Matrizen, bei denen nur relativ wenige Einträge pro Zeile ungleich Null sind) stellt MATLAB `sparse`-Matrizen bereit. Es gibt einen Profiler `profile`, um rechenintensive Code-Abschnitte einer komplexeren Anwendung zu identifizieren und schließlich die Möglichkeit, besonders rechenintensive Programmteile als kompilierten C-Code in Form einer MATLAB-Funktion bereitzustellen (MEX-Funktionen: MATLAB-Executables).

A.3 Grafische Darstellung

MATLAB stellt eine Fülle von Funktionalitäten zur Visualisierung von berechneten Daten bereit. Es gibt Funktionen zur Darstellung von Linien (Funktionsgraphen oder parametrische Kurven) und Punktmengen, Vektorfeldern und Flächen, und die Möglichkeit, Animationen zeitabhängiger Prozesse zu erzeugen. Darüber hinaus unterstützt MATLAB die Programmierung grafischer Benutzeroberflächen (GUIs). Wir werden im Folgenden einige Grundfunktionalitäten vorstellen.

A.3.1 Linien und Punkte

Zur grafischen Darstellung von Linien und Punkten in der Ebene steht die Funktion `plot` zur Verfügung. Diese Funktion erwartet als Argument zwei Vektoren gleicher Länge, wobei der erste die x-Koordinaten und der zweite die y-Koordinaten der darzustellenden Punkte enthält. Standardmäßig werden die Punkte mit Geradenstücken verbunden. Eine Darstellung des Funktionsgraphen der Sinusfunktion auf dem Intervall $[-\pi, \pi]$ erhält man z.B. auf diese Weise mit den folgenden Anweisungen

```
>> x=linspace(-pi,pi,100);
>> y=sin(x);
>> plot(x,y);
```

Mit der Anweisung `x=linspace(-pi,pi,100)` werden 100 äquidistante Punkte in dem Intervall $[-\pi, \pi]$ erzeugt ($-\pi$ und π gehören dazu). Die Anweisung `y=sin(x)` erzeugt einen Vektor `y` mit den Funktionswerten `y(i) = sin(x(i))`.

An die `plot`-Funktion können eine Reihe weiterer Argumente übergeben werden, um Linienstärke und Farbe, Linientyp, Beschriftungen etc. festzulegen. Bei Eingabe von `plot(x,y,'+')` werden z.B. die Punkte nicht mit Linien verbunden, sondern lediglich mit einem `+` markiert. Man konsultiere `help plot` für weitere Optionen. Wir beschränken uns an dieser Stelle darauf, an einem Beispielskript in Listing A.4 einige der vielen Gestaltungsmöglichkeiten vorzuführen. Man beachte, dass Parameter in MATLAB meist in Form von „key-value"-Paaren übergeben werden (z.B. beim `plot`-Befehl: `...'LineWidth',2,'Color','r',...` um die Linienbreite auf den Wert 2 und die Farbe auf rot zu setzen). Das Ergebnis ist in der Abbildung A.1 zu sehen.

Listing A.4: Sinusfunktion mit Taylor-Polynom bis zum 5-ten Grad

```
x = linspace(-pi,pi,200);
y = sin(x);
plot(x,y,'LineWidth',2,'Color','k'); % k  ist schwarz

% Die folgenden plots in  bestehendes Koordinatensystem
hold on

plot(x,x,'Color','k');      % 1. Ordnung
y = x-(1/factorial(3))*x.^3;
plot(x,y,'--','Color','k'); % 3. Ordnung
y = x-(1/6)*x.^3+(1/factorial(5))*x.^5;
plot(x,y,'-.','Color','k'); % 5. Ordnung

% Beschriftung der Abbildung
title('Taylorentwicklung der Sinus-Funktion');
xlabel('x');
ylabel('y');
text(0,0,'\leftarrow Approximation an')
text(0.5,-0.4,'der Stelle 0')
legend('y = sin(x)','Taylorpolynom 1. Ordnung',...
   'Taylorpolynom 3. Ordnung', 'Taylorpolynom 5. Ordnung');

hold off
```

Kurven im Raum werden mit `plot3` dargestellt. Weitere wichtige Funktionen sind `loglog`, `semilogx`, `semilogy`, `subplot`, `bar`, `polar`, `scatter`.

A.3.2 Animierte Darstellung

Um zeitabhängige Lösungen zu visualisieren, gibt es in MATLAB eine einfache Möglichkeit, Animationen aufzuzeichnen und abzuspielen. Hierbei wird eine Folge von Abbildungen (Frames) gespeichert und anschließend mit der Funktion `movie` abgespielt. Die Darstellung einer schwingenden Saite kann zum Beispiel folgendermaßen implementiert werden:

Listing A.5: Schwingende Saite

```
clear M;                         % Löschen der Variablen M
```

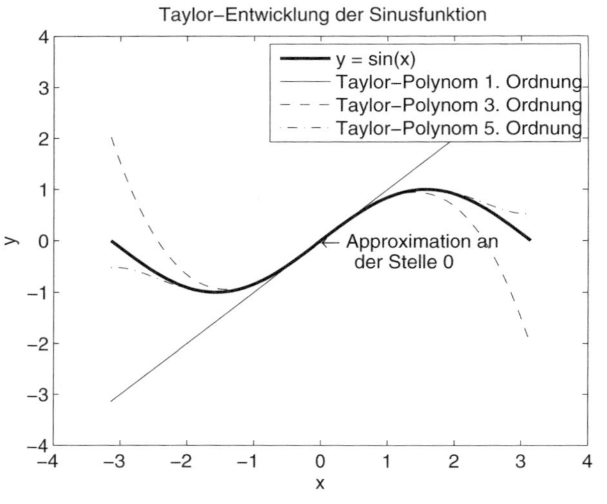

Abb. A.1: Plot der Sinusfunktion zusammen mit den Taylor-Polynomen bis zur Ordnung 5 mit dem Skript in Listing A.4

```
x   = 0:0.01:1;               % Ortsvariable
t   = 0:0.1:5;                % Zeitvariable
for j = 1:length(t)           % Zeitschleife
     y = sin( 2*pi*t(j) )*sin( pi*x );
     plot(x,y);
     axis([0, 1, -1.5, 1.5]);
     M(j) = getframe;
end
movie(M)
```

Mit der Anweisung `axis([xmin, xmax, ymin, ymax])` werden die Grenzen des angezeigten Koordinatensystems festgelegt. Dadurch wird sichergestellt, dass die Funktion immer in demselben Bereich gezeichnet wird. Mit `getframe` werden die Abbildungen in dem Feld `M` gespeichert und mit `movie(M)` abgespielt. Mit `movie2avi` kann der Film als AVI-Datei abgespeichert werden. In einfachen Fällen, bei denen die Berechnungen sehr schnell sind, kann ein „Daumenkino“ ohne Erzeugung eines Filmes mit dem Befehl `pause(p)` in der `for`-Schleife erzeugt werden, wobei der Wert von `p` eine Wartezeit in Sekunden angibt (z.B. `p=0.02`, wenn man 50 Frames pro Sekunde haben möchte).

A.3.3 Grafische Darstellung von Flächen

Für die Darstellung von Flächen im 3-dimensionalen Raum stehen die Funktionen `mesh` (durchsichtige Netz-Darstellung) und `surf` (schattierte Darstellung) zur Verfügung. Wir erläutern die Vorgehensweise anhand der Darstellung des Graphen der Funktion $f(x,y) = \sin(x)\cos(y)$ auf dem Gebiet $G := [-3,3] \times [-3,3]$. Zunächst muss – ähnlich wie bei der Darstellung von eindimensionalen Graphen – das Gebiet G mit einem kartesischen Gitter diskretisiert werden, um dann die Funktion f an den Gitterpunkten auszuwerten. Dazu erzeugen wir mithilfe des Befehls `meshgrid` zwei Matrizen `X` und `Y`, die die x-Koordinaten bzw. die y-Koordinaten aller Gitterpunkte enthalten:

```
v     = linspace(-3,3,20);
[X,Y] = meshgrid(v, v);
Z     = sin(X).*cos(Y);
```

In dem obigen Beispiel sind `X` und `Y` jeweils 20×20-Matrizen und jede **Zeile** von `X` bzw. jede **Spalte** von `Y` stimmt mit dem Vektor `v` überein. Die Funktion f kann dann mit einer einzige Anweisung (vektorisiert) auf dem gesamten Gitter ausgewertet werden. Die Ergebnisse eines anschließenden Aufrufs von `mesh(X,Y,Z)` bzw. `surf(X,Y,Z)` sind in Abbildung A.2 zu sehen. Die Gitterlinien bzw. die Flächen werden entsprechend der Funktionswerte unterschiedlich eingefärbt. MATLAB stellt mit dem Befehl `colormap` unterschiedliche Farbtafeln zur Auswahl bereit. Fügen Sie die Anweisung `colorbar` hinzu, um in der Grafik den entsprechenden Farbbalken anzuzeigen.

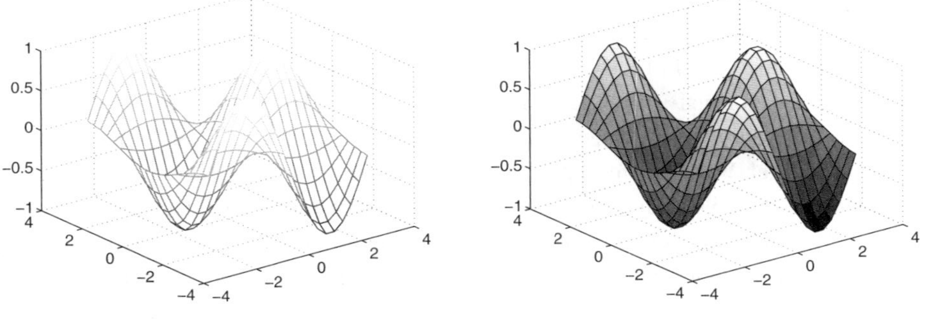

Abb. A.2: Graph der Funktion $f(x,y) = \sin(x)\cos(y)$. Links: Durchsichtige Netzdarstellung erzeugt mit `mesh`. Rechts: Schattierte Netzdarstellung erzeugt mit `surf`; man füge die Anweisung `shading interp` hinzu und betrachte das Resultat.

Mit `meshc` bzw. `surfc` werden zusätzlich die Höhenlinien (Niveaulinien) angezeigt. Möchte man nur die Höhenliniendarstellung einer Funktion, so benutzt man `contour` oder aber `contourf` für eine gefüllte Darstellung. Beide Funktionen erlauben auch eine

Festlegung der Funktionswerte, für die die Niveaulinien eingezeichnet werden sollen, siehe `help`.

A.3.4 Vektorfelder

Vektorfelder lassen sich in MATLAB mit der Funktion `quiver` anzeigen. Wir betrachten als abschließendes Beispiel die Darstellung des Richtungsfeldes der gewöhnlichen Differentialgleichung für das logistische Wachstum

$$y' = f(t,y) = \lambda_0 \, (y_{\max} - y) \, y \tag{A.1}$$

mit den Parametern $y_{\max} = 10$ und $\lambda_0 = 1/50$. Bei dieser Gelegenheit werden wir auch sehen, wie man mit MATLAB die numerische Lösung einer gewöhnlichen Differentialgleichung bestimmt. Zunächst implementieren wir eine MATLAB-Funktion für die Auswertung der rechten Seite $f(t,y)$ in (A.1)

```
function dy = logistischesWachstumRHS(t,y)
   yMax      = 10;
   lambda0   = 1/5/yMax;
   dy        = lambda0*(yMax - y).*y;
end
```

Wie in Listing A.6 zu sehen, benutzen wir zunächst wieder die Funktion `meshgrid`, um ein Gitter von Punkten zu erzeugen, an denen Richtungsvektoren angezeigt werden sollen. Der Richtungsvektor an einem Punkt (t,y) wird berechnet als $(1, f(t,y))^T$. Mit der MATLAB-Funktion `quiver` wird das entsprechende Vektorfeld angezeigt. Die ersten übergebenen Matrizen sind dabei die x- und y-Koordinaten der Punkte, an denen Vektoren gezeichnet werden sollen, und die zweiten beiden Matrizen enthalten die x- und y-Komponenten der einzuzeichnenden Richtungsvektoren. Der 5. Eingabeparameter legt die Skalierung der Vektoren fest. MATLAB stellt eine ganze Reihe von Funktionen zur numerischen Lösung von (Systemen) gewöhnlicher Differentialgleichungen 1. Ordung zur Verfügung. Diese Funktionen erwarten als Eingabeparameter die rechte Seite der Differentialgleichung (als Function Handle), Anfangs- und Endzeitpunkt und den Anfangswert und liefern die numerische Lösung in Form zweier Vektoren zurück. Man informiere sich z.B. beginnend mit `help ode45` oder in der allgemeinen Hilfe über die Vielzahl der zur Verfügung stehenden Löser und ihre Eigenschaften. Bei Aufruf des Skripts in Listing A.6 wird die Grafik in Abbildung A.3 angezeigt.

Listing A.6: Richtungsfeld einer DGL

```
% Festlegung des Zeitintervalls
tAnfang      =   0;
```

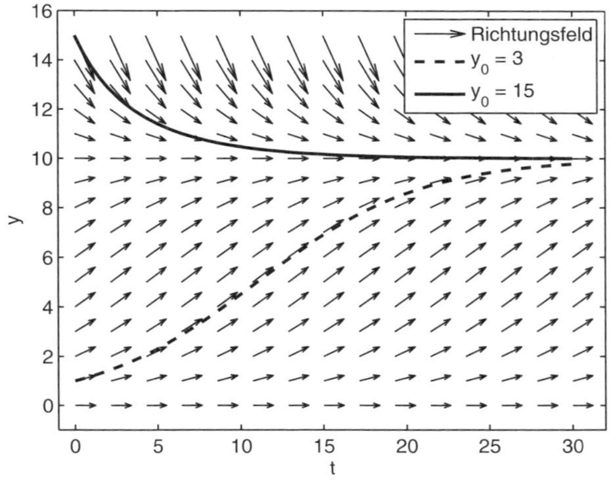

Abb. A.3: Richtungsfeld der Differentialgleichung $y' = f(t, y) = \lambda_0 \, (y_{\max} - y) \, y$ auf dem Gebiet $G = [0, 30] \times [0, 15]$. Die eingezeichneten Kurven sind Lösungen zu verschiedenen Anfangswerten. Anhand des Richtungsfeldes erkennt man, dass es zwei stationäre Lösungen gibt: $y(t) = 10$ und $y(t) = 0$. Die Erste ist ein stabiler und die zweite ein instabiler stationärer Punkt.

```
tEnde        =  30;
tIntervall   =  [tAnfang, tEnde];
% Berechnung und Anzeige des Richtungsfeldes
t            = linspace(tAnfang,tEnde,15);
y            = linspace(0,15,16);
[ti,yi]      = meshgrid(t,y);
dy           = logistischesWachstumRHS(ti,yi);
dt           = ones( size(ti) );
quiver(ti,yi,dt,dy,1);
axis([t(1)-1, t(end)+2, y(1)-1, y(end)+1]);
% Berechung von zwei Loesungen der DGL
y0       = 1;   % 1. Anfangswert
[t1,y1] = ode45(@logistischesWachstumRHS,tIntervall,y0);
y0       = 15;  % 2. Anfangswert
[t2,y2] = ode45(@logistischesWachstumRHS,tIntervall,y0);
% Anzeige der Loesungskurven
hold on;
plot(t1,y1,'--','LineWidth',2);
plot(t2,y2,'-' ,'LineWidth',2);
hold off
xlabel('t'); ylabel('y');
legend('Richtungsfeld','y_0 = 3','y_0 = 15');
```

Literaturverzeichnis

Aigner, M. und Behrends, E., Hrsg. (2008) *Alles Mathematik: Von Pythagoras zum CD-Player*. 3. Aufl. Vieweg+Teubner, Wiesbaden

Arnold, V. I. (1988) *Mathematische Methoden der klassischen Mechanik*. Birkhäuser, Basel

Aw, A., Klar, A., Rascle, M. und Materne, T. (2002) Derivation of Continuum Traffic Flow Models from Microscopic Follow-the-Leader Models. In: *SIAM Journal of Applied Mathematics* 63(1), S. 259–278

Balzer, K., Enke, W. und Wehry, W. (1998) *Wettervorhersage. Menschen und Computer - Daten und Modelle*. Springer, Berlin

Bathe, K. J. (2002) *Finite Elemente Methoden*. Springer, Berlin

Behrends, E. (2000) *Introduction to Markov Chains*. Vieweg+Teubner, Wiesbaden

Berry, M. W., Drmac, Z. und Jessup, E. R. (1999) Matrices, Vector Spaces, and Information Retrieval. In: *SIAM Review* 41(2), S. 335–362 DOI: `http://dx.doi.org/10.1137/S0036144598347035`

Boccara, N. (2004) *Modeling Complex Systems (Graduate Texts in Physics)*. 2. Aufl. Springer, Berlin, Heidelberg

Bosch, S. (2008) *Lineare Algebra*. 4. Aufl. Springer, Berlin, Heidelberg

Brin, S. und Page, L. (1998) The anatomy of a large-scale hypertextual Web search engine. In: *Computer Networks ISDN System* 30(1/7), S. 107–117 DOI: `http://dx.doi.org/10.1016/S0169-7552(98)00110-X`

Bryan, K. und Leise, T. (2006) The $25,000,000,000 Eigenvector: The Linear Algebra behind Google. In: *SIAM Review* 48(3), S. 569–581 DOI: `http://dx.doi.org/10.1137/050623280`

Brüderlin, B., Meier, A. und Johnson, M. L. (2001) *Computergrafik und geometrisches Modellieren*. Vieweg+Teubner, Wiesbaden

Bungartz, H.-J., Zimmer, S., Buchholz, M. und Pflüger, D. (2009) *Modellbildung und Simulation: Eine anwendungsorientierte Einführung*. Springer, Berlin, Heidelberg

Burg, K., Haf, H., Wille, F. und Meister, A. (2009) *Partielle Differentialgleichungen und funktionalanalytische Grundlagen: Höhere Mathematik für Ingenieure, Naturwissenschaftler und Mathematiker*. 4. Aufl. Vieweg+Teubner, Wiesbaden

Bärwolff, G. (Juni 2006) *Höhere Mathematik für Naturwissenschaftler und Ingenieure*. 2. Aufl. Spektrum Akademischer Verlag, Heidelberg

Dahmen, W. und Reusken, A. (2006) *Numerik für Ingenieure und Naturwissenschaftler*. Springer, Berlin, Heidelberg

Denker, M. (2005) *Einführung in die Analysis dynamischer Systeme*. Springer, Berlin

Deuflhard, P. und Bornemann, F. (2001) *Numerische Mathematik II*. de Gruyter, Berlin

Eck, C., Garcke, H. und Knabner, P. (2008) *Mathematische Modellierung*. Springer, Berlin, Heidelberg

Fischer, G. (2009) *Lineare Algebra*. 17. Aufl. Vieweg+Teubner, Wiesbaden

Gablonsky, J. M. und Lang, A. S. I. D. (2005) Modeling Basketball Free Throws. In: *SIAM Review* 47(4), S. 775–798 DOI: http://dx.doi.org/10.1137/S0036144598339555

Gramlich, G. M. (2004) *Anwendungen der Linearen Algebra mit MATLAB®*. Hanser, Leipzig, München, Wien

Haberman, R. (1998) *Mathematical Models: Mechanical Vibrations, Population Dynamics, and Traffic Flow*. SIAM, Philadelphia

Hamilton, R. und Reinschmidt, C. (1997) Modeling Basketball Free Throws. In: *Journal of Sports Sciences* 15(5), S. 491–504 DOI: http://dx.doi.org/10.1080/026404197367137

Hawking, S. W. (2005) *Giganten des Wissens. Eine bebilderte Reise in die Welt der Physik*. Weltbild, Augsburg

Hermann, M. (2004) *Numerik gewöhnlicher Differentialgleichungen: Anfangs- und Randwertprobleme*. Oldenbourg, München

Hermann, M. (2006) *Numerische Mathematik*. 2. Aufl. Oldenbourg, München

Higham, D. J. und Higham, N. J. (2005) *MATLAB® Guide*. 2. Aufl. SIAM, Philadelphia

Hofmann-Wellenhof, B., Lichtenegger, H. und Collins, J. (1997) *Global Positioning System. Theory and Practice*. 4. Aufl. Springer, Wien, New York

Holmes, M. H. (2009) *Introduction to the Foundations of Applied Mathematics*. Springer, New York

Honerkamp, J. und Römer, H. (1993) *Klassische Theoretische Physik. Eine Einführung*. 3. Aufl. Springer, Berlin

Häggström, O. (2002) *Finite Markov Chains and Algorithmic Applications* (*London Mathematical Society Student Texts*). Cambridge University Press

Jarre, F. und Stoer, J. (2003) *Optimierung*. Springer, Berlin, Heidelberg, New York

Jost, J. und Li-Jost, X. (1998) *Calculus of Variations*. Cambridge University Press, Cambridge

Kastens, U. und Büning, H. (2008) *Modellierung. Grundlagen und formale Methoden*. 2. Aufl. Hanser, München

Kleinberg, J. M. (1999) Authoritative sources in a hyperlinked environment. In: *Journal ACM* 46(5), S. 604–632 DOI: http://doi.acm.org/10.1145/324133.324140

Knabner, P. und Angermann, L. (2000) *Numerik partieller Differentialgleichungen: Eine anwendungsorientierte Einführung*. Springer, Berlin

Langville, A. N. und Meyer, C. D. (2005) A Survey of Eigenvector Methods for Web Information Retrieval. In: *SIAM Review* 47(1), S. 135–161 DOI: http://dx.doi.org/10.1137/S0036144503424786

Langville, A. N. und Meyer, C. D. (2006) *Google's Pagerank and Beyond: The Science of Search Engine Rankings*. Princeton University Press, Princeton

Leslie, P. H. (1945) On the use of matrices in certain population mathematics. In: *Biometrika* 33(3), S. 183–212 DOI: 10.1093/biomet/33.3.183 URL: http://dx.doi.org/10.1093/biomet/33.3.183

Lewandowski, D. (2005) *Web Information Retrieval: Technologien zur Informationssuche im Internet.* Deutsche Gesellschaft f. Informationswissenschaft u. Informationspraxis, Frankfurt URL: http://www.durchdenken.de/lewandowski/web-ir/

Lighthill, M. und Whitham, G. (1955) Modeling Basketball Free Throws. In: *Proceedings of the Royal Society of London. Series A* 229(1178), S. 317–345 DOI: http://dx.doi.org/10.1080/026404197367137

Lynch, S. (2004) *Dynamical Systems with Applications using MATLAB.* Birkhäuser, Basel

Marsden, J. E. und Chorin, A. J. (1993) *A Mathematical Introduction to Fluid Mechanics.* 3. Aufl. Springer, Berlin, Heidelberg

Metzler, R. und Klafter, J. (2000) The random walk's guide to anomalous diffusion: a fractional dynamics approach. In: *Physics Reports* 339(1), S. 1–77 DOI: http://dx.doi.org/10.1016/S0370-1573(00)00070-3

Meyer, C. (2000) *Matrix Analysis and Applied Linear Algebra Book and Solutions Manual.* SIAM, Philadelphia

Moler, C. (2008) *Numerical Computing with Matlab®.* URL: http://www.mathworks.com/moler (besucht am 28. 06. 2010)

Moler, C. (2009) *Experiments with Matlab®.* URL: http://www.mathworks.com/moler (besucht am 28. 06. 2010)

Murray, J. D. (2002) *Mathematical Biology.* Springer, Berlin, New York

Nagel, K. und Schreckenberg, M. (1992) A cellular automaton model for freeway traffic. In: *Journal de Physique I* 2(12), S. 2221–2229 DOI: http://dx.doi.org/10.1051/jp1:1992277

NBA Media Ventures, Hrsg. (2007–2008) *NBA Official Rules.* URL: www.nba.com

NBA Media Ventures, Hrsg. (2009) *NBA Statistik.* URL: http://www.nba.com/statistics

O'Leary, D. P. (2009) *Scientific Computing with Case Studies.* SIAM, Philadelphia

Olver, P. J. (1986) *Applications of Lie Groups to Differential Equations* (*Graduate Texts in Mathematics*). Springer, Berlin, Heidelberg, New York

Ortlieb, C. P., Dresky, C. von, Gasser, I. und Günzel, S. (2008) *Mathematische Modellierung: Eine Einführung in zwölf Fallstudien.* Vieweg+Teubner, Wiesbaden

Prusinkiewicz, P. und Lindenmayer, A. (1996) *The Algorithmic Beauty of Plants* (*Virtual Laboratory*). Springer, Berlin, Heidelberg, New York

Quarteroni, A. und Saleri, F. (2005) *Wissenschaftliches Rechnen mit MATLAB®.* Springer, Berlin

Quarteroni, A. M., Sacco, R. und Saleri, F. (2000) *Numerical Mathematics* (*Texts in Applied Mathematics*). Springer, New York

Rieder, A. (2003) *Keine Probleme mit inversen Problemen: Eine Einführung in ihre stabile Lösung*. Vieweg+Teubner, Wiesbaden

Saad, Y. (2003) *Iterative Methods for Sparse Linear Systems*. 2. Aufl. SIAM, Philadelphia

Samarskii, A. A. und Mikhailov, A. (2002) *Principles of Mathematical Modelling: Ideas, Methods, Examples (Numerical Insights)*. Taylor & Francis Ltd, London

Schmeiser, C. (2009) *Modellierung, Vorlesungsskript*. URL: http://homepage.univie.ac.at/christian.schmeiser/Modellierung.pdf (besucht am 28. 06. 2010)

Stewart, I. (2008) *Warum (gerade) Mathematik?: Eine Antwort in Briefen*. Spektrum Akademischer Verlag, Heidelberg

Storch, H. von, Heimann, M. und Güss, S. (1999) *Das Klimasystem und seine Modellierung: Eine Einführung*. Springer, Berlin

Vogl, G. (2007) *Wandern ohne Ziel: Von der Atomdiffusion zur Ausbreitung von Lebewesen und Ideen*. Springer, Berlin

Walter, W. (2000) *Gewöhnliche Differentialgleichungen: Eine Einführung*. 7. Aufl. Springer, Berlin

Werner, D. (2007) *Funktionalanalysis*. 6. Aufl. Springer, Berlin

White, R. E. (2004) *Computational Mathematics: Models, Methods, and Analysis with Matlab® and MPI*. CRC Press, Taylor & Francis Group, Boca Raton

Wills, R. S. und Ipsen, I. C. F. (2009) Ordinal Ranking for Google's PageRank. In: *SIAM Journal on Matrix Analysis and Applications* 30(4), S. 1677–1696 DOI: http://dx.doi.org/10.1137/070698129

Index

Printing: Ten Brink, Meppel, The Netherlands
Binding: Stürtz, Würzburg, Germany